HTML 5+CSS 3+JavaScript
从入门到项目实践（超值版）

聚慕课教育研发中心　编著

清華大學出版社
北　京

内容简介

本书采用"基础知识→核心应用→核心技术→高级应用→行业应用→项目实践"的结构和"由浅入深，由深到精"的模式进行讲解。

全书共分 6 篇 31 章。首先讲解了 HTML 5、CSS 3、文本、列表、页面布局等 Web 前端开发的语言基础知识，然后深入介绍了 JavaScript 语言基础、开发应用、对象与数组、函数与闭包以及人机交互等核心运用。在实践环节不仅讲述了 Web 前端开发在金融理财、移动互联网、电子商务等行业的应用，还介绍了其在企业门户网站、游戏大厅网站以及 App 等大型项目中的应用，全面展现了项目开发实践的全过程。

本书的目的是多角度、全方位地帮助读者快速掌握软件开发技能，构建从高校到社会的就职桥梁，让有志于从事软件开发工作的读者轻松步入职场。本书赠送的资源比较多，在本书前言部分对资源包的具体内容、获取方式以及使用方法等做了详细说明。

本书适合希望学习 Web 开发前端编程语言的初中级程序员和希望精通程序开发的程序员阅读，还可作为大中专院校及社会培训机构的师生以及正在进行软件专业相关毕业设计的学生阅读。

图书在版编目（CIP）数据

HTML 5+CSS 3+JavaScript 从入门到项目实践：超值版 / 聚慕课教育研发中心编著. —北京：清华大学出版社，2019（2023.3 重印）

（软件开发魔典）

ISBN 978-7-302-52442-7

Ⅰ. ①H…　Ⅱ. ①聚…　Ⅲ. ①超文本标记语言－程序设计 ②网页制作工具 ③JAVA 语言－程序设计　Ⅳ. ①TP312.8 ②TP393.092.2

中国版本图书馆 CIP 数据核字（2019）第 042166 号

责任编辑：张　敏
封面设计：杨玉兰
责任校对：徐俊伟
责任印制：丛怀宇

出版发行：清华大学出版社
　　网　　址：http://www.tup.com.cn, http://www.wqbook.com
　　地　　址：北京清华大学学研大厦 A 座　　　　邮　　编：100084
　　社 总 机：010-83470000　　　　　　　　　　邮　　购：010-62786544
　　投稿与读者服务：010-62776969, c-service@tup.tsinghua.edu.cn
　　质量反馈：010-62772015, zhiliang@tup.tsinghua.edu.cn
印 装 者：三河市龙大印装有限公司
经　　销：全国新华书店
开　　本：203mm×260mm　　　印　　张：42　　　字　　数：1241 千字
版　　次：2019 年 5 月第 1 版　　印　　次：2023 年 3 月第 4 次印刷
定　　价：99.90 元

产品编号：080779-01

PREFACE 前言

丛书说明

本套"软件开发魔典"系列图书，是专门为编程初学者量身打造的编程基础学习与项目实践用书。

本丛书针对"零基础"和"入门"级读者，通过案例引导读者深入技能学习和项目实践。为满足初学者在基础入门、扩展学习、编程技能、行业应用、项目实践 5 个方面的职业技能需求，特意采用"基础知识→核心应用→核心技术→高级应用→行业应用→项目实践"的结构和"由浅入深，由深到精"的模式进行讲解。

本套丛书目前计划有以下书目。

《Java 从入门到项目实践（超值版）》	《HTML 5 从入门到项目实践（超值版）》
《C 语言从入门到项目实践（超值版）》	《MySQL 从入门到项目实践（超值版）》
《JavaScript 从入门到项目实践（超值版）》	《Oracle 从入门到项目实践（超值版）》
《C++从入门到项目实践（超值版）》	《HTML 5+CSS 3+JavaScript 从入门到项目实践（超值版）》

古人云，读万卷书，不如行万里路；行万里路，不如阅人无数；阅人无数，不如有高人指路。这句话道出了引导与实践对于学习知识的重要性。本书始于基础，结合理论知识的讲解，从项目开发基础入手，逐步引导读者进行项目开发实践，深入浅出地讲解 Web 前端编程的各项技术和项目实践技能。我们的目的是多角度、全方位地帮助读者快速掌握软件开发技能，为读者构建从高校到社会的就职桥梁，让有志从事软件开发的读者轻松步入职场。

Web 前端开发最佳学习线路

本书以 Web 前端开发最佳的学习模式设置内容结构，第 1～4 篇可使您掌握 Web 前端编程基础知识、应用技能，第 5、6 篇可使您拥有多个行业项目开发经验。遇到问题可学习本书同步微视频，也可以通过在线技术支持，让老程序员为您答疑解惑。

本书内容

全书分为 6 篇 31 章。

第 1 篇（第 1～6 章）为基础知识，主要讲解 Web 前端开发技术的基础知识，包括 HTML 5 知识、CSS 3 知识、网页文本与网页图像等，引领读者步入 Web 前端开发的编程世界。 使读者能快速掌握 JavaScript 语言，为后面更好地学习网页编程打下坚实基础。

第 2 篇（第 7～13 章）为核心应用，主要讲解 Web 前端开发的核心应用，包括网页中超链接、网页列表、网页表格以及网页表单的美化，网页布局、网页动画效果等。通过本篇的学习，读者可对 Web 前端开发有较高的掌握水平。

第 3 篇（第 14～18 章）为核心技术，主要介绍通过案例示范学习 JavaScript 在前端开发中的一些核心技术，例如 JavaScript 的基础、开发应用工具、对象与数组、函数与闭包以及窗口与人机交互对话框等。

第 4 篇（第 19～24 章）为高级应用，主要讲解 JavaScript 的高级运用。通过本篇的学习，读者将学会文档（Document）对象与文档对象模型（DOM），JavaScript 的事件机制、客户端开发技术、服务器端开发技术、安全策略以及错误和异常处理等。学好本篇可以极大地提升 JavaScript 编程能力。

第 5 篇（第 25～28 章）为行业应用，主要讲解 JavaScript 语言在游戏、金融理财、移动互联网、电子商务等行业开发的应用。另外补充了软件工程师的必备素养与技能，为日后进行软件开发积累下行业开发经验。

第 6 篇（第 29～31 章）为项目实践，介绍企业门户网站、游戏大厅网站、便捷计算器 App 等实战特效案例。本篇内容不仅融入了作者丰富的工作经验和多年的使用心得，还提供了大量来自工作现场的实例，具有较强的实战性和可操作性。学习完本篇，读者可对 JavaScript 在 Web 前端开发中的应用有个详尽的了解，能在自己的职业生涯中应对各类 JavaScript 开发需求。

系统学习本书后，可以掌握 Web 前端开发基础知识、全面的前端程序开发能力、优良的团队协同技能和丰富的项目实践经验。我们的目标就是让初学者、应届毕业生快速成长为一名合格的初级程序员，通过演练积累项目开发经验和团队合作技能，在未来的职场中获取一个较高的起点，并能迅速融入软件开发团队。

本书特色

1. 结构科学、易于自学

本书在内容组织和范例设计中都充分考虑了初学者的特点，讲解由浅入深、循序渐进。无论您是否接触过 Web 前端开发语言，都能从本书中找到最佳的起点。

2. 视频讲解、细致透彻

为降低学习难度，提高学习效率，本书录制了同步微视频（模拟培训班模式）。通过视频学习除了能轻松学会专业知识外，还能获取老师的软件开发经验，使学习变得更轻松、有效。

3. 超多、实用、专业的范例和实践项目

本书结合实际工作中的应用范例逐一讲解 Web 前端开发的各种知识和技术，在行业应用篇和项目实践篇中更以 3 个项目的实践来总结、贯通本书所学，使您在实践中掌握知识，轻松拥有项目开发经验。

4. 随时检测自己的学习成果

每章首页中均提供了学习指引和重点导读，以指导读者重点学习及学后检查；每章后的就业面试技巧与解析均根据当前最新求职面试（笔试）精选而成，读者可以随时检测自己的学习成果，做到融会贯通。

5. 专业创作团队和技术支持

本书由聚慕课教育研发中心编著和提供在线服务。读者在学习过程中遇到任何问题，均可登录

http://www.jumooc.com 网站或加入图书读者（技术支持）QQ 群（529669132）进行提问，作者和资深程序员将为读者在线答疑。

本书附赠超值王牌资源库

本书附赠了极为丰富、超值的王牌资源库，具体内容如下：

（1）王牌资源 1：随赠本书"配套学习与教学"资源库，提升读者的学习效率。

- 本书同步 408 节教学微视频录像（支持扫描二维码观看），总时长 40 学时。
- 本书 3 个大型项目案例以及 360 个实例的源代码。
- 本书配套上机实训指导手册及本书教学 PPT 课件。

（2）王牌资源 2：随赠"职业成长"资源库，突破读者职业规划与发展瓶颈。

- 求职资源库：100 套求职简历模板库、600 套毕业答辩与 80 套学术开题报告 PPT 模板库。
- 面试资源库：程序员面试技巧、常见面试（笔试）题库、400 道求职常见面试（笔试）真题与解析。
- 职业资源库：程序员职业规划手册、软件工程师技能手册、常见错误及解决方案、开发经验及技巧集、100 套岗位竞聘模板、网页设计技巧查询手册。

（3）王牌资源 3：随赠"软件开发魔典"资源库，拓展读者学习本书的深度和广度。

- 案例资源库：600 个实例及源码注释。
- 项目资源库：行业网站开发策划案。
- 软件开发文档模板库：60 套 8 大行业软件开发文档模板库，JavaScript 特效案例库、网页模板库、网页素材库、14 套网页赏析案例库等。
- 电子书资源库：HTML 参考手册电子书、CSS 参考手册电子书、JavaScript 参考手册电子书、CSS 属性速查表电子书、HTML 标签速查表电子书、jQuery 速查表电子书、语法速查表电子书、网页配色电子书、Web 布局模板电子书。

（4）王牌资源 4：编程代码优化纠错器。

- 本助手能让软件开发更加便捷和轻松，无须安装配置复杂的软件运行环境即可轻松运行程序代码。
- 本助手能一键格式化，让凌乱的程序代码规整美观。
- 本助手能对代码精准纠错，让程序查错不再难。

上述资源获取及使用

注意： 由于本书不配送光盘，因此书中所用资源及上述资源均需借助网络下载才能使用。

1. 资源获取

采用以下任意途径，均可获取本书所附赠的超值王牌资源库。

（1）加入本书微信公众号"聚慕课 jumooc"，下载资源或者咨询关于本书的任何问题。

（2）登录网站 www.jumooc.com，搜索本书并下载对应资源。

（3）加入本书读者（技术支持）服务 QQ 群（529669132），读者可以打开群"文件"中对应的 Word 文件，获取网络下载地址和密码。

读者服务 qq 群

（4）通过电子邮件 elesite@163.com、408710011@qq.com 与我们联系，获取本书相应资源。

2. 使用资源

读者可通过以下途径学习和使用本书微视频和资源。

（1）通过 PC 端（在线）、App 端（在/离线）、微信端（在线）以及平板端（在/离线）学习本书微视频。

（2）将本书资源下载到本地硬盘，根据学习需要选择性使用。

读者对象

本书非常适合以下人员阅读：

- 没有任何网页设计基础的初学者。
- 有一定的 HTML 基础，想进一步精通 HTML 编程的人员。
- 有一定的 Web 前端开发基础，没有项目实践经验的人员。
- 正在进行软件专业相关毕业设计的学生。
- 大中专院校及培训学校的教师和学生。

创作团队

本书由聚慕课教育研发中心组织编写。河南工业大学的李岚老师任主编，胡江汇、张猛、李永刚老师任副主编。其中李岚老师负责编写第 1 章～第 10 章，胡江汇老师负责编写第 11 章～第 17 章，张猛老师负责编写第 18 章～第 24 章，李永刚老师负责编写第 25 章～第 31 章。

在本书的编写过程中，我们竭尽所能将最好的讲解呈现给读者，但也难免有疏漏和不妥之处，敬请广大读者批评指正。若读者在学习中遇到困难或疑问，或有何建议，可发邮件至 elesite@163.com。另外，读者也可以登录我们的网站 http://www.jumooc.com 进行交流以及免费下载学习资源。

作　者

CONTENTS 目录

第 1 篇

基础知识

本篇介绍 Web 前端开发技术的基本入门，包括 HTML 5 基础知识、CSS 3 基础知识、网页文本与网页图像等，引领读者步入 Web 前端开发的编程世界。

读者在学完本篇后将会了解到标签的基本概念，掌握 Web 前端开发的基本操作及应用方法，为后面更好地学习网页编程打好基础。

第1章

HTML 5 基础入门

 学习指引

　　当今社会已经进入互联网时代，人们的生活、工作都离不开网络，网页设计是其中的一门学科，将成为学习计算机知识的重要内容之一。本章介绍网页设计中的基本语言 HTML，介绍它的基本概念和编写方法，让读者初步了解 HTML。

 重点导读

- 了解 HTML 基本概念。
- 熟悉 HTML 5 的优点。
- 掌握第一个 HTML 页面的编写方法。
- 熟悉网站与网页。

1.1　HTML 的基本概念

HTML 是互联网上应用最广泛的标记语言之一，用来编写因特网上的网页。

1.1.1　什么是 HTML

　　HTML 是标记语言，它由 W3C 组织提供的一套标记标签组成。程序员使用这些标签进行叠加，可以开发出各种各样的网页。HTML 使用标记标签来描述网页。一个网页除了由大量的标签组成，还有后续要学习的 CSS 样式和 JavaScript 脚本组合而成。

1.1.2　HTML 的发展史

　　HTML 的发展有很多的曲折，从诞生至今已有 20 多年的历史，经历的版本以及发布日期如下。

- HTML（第一版）：1993 年 IETF 团队的一个草案，并不是成型的标准。
- HTML：1995 年 11 月作为 RFC1866 发布。
- HTML 3.2：1996 年 1 月 14 日由 W3C 组织发布，是 HTML 文档第一个被广泛使用的标准。
- HTML 4.0：1997 年 12 月 18 日由 W3C 组织发布，也是 W3C 推荐标准。
- HTML 4.01：1999 年 12 月 24 日由 W3C 组织发布，是 HTML 文档另一个重要的被广泛使用的标准。
- XHTML 1.0：发布于 2000 年 1 月 26 日，是 W3C 组织推荐，标准，经修改于 2002 年 8 月 1 日重新发布。
- XHTML 1.1：于 2001 年 5 月 31 日发布。
- XHTML 2.0：于 2002 年 8 月 5 日发布草案。
- HTML 5：第一份正式草案于 2008 年 1 月 22 日公布。

1.1.3　HTML 与 XHTML

　　XHTML 是可扩展超文本标记语言，是一种置标语言，表现方式与 HTML 类似，不过语法上更加严格，是更纯净的 HTML 版本。它是 W3C 的一个标准，与 HTML 4.01 几乎相同。

　　XHTML 是以 XML 格式编写的 HTML，是指可扩展超文本编辑语言，与 HTML 4.01 版本几乎相同，可以说 XHTML 是更严格、更纯净的 HTML 版本。XHTML 是以 XML 应用的方式定义的 HTML，在 2001 年 1 月，W3C 推荐发布为标准，目前，几乎得到所有主流浏览器的支持。

　　XHTML 具有<!DOCTYPE ....>强制性、元素必须合理嵌套、元素必须有关闭标签、空元素必须包含关闭标签、元素必须是小写、属性名称必须是小写、属性值必须有引号和不允许属性简写等特性。

1.2　HTML 5 的优势

　　HTML 5 相对于前面的版本，以 HTML、XHTML 来说，增加了一些实用的新功能，对于用户和网页开发来说，HTML 5 的出现意义很重大。但是 HTML 5 并不是革命性的改版，不会对开发者带来过多的冲击。本节我们就来介绍 HTML 5 的一些优势。

1.2.1　解决跨浏览器问题

　　对于网页设计程序员来说，跨浏览器问题绝对是使其记忆深刻的一个问题。

　　在 HTML 5 前面的版本中，由于不同的浏览器对于 HTML 标准支持的不同，致使同样的网页在不同的浏览器中表现的效果不同。对于 HTML 5，各大浏览器厂商对于 HTML 5 都表示出很高的热情，这是解决跨浏览器的根本所在。

1.2.2　部分代替了原来的 JavaScript

　　HTML 5 中新增了一些功能，这些功能可以部分代替 JavaScript。如打开一个页面后，想让某个文本框获得输入焦点，很多人会想到用 JavaScript 来完成。

　　【例 1-1】（实例文件：ch01\Chap1.1.html）获取文本框的焦点。

```
<!DOCTYPE html>
<html>
<head>
    <meta charset="UTF-8">
    <title>Title</title>
</head>
<body>
<form action="demo">
    姓名：<input type="text" name="Name"><br>
    成绩：<input type="text" name="Grade" id="grade"><br>
</form>
</body>
</html>
<script>
    document.getElementById("grade").focus()
</script>
```

相关的代码实例请参考 Chap1.1.html 文件，在 Chrome 浏览器中运行的结果如图 1-1 所示。

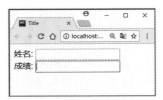

图 1-1　获取文本框的焦点

在 HTML 5 中，则只需要设置 autofocus 属性就可以代替 JavaScript 代码，代码如下：

```
<form action="demo">
    姓名：<input type="text" name="Name"><br>
    成绩：<input type="text" name="Grade" autofocus><br>
</form>
```

在 HTML 5 中，如一些输入验证的属性，以前都需要通过 JavaScript 来完成，现在都只需要一个 HTML 5 属性就可以实现。

1.2.3　更明确的语义支持

在 HTML 5 以前，布局基本都是使用<div>标签来实现，通过 id 来区分，这样就缺乏明确的语义。HTML 5 则提供了更明确的语义元素，代码如下：

```
<body>
<header>...</header>
<nav>...</nav>
<section>...</section>
<footer>...</footer>
</body>
```

1.2.4　增强了 Web 应用程序的功能

HTML 对于 Web 应用程序来说功能太匮乏了，如上传文件时想同时选择多个文件都不行，为了弥补类似的不足，在 HTML 5 中新增大量 API 来提高应用程序性能，增强用户体验，以及对应用程序现有的功能进行扩展。

1.3　编写第一个 HTML 页面

前面介绍了 HTML 的基本知识，下面编写一个简单的 HTML 页面，使用的是 WebStorm 编辑软件，在后续的讲解中均使用这款编辑器。

1.3.1　搭建 HTML 运行环境

HTML 运行环境非常简单，它不需要服务端，只需要下载一款编辑器，如 Dreamweaver、WebStorm 等，在编辑器中直接编写代码，然后在浏览器中查看效果。下面以 WebStorm 为例来介绍一下。

首先到 WebStorm 编辑器的官网 http://www.jetbrains.com/webstorm/ 去下载软件的安装包，如图 1-2 所示。

图 1-2　WebStorm 编辑器的官网

安装完成后，还需要创建一个文件夹，用于存放代码，假设在桌面创建这个文件夹，命名为"源码"，如图 1-3 所示。

图 1-3　"源码"文件夹

启动 WebStorm 编辑器，在编辑器中打开刚才创建的文件夹"源码"，操作顺序是选择 file→open 命令，在弹出的窗口中，选择"源码"选项，如图 1-4 所示。

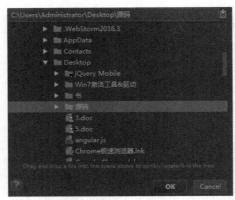

图 1-4　找到源码文件

单击 OK 按钮后，在弹出的对话框中单击 This Window 按钮，这样就进入"源码"文件夹里了，如图 1-5 所示，以后所编写的代码都在这里面。

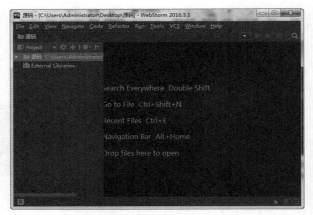

图 1-5　进入"源码"文件夹

完成以上步骤，接下来就可以创建 HTML 页面了。

创建 HTML 页面有两种方法。

第一种：操作顺序是 File→New→HTML File，如图 1-6 所示。

图 1-6　创建 HTML 页面

第二种：在"源码"文件夹上右击→New→HTML File，如图 1-7 所示。

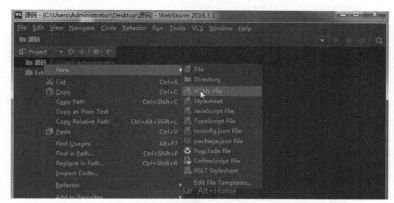

图 1-7　创建 HTML 页面

单击 HTML File 选项后，弹出命名窗口，这是第一个页面，所以命名为 one，如图 1-8 所示。

图 1-8　页面命名

单击 OK 按钮，页面创建完成，如图 1-9 所示。

图 1-9　新创建的页面

1.3.2　检查浏览器是否支持

在 WebStorm 中，把鼠标指针移动到编辑器的右上角，会默认显示 5 种浏览器的图标，如图 1-10 所示。

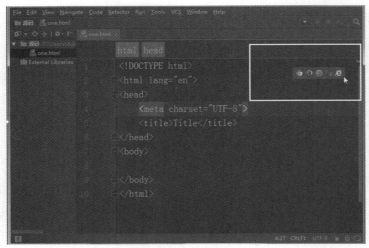

图 1-10　默认的浏览器

如果用户的计算机上安装了相应的浏览器，当单击时会在浏览器中显示页面内容，如果没有安装，就会弹出找不到的提示框，如图 1-11 所示。

图 1-11　提示框

1.3.3　编写 "hello HTML 5" Web 页面

一切准备就绪，开始编写一个简单的页面。

就会发现，当 one.html 文件创建完成时，里面有一些代码，这些代码其实是 HTML 的框架，只需在 <body></body> 标签中编写需要的内容即可，如图 1-12 所示，其他标签含义将在后续的内容介绍。

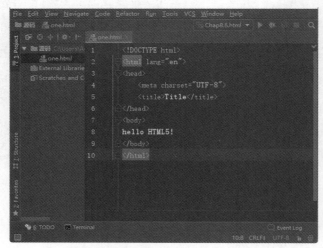

图 1-12　编写 hello HTML 5 页面

在 Chrome 浏览器中运行的结果如图 1-13 所示。

图 1-13　one.html 文件显示效果

1.4　认识网页与网站

网页和网站都是互联网的一部分，本节介绍网页和网站的基本概念。

1.4.1　网页与网站的关系

网页是一个文件，它存在于计算机中，而这部计算机必须是与互联网相连的。网页是由网址（URL）来识别与存取的，当在浏览器中输入网址后，网页文件会被传送到正在浏览网页的计算机中，然后通过浏览器对网页进行解析，再展示给用户。

网站是指根据一定的规则，使用 HTML 等工具制作的用于展示特定内容的相关网页的集合。

网站和网页最直接的关系是网站有后台，也就是网站里的内容可以更换，而网页没有后台，里面的东西全是固定的，没法再更换。

从某种程度上讲，网站是由网页组成的，但是网站往往要复杂得多，网站一般由许多个网页组成。但是网页设计是网站设计的基础，只有学好了网页设计才能组织好网站设计。

1.4.2　建立网站的一般流程

网站建设的流程基本上都包括域名注册查询、网站策划、网页设计、网站功能、网站优化技术、网站内容整理、网站推广、网站评估、网站运营、网站整体优化、网站改版等。

1. 网站建设的需求

有网站建设需求的客户向网站建设公司提出具体的网站建设要求，这些要求都是需要通过文字的形式，详细地向制作公司进行说明，要将需要建设的网站要求、内容，以及产品描述全部描写清楚。网站制作公司则要对客户的网站建设要求进行全方位的评估及了解，这样才能做出符合用户需求的网站。

2. 制定网站建设方案

针对客户提出的网站建设需求，设计出整体的网站建设方案，并与客户进行再次商谈，就网站建设的风格，主题以及相关的细节进行详细的沟通，只有在与客户达到共识之后才能无所顾忌地进行网站建设。

3. 网站建设初稿，敲定细节

在与客户达成共识，网站建设公司便开始着手进行网站建设的工作，在双方约定的时间内给出客户网站建设的初稿，就双方约定的网站风格、网站建设主题、网站设计内容等进行初步审核。

在初审通过之后，便开始对网站建设的细节进行详细处理，网站建设的框架大体好规划，但是在细节方面需要花费的时间比较多，往往花费时间越多，做出来的网站效果更好。

5. 网站建设完成，进行验收

网站建设完成之后，需要网站制作公司反复审核和试验之后，才能交付给客户完工，在交付给客户之前，所有的网站制作商都要对网站进行反复的测试，特别是对于网站的核心功能模块，要进行反复的测试才可以交付给客户。

网站交给客户之后，还要对客户进行指导，对网站进行维护。

1.5 就业面试技巧与解析

1.5.1 面试技巧与解析（一）

面试官：XHTML 是一种为适应 XML 而重新改造的 HTML，当 XML 越来越成为一种趋势，就出现了这样一个问题：如果用户有了 XML，是否还需要 HTML？

应聘者：依然需要使用 HTML。因为很多人已经习惯使用 HTML 作为他们的设计语言，而且，已经有数以百万计的页面是采用 HTML 编写的，所以在将来依然需要 HTML。

1.5.2 面试技巧与解析（二）

面试官：HTML 文件的扩展名有哪些？

应聘者：HTML 文件的扩展名有 ".html" 和 ".htm"。

".html" 是当今网页文件的一种最基本的、也是使用最广泛的保存格式，是一种超文本标记语言，页面中没有嵌入任何服务器要执行的语句，是一种静态的页面格式，一般的浏览器都能够直接解析并显示。

关于 ".htm"，其实与 ".html" 并没有本质意义上的区别，只是为了满足 DOS 的 8+3（文件名不能超过 8 个字符，扩展名不能超过 3 个字符）的文件名命名规范。因为一些老的系统（32 位）不能识别 4 位文件扩展名，所以某些服务器要求.html 的最后一个字母 l 省略。浏览器能自动识别和打开这些文件，编写这些网页网址的时候必须是对应的，也就是说 index.html 和 index.htm 是两个不同的文件，对应着不同的地址。

第 2 章

HTML 5 文档基本结构

 学习指引

　　HTML 5 的文档结构包括标题、段落、列表、表格、绘制的图形以及各种嵌入对象。本章主要介绍 HTML 5 文档的基本结构。

 重点导读

- 掌握 HTML 5 文档构成。
- 掌握 HTML 5 的语法变化。
- 掌握 HTML 5 标签、元素及属性。
- 掌握 HTML 5 文档头部标签。
- 掌握<meta>标签。
- 掌握页面注释标签。
- 掌握标题标签。
- 掌握段落标签。
- 掌握其他标签。

2.1　HTML 5 文档构成

　　HTML 5 的文档结构包括头部（head）、主体（body）两大部分。头部描述浏览器所需的信息，主体包含所要说明的具体内容，代码如下：

```
<!DOCTYPE html>
<html>
<!--头部-->
<head>
    <meta charset="UTF-8">
    <title>Title</title>
</head>
<!--主体-->
```

```
<body>
</body>
</html>
```

2.1.1 <!DOCTYPE>声明

引用官方的 DTD 文件，在 HTML 5 之前的版本，如 XHTML、HTML 4.0 都有官方的 DTD 文件的引用。DTD 是文档类型定义，它主要对标签的使用进行定义。基于 HTML 5 设计的"化繁为简"准则，HTML 5 中不需要引用严格意义上的 DTD 的规范，只需引入下面代码即可：

```
<!DOCTYPE html>
```

2.1.2 <html>标签

HTML 文档的根元素，成对出现<html></html>，它代表文档的开始和结束。在 HTML 5 中该标签可以省略，但是为了符合 Web 标准和体现文档的完整性，建议不要省略该标签。

2.1.3 <head>标签

HTML 的头部、内部提供了许多标签，用于说明文档头部的相关信息。
<head>标签内包含的主要元素如表 2-1 所示。

表 2-1　<head>标签内包含的主要元素

标　　签	作　　用
<title></title>	用于定义文档的标题
<meta>	用于定义 html 元数据
<link>	用于链接外部 CSS 资源文件
<style></style>	用于定义内部 CSS 样式
<script></script>	用于包含 JavaScript 脚本

2.1.4 <body>标签

<body>标签是 HTML 的主体部分，网页所要显示的内容都放在该标签内，语法如下面代码所示：

```
<body>
...
</body>
```

2.2　HTML 5 的语法变化

HTML 5 为了兼容互联网中不规则的代码，在语法上有一部分的变化，下面具体介绍。

2.2.1　标签不再区分大小写

标签不再区分大小写，代码如下：

```
<!DOCTYPE html>
<html>
<head>
    <meta charset="UTF-8">
    <title>标签不再区分大小写</title>
</head>
<body>
<span>标签不再区分大小写</Span>
</body>
</html>
```

在 IE 浏览器中运行的结果如图 2-1 所示。

图 2-1　标签不区分大小写

虽然"<span>标签不再区分大小写</Span>"中开始标签和结束标签不匹配，但是这完全符合 HTML 5
规范。用户可以通过 W3C 提供的在线验证页面来测试上面的网页，验证网址为 http://validator.w3.org/。

2.2.2　元素可以省略结束标签

HTML 5 显得比较宽容，它允许一部分 HTML 标签省略结束标签，甚至允许同时省略开始和结束标签，
代码如下：

```
<!DOCTYPE html>
<html>
<head>
    <meta charset="UTF-8">
    <title>元素可以省略结束标签</title>
</head>
<h1>元素可以省略结束标签</h1>
```

在 IE 浏览器中运行的结果如图 2-2 所示。

图 2-2　省略结束标签

虽然<html>标签没有结束标签，<body>开始标签和结束标签都没有，但这个页面是合法的。

2.2.3　支持 boolean 值的属性

在 HTML 中有一些元素的属性，当只写属性名称而不指定属性值时，表示属性值为 true，如果设置该属性值为 false，则不使用该属性即可，代码如下：

```
<input type="text" readonly="true">
<input type="text" readonly>
```

2.2.4　允许属性值不使用引号

在 HTML 5 中，属性值不使用引号也是正确的，代码如下：

```
<body>
<input type=text>
<input type=checkbox>
</body>
```

注意：如果某个属性值的属性值包含空格等，容易引起浏览器混淆的属性值，那么建议读者使用引号把它的属性值引起来。

2.3　HTML 5 标签、元素及属性

HTML 网页实际上就是由许许多多各种各样的 HTML 元素构成的文本文件，并且任何网页浏览器都可以直接运行 HTML 文件。所以可以这样说，HTML 元素就是构成 HTML 文件的基本对象，HTML 元素可以说是一个统称而已。HTML 元素就是通过使用 HTML 标签进行定义的。

2.3.1　标签

像<head>、<body>、<table>等被尖括号"<"和">"包起来的对象，都是 HTML 标签。绝大部分的标签都是成对出现的，如<table></talbe>、<form></form>。当然还有少部分不是成对出现的，如
、<hr/>等。HTML 中的文档和 HTML 元素是通过 HTML 标签进行标记的。

2.3.2　单标签

单标签由一个标签组成，在开始标签中进行关闭，以开始标签的结束而结束。常见的几种单标签如下。
-
：在页面中起换行的作用。
- <hr/>：在页面中创建一条水平线。
- <meta/>：元素可提供有关页面的元信息。
- <img/>：图片标签，用于在页面插入图片。

2.3.3　双标签

双标签由"开始标签"和"结束标签"两部分构成，如图 2-3 所示。

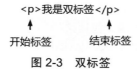

图 2-3　双标签

常见双标签如下。

- <h1></h1>：标题标签。
- <p></p>：段落标签。
- <ul></ul>：无序列表标签。
- <table></table>：表格标签。

2.3.4　标签属性

为 HTML 元素提供各种附加信息的就是 HTML 属性，它总是以"属性名=属性值"的形式出现，而且属性总是在 HTML 元素的开始标签中进行定义。

【例 2-1】（实例文件：ch02\Chap2.1.html）标签属性。

```
<!DOCTYPE html>
<html>
<head>
    <meta charset="UTF-8">
    <title></title>
</head>
<body>
<!--设置 p 标签的 align 属性,属性值为 center-->
<p align="center">html 属性</p>
</body>
</html>
```

相关的代码实例请参考 Chap2.1.html 文件，在 IE 浏览器中运行的结果如图 2-4 所示。

图 2-4　标签属性

2.3.5　元素

从开始标签到结束标签的所有代码，就是 HTML 元素，如<p>HTML</p>。位于起始标签和结束标签之间的文本就是 HTML 元素的内容。

2.4　HTML 5 文档头部标签

　　<head>标签是文档的头部标签，它是所有头部元素的容器。<head>中的元素可以引用脚本、指示浏览器在哪里找到样式表、提供元信息等。

　　文档的头部描述了文档的各种属性和信息，包括文档的标题、在 Web 中的位置及和其他文档的关系等。绝大多数文档头部包含的数据都不会真正作为内容显示给读者。<title>定义文档的标题，它是<head>标签中唯一必需的元素。

　　应该把<head>标签放在文档的开始处，紧跟在<html>后面，并处于<body>标签之前，如下面基本的 HTML 结构代码如下：

```
<!DOCTYPE html>
<html>
<!--头部标签-->
<head>
    <meta charset="UTF-8">
    <title>Title</title>
</head>
<body>
</body>
</html>
```

2.4.1　设置页面标题标签

　　<title>标签定义文档的标题，在所有 HTML 文档中是必需的，只能出现在<head>中。

　　<title>元素的作用：

- 定义浏览器工具栏中的标题。
- 提供页面被添加到收藏夹时的标题。
- 显示在搜索引擎结果中的页面标题。

　　【例 2-2】（实例文件：ch02\Chap2.2.html）页面标题标签。

```
<!DOCTYPE html>
<html>
<head>
    <meta charset="UTF-8">
    <title>第一个页面</title>
</head>
<body>
</body>
</html>
```

　　相关的代码实例请参考 Chap2.2.html 文件，在 IE 浏览器中运行的结果如图 2-5 所示。

图 2-5　页面标题标签

2.4.2　引用外部文件标签

　　\<link\>标签是引用外部文件标签，通常放置在一个网页的头部标签中，用于链接外部 CSS 文件。

　　【例 2-3】（实例文件：ch02\Chap2.3.html）引用外部文件标签。

```
<!DOCTYPE html>
<html>
<head>
    <meta charset="UTF-8">
    <title></title>
</head>
<body>
<p>引入外部文件标签</p>
</body>
</html>
```

　　相关的代码实例请参考 Chap2.3.html 文件，在 IE 浏览器中运行的结果如图 2-6 所示。

图 2-6　页面加载效果

　　在上面的案例中引入 style 样式文件，style 样式文件代码如下：

```
p{
    background: red;
    color: white;
}
```

　　在\<head\>标签中使用\<link\>把 style 样式引入 HTML，代码如下：

```
<head>
        <meta charset="UTF-8">
        <title></title>
<!--引入外部 css 文件-->
        <link rel="stylesheet" href="style.css">
</head>
```

　　在 IE 浏览器中运行的结果如图 2-7 所示。

图 2-7　引用外部文件标签

2.4.3　内嵌样式标签

　　\<style\>标签是内嵌样式标签，用于为 HTML 文档定义样式信息，它位于\<head\>头部中。在\<style\>标签中，可以规定在浏览器中如何呈现 HTML 文档。

　　【例 2-4】（实例文件：ch02\Chap2.1.html）内嵌样式标签。

```
<!DOCTYPE html>
<html>
<head>
    <meta charset="UTF-8">
    <title></title>
    <style>
        p{
            background: green;   /*设置p标签的背景的为绿色*/
            color: white;         /*设置p标签中字体颜色为白色*/
        }
    </style>
</head>
<body>
<p>style用于内嵌样式</p>
</body>
</html>
```

相关的代码实例请参考 **Chap2.4.html** 文件，在 IE 浏览器中运行的结果如图 2-8 所示。

图 2-8　内嵌样式标签

2.5　<meta>标签

在一个网页中，<meta>标签用来做网页的关键字、页面说明、作者信息、网页的定时跳转等声明。

1. 设置页面关键字

Keywords（关键字）用于告诉搜索引擎网页的关键字，代码如下：

```
<meta name="keywords"content="某人,论坛,学历,前端">
```

2. 设置页面说明

Description（页面说明）用于告诉搜索引擎网站的主要内容，代码如下：

```
<meta name="description" content="WEB前端的一些面试技巧">
```

3. 设置作者信息

Author（作者信息）用于介绍作者的一些信息，代码如下：

```
<meta name="author" content="某人，他的邮箱"/>
```

4. 设置网页的定时跳转

网页在多少秒后自动从当前页面跳转到另外一个网页页面或网站，实现代码如下：

```
<meta http-equiv="Refresh" content=" ";URL=" "/>
```

其中，content 后跟值为当前页面在多少时间跳转，URL 值为跳转到具体的网页网站。

2.6　页面注释标签

注释是在 HTML 代码中插入描述性的文本，用来解释该代码或提示其他信息。注释只出现在代码中，浏览器页面中不显示。在 HTML 中插入代码，对于日后的维护工作有很大的好处，也便于其他读者去理解，语法如下：

```
<!--注释的内容-->
```

【例 2-5】（实例文件：ch02\Chap2.5.html）页面注释标签。

```
<!DOCTYPE html>
<html>
<head>
    <meta charset="UTF-8">
    <title>页面注释</title>
</head>
<body>
<!--这是一个标题-->
<h1>静夜思</h1>
<!--这是一个列表-->
<ul>
    <li>窗前明月光,</li>
    <li>疑是地上霜.</li>
</ul>
</body>
</html>
```

"这是一个标题"和"这是一个列表"在页面中不会显示。

相关的代码实例请参考 Chap2.5.html 文件，在 IE 浏览器中运行的结果如图 2-9 所示。

图 2-9　页面注释标签

2.7　标题标签、换行标签及不换行标签

在 HTML 5 中，文本结构除了有行和段出现以外，还可以作为标题存在，下面就来介绍一下标题标签。

2.7.1 标题标签

HTML 中标题由<h1>～<h6>标签来定义。其中<h1>代表 1 级标题，级别最高，文字最大，其他标题标签依次递减，<h6>标签级别最低。

【例 2-6】（实例文件：ch02\Chap2.6.html）标题标签。

```
<!DOCTYPE html>
<html>
<head>
    <meta charset="UTF-8">
    <title>标题标签</title>
</head>
<body>
<h1>想法是成功的种子</h1>
<h2>想法是成功的种子</h2>
<h3>想法是成功的种子</h3>
<h4>想法是成功的种子</h4>
<h5>想法是成功的种子</h5>
<h6>想法是成功的种子</h6>
</body>
</html>
```

相关的代码实例请参考 Chap2.6.html 文件，在 IE 浏览器中运行的结果如图 2-10 所示。

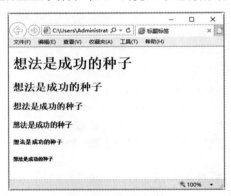

图 2-10　标题标签

2.7.2 标题字对齐属性 align

标题字的对齐属性 align，它包括的属性如表 2-2 所示。

表 2-2　align 的属性值

属 性 值	说　　明
center	居中对齐内容
left	左对齐内容
right	右对齐内容
justify	对行进行伸展，这样每行都可以有相等的长度

【例 2-7】（实例文件：ch02\Chap2.7.html）标题文字对齐。

```
<!DOCTYPE html>
<html>
<head>
    <meta charset="UTF-8">
    <title>标题字对齐属性</title>
</head>
<body>
<h1 align="center">想法是成功的种子</h1>        <!--居中对齐内容-->
<h1 align="left">想法是成功的种子</h1>          <!--左对齐内容-->
<h1 align="right">想法是成功的种子</h1>         <!--右对齐内容 -->
</body>
</html>
```

相关的代码实例请参考 Chap2.7.html 文件，在 IE 浏览器中运行的结果如图 2-11 所示。

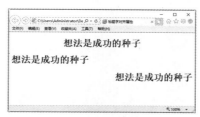

图 2-11　标题字对齐属性

2.8　段落标签、换行标签及不换行标签

在网页中对文本段落进行排版时，段落使用\<p\>标签，换行使用\<br/\>标签，不换行使用\<nobr\>标签。

2.8.1　段落标签

段落标签即\<p\>标签，\<p\>开始和\</p\>结束之间的内容形成一个段落。

【例 2-8】（实例文件：ch02\Chap2.8.html）段落标签。

```
<!DOCTYPE html>
<html>
<head>
    <meta charset="UTF-8">
    <title>段落</title>
</head>
<body>
<p>天平公平的时候很少,不公平的时候很多,但它依旧真实.</p>
<p>什么是公平,什么是不公平? </p>
<p>公平不公平本是没有界限的,也许大家当初的起点相同,但历经磨炼和痛苦之后的终点岂止是相差十万八千里呢</p>
</body>
</html>
```

相关的代码实例请参考 Chap2.8.html 文件，在 IE 浏览器中运行的结果如图 2-12 所示。

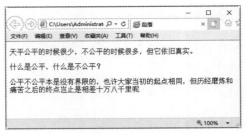

图 2-12　段落标签

2.8.2　换行标签

换行标签\
是一个单标记，它没有结束标签，作用是将文字在一个段内强制换行。一个\
标签代表一次换行，连续的多个\
标签表示多次换行。使用时，只需在要换行的位置添加即可。

【例2-9】（实例文件：ch02\Chap2.9.html）换行标签。

```
<!DOCTYPE html>
<html>
<head>
    <meta charset="UTF-8">
    <title>换行</title>
</head>
<body>
一位哲人曾经说过：<br/>"人生最大的悲剧莫过于,人们毕其一生的时间,努力去攀登成功的梯子,<br/>当爬到梯子的顶部时,
才猛然发现,这个梯子靠在了一个错误的建筑上."
<br/>倘若目标错了,那么无论你在梯子上攀登得多快,攀登得多高,<br/>哪怕是第一个到达目的地也毫无价值.<br/>攀上
正确的梯子,才是最为重要的事情.
</body>
</html>
```

相关的代码实例请参考 Chap2.9.html 文件，在 IE 浏览器中运行的结果如图 2-13 所示。

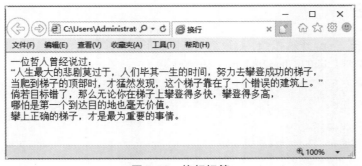

图 2-13　换行标签

2.8.3　不换行标签

在网页排版中，如文章列表、标题排版时，无论多少文字均不希望换行显示，需要强制在一行显示内容，这时就需要使用不换行标签\<nobr>来实现。不换行内容放入\<nobr>与\</nobr>之间即可。如不遇到\
换行标签，内容在一行显示完，如遇到\
换行标签，内容将在加\
换行自动换行。

【例2-10】（实例文件：ch02\Chap2.10.html）不换行标签。

```
<!DOCTYPE html>
<html>
<head>
    <meta charset="UTF-8">
    <title>不换行</title>
    <style>
        div{
            width: 100px;              /*设置div的宽度*/
            border: 1px solid red;     /*设置div的边框*/

        }
    </style>
</head>
<body>
<div>
    <nobr>
        人生最大的悲剧莫过于,<br/>人们毕其一生的时间,<br/>努力去攀登成功的梯子,<br/>当爬到梯子的顶部
时,<br/>才猛然发现,这个梯子靠在了一个错误的建筑上
    </nobr>
</div>
</body>
</html>
```

相关的代码实例请参考 Chap2.10.html 文件,在 IE 浏览器中运行的结果如图 2-14 所示。

图 2-14　不换行标签

2.9　其他标签

在前面已经介绍了许多经常使用的标签,下面介绍一些其他的标签。

2.9.1　水平线标签

在网页中,如果想要将上下内容分隔开,可以使用水平线标签<hr>,<hr>水平线特的点是100%宽度水平分隔
线,并且独占一行,<hr>水平线将上下内容分隔一定距离。

【例 2-11】 (实例文件:ch02\Chap2.11.html)水平线标签。

```
<!DOCTYPE html>
<html>
<head>
    <meta charset="UTF-8">
    <title>水平线</title>
</head>
```

```
<body>
<div></div>
一位哲人曾经说过："人生最大的悲剧莫过于,人们毕其一生的时间,努力去攀登成功的梯子,当爬到梯子的顶部时,才猛然发现,
这个梯子靠在了一个错误的建筑上。"
<hr>
倘若目标错了,那么无论你在梯子上攀登得多快,攀登得多高,哪怕是第一个到达目的地也毫无价值。攀上正确的梯子,才是最为
重要的事情。
</body>
</html>
```

相关的代码实例请参考 Chap2.11.html 文件，在 IE 浏览器中运行的结果如图 2-15 所示。

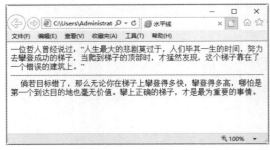

图 2-15　水平线标签

2.9.2　插入空格

在通常情况下，都是使用空格键来插入多个空格，而在编写代码中，通过空格键打出的空格，会被 HTML 自动忽略。HTML 将这样的空格视为空白字符，并显示为单个空白间隔。在 HTML 5 中，经常使用 来插入空格。

【例 2-12】（实例文件：ch02\Chap2.12.html）插入空格。

```
<!DOCTYPE html>
<html>
<head>
    <meta charset="UTF-8">
    <title>插入空格</title>
</head>
<body>
空     格
</body>
</html>
```

相关的代码实例请参考 Chap2.12.html 文件，在 IE 浏览器中运行的结果如图 2-16 所示。

图 2-16　插入空格

2.9.3　插入特殊字符

如果要在标签中插入特殊字符，可以使用 "&" 开头、";" 结尾，中间加上特殊字符对应的编码即可，如上面介绍的空格。假如要在 HTML 插入小于号，只需在要使用的位置插入 "<" 即可。具体代码参考下面案例。

【例 2-13】（实例文件：ch02\Chap2.13.html）插入特殊字符。

```html
<!DOCTYPE html>
<html>
<head>
    <meta charset="UTF-8">
    <title>插入特殊字符</title>
</head>
<body>
<input type="text" value="1&lt;10">
</body>
</html>
```

相关的代码实例请参考 Chap2.13.html 文件，在 IE 浏览器中运行的结果如图 2-17 所示。

图 2-17　插入特殊字符

2.10　就业面试技巧与解析

2.10.1　面试技巧与解析（一）

面试官：HTML 5 中新多媒体元素有哪些？

应聘者：HTML 5 中新多媒体元素有以下 4 种。

- audio 元素：Audio 元素主要是定义播放声音文件或者音频流的标准。
- video 元素：video 元素主要是定义播放视频文件或者视频流的标准。
- <source>元素：<source>元素为媒体元素定义媒体资源，<source>元素允许用户规定两个视频/音频文件共浏览器，根据它对媒体类型或者编解码器的支持进行选择。
- embed 元素：embed 元素用来插入各种多媒体，其格式可以是 MIDI、WAV、AIFF、AU、MP3 等。

2.10.2　面试技巧与解析（二）

面试官：HTML 5 中分组元素有哪些？

应聘者：HTML 5 中分组元素有如下 3 种：

- <hgroup>元素用于对网页或区段（section）的标题进行组合，<hgroup>元素通常会将 h1～h6 元素进行分组，比如一个内容区块的标题及其子标题算一组。
- <figure>标签用来表示网页上一块独立的内容，将其从网页上移除后不会对网页上的其他内容产生影响。
- <figcaption>元素的作用是为<figure>元素定义标题。

第 3 章
CSS 3 基础入门

 学习指引

对于网页设计而言，CSS 就像一支画笔，可以勾勒出优美的画面，它可以根据设计者的要求对页面的布局、颜色、字体、背景和其他图文效果进行控制，可以说 CSS 是网页设计中不可缺少的重要内容。

重点导读

- 了解 CSS 样式表。
- 熟悉 CSS 样式表的基本语法。
- 掌握 HTML 网页应用 CSS 样式的方法。
- 熟悉 CSS 三大特性。
- 熟悉在脚本中修改显示样式。

3.1　CSS 概述

CSS 样式的使用，减少了在 HTML 中重复的格式设置，如网页的颜色、字体和大小等。另外，在后期的维护中，如果需要修改部分外观样式，只需要修改相应的代码即可。

3.1.1　CSS 概述

CSS 被称为层叠样式单，它是一种专门描述结构文档的表现方式的文档，主要用于网页风格设计，包括字体大小、颜色、背景以及元素的精确定位等。在传统的 Web 网页设计里，使用 CSS 能让单调的 HTML 网页更富表现力。

CSS 样式的使用，使"网页结构代码"和"网页格式风格代码"分离开，将站点上的所有网页都指向某个 CSS 文件，遇到要修改时，只需更改该 CSS 文件就可以了。不仅维护简单，还可以使 HTML 文档代码简练，缩短浏览器的加载时间。W3C 组织也大力提倡使用样式单来描述结构文档的显示效果。

3.1.2　CSS 的发展历史

CSS 的最新版是 CSS 3，目前正处于进一步完善中。下面简单地介绍一下 CSS 的发展历史。

- CSS 1.0：1996 年 12 月，CSS 1.0 作为第一个正式规范面试，其中已经加入了字体、颜色等相关属性；
- CSS 2.0：1998 年 5 月，CSS 2.0 规范正式推出，这个版本的 CSS 也是最广为人知的一个版本，以前的前端开发者使用的一般就是这个 CSS 规范；
- CSS 2.1：2004 年 2 月，CSS 2.1 对原来的 CSS 2.0 进行了一些小范围的修改，删除了一些浏览器支持不成熟的属性，我们可以认为 CSS 2.1 是 CSS 2.0 的修订版；
- CSS 3：2010 年 CSS 3 规范推出，这个版本完善了前面 CSS 存在的一些不足，例如：颜色模块增加了色彩校正、透明度等功能，还增加了变形和动画模块等。

3.1.3　CSS 3 的新功能

CSS 3 新增了许多的新功能，以前很多效果都需要借助脚本或者图片才能实现，使用 CSS 3 只需要几行代码就能搞定了，具体的一些新功能如表 3-1 所示。

表 3-1　CSS 3 新增功能

新　功　能	说　　　明
选择器	CSS 3 增加了许多更强大的选择器
边框	CSS 3 可以创建圆角边框、阴影、边框背景等
文字效果	使用 CSS 3，设计者可以使用自己喜欢的任何字体，只需把自己喜欢的字体引入网站中就可以实现了
背景	CSS 3 背景包含了新属性，包括背景图片的大小、裁剪背景图片、背景图片的定位等
渐变	CSS 3 定义了线性渐变和径向渐变
多列布局	为页面布局提供了更多的手段
动画	CSS 3 动画使得设计者不需要编写脚本代码，也可以让页面元素动起来
媒体查询	可以根据不同的设备、不同的屏幕来调整页面

3.2　CSS 的基本语法

CSS 的语法非常简单，CSS 语法规则由两个主要的部分构成，分别是选择器，以及一条或多条声明，具体语法结构如图 3-1 所示。

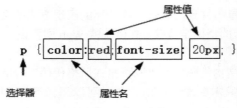

图 3-1　语法结构

选择器通常是用户需要改变样式的 HTML 元素，选择器直接与 HTML 代码对应，声明（declaration）非常人性化，属性（property）是用户希望设置的样式属性（style attribute），绝大部分属性名都是有含义的英文单词或词组，每个属性对应一个值，属性值大部分也是直接用有意义的单词表示，例如颜色值可以取 blue、red 和 yellow，预设的 border 样式有 solid 和 dashed，属性和值之间用冒号分开。

CSS 语法具有很高的容错性，即一条错误的语句并不会影响之后语句的解析，代码如下：

```
<style>
h1{
    color:blue         /*这里没有分号,导致语法错误*/
    font-size:20px     /*这条声明不会被应用*/
}
h2{
    -color:red;        /*对于不识别的属性名,CSS 将自动忽略*/
    font-size:22px;    /*前面的错误不影响这条声明的作用*/
}
</style>
```

注意：虽然 CSS 的容错性非常高，但是在编写的过程中也要注意语法错误的检查，用户可以使用 CSS Lint、Dreamweaver 等工具来检查 CSS 语法格式。

3.3　HTML 网页应用 CSS 样式的方法

CSS 可以控制 HTML 文档的显示，但在控制文档显示之前，需要在文档中引入 CSS 样式，HTML 提供了 4 种引入方式，包括行内样式、内嵌样式、链接样式和导入样式。

3.3.1　使用行内样式表

行内样式是最为简单的 CSS 设置方式，需要给每一个标签都设置 style 属性。它和样式所定义的内容在同一代码行内，通常用于精确控制一个 HTML 元素的表现，代码如下：

```
<p style="color:red">行内样式表</p>
```

【例 3-1】（实例文件：ch03\Chap3.1.html）行内样式表。

```
<!DOCTYPE html>
<html>
<head>
    <meta charset="UTF-8">
    <title>Title</title>
</head>
<body>
    <!--设置所有 p 标签的字体颜色为红色 字体大小为 20 像素 字体类型为微软雅黑-->
    <p style="color: red;font-size: 20px;font-family: 微软雅黑;">使用行内样式表 1</p>
    <p style="color: red;font-size: 20px;font-family: 微软雅黑;">使用行内样式表 2</p>
    <p style="color: red;font-size: 20px;font-family: 微软雅黑;">使用行内样式表 3</p>
</body>
</html>
```

相关的代码实例请参考 Chap3.1.html 文件，在 IE 浏览器中运行的结果如图 3-2 所示。

图 3-2　行内样式表作用效果

这种样式表不经常用，CSS 样式与 HTML 结构没有分离，导致代码冗余，并且不利于维护。

3.3.2　使用内部 CSS

内部 CSS 样式表一般是将 CSS 写在<head></head>标签中，并使用<style></style>标签进行声明，代码如下：

```
<head>
<style>
...
</style>
</head>
```

【例 3-2】（实例文件：ch03\Chap3.2.html）内部样式表。

```
<!DOCTYPE html>
<html>
<head>
    <meta charset="UTF-8">
    <title>Title</title>
    <style>
        p{
            color: blue;           /*设置 p 标签的字体颜色*/
            font-size: 20px;       /*设置 p 标签的字体大小*/
            font-family: 宋体;     /*设置 p 标签的字体类型*/
        }
    </style>
</head>
<body>
    <p>使用内部 CSS 样式表</p>
    <p>使用内部 CSS 样式表</p>
    <p>使用内部 CSS 样式表</p>
</body>
</html>
```

相关的代码实例请参考 Chap3.2.html 文件，在 IE 浏览器中运行的结果如图 3-3 所示。

图 3-3　内部样式表作用效果

3.3.3　引入外部样式表

引入外部样式表是使用频率最高、也是最为实用的方法。它将 HTML 页面本身与 CSS 样式风格分离为两个或者多个文件，实现了页面框架 HTML 代码与美工 CSS 代码的完全分离，使得前期制作和后期维护都十分方便。

引入外部样式表是指在外部定义 CSS 样式表并形成以".css"为扩展名的文件，然后在页面中通过<link>引入页面中，代码如下：

```
<link rel="stylesheet" href="style1"/>
```

- rel：指定引入样式表，其值为 stylesheet。
- href 指定了 CSS 样式表的位置，此处表示当前路径下名称为 style1.css 文件。

【例 3-3】（实例文件：ch03\Chap3.3.html）引入外部样式表。

```
<!DOCTYPE html>
<html>
<head>
    <meta charset="UTF-8">
    <title>Title</title>
    /*引入 style1.css 文件*/
    <link rel="stylesheet" href="style1.css">
</head>
<body>
<p>导入外部样式表</p>
<p>导入外部样式表</p>
<p>导入外部样式表</p>
</body>
</html>
```

引入的外部样式表 style1.css 代码：

```
p{
    color: green;          /*设置 p 标签的字体颜色*/
    font-size: 20px;       /*设置 p 标签的字体大小*/
    font-family: 隶书;      /*设置 p 标签的字体类型*/
}
```

相关的代码实例请参考 Chap3.3.html 文件，在 IE 浏览器中运行的结果如图 3-4 所示。

图 3-4　引入外部样式表作用效果

3.3.4　导入外部样式文件

导入外部样式文件是指在内部样式表的<style>标记中，使用@import 导入一个外部样式表，代码如下：

```
<head>
  <style>
     @import "style2.css"
  </style>
</head>
```

【例 3-4】 （实例文件：ch03\Chap3.4.html）导入外部样式表。

```
<!DOCTYPE html>
<html>
<head>
    <meta charset="UTF-8">
    <title>Title</title>
    <style>
        /*导入外部的样式表 style2.css 文件*/
        @import "style2.css";
    </style>
</head>
<body>
<p>导入外部样式文件</p>
<p>导入外部样式文件</p>
<p>导入外部样式文件</p>
</body>
</html>
```

在上面的代码中导入的外部样式文件 style2.css 代码：

```
p{
    color: orange;              /*设置 p 标签的字体颜色*/
    font-size: 20px;           /*设置 p 标签的字体大小*/
    font-family:华文隶书;       /*设置 p 标签的字体类型*/
}
```

相关的代码实例请参考 Chap3.4.html 文件，在 IE 浏览器中运行的结果如图 3-5 所示。

图 3-5　导入外部样式表作用效果

3.3.5　注释 CSS

如果在开发 CSS 中遇到需要特别说明的地方，可以使用 CSS 注释进行注解说明，有利于其他程序员理解你开发的 CSS 代码。

要注释 CSS 样式表，只需要在注释的内容前使用"/*"标记开始注释，在内容的结尾使用"*/"结束注释。代码如下：

```
<style>
    p{
        color: blue;            /*设置p标签的字体颜色*/
        font-size: 20px;        /*设置p标签的字体大小*/
        font-family: 宋体;       /*设置p标签的字体类型*/
    }
</style>
```

3.4　CSS 三大特性

CSS 三大特性——层叠性、继承性和优先性。

3.4.1　CSS 层叠性

层叠性就是处理 CSS 冲突的能力。当同一个元素被两个选择器选中时，CSS 会根据选择器的权重决定使用哪一个选择器。权重低的选择器效果会被权重高的选择器效果覆盖掉，权重相同时取后者。

权重可以理解为一个选择器对于这个元素的重要性。id 选择器权重为 100，类选择器权重为 10，标签选择器的权重为 1，如图 3-6 所示。

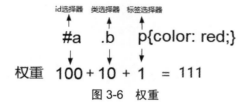

图 3-6　权重

【例 3-5】（实例文件：ch03\Chap3.5.html）CSS 层叠性。

```
<!DOCTYPE html>
<html>
<head>
    <meta charset="UTF-8">
    <title>Title</title>
    <style>
        #box p{
            color: yellow;      /*设置#box p元素的字体颜色为黄色*/
        }
        #box .box{
            color:red;          /*设置#box .box元素的字体颜色为红色*/
        }
    </style>
</head>
<body>
<div id="box">
    <p class="box">我是什么颜色呢？</p>
</div>
</body>
</html>
```

相关的代码实例请参考 Chap3.5.html 文件，在 IE 浏览器中运行的结果如图 3-7 所示。

图 3-7　层叠性

3.4.2　CSS 继承性

继承性是子元素继承父元素样式的特性，在 CSS 中以 text-、font-、line-开头的属性以及 color 属性都可以继承。

有一些比较特殊的元素，如<a>标签的颜色不能继承，必须对<a>标签本身进行设置，<h>标签的字体大小不能继承，必须对<h>标签本身进行设置。

【例 3-6】（实例文件：ch03\Chap3.6.html）CSS 继承性。

```html
<!DOCTYPE html>
<html>
<head>
    <meta charset="UTF-8">
    <title>Title</title>
    <style>
        div{
            font-size: 20px;                    /*设置<p>标签的字体大小*/
            text-shadow: 2px 2px 2px #FF0000;   /*设置<p>标签的字体阴影*/
            color: gold;                        /*设置<p>标签的字体颜色*/
        }
    </style>
</head>
<body>
<div>
    <p>p 标签的继承性</p>
    <a href="">a 标签的继承性</a>
    <h1>h 标签的继承性</h1>
</div>
</body>
</html>
```

相关的代码实例请参考 Chap3.6.html 文件，在 IE 浏览器中运行的结果如图 3-8 所示。

图 3-8　继承性

可以看到，我们只给 div 设置了样式，3 个子元素都继承了父元素的样式，除了<a>标签没有继承颜色，<h>标签没有继承字体大小。

3.4.3　CSS 优先性

当不同的规则作用到同一个 html 元素上时，如果定义的属性有冲突，那么应该用谁的值？CSS 有一套优先性的定义，顺序如下：

!important>行内样式>ID 选择器>类选择器>标签选择器>通配符>继承>浏览器默认属性值。

【例 3-7】（实例文件：ch03\Chap3.7.html）CSS 优先性。

```
<!DOCTYPE html>
<html>
<head>
    <meta charset="UTF-8">
    <title>Title</title>
    <style>
        #box1{
            color: gold;              /*设置#box1 元素的字体颜色*/
        }
        .box1{
            color: red;               /*设置.box1 元素的字体颜色*/
        }
        #box2{
            color: gold;              /*设置#box2 元素的字体颜色*/
        }
        .box2{
            color: red!important;     /*设置.box2 元素的字体颜色，!important 优先性最高*/
        }
    </style>
</head>
<body>
<p id="box1" class="box1">id 选择器大于类选择器的优先性</p>
<p id="box2" class="box2">!important 优先性最高</p>
</body>
</html>
```

相关的代码实例请参考 Chap3.7.html 文件，在 IE 浏览器中运行的结果如图 3-9 所示。

图 3-9　优先性

3.5 在脚本中修改显示样式

在很多情况下，需要使用脚本来动态控制页面的显示效果，实现起来也很简单，只需要在脚本中获取到该元素，然后修改它的 CSS 样式就可以了。

3.5.1 随机改变页面的背景色

随机改变页面的背景颜色很简单，这里我们使用"rgb（a,b,c）"属性来实现，只需要随机生成 a、b、c 的值就可以了，a、b、c 取值在 0～256，具体请看下面的实例。

【例 3-8】（实例文件：ch03\Chap3.8.html）随机改变背景色。

```html
<!DOCTYPE html>
<html>
<head>
    <meta charset="UTF-8">
    <title>Title</title>
</head>
<body id="body">
<input type='button' value='刷新页面,随机切换背景颜色'/>
</body>
</html>
<script>
        var r = Math.floor(Math.random() * 256);    //随机生成 256 以内的值，赋值给变量 r
        var g = Math.floor(Math.random() * 256);    //随机生成 256 以内的值，赋值给变量 g
        var b = Math.floor(Math.random() * 256);    //随机生成 256 以内的值，赋值给变量 b
        var color='rgb(${r},${g},${b})';            //使用 ES6 语法拼接 rgb 格式颜色
        var bd=document.getElementById("body")      //获取页面中的 body 元素
        bd.style.background=color;                  //设置 body 元素的背景为 color
</script>
```

相关的代码实例请参考 Chap3.8.html 文件，在 Chrome 浏览器中运行的结果如图 3-10 所示。每当刷新页面时，页面背景颜色会随机改变，如图 3-11 所示。

图 3-10 页面加载完成时的效果

图 3-11 刷新页面后的效果

3.5.2 动态增加立体效果

在 CSS 中，通过简单的色差来实现简单的立体效果。如下面的案例，分别设置 div 四边边框的颜色，产生了一个色差，呈现出立体的效果。同时还添加了一个按钮，来动态控制立体效果。当单击按钮时，div 呈现立体效果。

【例 3-9】（实例文件：ch03\Chap3.9.html）动态增加立体效果。

```html
<!DOCTYPE html>
<html>
<head>
    <meta charset="UTF-8">
    <title>Title</title>
    <style>
        .show{
            width:150px;                        /*设置宽度*/
            height: 50px;                       /*设置高度*/
            text-align:center;                  /*设置文本水平居中*/
            line-height:50px;                   /*设置垂直居中*/
            border-right:#222222 20px solid;    /*设置右边框*/
            border-bottom:#222222 20px solid;   /*设置底边框*/
            border-left:#dddddd 20px solid;     /*设置左边框*/
            border-top:#dddddd 20px solid;      /*设置上边框*/
            background-color:#cccccc;           /*设置背景颜色*/
        }
    </style>
</head>
<body>
<input type='button' value='动态增加立体效果'onclick="change()"/><hr/>
<div id="box">立体效果</div>
</body>
</html>
<script>
    //定义 change 函数
    function change(){
        document.getElementById("box").className="show";    //给 box 添加 show 样式
    }
</script>
```

相关的代码实例请参考 Chap3.9.html 文件，在 IE 浏览器中运行的结果如图 3-12 所示。当单击"动态增加立体效果"时，页面显示效果如图 3-13 所示。

图 3-12　页面加载完成效果

图 3-13　单击按钮后效果

3.6　实践案例——设计登录和注册界面

在平时浏览网页时，经常会遇到让我们输入信息的界面，登录后才能查看一些信息，如果没有在该网站注册过，还需要先注册信息。本案例也来实现一个简单的登录注册界面。

设计 HTML 结构，代码如下：

```html
<div class="content">
    <div class="main">
        <h2>You are welcome! </h2>
        <form>
            <input type="text" placeholder="用户名"/>
            <input type="password" placeholder="密码">
            <p>
                <button type="submit">登  录</button>
                <button type="submit">注  册</button>
            </p>
        </form>
    </div>
</div>
```

可以发现，我们设置了一个标题、两个文本框和两个按钮，在 IE 浏览器中运行的结果如图 3-14 所示。

图 3-14　没设置 CSS 的页面效果

然后给每个元素添加 CSS 样式，全部代码如【例 3-10】所示。

【例 3-10】（实例文件：ch03\Chap3.10.html）登录注册界面设计。

```html
<!DOCTYPE html>
<html>
<head>
    <meta charset="UTF-8">
    <title>登录和注册页面设计</title>
    <style>
        .content{
            background-color: #1cff89;        /*设置背景颜色*/
            position: absolute;               /*设置绝对定位*/
            width: 100%;                      /*设置宽度*/
            height: 400px;                    /*设置高度*/
        }
        .main {
            text-align: center;               /*设置文本居中*/
            padding: 50px 0px;                /*设置内边距*/
            margin: 0 auto;                   /*设置外边距*/
        }
        h2 {
            font-family:"微软雅黑";            /*设置字体类型*/
            font-size: 40px;                  /*设置字体大小*/
            font-weight: bold;                /*设置字体加粗*/
        }
        input {
```

```
            border: 1px solid white;              /*设置边框*/
            display: block;                       /*设置 input 为块级元素*/
            margin: 10px auto;
            padding: 5px;
            width: 230px;
            border-radius: 15px;                  /*设置圆角边框*/
            font-size: 18px;
            font-weight: 300;                     /*设置字体加粗*/
            text-align: center;
        }
        button {
            background-color: #20a7ff;
            border-radius: 10px;
            border: 0;
            height: 30px;
            width: 80px;
            padding: 5px;
            color: white;                         /*设置字体颜色*/
        }
    </style>
</head>
<body>
<div class="content">
    <div class="main">
        <h2>You are welcome! </h2>
        <form>
            <input type="text" placeholder="用户名"/>
            <input type="password" placeholder="密码">
            <p>
                <button type="submit">登  录</button>
                <button type="submit">注  册</button>
            </p>
        </form>
    </div>
</div>
</body>
</html>
```

相关的代码实例请参考 Chap3.10.html 文件，在 IE 浏览器中运行的结果如图 3-15 所示。

图 3-15　登录和注册完成界面

3.7 就业面试技巧与解析

3.7.1 面试技巧与解析（一）

面试官：在加载 CSS 文件时，link 引入外部样式和@import 导入外部样式有什么区别？

应聘者：link 与@import 在显示效果上还是有很大区别的，link 的加载会在页面显示之前全部加载完，而@import 是读取完文件之后再加载，所以，在网络速度很好或很快的情况下，会出现刚开始没有 CSS 定义，而后才加载 CSS 定义，@import 加载页面时开始的瞬间会有闪烁（无样式表的页面），然后恢复正常（加载样式后的页面），link 没有这个问题。所以推荐使用 link 引入外部样式。

3.7.2 面试技巧与解析（二）

面试官：CSS hack 是什么？

应聘者：CSS hack 是根据不同的浏览器编写不同的 CSS 样式。由于不同厂商的浏览器，例如 IE、Firefox、Chrome 等，或者是同一厂商的浏览器的不同版本，如 IE 6 和 IE 7，对 CSS 的解析认识不完全一样，会导致生成的页面效果不一样，得不到我们所需要的页面效果。这个时候我们就需要针对不同的浏览器去写不同的 CSS，让它能够同时兼容不同的浏览器，能在不同的浏览器中显示我们想要的页面效果。

第 4 章
CSS 3 样式选择器

 学习指引

选择器（selector）是 CSS 中很重要的概念，所有 HTML 语言中的标记都是通过不同的 CSS 选择器进行控制的。

 重点导读

- 了解选择器的分类。
- 掌握基本选择器的用法。
- 掌握层次选择器的用法。
- 掌握动态伪类选择器的用法。
- 掌握 CSS 新增的伪类选择器的用法。
- 掌握属性选择器的用法。

4.1　选择器分类

在 CSS 3 中，大致可以把 CSS 选择器分成 5 类，分别是基本选择器、层次选择器、伪类选择器、属性选择器、伪元素选择器。其中层次选择器包括子选择器、兄弟选择器、相邻选择器、包含选择器和分组选择器。在下面章节中将详细介绍。

4.2　基本选择器

基础选择器是编写 CSS 样式经常用到的选择器，它包括元素选择器、通配选择器、ID 选择器、class 选择器和群组选择器。下面分别介绍它们。

4.2.1　元素选择器

标签选择器又称为标记选择器，在 W3C 标准中，又称为类型选择器（type selector）。CSS 标签选择器用来声明 html 标签采用哪种 CSS 样式，也就是重新定义了 html 标签。因此，每一个 html 标签的名称都可以作为相应的标签选择器的名称。

例如，p 选择器就是用于声明页面中所有\<p\>标签的样式风格。同样，可以通过 h1 选择器来声明页面中所有的\<h1\>标签的 CSS 样式风格，具体代码如下：

```
<style>
h1{
  color:red;          /*设置 h1 标签的字体颜色*/
  font-size:14px;     /*设置 h1 标签的字体大小*/
}
</style>
```

以上 CSS 代码声明了 html 页面中所有\<h1\>标签，文字的颜色都采用红色，大小都为 14px。

每一个 CSS 选择器都包括选择器、属性和值，其中属性和值可以为一个，也可以设置多个，从而实现对同一个标签声明多种样式风格的目的，如图 4-1 所示。

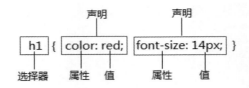

图 4-1　标签选择器的结构

在这种格式中，既可以声明一个属性和值，也可以声明多个属性和值，根据具体情况而定。当然，还有另外一种常用的声明格式，如图 4-2 所示。

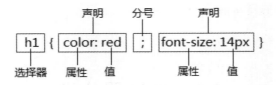

图 4-2　标签选择器声明格式

在这种格式中，每一个声明都不带分号，而是在两个声明之间用分号隔开。同样，即可以声明一个属性和值，也可以声明多个属性和值。

注意：*CSS 对于所有的属性和值都有相对严格的要求。如果声明的属性或值不符合该属性的要求，则不能使该 CSS 语句生效。*

4.2.2　通配选择器

通配选择器用一个"*"表示。单独使用时，这个选择器可以与文档中的任何元素匹配，就像一个通配符。如让页面上的所有文本都为红色，代码如下：

```
*{color:red;}
```

当然也可以选择某个元素下的所有元素。在与其他选择器结合使用时，通配选择器可以对特定元素的所有后代应用样式。如为 div 元素的所有后代添加一个红色背景，代码如下：

```
div *{background: red;}
```

虽然通配选择器的功能强大，但是出于效率考虑，尽量少使用它。在各个浏览器中，每个元素上的默认边距都不一致，为了保证页面能够兼容多种浏览器，通常在 Reset 样式文件中，使用通配选择器进行重置，来覆盖浏览器的默认规则，代码如下：

```
* { margin: 0; padding: 0; }
```

4.2.3　ID 选择器

ID 选择器允许以一种独立于文档元素的方式来指定样式，在某些方面，ID 选择器类似于类选择器，不过也有一些重要差别。首先，ID 选择器前面有一个#号，如图 4-3 所示。

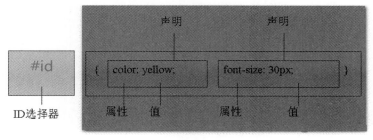

图 4-3　ID 选择器结构示意图

例如：下面的两个 ID 选择器，第一个可以定义元素的颜色为红色，第二个定义元素的颜色为绿色：

```
#red {color:red;}
#green {color:green;}
```

下面的 HTML 代码中，id 属性为 red 的 p 元素显示为红色，而 id 属性为 green 的 p 元素显示为绿色。

```
<p id="red">这个段落是红色。</p>
<p id="green">这个段落是绿色。</p>
```

注意：id 属性只能在每个 HTML 文档中出现一次。

【例 4-1】（实例文件：ch04\Chap4.1.html）ID 选择器。

```
<!DOCTYPE html>
<html>
<head>
    <meta charset="UTF-8">
    <title>ID选择器</title>
    <style>
        #fontstyle{
            color:blue;              /*设置#fontstyle 的字体颜色*/
            font-size:20px;          /*设置#fontstyle 的字体大小*/
            font-weight:bold;        /*设置#fontstyle 的字体颜色*/
        }
        #textstyle{
            color:red;               /*设置#textstyle 的字体颜色*/
            font-size:22px;          /*设置#textstyle 的字体大小*/
        }
```

```
        </style>
    </head>
    <body>
    <h3 id=fontstyle>咏柳</h3>
    <p id=textstyle>不知细叶谁裁出,二月春风似剪刀</p>
    </body>
    </html>
```

相关的代码实例请参考 Chap4.1.html 文件，在 IE 浏览器中运行的结果如图 4-4 所示。可以看到标题以蓝色字体显示，大小为 20px，段落内容以红色字体显示，大小为 22px。

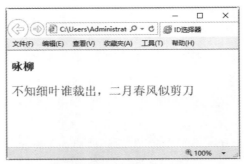

图 4-4　ID 选择器应用实例

4.2.4　class 选择器

类选择器允许以一种独立于文档元素的方式来指定样式。该选择器可以单独使用，也可以与其他元素结合使用，常用语法格式如下：

```
.classValue {property:value}
```

classValue 是选择器的名称，具体名称由 CSS 制定者自己命名。

【例 4-2】（实例文件：ch04\Chap4.2.html）class 选择器。

```
<!DOCTYPE html>
<html>
<head>
    <meta charset="UTF-8">
    <title>Title</title>
    <style>
        .a{
            color:blue;             /*设置.a 的字体颜色为蓝色*/
            font-size:20px;         /*设置.a 的字体大小为 20 像素*/
        }
        .b{
            color:red;              /*设置.b 的字体颜色为红色*/
            font-size:22px;         /*设置.b 的字体大小为 22 像素*/
        }
    </style>
</head>
<body>
<h3 class=b>静夜思</h3>
<p class="a">窗前明月光</p>
<p class="b">疑是地上霜</p>
```

```
    </body>
    </html>
```

相关的代码实例请参考 Chap4.2.html 文件，在 IE 浏览器中运行的结果如图 4-5 所示。

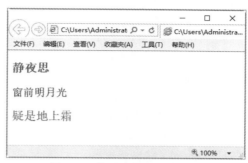

图 4-5 类别选择器应用实例

4.2.5 群组选择器

群组选择器实际上是对 CSS 的一种简化写法，只不过把相同定义的不同选择器放在一起，用 "," 分开，这样样式只需要编写一遍节，省了很多的代码。假果我们想要给<p>和<div>元素同时设置黄色背景，就可以使用群组选择器。

【例 4-3】（实例文件：ch04\Chap4.3.html）群组选择器。

```
<!DOCTYPE html>
<html>
<head>
    <meta charset="UTF-8">
    <title>Title</title>
    <style>
        p,div{
            background:yellow;        /*设置 p 和 div 标签的背景颜色为黄色*/
        }
    </style>
</head>
<body>
<p>p 元素的背景颜色</p>
<div>div 元素的背景颜色</div>
</body>
</html>
```

相关的代码实例请参考 Chap4.3.html 文件，在 IE 浏览器中运行的结果如图 4-6 所示。

图 4-6 群组选择器

4.3 层次选择器

层次选择器是通过 html 的 DOM 元素间的层次关系获取元素，主要层次关系有后代、父子、相邻兄弟和通用兄弟。

 ## 4.3.1 包含选择器

包含选择器又叫后代选择器，作用的是选择元素的后代元素，包括子元素、子元素的子元素等，以此类推。包含选择器与子元素选择器之间使用空格来表示关系。假如给<div>元素中的<p>元素添加黄色背景，就可以使用后代选择器。

【例 4-4】（实例文件：ch04\Chap4.4.html）包含选择器。

```html
<!DOCTYPE html>
<html>
<head>
    <meta charset="UTF-8">
    <title>Title</title>
    <style type="text/css">
        ul.myList li a{                 /*后代选择器*/
            text-decoration:none;       /*去掉<a>标签的下画线*/
            color:red;                  /*设置<a>标签的字体颜色*/
        }
    </style>
</head>
<body>
<ul class="myList">
    <li>
        <a href="#">后代选择器 1</a>
        <ul>
            <li><a href="#">后代选择器 2</a></li>
            <li><a href="#">后代选择器 2</a></li>
        </ul>
    </li>
</ul>
</body>
</html>
```

相关的代码实例请参考 Chap4.4.html 文件，在 IE 浏览器中运行的结果如图 4-7 所示。

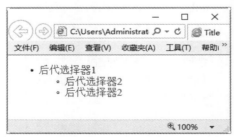

图 4-7　包含选择器

4.3.2 子选择器

子选择器用来选择一个父元素直接的子元素，不包括子元素的子元素，它的符号为大于号 ">"，请注意这个选择器与后代选择器的区别，子选择器（child selector）仅是指它的直接后代，或者可以理解为作用于子元素的第一个后代；而后代选择器是作用于所有子后代元素。后代选择器通过空格来进行选择。

【例 4-5】（实例文件：ch04\Chap4.5.html）子选择器。

```
<!DOCTYPE html>
<html>
<head>
    <meta charset="UTF-8">
    <title>Title</title>
    <style type="text/css">
        ul.myList > li > a{          /*子选择器*/
            text-decoration:none;    /*去掉<a>标签的下画线*/
            color:red;               /*设置<a>标签的字体颜色*/
        }
    </style>
</head>
<body>
<ul class="myList">
    <li>
        <a href="#">子选择器 1</a>
        <ul>
            <li><a href="#">子选择器 2</a></li>
            <li><a href="#">子选择器 2</a></li>
        </ul>
    </li>
</ul>
</body>
</html>
```

相关的代码实例请参考 Chap4.5html 文件，在 IE 浏览器中运行的结果如图 4-8 所示。

图 4-8　子选择器

4.3.3 CSS 3 新增的兄弟选择器

兄弟选择器用来设置某个选择器兄弟元素的样式。兄弟选择器有两种方式，一种是选择元素后面一个兄弟元素，用 "+" 连接选择器；另一种是选择元素后面同一类指定的兄弟元素，用 "～" 连接选择器。

【例 4-6】（实例文件：ch04\Chap4.6.html）兄弟选择器。

```
<!DOCTYPE html>
<html>
```

```
<head>
    <meta charset="UTF-8">
    <title>Title</title>
    <style>
        #box1 h2+p{                          /* "+" 连接的兄弟选择器*/
            color: red;                      /*设置<p>标签的字体颜色*/
        }
        #box2 h2~p{                          /* "~" 连接的兄弟选择器*/
            color: red;                      /*设置<p>标签的字体颜色*/
        }
        div{
            float: left;                     /*设置 div 为左浮动*/
            border: 1px solid blue;          /*设置 div 的字体颜色*/
        }
    </style>
</head>
<body>
<div id="box1">
    <h2>"+"连接的选择器</h2>
    <p>"+"连接的选择器</p>
    <p>"+"连接的选择器</p>
    <p>"+"连接的选择器</p>
    <h2>"+"连接的选择器</h2>
    <p>"+"连接的选择器</p>
    <p>"+"连接的选择器</p>
</div>
<div id="box2">
    <h2>"~"连接的选择器</h2>
    <p>"~"连接的选择器</p>
    <p>"~"连接的选择器</p>
    <p>"~"连接的选择器</p>
    <h2>"~"连接的选择器</h2>
    <p>"~"连接的选择器</p>
    <p>"~"连接的选择器</p>
</div>
</body>
</html>
```

相关的代码实例请参考 Chap4.6.html 文件，在 IE 浏览器中运行的结果如图 4-9 所示。

图 4-9　兄弟选择器

4.4　动态伪类选择器

伪类选择器并不是针对真正的元素使用的选择器，只针对 CSS 中的伪元素起作用。

4.4.1　内容相关的属性

内容相关的属性与 CSS 其他属性一样，同样需要定义在 CSS 样式的大括号内。content 属性是 CSS 支持的内容相关属性中最重要的一个，该属性的值可以是字符串、url、attr、open-quote 等格式，该属性用于向指定元素之前或之后插入指定内容。

【例 4-7】（实例文件：ch04\Chap4.7.html）内容相关的属性。

```html
<!DOCTYPE html>
<html>
<head>
    <meta charset="UTF-8">
    <title>内容相关的属性</title>
    <style>
        ul{list-style: none;}          /*去掉 ul 的项目符号*/
        li:before{                     /*在每个 li 之前添加的内容"*/
            content: 'css课程: ';      /*设置添加的内容为 css 课程: */
            color: red;                /*设置添加内容的字体颜色*/
        }
    </style>
</head>
<body>
<ul>
    <li>第一章内容</li>
    <li>第二章内容</li>
    <li>第三章内容</li>
    <li>第四章内容</li>
</ul>
</body>
</html>
```

在上面的代码中，为每一个 li 之前添加字符串，并设置了字体颜色为红色。

相关的代码实例请参考 Chap4.7.html 文件，在 IE 浏览器中运行的结果如图 4-10 所示。

图 4-10　内容相关的属性

4.4.2　插入图像

content 属性值除了可以添加字符串外，还可以添加图片，代码如下。

```
content: url("src")
```

src 指定图片的路径。

【例 4-8】（实例文件：ch04\Chap4.8.html）插入图片。

```
<!DOCTYPE html>
<html>
<head>
    <meta charset="UTF-8">
    <title>插入图片</title>
    <style>
        ul{list-style: none;}              /*去掉 ul 的项目符号*/
        li:before{                         /*在每个 li 之前插入图片*/
            content: url("00.png");        /*插入的为 00.png*/
        }
    </style>
</head>
<body>
<ul>
    <li>第一章内容</li>
    <li>第二章内容</li>
    <li>第三章内容</li>
    <li>第四章内容</li>
</ul>
</body>
</html>
```

相关的代码实例请参考 Chap4.8.html 文件，在 IE 浏览器中运行的结果如图 4-11 所示。

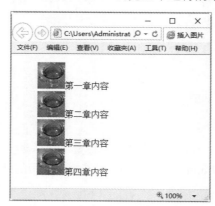

图 4-11　插入图像

4.4.3　只插入部分元素

有时候只想为一部分元素添加内容，这时需先把要添加内容的元素找到，如只想给前两个元素添加内容，只需找到前两个元素的选择器，再在其后面添加伪类选择器，这样就可以设置其内容了。

【例 4-9】（实例文件：ch04\Chap4.9.html）只插入部分元素。

```
<!DOCTYPE html>
<html>
<head>
    <meta charset="UTF-8">
```

```
        <title>插入部分元素</title>
        <style>
            li.part:after{                    /*在含有类属性为 part 的 li 之前插入图片*/
                content: url("00.png");       /*插入的图片为 00.png*/
            }
        </style>
</head>
<body>
<ul>
    <li class="part">第一章内容</li>
    <li class="part">第二章内容</li>
    <li>第三章内容</li>
    <li>第四章内容</li>
</ul>
</body>
</html>
```

相关的代码实例请参考 Chap4.10.html 文件，IE 浏览器中运行的结果如图 4-12 所示。

图 4-12　只插入部分元素

4.4.4　配合 quotes 属性执行插入

quotes 属性可以定义 open-quote 和 close-quote，然后就可以在 content 属性中应用它们了。

【例 4-10】（实例文件：ch04\Chap4.10.html）配合 quotes 属性执行插入。

```
<!DOCTYPE html>
<html>
<head>
    <meta charset="UTF-8">
    <title>配合 quotes 属性执行插入</title>
    <style>
        ul{
            list-style: none;        /*去掉 ul 的项目符号*/
        }
        li.part{
            /*定义 open-quote 为 "css 课程： " close-quote 为 "(基础)" */
            quotes:"css 课程： " "(基础)";
        }
        li.part:before{
            content:open-quote;       /*在含有类属性为 part 的 li 前面插入 open-quote*/
        }
        li.part:after{
```

```
                content:close-quote;        /*在含有类属性为 part 的 li 后面插入 close-quote*/
            }
        </style>
    </head>
    <body>
    <ul>
        <li class="part">第一章内容</li>
        <li class="part">第二章内容</li>
        <li>第三章内容</li>
        <li>第四章内容</li>
    </ul>
    </body>
    </html>
```

相关的代码实例请参考 Chap4.10.html 文件，在 IE 浏览器中运行的结果如图 4-13 所示。

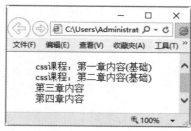

图 4-13　配合 quotes 属性执行插入

4.4.5　配合 counter-increment 属性添加编号

counter-increment 属性用于定义计数器，如要给多条内容添加编号，就可以通过该属性来设置。定义计数器很简单，只需给需要添加编号的元素定义一个计数器，然后结合 content 属性在该元素前面添加这个计数器，就可以实现编号了。

【例 4-11】（实例文件：ch04\Chap4.11.html）配合 unter-increment 属性添加编号。

```
    <!DOCTYPE html>
    <html>
    <head>
        <meta charset="UTF-8">
        <title>配合 counter-increment 属性添加编号</title>
        <style>
            ul{
                list-style: none;           /*去掉 ul 的项目符号*/
            }
            li{
                counter-increment: order;   /*定义一个计数器 order*/
            }
            li:before{                      /*在 li 元素前面插入计数器和一个点*/
                content:counter(order)".";
                color: #c3ff17;             /*设置插入内容的颜色*/
            }
        </style>
    </head>
```

```
<body>
<ul>
    <li>第一章内容</li>
    <li>第二章内容</li>
    <li>第三章内容</li>
    <li>第四章内容</li>
</ul>
</body>
</html>
```

相关的代码实例请参考 Chap4.11.html 文件，在 IE 浏览器中运行的结果如图 4-14 所示。

图 4-14　计数器添加编号效果

4.4.6　使用自定义编号

从上面的案例可以发现，CSS 默认的编号样式是数字，但有时我们还需要使用自定义编号来满足不同的需要。我们可以通过 counter(name,list-style-type)用法来实现使用自定义编号，name 是计数器的名字，list-style-type 指定自定义编号的样式，它的一部分取值如表 4-1 所示。

表 4-1　自定义编号部分取值

编 号 样 式	说　明	编 号 样 式	说　明
decimal	默认值，阿拉伯数字	lower-roman	小写罗马数字
disc	实心圆	upper-roman	大写罗马数字
circle	空心圆	lower-alpha	小写英文字母
square	实心方块	upper-alpha	大写英文字母

【例 4-12】（实例文件：ch04\Chap4.12.html）使用自定义编号。

```
<!DOCTYPE html>
<html>
<head>
    <meta charset="UTF-8">
    <title>使用自定义编号</title>
    <style>
        ul{
            list-style: none;                    /*去掉ul的项目符号*/
        }
        li{
            counter-increment: order;            /*定义一个计数器order*/
```

```
            }
        li:before{                                      /*在 li 元素前面掺入计数器和一个点*/
            content:counter(order,upper-roman)".";      /*设置自定义编号的样式为 upper-roman*/
            color: red;                                 /*设置插入内容的颜色*/
        }
    </style>
</head>
<body>
<ul>
    <li>第一章内容</li>
    <li>第二章内容</li>
    <li>第三章内容</li>
    <li>第四章内容</li>
</ul>
</body>
</html>
```

相关的代码实例请参考 Chap4.12.html 文件，在 IE 浏览器中运行的结果如图 4-15 所示。

图 4-15　使用自定义编号

4.4.7　添加多级编号

在上面案例中，只是添加了一级编号，还可以添加多级编号，像书的目录一样，可以有多级的编号。
下面就使用计数器来实现一个简单的目录形式的编号。

【例 4-13】（实例文件：ch04\Chap4.13.html）添加多级编号。

```
<!DOCTYPE html>
<html>
<head>
    <meta charset="UTF-8">
    <title>添加多级编号</title>
    <style>
        h2{counter-increment:order1;}                   /*为 h2 定义一个计数器 order1*/
        h3 {counter-increment:order2;}                  /*为 h3 定义一个计数器 order2*/
        h2:before {
            content:counter(order1) ".";                /*在 h2 前面添加 order1 计数器和一个点*/
        }
        h3:before {
            /*在 h3 前面添加 order1、order2 计数器并各添加一个点*/
            content:counter(order1) "." counter(order2) " ";
        }
    </style>
```

```
</head>
<body>
<h2>HTML</h2>
<h3>第一章内容</h3>
<h3>第二章内容</h3>
<h2>CSS</h2>
<h3>第一章内容</h3>
<h3>第二章内容</h3>
<h2>JavaScript</h2>
<h3>第一章内容</h3>
<h3>第一章内容</h3>
</body>
</html>
```

相关的代码实例请参考 Chap4.13.html 文件，在 IE 浏览器中运行的结果如图 4-16 所示。

我们会发现第二级编号是连续的，正常情况下每一章的第一节应该从 1 开始，上面的效果不是我们想要的，但是我们可以通过 counter-reset 属相来改变，该属性用于重置计数器。我们在 h2 样式中添加 "counter-reset:order2;" 即可，这样就会重置 order2 计数器，显示效果如图 4-17 所示。

图 4-16　多级计数器的应用

图 4-17　重置 order2 计数器后的效果

4.5　CSS 3 新增的伪类选择器

伪类选择器主要用于对选择器进行限制，对已有选择器匹配到的元素进行过滤。下面将详细介绍其中的一部分。

4.5.1　结构性伪类选择器

结构性伪类选择器是指运用文档结构树来实现元素过滤，简单来说，就是利用文档结构之间的相互关系来匹配制定的元素，用来减少文档内对 class 属性以及 ID 属性的定义，从而可以使整个文档更加简练。结构性伪类选择器种类如表 4-2 所示。

表 4-2　结构性伪类选择器

选　择　器	说　　　明
:root	匹配文档的根元素
:nth-child(n)	匹配其父元素的第 n 个子元素
:nth-last-child(n)	匹配其父元素的倒数第 n 个子元素
:nth-of-type(n)	匹配同级元素的第 n 元素
:nth-last-of-type(n)	匹配同级元素的倒数第 n 元素
:first-child	匹配其父元素的第一个子元素
:last-child	匹配其父元素的最后一个子元素
:first-of-type	匹配同级元素的第 1 个元素
:only-child	匹配必须是其父元素的唯一子节点的元素
:only-of-type	匹配同级元素中的唯一一个元素
:empty	匹配其内部没有任何子元素的元素

下面使用其中的几个选择器，来介绍它们的用法。

【例 4-14】（实例文件：ch04\Chap4.14.html）结构性伪类选择器。

```
<!DOCTYPE html>
<html>
<head>
    <meta charset="UTF-8">
    <title>结构性伪类选择器</title>
    <style>
        :root{
            background: yellow;          /*设置根元素的背景颜色*/
        }
        p:nth-child(2){                  /*匹配 p 父元素的第 2 个子元素*/
            background: red;             /*设置背景色*/
            color:white;                 /*设置字体颜色*/
        }
        p:nth-last-child(2){             /*匹配 p 父元素的倒数第 2 个子元素*/
            background: white;           /*设置背景色*/
        }
    </style>
</head>
<body>
<div>
    <p>结构性伪类选择器</p>
    <p>结构性伪类选择器</p>
    <p>结构性伪类选择器</p>
    <p>结构性伪类选择器</p>
</div>
</body>
</html>
```

相关的代码实例请参考 Chap4.14.html 文件，在 IE 浏览器中运行的结果如图 4-18 所示。

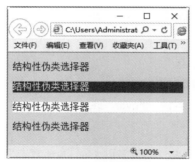

图 4-18　结构性伪类选择器

4.5.2　UI 元素状态伪类选择器

UI 元素状态伪类选择器就是指定的样式只有当元素处于某种状态时，样式才起作用，在默认状态下不起作用。常见的有:hover、:active、:focus、:enable、:disable、:read-only、:read-write、:checked、:default、:indeterminate、:selection 等。

1. :hover、:active、:focus

:hover 表示鼠标指针悬浮时的样式，:active 表示按下鼠标左键且不松开时的样式，:focus 表示鼠标指针获得焦点或者进行输入时的样式。它们编写的顺序不要写反，否则不会显示效果，正确顺序为:hover、:focus、:active。

【例 4-15】（实例文件：ch04\Chap4.15.html）:hover、:active、:focus 实例。

```
<!DOCTYPE html>
<html>
<head>
    <meta charset="UTF-8">
    <title>Title</title>
    <style>
        input[type="text"]:hover {      /*鼠标指针经过（悬停时）*/
            background-color: pink;     /*设置背景颜色*/
        }
        input[type="text"]:focus {      /*鼠标指针获得焦点（点击）或进行文字输入时*/
            background-color: yellow;   /*设置背景颜色*/
        }
        input[type="text"]:active {     /*按下鼠标左键且不松开*/
            background-color: red;      /*设置背景颜色*/
        }
    </style>
</head>
<body>
手机号: <input type="text" id="txt">
</body>
</html>
```

相关的代码实例请参考 Chap4.15.html 文件，在 IE 浏览器中运行的结果如图 4-19 所示。

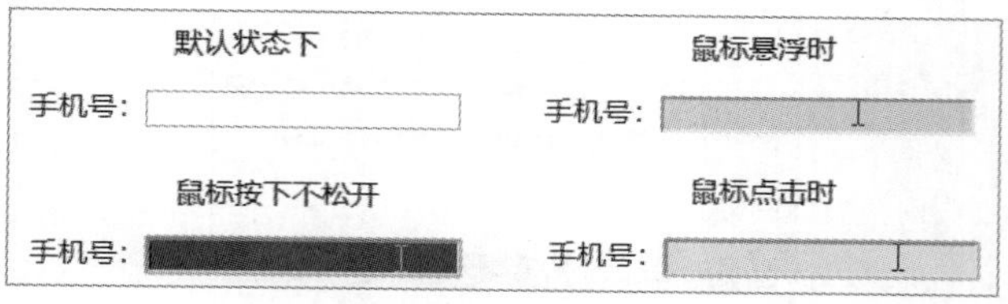

图 4-19 :hover、:active、:focus 实例

2. :checked、:selection

:checked 是用来指定当表单中的 radio 单选按钮、checkbox 复选框处于选中状态时的样式。:selection 伪类选择器用来指定当元素处于选中状态时的样式。

【例 4-16】 （实例文件：ch04\Chap4.16.html）:checked、:selection 实例。

```html
<!DOCTYPE html>
<html>
<head>
    <meta charset="UTF-8">
    <title>Title</title>
    <style>
        input[type="checkbox"]:checked{          /*选中含有type="checkbox"属性类别的input*/
            outline: 2px solid red;              /*绘制于元素周围的线*/
        }
        input[type="text"]::selection{           /*选中含有type="text"属性类别的input*/
            color: red;                          /*设置选中文本的字体颜色*/
            background-color: yellow;            /*设置选中文本的背景颜色*/
        }
    </style>
</head>
<body>
<ui>
    <li>HTML<input type="checkbox"></li>
    <li>CSS<input type="checkbox"></li>
    <li>JavaScript<input type="checkbox"></li>
    <li><input type="text" value="测试表单"></li>
</ui>
</body>
</html>
```

相关的代码实例请参考 Chap4.16.html 文件，在 IE 浏览器中运行的结果如图 4-20 所示。选中元素时，页面效果如图 4-21 所示。

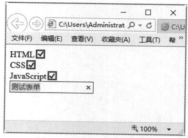

图 4-20 页面加载完成效果

图 4-21 选中效果

4.5.3　目标（:target）伪类选择器

目标伪类选择器:target 是 CSS 3 新增伪类选择器之一，用来匹配文档中被相关 URL 指向的目标元素。目标伪类选择器是动态选择器，只有存在 URL 指向该匹配元素时，样式效果才会生效。

具体来说，URL 中的标志通常会包含一个#，后面带有一个标志符名称，如#box,:target 就是匹配 ID 为 "box"的目标元素。

如一个页面中有一个<a>标签，它的 href 是<a href="#box">内容</a>，同一个页面中也会有以 box 为 id 的元素，<div id="box ">标题</div>。

那么<a>标签的 href 属性会链接到#box 元素，也就是 box:target 选择符所选的目标元素，当 a 链接到这个元素的时候，它所指定的样式就是目标元素的样式。

【例 4-17】（实例文件：ch04\Chap4.17.html）:target 伪类选择器实例。

```
<!DOCTYPE html>
<html>
<head>
    <meta charset="UTF-8">
    <title></title>
    <style type="text/css">
        #box:target {
            color: #a3c70c;        /*设置字体颜色*/
        }
    </style>
</head>
<body>
<h2 id="box">HTML 基础知识</h2>
<a href="#box">第一章的题目是什么</a>
</body>
</html>
```

相关的代码实例请参考 Chap4.17.html 文件，在 IE 浏览器中运行的结果如图 4-22 所示。当点击"第一章的题目是什么"链接时，页面变成如图 4-23 所示的效果。

图 4-22　页面加载完成时

图 4-23　目标页面效果

4.5.4　否定（:not）伪类选择器

否定伪类选择器用于过滤掉含有某个选择器的元素，如 p:not(#box),就是过滤掉 id 为#box 的 p 元素。

【例 4-18】（实例文件：ch04\Chap4.18.html）:not 伪类选择器实例。

```
<!DOCTYPE html>
<html>
<head>
    <meta charset="UTF-8">
```

```
    <title>Title</title>
    <style>
        p:not(#box){
            color:#f00;
        }
    </style>
</head>
<body>
<div>
    <p>否定伪类选择符:not()</p>
    <p id="box">否定伪类选择符:not()</p>
    <p class="box">否定伪类选择符:not()</p>
</div>
</body>
</html>
```

相关的代码实例请参考 Chap4.18.html 文件，在 IE 浏览器中运行的结果如图 4-24 所示。

图 4-24　否定伪类选择器

4.6　属性选择器

属性选择器可以为拥有指定属性的 HTML 元素设置样式。

属性选择器早在 CSS 2 中就被引入了，其主要作用就是对带有指定属性的 HTML 元素设置样式。使用 CSS 3 属性选择器，用户可以只指定元素的某个属性，或者用户还可以同时指定元素的某个属性和其对应的属性值。

属性选择器的种类如表 4-3 所示。

表 4-3　属性选择器的种类

属性选择器	说　　明
[attribute]	选取带有指定属性的元素
[attribute=value]	选取带有指定属性和值的元素
[attribute~=value]	选取属性值中包含指定词汇的元素
[attribute|=value]	选取带有以指定值开头的属性值的元素，该值必须是整个单词
[attribute^=value]	匹配属性值以指定值开头的每个元素
[attribute$=value]	匹配属性值以指定值结尾的每个元素
[attribute*=value]	匹配属性值中包含指定值的每个元素

【例 4-19】（实例文件：ch04\Chap4.19.html）属性选择器应用。

```
<!DOCTYPE html>
<html>
<head>
    <meta charset="UTF-8">
    <title>属性选择器</title>
    <style>
        [class^=d]{              /*匹配类属性值以 d 开头的每个元素*/
            background:red;      /*设置背景颜色*/
        }
        [class$=b]{              /*匹配类属性值以 b 结尾的每个元素*/
            font-size: 30px;     /*设置字体的大小*/
        }
    </style>
</head>
<body>
<p class="da">属性选择器</p>
<p class="db">属性选择器</p>
<p class="ca">属性选择器</p>
<p class="cb">属性选择器</p>
</body>
</html>
```

相关的代码实例请参考 Chap4.19.html 文件，在 IE 浏览器中运行的结果如图 4-25 所示。

图 4-25 属性选择器应用

4.7 实践案例——制作 404 页面

404 页面主要作用是告诉我们，页面找不到，或者网络连接失败等，这类问题在平时浏览网页时经常遇到。本案例就来制作一个 404 页面。

【例 4-20】（实例文件：ch04\Chap4.19.html）设计 404 页面。

```
<!DOCTYPE html>
<html>
<head>
    <meta charset="UTF-8">
    <title>设计 404 页面</title>
    <style>
        *{
            margin: 0;
            padding: 0;
        }
```

```
    .box{
        font-family:"微软雅黑";                    /*设置字体类型*/
        font-size: 80px;                          /*设置字体大小*/
        color: #f1ebe5;                           /*设置字体颜色*/
        /*设置文字阴影*/
        text-shadow: 0 8px 9px #c4b59d, 0px -2px 1px rgba(255, 46, 108, 0.73);
        font-weight: bold;                        /*设置字体加粗*/
        text-align: center;                       /*设置水平居中*/
        padding: 20px 100px;                      /*设置内边距*/
        /*设置背景色渐变*/
        background: linear-gradient(to bottom, #0dc418 0%, #5dc4a3 100%);         }
    h1{
        border-bottom: 1px solid #fff;    /*设置底边框*/
    }
    h2{
        font-size: 20px;
    }
    input{
        background-color: #20a7ff;
        border-radius: 10px;                      /*设置圆角边框*/
        border: 0;
        height: 30px;                             /*设置高度*/
        width: 80px;                              /*设置宽度*/
        padding: 5px;
        color: white;
    }
    </style>
</head>
<body>
<div class="box">
    <h1>404</h1>
    <h2>抱歉...你找的页面已经不存在了！</h2>
    <input type="button" value="返回首页">
    <input type="button" value="联系管理">
</div>
</body>
</html>
```

相关的代码实例请参考 Chap4.20.html 文件，在 IE 浏览器中运行的结果如图 4-26 所示。

图 4-26　404 页面效果

4.8　就业面试技巧与解析

4.8.1　面试技巧与解析（一）

面试官：在 CSS 中，行内元素和块级元素的具体区别是什么？行内元素的 padding 和 margin 可设置吗？

应聘者：块级元素（block）总是独占一行，表现为另起一行开始，而且其后的元素也必须另起一行显示；宽度（width）、高度（height）、内边距（padding）和外边距（margin）都可控制。

行内元素和相邻的行内元素在同一行显示；宽度（width）、高度（height）、内边距的 padding-top/padding-bottom 和外边距的 margin-top/margin-bottom 都不可改变，但是内边距的 padding-left/ padding-right 和外边距的 margin-left/margin-right 等属性可以设置。

浏览器还有默认的行内元素，它们拥有内在尺寸，可设置高宽，但不会自动换行，如<input>、<img>、<button>等元素。

4.8.2　面试技巧与解析（二）

面试官：选择器用的好坏，决定对页面控制的好坏，请问你平时经常使用哪些选择器。

应聘者：经常使用的 CSS 选择器分别如下：

（1）标签选择器：又称为标记选择器，在 W3C 标准中，又称为类型选择器（type selector）。

（2）类选择器：允许以一种独立于文档元素的方式来指定样式。可以单独使用，也可以与其他元素结合使用。

（3）ID 选择器：允许以一种独立于文档元素的方式来指定样式，在某些方面，ID 选择器类似于类选择器，不过也有一些重要差别。

（4）属性选择器：可以根据元素的属性及属性值来选择元素。

第5章

使用并美化网页文本

 学习指引

　　常见的网站是使用文字或者图片来展示内容的，其中文字是传递信息的主要手段。本章将使用 CSS 技术来美化网页文本。

 重点导读

- 掌握设置网页文本字体的方法。
- 掌握设置网页文本缩进和间隔的方法。
- 掌握设置网页文本对齐方式的方法。
- 掌握 CSS 3 新增的服务器字体的使用方法。

5.1　设置网页文本字体

　　在 HTML 5 中，可以使用 CSS 3 字体属性来定义文字的大小、字体、粗细等表现。常见的字体属性包括字体、字号、字体颜色、字体风格等。

 ### 5.1.1　设置字体粗细属性

　　font-weight 属性用于定义字体的粗细程度。font-weight 属性有 13 个有效值，分别是 bold、bolder、lighter、normal、100～900。如果没有设置该属性，则使用其默认值 normal。属性值设置为 100～900，值越大，加粗的程度就越大。

　　font-weight 属性值的具体含义如表 5-1 所示。

表 5-1　font-weight 的属性值

属　性　值	说　　明
bold	定义粗体字体

续表

属 性 值	说　　明
Bolder	定义更粗的字体，相对值
lighter	定义更细的字体，相对值
normal	默认值，标准字体

【例 5-1】（实例文件：ch05\Chap5.1.html）设置字体粗细。

```html
<!DOCTYPE html>
<html>
<head>
    <meta charset="UTF-8">
    <title>设置字体的粗细</title>
    <style>
        p:first-of-type{              /*获取第一个p元素*/
            font-weight: bold;        /*设置字体加粗*/
        }
        p:nth-of-type(2){             /*获取第二个p元素*/
            font-weight: bolder;      /*设置字体加粗*/
        }
        p:nth-of-type(3){             /*获取第三个p元素*/
            font-weight:lighter;      /*设置细字体*/
        }
    </style>
</head>
<body>
    <p>做优雅的自己,放手不属于自己的事物</p>
    <p>做优雅的自己,放手不属于自己的事物</p>
    <p>做优雅的自己,放手不属于自己的事物</p>
</body>
</html>
```

相关的代码实例请参考 Chap5.1.html 文件，在 IE 浏览器中运行的结果如图 5-1 所示。

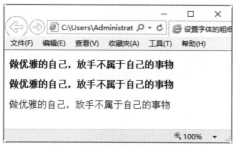

图 5-1　设置字体粗细属性

5.1.2　设置字体风格属性

　　font-style 属性用于设置字体的风格，即字体的显示样式。font-style 属性值有 4 个，具体含义如表 5-2 所示。

表 5-2　font-style 的属性值

属 性 值	说　明
normal	默认值
oblique	倾斜的字体样式
italic	斜体的字体样式
inherit	规定应该从父元素继承字体样式

【例 5-2】（实例文件：ch05\Chap5.2.html）设置字体风格。

```html
<!DOCTYPE html>
<html>
<head>
    <meta charset="UTF-8">
    <title>设置字体风格属性</title>
    <style>
        .p1{font-style:normal;}        /*设置正常的字体风格*/
        .p2{font-style:oblique;}       /*设置倾斜的字体风格*/
        .p3{font-style:italic;}        /*设置斜体的字体风格*/
    </style>
</head>
<body>
    <p class="p1">喜欢一个人,是一种心情</p>
    <p class="p2">喜欢一个人,是一种心情</p>
    <p class="p3">喜欢一个人,是一种心情</p>
</body>
</html>
```

相关的代码实例请参考 Chap5.2.html 文件，在 IE 浏览器中运行的结果如图 5-2 所示。

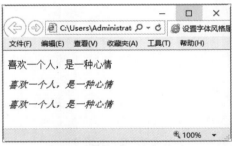

图 5-2　设置字体风格属性

5.1.3　设置字体大小属性

font-size 属性用于设置字体的大小。可以给 font-size 属性指定具体的像素值，如"font-size：20px"，还可以通过一些参数来设置字体的大小，这些参数和说明如表 5-3 所示。

表 5-3　font-size 的属性值

参　数	说　明
larger	相对于父元素中字体的尺寸进行相对增大，使用 em 单位计算

续表

参 数	说 明
smaller	相对于父元素中字体的尺寸进行相对减小，使用 em 单位计算
length	百分比或者浮点数和单位标识符组成的长度值，不可为负值，百分比取值是基于其父对象中字体的尺寸

【例 5-3】（实例文件：ch05\Chap5.3.html）设置字体大小。

```
<!DOCTYPE html>
<html>
<head>
    <meta charset="UTF-8">
    <title>设置字体大小</title>
    <style>
        .p1{font-size:smaller;}        /*设置字体大小的 smaller 属性*/
        .p2{font-size:larger;}         /*设置字体大小的 larger 属性*/
        .p3{font-size:30px;}           /*设置字体的大小为 30 像素*/
    </style>
</head>
<body>
<p class="p1">勤奋永远是成功的标配</p>
<p class="p2">勤奋永远是成功的标配</p>
<p class="p3">勤奋永远是成功的标配</p>
</body>
</html>
```

相关的代码实例请参考 Chap5.3.html 文件，在 IE 浏览器中运行的结果如图 5-3 所示。

图 5-3　设置字体大小属性

5.1.4　设置字体类型属性

font-family 属性用于指定文字的字体类型，如隶书、宋体、黑体、楷体等。

【例 5-4】（实例文件：ch05\Chap5.4.html）设置字体类型。

```
<!DOCTYPE html>
<html>
<head>
    <meta charset="UTF-8">
    <title>设置字体类型属性</title>
    <style>
        .p1{font-family: 微软雅黑;}        /*设置字体类型为"微软雅黑"*/
        .p2{font-family:华文彩云;}          /*设置字体类型为"华文彩云"*/
        .p3{font-family:宋体;}             /*设置字体类型为"宋体"*/
```

```
    </style>
</head>
<body>
    <p class="p1">爱上一个人,是一种态度</p>
    <p class="p2">爱上一个人,是一种态度</p>
    <p class="p3">爱上一个人,是一种态度</p>
</body>
</html>
```

相关的代码实例请参考 Chap5.4.html 文件，在 IE 浏览器中运行的结果如图 5-4 所示。

图 5-4　设置字体类型属性

5.1.5　设置文本行高属性

line-height 属性用于设置行间距，即行高。它的取值可以是百分比数值、浮点数和单位标识符组成的长度值，允许为负值，百分比取值是基于字体的高度尺寸。

【例 5-5】（实例文件：ch05\Chap5.5.html）设置文本的行高。

```
<!DOCTYPE html>
<html>
<head>
    <meta charset="UTF-8">
    <title>设置文本的行高属性</title>
    <style>
        *{margin: 0;padding:0;}          /*设置页面中所有控件的内、外边距为0*/
        .p1{
            line-height: 15px;          /*设置行高*/
            border: 1px solid red;      /*设置边框*/
        }
        .p2{
            line-height: 30px;
            border: 1px solid red;
        }
        .p3{
            line-height: 45px;
            border: 1px solid red;
        }
    </style>
</head>
<body>
    <p class="p1">未见其人,圆以说之</p>
    <p class="p2">未见其人,圆以说之</p>
    <p class="p3">未见其人,圆以说之</p>
```

```
</body>
</html>
```

相关的代码实例请参考 Chap5.5.html 文件，在 IE 浏览器中运行的结果如图 5-5 所示。

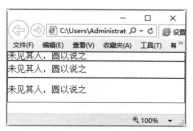

图 5-5　设置文本行高属性

5.1.6　设置字体复合属性

在网页设计中，对字体需要设置多种属性值时，多个属性值分别书写相对比较麻烦，可以使用 font 属性解决这一问题。font 属性中的属性值的排列顺序是 font-style、font-variant、font-weight、font-size 和 font-family，各属性的属性值之间使用空格隔开。Family 属性要定义多个属性值时，需要用逗号把每个属性值隔开。

其中 font-style、font-variant 和 font-weight 这三个属性的顺序可以自由调换，甚至可以不写，font-size 和 font-family 属性必须固定顺序出现，而且必须都出现在 font 属性中。

【例 5-6】（实例文件：ch05\Chap5.6.html）设置字体的复合属性。

```
<!DOCTYPE html>
<html>
<head>
    <meta charset="UTF-8">
    <title>设置字体复合属性</title>
    <style>
        p{
            font:normal bold 20px 宋体;        /*设置字体复合属性*/
        }
    </style>
</head>
<body>
<p>努力了,可能会失败；但是不努力,一定会失败。</p>
</body>
</html>
```

相关的代码实例请参考 Chap5.6.html 文件，在 IE 浏览器中运行的结果如图 5-6 所示。

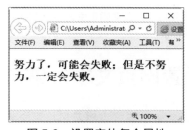

图 5-6　设置字体复合属性

5.1.7 定义网页文本颜色属性

对于网页中的文本颜色，使用 color 属性来设置，color 属性的取值如表 5-4 所示。

表 5-4 color 的属性值

属 性 值	说 明
color_name	规定颜色值为颜色名称的颜色（如 blue、red、yellow）
hex_number	规定颜色值为十六进制值的颜色（如#000000）
rgb_number	规定颜色值为 rgb 代码的颜色（如 rgb(255,255,255)）
inherit	规定从父元素继承颜色

【例 5-7】（实例文件：ch05\Chap5.7.html）设置网页文本颜色。

```html
<!DOCTYPE html>
<html>
<head>
    <meta charset="UTF-8">
    <title>定义网页文本颜色</title>
    <style>
        .p1{color: red;}                /*设置字体的颜色*/
        .p2{color: #a3c70c;}
        .p3{color: rgb(139,125,123)}
    </style>
</head>
<body>
<p class="p1">把握了生活,其实也就把握住了幸福。</p>
<p class="p2">把握了生活,其实也就把握住了幸福。</p>
<p class="p3">把握了生活,其实也就把握住了幸福。</p>
</body>
</html>
```

相关的代码实例请参考 Chap5.7.html 文件，在 IE 浏览器中运行的结果如图 5-7 所示。

图 5-7 定义网页文本颜色属性

5.2 设置网页文本的缩进和间距

网页基本上是由文本和图片构成，文本的样式设置及风格影响着整个网页的美观程度，本节主要介绍 HTML 中文本的缩进和间距的设置。

5.2.1　设置首行缩进属性

text-indent（首行缩进）属性用于设置文本的首行缩进，它的取值可以是百分比数值、浮点数和单位标识符组成的长度值，允许为负值。

【例 5-8】（实例文件：ch05\Chap5.8.html）设置首行缩进。

```html
<!DOCTYPE html>
<html>
<head>
    <meta charset="UTF-8">
    <title>设置首行缩进</title>
    <style>
        *{margin: 0;padding: 0;}        /*设置页面中所有控件的内、外边距为0*/
        p{text-indent:2em;}             /*设置首行缩进 2 字符*/
    </style>
</head>
<body>
<p>百折不回的精神虽然可佩，但如果这里虽然望得见目标，而这前面却是一片陡峭的山壁，没有可以攀援的路径时，我们也只好换一个方向，绕道而行。</p>
<p>为了达到目标，暂时走一走与理想相背驰的路，有时正是智慧的表现。事实上，人生途中是没有几条便捷的直达路径可走的。</p>
<p>我们时常必须把目标放在背后，而耐心地去做披荆斩棘、铺路修桥的工作，我们时常必需尝试很多条看起来非常晦暗无望的道路之后，才发现距离目标近了一点。</p>
</body>
</html>
```

相关的代码实例请参考 Chap5.8.html 文件，在 IE 浏览器中运行的结果如图 5-8 所示。

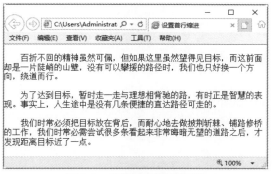

图 5-8　设置首行缩进属性

5.2.2　设置字符间距属性

设置 letter-spacing（字符间距）属性，对于汉语而言，是字与字之间的间距；对于英文而言，是字母与字母之间的间距。取值可以是正值或者负值。

【例 5-9】（实例文件：ch05\Chap5.9.html）设置字符间距。

```html
<!DOCTYPE html>
<html>
<head>
    <meta charset="UTF-8">
    <title>设置字符间距</title>
```

```
<style>
    /*设置页面中所有控件的内、外边距为 0，上边外边距为 10 像素*/
    *{margin: 0;padding:0;margin-top:10px;}
    .p1{letter-spacing:1em;}          /*设置字符间距*/
    .p2{letter-spacing:5px;}
</style>
</head>
<body>
<p class="p1">人生只有三天,活在昨天的人迷惑；活在明天的人等待；活在今天的人最踏实。</p>
<p class="p2">There are only three days in life.Those who live tomorrow wait;Those who live today
are the surest.</p>
</body>
</html>
```

相关的代码实例请参考 Chap5.9.html 文件，在 IE 浏览器中运行的结果如图 5-9 所示。

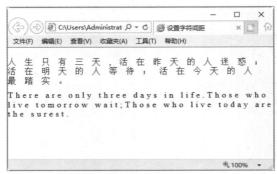

图 5-9　设置字符间距属性

5.2.3　设置单词间距属性

word-spacing（单词间距）属性用于指定某个区域或者段落中单词与单词之间的间隔。它的取值可以是正值或负值。

【例 5-10】（实例文件：ch05\Chap5.10.html）设置单词间距。

```
<!DOCTYPE html>
<html>
<head>
    <meta charset="UTF-8">
    <title>设置单词间距</title>
    <style>
        /*设置页面中所有控件的内、外边距为 0，上边外边距为 15 像素*/
        *{margin: 0;padding:0;margin-top:15px;}
        .p1{word-spacing:5px;}          /*设置单词间距为 5 像素*/
        .p2{word-spacing:15px;}
        .p3{word-spacing:25px;}
    </style>
</head>
<body>
    <p class="p1">There are only three days in life.</p>
    <p class="p2">Those who live tomorrow wait;</p>
    <p class="p3">Those who live today are the surest.</p>
</body>
</html>
```

相关的代码实例请参考 Chap5.10.html 文件，在 IE 浏览器中运行的结果如图 5-10 所示。

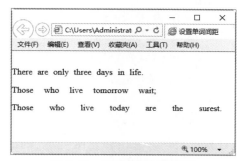

图 5-10　设置单词间距属性

5.3　设置网页文本的对齐方式

网页文本的对齐方式有两种，分别是水平对齐方式和垂直对齐方式。

5.3.1　控制文本的水平对齐方式

text-align 属性用于设置文本的对齐方式，它的取值如表 5-5 所示。

表 5-5　text-align 的属性值

属　性　值	说　　明
center	文本居中对齐
left	文本向左边对齐
right	文本向右边对齐
justify	文本两端对齐
inherit	继承父元素的对齐方式

【例 5-11】（实例文件：ch05\Chap5.11.html）控制文本水平对齐方式。

```
<!DOCTYPE html>
<html>
<head>
    <meta charset="UTF-8">
    <title>水平对齐方式</title>
    <style>
        p{width: 500px;border: 1px solid red;}    /*设置所有<p>标签的宽度和边框*/
        .p1{text-align: left;}                     /*设置.p1 的文本水平居左对齐*/
        .p2{text-align: center;}                   /*设置.p2 的文本水平居中对齐*/
        .p3{text-align: right;}                    /*设置.p3 的文本水平居右对齐*/
        .p4{text-align:justify;}                   /*设置.p4 的文本两端对齐*/
        .p5{text-align:left;}
    </style>
</head>
```

```
<body>
    <p class="p1">留白,是中国画的一种布局与智慧。</p>
    <p class="p2">留白,是中国画的一种布局与智慧。</p>
    <p class="p3">留白,是中国画的一种布局与智慧。</p>
    <p class="p4">留白,是中国画的一种布局与智慧。留白,是中国画的一种布局与智慧。留白,是中国画的一种布局与智慧。
(justify 效果)</p>
    <p class="p5">留白,是中国画的一种布局与智慧。留白,是中国画的一种布局与智慧。留白,是中国画的一种布局与智慧。
(left 效果)</p>
    </body>
    </html>
```

相关的代码实例请参考 Chap5.11.html 文件，在 IE 浏览器中运行的结果如图 5-11 所示。

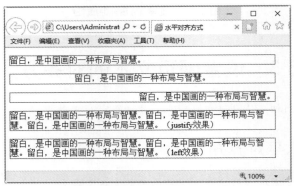

图 5-11　控制文本的水平对齐方式

5.3.2　控制文本的垂直对齐方式

vertical-align 属性用于定义垂直对齐方式，该属性定义行内元素的基线相对于该元素所在行的基线的垂直对齐，允许指定负长度值和百分比值。这个属性一般设置单元格框中的单元格内容的对齐方式，它的取值如表 5-6 所示。

表 5-6　vertical-align 的属性值

属　性　值	说　　　明
baseline	默认。元素放置在父元素的基线上
sub	垂直对齐文本的下标
super	垂直对齐文本的上标
top	把元素的顶端与行中最高元素的顶端对齐
text-top	把元素的顶端与父元素字体的顶端对齐
middle	把此元素放置在父元素的中部
bottom	把元素的顶端与行中最低的元素的顶端对齐
text-bottom	把元素的底端与父元素字体的底端对齐
%	使用"line-height"属性的百分比值来排列此元素。允许使用负值
inherit	继承父元素的 vertical-align 属性

【例 5-12】（实例文件：ch05\Chap5.12.html）控制文本的垂直对齐方式。

```html
<!DOCTYPE html>
<html>
<head>
    <meta charset="UTF-8">
    <title>垂直对齐方式</title>
    <style>
        div{
            width: 400px;
            height: 80px;
            border: 1px solid red;          /*设置边框*/
            display: table;                 /*设置 div 为块级表格来显示*/
        }
        p {
            text-align: center;             /*设置文本水平居中*/
            display: table-cell;            /*使子元素成为表格单元格*/
        }
        .p1{vertical-align: top;}           /*设置.p1 的文本与父元素的顶端对齐*/
        .p2{vertical-align: middle;}        /*设置.p2 的文本垂直居中对齐*/
        .p3{vertical-align: bottom;}        /*设置.p3 的文本与父元素的底端对齐*/
    </style>
</head>
<body>
<div><p class="p1">做任何事情步骤 1 都要树立一个目标。</p></div>
<div><p class="p2">做任何事情步骤 1 都要树立一个目标。</p></div>
<div><p class="p3">做任何事情步骤 1 都要树立一个目标。</p></div>
</body>
</html>
```

相关的代码实例请参考 Chap5.12.html 文件，在 IE 浏览器中运行的结果如图 5-12 所示。

图 5-12 控制文本的垂直对齐方式

5.4 CSS 3 新增的服务器字体

在 CSS 之前的版本，大部分网站的网页中设置的都是普通的字体，有的甚至都不设置字体，因为要想在不同的客户端去显示正常的字体效果，首先客户端要有这种字体，否则设置的字体效果将不会显示。CSS 3 新增了服务器字体，很好地解决了这个问题。若客户端没有要设置的字体，将会自动下载所设置的字体。

5.4.1　使用服务器字体

使用服务器字体，首先要先定义服务器字体，定义服务器字体使用@font-face 来定义，代码如下：

```
@font-face
{
    font-family:name;                      /*设置服务器字体的名称*/
    src:url(url) format(font-format);      /*设置字体路径和字体格式*/
}
```

上面的语法中 font-family 属性用于指定服务器字体的名称，这个名称可以随意定义，它用于在需要的位置去引用。src 属性中通过 url 来指定字体的路径，format 用于指定字体的格式，到目前为止，服务器字体还只支持 TrueType 格式和 OpenType 格式。

可以通过以下步骤来实现对服务器字体的使用。

（1）下载需要使用的服务器字体的文件。

（2）使用@font-face 把它定义为服务器的字体。

（3）通过@font-family 属性指定使用服务器字体。

【例 5-13】（实例文件：ch05\Chap5.13.html）使用服务器字体。

```
<!DOCTYPE html>
<html>
<head>
    <meta charset="UTF-8">
    <title>使用服务器字体</title>
    <style>
        @font-face{                         /*先定义服务器字体*/
            font-family:name;               /*定义字体的名称*/
            /*指定字体路径,这里是该文件的同级目录下,并指定字体格式*/
            src:url("Blazed.ttf") format("TrueType");
        }
        div{margin-left: 200px;font-size: 50px;}
    </style>
</head>
<body>
<!--在 p 元素中使用服务器字体-->
<p style="font-family: name;font-size: 50px;">Happy Birthday!</p>
<div>生日快乐</div>
<p></p>
</body>
</html>
```

相关的代码实例请参考 Chap5.13.html 文件，在 Chrome 浏览器中运行的结果如图 5-13 所示。

图 5-13 使用服务器字体

5.4.2 定义斜体、粗体和粗斜体字

在使用服务器字体时，不像网页中使用字体，可以指定字体的加粗、倾斜等，如果要在服务器字体中使用加粗和倾斜，需要下载相应的字体文件。

【例 5-14】（实例文件：ch05\Chap5.14.html）定义斜体、粗体、粗斜体等服务器字体。

```html
<!DOCTYPE html>
<html>
<head>
    <meta charset="UTF-8">
    <title>使用服务器字体</title>
    <style>
        @font-face{                           /*定义普通的服务器字体*/
            font-family:name;                 /*定义普通字体的名称*/
            /*指定字体路径,这里是该文件的同级目录下,并指定字体格式*/
            src:url("Delicious-Roman.otf") format("OpenType");
        }
        @font-face{
            font-family:name1;
            src:url("Delicious-Italic.otf") format("OpenType");
        }
        /*定义粗体的服务器字体*/
        @font-face{
            font-family:name2;
            src:url("Delicious-Bold.otf") format("OpenType");
        }
        /*定义粗斜体的服务器字体*/
        @font-face{
            font-family:name3;
            src:url("Delicious-BoldItalic.otf") format("OpenType");
        }
    </style>
</head>
<body>
    <p style="font-family: name; font-size: 50px;">Happy Birthday!</p>
    <p style="font-family: name1; font-size: 50px;">Happy Birthday!</p>
    <p style="font-family: name2; font-size: 50px;">Happy Birthday!</p>
    <p style="font-family: name3; font-size: 50px;">Happy Birthday!</p>
```

```
  </body>
</html>
```

相关的代码实例请参考 Chap5.14.html 文件，在 Chrome 浏览器中运行的结果如图 5-14 所示。

图 5-14　定义斜体、粗体和粗斜体

5.4.3　优先使用客户端字体

使用服务器字体有一个缺点，浏览网页时需要从远程服务器下载字体文件，影响网页的加载速度。所以我们还是应该优先考虑使用客户端字体，只有当客户端没有这种字体时，才考虑使用服务器字体作为替代方案。

在使用@font-face 定义服务器字体时，src 属性除了可以使用 url 来指定服务器文字的路径之外，也可以使用 local 指定客户端字体名称。

【例 5-15】（实例文件：ch05\Chap5.15.html）优先使用客户端字体。

```
<!DOCTYPE html>
<html>
<head>
    <meta charset="UTF-8">
    <title>优先使用客户端字体</title>
    <style>
        @font-face {
            font-family:name;              /*定义字体的名称*/
            /*客户端一般都有"华文彩云"这种字体*/
            src: local("华文彩云"),url("Blazed.ttf") format("truetype");
        }
    </style>
</head>
<body>
<p style="font-family: name">Happy Birthday!</p>
</body>
</html>
```

相关的代码实例请参考 Chap5.15.html 文件，在 Chrome 浏览器中运行的结果如图 5-15 所示。

图 5-15　优先使用客户端字体

5.5　实践案例——设置简单的文字效果

网页文本的效果对一个页面来说非常重要，因为网页中大部分是文本。本章介绍了文本的一些设置样式，下面就来看一下案例。

本案例主要是使用 CSS 中的文本阴影（text-shadow）属性来完成的，实现起来非常简单，读者可以根据自己的喜好来进行设置。

【例 5-16】（实例文件：ch05\Chap5.16.html）简单的文字效果。

```html
<!DOCTYPE html>
<html>
<head>
    <meta charset="UTF-8">
    <title>Title</title>
    <style>
        .box1 {
            font-family:"楷体";                              /*设置字体的类型*/
            font-size: 80px;                                /*设置字体的大小*/
            color: #f2ece6;                                 /*设置字体的颜色*/
            text-shadow: 0 5px 2px red, 0px -2px 1px #fff;  /*设置文字的阴影*/
            font-weight: bold;                              /*设置字体加粗*/
            background: #39a8ff;                            /*设置背景颜色*/
            text-align: center;                             /*设置文本水平居中*/
            border-radius: 20px;                            /*设置圆角边框*/
            padding: 50px 0;                                /*设置内边距*/
        }
    </style>
</head>
<body>
<div class="box1">
    文字效果
</div>
```

```
</body>
</html>
```

相关的代码实例请参考 Chap5.16.html 文件，在 IE 浏览器中运行的结果如图 5-16 所示。

图 5-16　简单的文字效果

5.6　就业面试技巧与解析

5.6.1　面试技巧与解析（一）

面试官：我们使用哪个属性来设置阴影？

应聘者：盒子的阴影使用 box-shadow 属性来实现，文字的阴影使用 text-shadow 来实现。

5.6.2　面试技巧与解析（二）

面试官：rgba()和 opacity 设置透明度效果有什么区别？

应聘者：rgba()和 opacity 都能实现透明效果，但最大的不同是 opacity 作用于元素及元素内所有子元素的透明度，而 rgba()只作用于元素本身的透明度。设置 rgba 透明的元素的子元素不会继承透明效果。

第 6 章

使用并美化网页图像

 学习指引

常见的网站是使用文字或者图片来展示内容的，其中文字是传递信息的主要手段。本章将使用 CSS 技术来美化网页文本。

 重点导读

- 熟悉插入网页图像的方法。
- 掌握设置网页图像的方法。
- 掌握设置网页图像样式的方法。
- 掌握设置网页的背景颜色和背景图像的方法。

6.1　插入网页图像

一个网页少不了一些优美的图片，图片能直观、形象地让人明白网页所要表达的意思，而一张好的图片会给页面带来很高的点击率。下面就来介绍一下图片的格式和如何插入图片。

6.1.1　网页图像格式

网页中使用的图片格式有 GIF、JPG、PNG、BMP、TIFF 等，其中应用最广泛的是 GIF 和 PNG 两种格式。

1. GIF

GIF 是 20 世纪 80 年代由 CompuServe 公司提出的图像文件格式，它是 Web 上最常用的图像格式之一，可以用来存储各种图像文件。GIF 是通过减少组成图像像素的存储位数和 LZH 压缩存储技术来减少图像文件的大小的，GIF 图像文件很小，下载速度很快，在低颜色数下 GIF 比 JPEG 装载更快，可用许多具有同样大小的图像文件组成动画，在 GIF 图像中可指定透明区域，使图像具有特殊的效果。

2. PNG

PNG 是 20 世纪 90 年代提出的图像文件存储格式，其目的是替代 GIF 和 TIFF 文件格式，同时增加一些 GIF 文件格式所不具备的特性。PNG 用来存储灰度图像时，灰度图像的深度可多到 16 位，存储彩色图像时，彩色图像的深度可多到 48 位。

PNG 是很好的网络图像格式，PNG 格式具有不失真、兼有 GIF 和 JPG 的色彩模式、网络传输速度快等特点。它使用从 LZ77 派生的无损数据压缩算法，一般应用于 Java 程序、网页程序中，生成的文件体积小，压缩比高。

6.1.2 插入图像标签

在网页中插入图像使用<img>标签，常使用的一些<img>标签属性如表 6-1 所示。

表 6-1　<img>标签属性

属　　性	值	说　　明
alt	text	定义图片的替代文本
src	url	图片的路径
height	pixels、百分比	定义图片的高度
width	pixels、百分比	定义图片的宽度

【例 6-1】（实例文件：ch06\Chap6.1.html）插入图像标签。

```
<!DOCTYPE html>
<html>
<head>
    <meta charset="UTF-8">
    <title>插入图片</title>
</head>
<body>
<img src="531540346819325961.jpg">          /*在页面中插入图片*/
</body>
</html>
```

相关的代码实例请参考 Chap6.1.html 文件，在 IE 浏览器中运行的结果如图 6-1 所示。

图 6-1　插入图片

6.2　设置网页图像

网页中的图片为了满足排版要求，往往需要设置图片的样式。

6.2.1　设置图像路径及文件

路径是定位图像文件的位置，有两种方式，以当前文档为参照点表示文件的位置，是相对路径；以根目录为参照点表示文件的位置，是绝对路径。

为了方便介绍绝对路径和相对路径，假设现有目录结构，如图 6-2 所示。

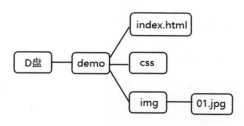

图 6-2　目录结构

1. 绝对路径

例如，在 D 盘 deme 目录下的 img 下有一个 01.jpg 图像，那么它的路径就是 D:\demo\img\01.jpg，像这种完全描述文件位置的路径就是绝对路径，如果想要把 01.jpg 插入 index.html 中，绝对路径表示方式如下：

```
D:\demo\img\01.jpg
```

如果使用了绝对路径 D:\demo\img\01.jpg 进行图片链接，那么本地计算机中将一切正常，因为在 D:\demo\img 下的确存在 01.jpg 这个图片文件。

2. 相对路径

那么如何使用相对路径在 index.html 中插入 01.jpg 呢？其实很简单，只需要以 index.html 为参照点，去寻找 01.jpg 即可，从目录结构图可以发现，index.html 和 img 属于同一级，路径是一样的，因此可以定位到 img，img 的下级就是 01.jpg，使用相对路径表示图片，如下面代码所示：

```
./img/01.jpg
```

使用相对路径，不论将这些文件放到哪里，只要 index.html 和 01.jpg 文件的相对位置没有发生改变，就不会出错。

在相对路径中，"./" 表示同级目录，"../" 表示上一级目录，"../../" 表示上级的上级目录，以此类推。

6.2.2　设置图像的宽度和高度

在 HTML 文档中，图片一般是以原图尺寸来显示的，可以通过 width（宽度）和 height（高度）属性来设置图片的尺寸。图片的尺寸可以选择数值或者百分比，数值是绝对尺寸，百分比是相对尺寸。

【例 6-2】（实例文件：ch06\Chap6.2.html）设置图像的宽和高。

```
<!DOCTYPE html>
```

```
<html>
<head>
    <meta charset="UTF-8">
    <title>设置图像的宽度和高度</title>
</head>
<body>
原图：
<img src="531540346819325961.jpg">
改变宽度和高度后：
<img src="531540346819325961.jpg" width="200px" height="200px">   <!--设置图片的宽度和高度-->
</body>
</html>
```

相关的代码实例请参考 Chap6.2.html 文件，在 IE 浏览器中运行的结果如图 6-3 所示。

图 6-3　设置图像的宽度和高度

6.2.3　设置图像的提示文字

图像文字的提示效果使用 alt 和 title 属性来完成，当图像没有下载完成时，才会显示 alt 属性所设置的提示文字；当把鼠标指针移动到图片上时，显示 title 属性设置的提示信息。

【例 6-3】（实例文件：ch06\Chap6.3.html）设置图像的提示文字。

```
<!DOCTYPE html>
<html>
<head>
    <meta charset="UTF-8">
    <title>图片的提示文字</title>
</head>
<body>
```

```
<p>错误路径使图片下载失败,显示提示文字</p>
<img src="123.jpg" alt="美女图片">                    <!--设置图片的 alt 属性-->
<img src="531540346819325961.jpg" title="美女" >    <!--设置图片的 title 属性-->
</body>
</html>
```

相关的代码实例请参考 **Chap6.3.html** 文件，在 IE 浏览器中运行的结果如图 6-4 所示。

图 6-4　设置图像的提示文字

6.3　设置网页图像样式

当然也可以使用 CSS 样式来美化图片。

6.3.1　设置图像边框

border 属性用于设置图片边框，代码如下：

```
border: width color style
```

width 指定边框的宽度，color 指定边框的颜色，style 指定边框的样式。

【例 6-4】（实例文件：ch06\Chap6.4.html）设置图像边框。

```
<!DOCTYPE html>
<html>
<head>
    <meta charset="UTF-8">
    <title>设置图片的边框</title>
    <style>
        img{
            border: 10px solid #1896ff;        /*设置图片的边框样式*/
        }
    </style>
</head>
<body>
<img src="531540346819325961.jpg" alt="美女图片">
</body>
```

```
</html>
```

相关的代码实例请参考 Chap6.4.html 文件，在 IE 浏览器中运行的结果如图 6-5 所示。

图 6-5　设置图像边框

6.3.2　设置图像不透明度

在 CSS 中，使用 opacity 属性设置图片的不透明度，代码如下：

```
opacity: value | inherit;
```

value 取值在 0～1，0 表示完全透明，1 表示完全不透明。inherit 表示应该继承父元素 opacity 的属性值。

【例 6-5】（实例文件：ch06\Chap6.5.html）设置图像不透明度。

```
<!DOCTYPE html>
<html>
<head>
    <meta charset="UTF-8">
    <title>设置图片的透明度</title>
    <style>
        img{
            opacity:0.5;          /*设置图片的透明度*/
        }
    </style>
</head>
<body>
<img src="531540346819325961.jpg" alt="美女图片">
</body>
</html>
```

相关的代码实例请参考 Chap6.5.html 文件，在 IE 浏览器中运行的结果如图 6-6 所示。

图 6-6 设置图像不透明度

6.3.3 设置圆角图像

border-radius 用来设置图像的圆角，代码如下：

```
border-radius: 1-4 length|% / 1-4 length|%;
```

border-radius 可以设置 4 个值，设置一个值时，表示 4 个角设置相同的圆角。

【例 6-6】 （实例文件：ch06\Chap6.6.html）设置图像的圆角。

```
<!DOCTYPE html>
<html>
<head>
    <meta charset="UTF-8">
    <title>设置圆角图像</title>
    <style>
        img{
            border-radius: 50px;            /*设置图片的圆角边框*/
        }
    </style>
</head>
<body>
<img src="531540346819325961.jpg" alt="美女图片">
</body>
</html>
```

相关的代码实例请参考 Chap6.6.html 文件，在 IE 浏览器中运行的结果如图 6-7 所示。

图 6-7　设置圆角图像

6.3.4　设置阴影图像

box-shadow 属性用于设置阴影图像，代码如下：

```
box、text-shadow: X,Y, blur, color;
```

X、Y 分别表示阴影在水平方向和垂直方向上的位移，blur 表示模糊的半径，最后一个表阴影的颜色。

【例 6-7】（实例文件：ch06\Chap6.7.html）设置图像阴影。

```html
<!DOCTYPE html>
<html>
<head>
    <meta charset="UTF-8">
    <title>设置阴影图片</title>
    <style>
        img{
            box-shadow: 20px 20px #00FF00;          /*设置图片的阴影*/
        }
    </style>
</head>
<body>
<img src="531540346819325961.jpg" alt="美女图片">
</body>
</html>
```

相关的代码实例请参考 Chap6.7.html 文件，在 IE 浏览器中运行的结果如图 6-8 所示。

图 6-8 设置阴影图像

6.3.5 设置图像与文字的对齐方式

设置图像与文字的对齐方式，一般是设置图片与文字垂直方向上的对齐方式，使用 vertical-align 属性来设置，它的属性值如表 6-2 所示。

表 6-2 vertical-align 属性值

属 性 值	说 明
baseline	默认值，元素放置在父元素的基线上
sub	垂直对齐文本的下标
super	垂直对齐文本的上标
top	把元素的顶端与行中最高元素的顶端对齐
text-top	把元素的顶端与父元素字体的顶端对齐
middle	把此元素放置在父元素的中部
bottom	把元素的底端与行中最低元素的底端对齐

【例 6-8】（实例文件：ch06\Chap6.8.html）设置图像与文字的对齐方式。

```
<!DOCTYPE html>
<html>
<head>
    <meta charset="UTF-8">
    <title>图片与文字的对齐方式</title>
    <style>
        .img1{
```

```
            vertical-align: top;              /*设置图片顶端与行中最高元素的顶端对齐*/
        }
        .img2{
            vertical-align: bottom;           /*设置图片放在父元素的中部*/
        }
        .img3{
            vertical-align:middle;            /*设置图片顶端与行中最高元素的顶端对齐*/
        }
    </style>
</head>
<body>
<p>top<img src="qwqwwqwa.png" alt="小孩图片" class="img1"></p>
<p>bottom<img src="qwqwwqwa.png" alt="小孩图片" class="img2"></p>
<p>bottom<img src="qwqwwqwa.png" alt="小孩图片" class="img3"></p>
</body>
</html>
```

相关的代码实例请参考 Chap6.8.html 文件，在 IE 浏览器中运行的结果如图 6-9 所示。

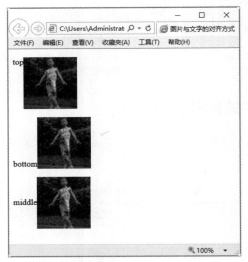

图 6-9　设置图像与文字的对齐方式

6.3.6　图文混排

一个普通的网页最常见的就是图文混排，下面以文字环绕效果为例进行介绍。

在 CSS 3 中使用 float 来实现文字环绕效果。

【例 6-9】（实例文件：ch06\Chap6.9.html）设置图文混排。

```
<!DOCTYPE html>
<html>
<head>
    <meta charset="UTF-8">
    <title>设置文字环绕</title>
    <style>
        img{
            float: left;                     /*设置图片左浮动*/
        }
```

```
    </style>
  </head>
  <body>
  <img src="aaaadasdas.png" alt=" ">
  关于魔鬼城有一段神奇的传说。传说这里原来是一座雄伟的城堡,城堡里的男人英俊健壮,城堡里的女人美丽而善良,城堡里的
  人们勤于劳作,过着丰衣足食的无忧生活。然而,伴随着财富的聚积,邪恶逐渐占据了人们的心灵。他们开始变得沉湎于玩乐与酒色,
  为了争夺财富,城里到处充斥着尔虞我诈与流血打斗,每个人的面孔都变得狰狞恐怖。天神为了唤起人们的良知,化作一个衣衫褴褛的
  乞丐来到城堡。天神告诉人们,是邪恶使他从一个富人变成乞丐,然而乞丐的话并没有奏效,反而遭到了城堡里的人们的辱骂和嘲
  讽。天神一怒之下把这里变成了废墟,城堡里所有的人都被压在废墟之下。每到夜晚,亡魂便在城堡内哀鸣,希望天神能听到他们忏悔的
  声音。

  </body>
  </html>
```

相关的代码实例请参考 Chap6.9.html 文件，在 IE 浏览器中运行的结果如图 6-10 所示。

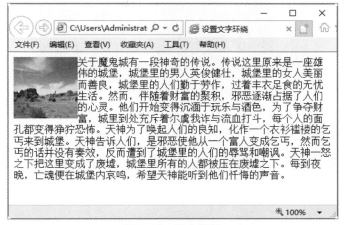

图 6-10　图文混排

6.4　设置网页背景颜色和背景图

为了让网页面呈现更好的效果，还可以设置网页背景颜色和背景图。

6.4.1　设置背景颜色

background-color 属性用于设置背景颜色，它接受任何有效的颜色值，代码如下：

```
background-color: color;
```

【例 6-10】（实例文件：ch06\Chap6.10.html）设置背景颜色。

```
<!DOCTYPE html>
<html>
<head>
    <meta charset="UTF-8">
    <title>设置背景图片-</title>
    <style>
        body{background-color: red;}          /*设置 body 元素的背景颜色*/
    </style>
```

```
    </head>
    <body>
    </body>
    </html>
```

相关的代码实例请参考 Chap6.10.html 文件，在 IE 浏览器中运行的结果如图 6-11 所示。

图 6-11　设置背景颜色

 ## 6.4.2　设置背景图

background-image 属性用于设置背景图，代码如下：

```
background-image: url("src");
```

src 表示背景图的路径。

【例 6-11】（实例文件：ch06\Chap6.11.html）设置背景图。

```
<!DOCTYPE html>
<html>
<head>
    <meta charset="UTF-8">
    <title>设置背景图</title>
    <style>
        div{
            width: 500px;
            height: 300px;
            border: 1px solid red;
            background-image: url("aaaadasdas.png");        /*插入背景图*/
        }
    </style>
</head>
<body>
<div></div>
</body>
</html>
```

相关的代码实例请参考 Chap6.11.html 文件，在 IE 浏览器中运行的结果如图 6-12 所示。

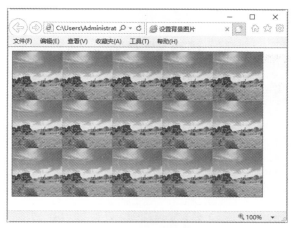

图 6-12 设置背景图

6.4.3 设置背景图平铺

background-repeat 用于设置背景图是否平铺，它的属性值如表 6-3 所示。

表 6-3 background-repeat 属性值

属 性 值	说 明
repeat	背景图水平方向和垂直方向都平铺
no-repeat	背景图不平铺
repeat-x	背景图水平方向上平铺
repeat-y	背景图垂直方向上平铺

【例 6-12】（实例文件：ch06\Chap6.12.html）设置图像不平铺方式。

```
<!DOCTYPE html>
<html>
<head>
    <meta charset="UTF-8">
    <title>设置背景图不平铺</title>
    <style>
        div{
            width: 500px;
            height: 300px;
            border: 1px solid red;
            background-image: url("aaaadasdas.png");          /*插入背景图*/
            background-repeat: no-repeat;                      /*设置背景图的平铺方式*/
        }
    </style>
</head>
<body>
<div></div>
</body>
</html>
```

相关的代码实例请参考 Chap6.12.html 文件，在 IE 浏览器中运行的结果如图 6-13 所示。

图 6-13　设置背景图像不平铺

6.4.4　设置背景图位置

background-position 属性设置背景图像的起始位置，它的属性值如表 6-4 所示。

表 6-4　background-position 属性值

属 性 值	说　　明
left top left bottom right top right bottom	如果仅指定一个值，其他值将是"center"
x% y%	第一个值是水平位置，第二个值是垂直位置。左上角是 0% 0%，右下角是 100% 100%，如果仅指定了一个值，其他值将是 50%。默认值为：0% 0%
xpos ypos	第一个值是水平位置，第二个值是垂直位置。左上角是 0，单位可以是像素（0px 0px）或任何其他 CSS 单位。如果仅指定了一个值，其他值将是 50%
inherit	指定 background-position 属性设置应该从父元素继承

【例 6-13】（实例文件：ch06\Chap6.13.html）设置背景图像位置。

```
<!DOCTYPE html>
<html>
<head>
    <meta charset="UTF-8">
    <title>设置背景图片的位置</title>
    <style>
        div{
            width: 500px;
            height: 300px;
            border: 1px solid red;
            background-image: url("aaaadasdas.png");      /*插入背景图*/
            background-repeat: no-repeat;                 /*设置背景图的平铺方式*/
            background-position:20% 20%;                  /*设置背景图插入的位置*/
        }
```

```
        </style>
</head>
<body>
<div></div>
</body>
</html>
```

相关的代码实例请参考 Chap6.13.html 文件，在 IE 浏览器中运行的结果如图 6-14 所示。

图 6-14　设置背景图位置

6.4.5　设置渐变背景

CSS 3可以让背景产生渐变效果，渐变属性有两种，即线性渐变（linear-gradient）和径向渐变（radial-gradient）。

线性渐变语法如下：

```
linear-gradient(方向,颜色1,位置1,颜色2,位置2..)
```

关于渐变，虽然浏览器已经支持，但 webkit 内核的浏览器还没有去掉前缀-webkit-，语法和新标准也不太一样，要在 Chrome、Safari、Firefox 中实现渐变效果，需要加上前缀-webkit-。IE9+需要加前缀-ms-。

对于线性渐变的方向，只要设置起始位置，例如 top 表示由上至下，right 表示由右到左。bottom 表示由下到上，left 表示由左到右，top right 表示由右上到左下，也可以用角度表示 30° 表示由左下到右上，-30° 表示由左上到右下。

【例 6-14】（实例文件：ch06\Chap6.14.html）线性渐变（linear-gradient）。

```
<!DOCTYPE html>
<html>
<head>
<meta charset="UTF-8">
<title></title>
<style>
div{ width: 200px;height: 200px;float: left; margin-left: 15px;text-align: center;}
/*设置线性渐变背景颜色,兼容 webkit 内核的浏览器*/
.div1{background: -webkit-linear-gradient(left, black, white)}
.div2{background: -webkit-linear-gradient(left top, black, white)}
.div3{background: -webkit-linear-gradient(45deg, black, white)}
</style>
```

```
</head>
<body>
<div class="div1">由左至右</div>
<div class="div2">由左上至右下</div>
<div class="div3">45deg 方向</div>
</body>
</html>
```

相关的代码实例请参考 Chap6.14.html 文件，在 Firefox 浏览器中运行的结果如图 6-15 所示。

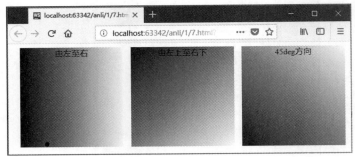

图 6-15　渐变背景实例

6.5　实践案例——独特的瀑布流效果

本章介绍了图像的知识，下面利用相关知识来完成一个瀑布流的案例。

本案例使用表格来设计一个瀑布流布局，实现的原理很简单，只是根据图片合并对应的表格，表格设计完成后，给表格插入背景图片，使用 CSS 3 新属性"background-size: cover;"使图片布满表格即可。

【例 6-15】（实例文件：ch06\Chap6.15.html）瀑布流效果。

```
<!DOCTYPE html>
<html>
<head>
    <meta charset="UTF-8">
    <title>Title</title>
    <style>
        td{
            width: 200px;
            height: 200px;
            background-image: url("aaaadasdas.png");    /*插入背景图*/
            background-size: cover;                     /*设置背景图铺面整个容器/
        }
    </style>
</head>
<body>
<table>                             <!--添加表格-->

    <tr >                           <!--添加行-->

        <td rowspan="2"></td>       <!--添加单元格,且横跨 2 行-->
        <td></td>
        <td></td>
```

```
        <td></td>
    </tr>
    <tr>
        <td></td>
        <td></td>
        <td rowspan="2"></td>
    </tr>
    <tr>
        <td></td>
        <td></td>
        <td></td>
    </tr>
</table>
</body>
</html>
```

相关的代码实例请参考 Chap6.15.html 文件，在 Firefox 浏览器中运行的结果如图 6-16 所示。

图 6-16　独特的瀑布流效果

6.6　就业面试技巧与解析

6.6.1　面试技巧与解析（一）

面试官：标签上 title 与 alt 属性的区别是什么？

应聘者：

- alt 的属性用于图片不显示时，用文字代替的内容。
- title 为元素提供信息。

6.6.2　面试技巧与解析（二）

- **面试官**：你对 line-height 是如何理解的？
- **应聘者**：line-height 和 height 都能撑开一个高度，如果一个标签没有定义 height 属性，那么其最终表现的高度是由 line-height 决定的，而不是容器内的文字内容。把 line-height 值设置为 height 一样大小的值，可以实现单行文字的垂直居中。

第 2 篇

核心应用

在了解了标签的基本概念、基本应用之后，本篇将详细介绍 Web 前端开发的核心应用，包括网页中超链接、网页列表、网页表格以及网页表单的美化；网页布局、网页动画特效以及事件机制等。通过本篇的学习，读者将对 Web 前端开发有较高的掌握水平。

- 第 7 章　使用并美化网页超链接
- 第 8 章　使用并美化网页列表
- 第 9 章　使用并美化表格
- 第 10 章　使用并美化表单
- 第 11 章　Web 标准与网页布局
- 第 12 章　CSS 3 盒子模型与页面布局
- 第 13 章　使用网页动画效果

第7章
使用并美化网页超链接

 学习指引

在网页中超链接无处不在，它在本质上属于网页的一部分，它是一种允许用户同其他网页或站点之间进行连接的元素。各个网页链接在一起后，才能真正构成一个网站。

本章将使用 CSS 样式来美化超链接。

 重点导读

- 熟悉超链接的基础。
- 掌握超链接的路径。
- 掌握定义内部链接。
- 掌握定义锚链接。
- 熟悉使用 CSS 样式美化超链接。

7.1 超链接基础

超链接是指从一个网页指向一个目标的连接关系，这个目标可以是另一个网页，也可以是相同网页上的不同位置，还可以是一个图片、一个电子邮件地址、一个文件，甚至是一个应用程序。而在一个网页中用来作为超链接的对象，可以是一段文本或者是一个图片。当浏览者单击链接的文字或图片后，链接目标将显示在浏览器上，并且根据目标的类型来打开或运行。

7.2 超链接路径

超链接的路径分相对路径和绝对路径，与插入图片的路径类似，详细的请参考第 6 章 6.2.1 节 "设置图像路径及文件" 这一节。

7.3 定义超链接和热点区域

超链接是网页设计中比较重要的一步，通过它，可以创建网页与网页之间的关系，本节将介绍超链接的有关知识。

7.3.1 定义超链接

超链接标签是<a href="#"></a>，在超链接中可以设置文字、图片等。

href 属性设置的是该链接所要链接的网址或者文件路径，代码如下：

```
<a href="http://www.baidu.com">
<a href="index.html">
```

7.3.2 链接的目标窗口

默认情况下，当单击超链接时，目标页面会在当前窗口中显示，替换当前页面的内容。如果要在单击某个链接以后，打开一个新的浏览器窗口，在这个新窗口中显示目标页面，就需要使用<a>标签的 target 属性。

target 属性有 4 个属性值，分别为_blank、_self、_top 和_parent。由于 HTML 5 不支持框架，所以_top 和_parent 这两个取值不常用。本节介绍_blank 和_self 这两个属性值。_blank 定义在新窗口中显示超链接页面，_self 定义在自身窗口中显示超链接页面。

【例 7-1】（实例文件：ch07\Chap7.1.html）_blank 属性值。

```
<!DOCTYPE html>
<html>
<head>
    <meta charset="UTF-8">
    <title>Title</title>
</head>
<body>
<a href="index.html" target="_blank">新窗口中打开</a>  <!--创建超链接,定义在新窗口中显示超链接页面-->
</body>
</html>
```

新窗口 index.html 文件：

```
<!DOCTYPE html>
<html>
<head>
    <meta charset="UTF-8">
    <title>新窗口</title>
</head>
<body>
我是超链接的内容
</body>
</html>
```

相关的代码实例请参考 Chap7.1.html 文件，在 IE 浏览器中运行的结果如图 7-1 所示。单击超链接时，在新窗口中打开目标页面，如图 7-2 所示。

图 7-1　页面加载完效果

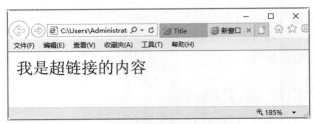

图 7-2　超链接到目标页面

7.3.3　定义不同目标的超链接

超链接除了可以指向.html 文件外，还可以指向其他类型的文件，如图片文件、声音文件、视频文件、word、FTP 服务器、其他文件、电子邮件等。

【例 7-2】（实例文件：ch07\Chap7.2.html）定义不同目标的链接。

```html
<!DOCTYPE html>
<html>
<head>
    <meta charset="UTF-8">
    <title>Title</title>
</head>
<body>
<a href="02.jpg">链接到图片文件</a>          <!--设置目标为图片的超链接-->
<br/>
<a href="index.html">链接到 index 文件</a>     <!--设置目标为 HTML 文件的超链接-->
</body>
</html>
```

相关的代码实例请参考 Chap7.2.html 文件，在 IE 浏览器中运行的结果如图 7-3 所示。

图 7-3　定义不同目标的超链接

7.3.4　定义热点区域

有时为了满足不同的需要，一张图片上会有好几个超链接，这就是图片的热点区域。热点区域其实就是将一张图片分成许多份，当浏览者访问点击不同的区域后，会超链接到不同的目标页面。在 HTML 5 中可以为图片创建 3 种类型的热点区域：矩形、圆形和多边形。

创建热点区域使用<map>标签和<area>来实现。<map>标签只有一个 name 属性，其作用是为区域命名，其值必须与<img>标签的 usemap 属性值相同。<area>标签有 3 个属性值，分别为 shape、coords 和 href。

【例 7-3】（实例文件：ch07\Chap7.3.html）定义热点区域。

```
<!DOCTYPE html>
<html>
<head>
    <meta charset="UTF-8">
    <title>Title</title>
</head>
<body>
<img src="02.jpg" alt="" usemap="#Map">      <!--插入图片并设置 usemap 属性-->

<map name="Map">          <!--创建 map 标签,添加 name 属性,属性值等于图片 usemap 属性的属性值去掉 "#" -->

<!--设置图片的矩形热点区域-->
    <area shape="rect" coords="20,20,150,150" href="03.jpg" alt="矩形">

<!--设置图片的圆形热点区域-->
    <area shape="circle" coords="120,120,50" href="#" alt="圆形">
</map>
</body>
</html>
```

相关的代码实例请参考 Chap7.3.html 文件，在 IE 浏览器中运行的结果如图 7-4 所示。当单击图片上矩形热点区域时，将超链接到目标页面，如图 7-5 所示。

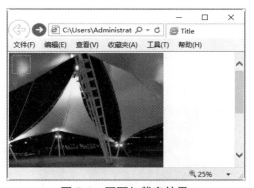

图 7-4　页面加载完效果

图 7-5　新页面效果

7.4　定义锚点超链接

锚点（anchor）其实就是超链接的一种，是一种特殊的超链接。它可以分两种情况，一种是链接到本页面，另一种是链接到其他页面。本节将详细介绍。

7.4.1　建立锚点超链接

建立锚超链接很简单，只需要给超链接目标添加 id 或者 name 属性，超链接的 href 属性设置成 "#" 加上 id 或者 name 属性的值就可以了，代码如下：

```
<a href="#a"></a>
<div id="a"></div>
```

7.4.2 超链接同一页面中的锚点

链接同一个页面中锚点，就是从页面中的某个位置链接到本页面中想要滚动到的地方，如看电子书时，通过点击目录，可以到达想要看的章节内容。

【例 7-4】（实例文件：ch07\Chap7.4.html）超链接同一个页面中的锚点。

```html
<!DOCTYPE html>
<html>
<head>
    <meta charset="UTF-8">
    <title>内部锚链接</title>
</head>
<body>
    <a href="#inside">第一章 学习 HTML 基础</a>            <!--创建锚链接-->
    <br/><br/><br/><br/><br/><br/><br/><br/><br/><br/><br/><br/><br/>
    <p id="inside">第一章</p>                          <!--创建锚点-->
    <img src="02.jpg" alt="美丽的夜景">
</body>
</html>
```

相关的代码实例请参考 Chap7.4.html 文件，在 IE 浏览器中运行的结果如图 7-6 所示。当单击锚超链接时，页面将跳转到锚点的位置，如图 7-7 所示。

图 7-6　页面加载完效果

图 7-7　锚点的位置

7.4.3 超链接到其他页面中的锚点

链接到其他页面中的锚点其实很简单，只需要在锚点的前面加上该页面的名字即可。

【例 7-5】（实例文件：ch07\Chap7.5.html）链接到其他页面中的锚点。

```html
<!DOCTYPE html>
<html>
<head>
    <meta charset="UTF-8">
    <title>Title</title>
</head>
<body>
```

```
<p>外部锚链接,将链接到页面中 id 为 outside 的元素的位置</p>
<a href="页面.html#outside">外部锚链接</a>          <!--创建外部文件锚链接-->
</body>
</html>
```

页面.html 文件:

```
<!DOCTYPE html>
<html lang="en">
<head>
    <meta charset="UTF-8">
    <title>Title</title>
</head>
<body>
<h1>美丽的夜景</h1>
<img src="02.jpg" alt="美丽的夜景">
<h1>天池</h1>
<img src="03.jpg" alt="天池">
<h1 id="outside">宁静的小道</h1>                    <!--创建外部文件锚点-->
<img src="04.jpg" alt="宁静的小道">
</body>
</html>
```

相关的代码实例请参考 Chap7.5.html 文件,在 IE 浏览器中运行的结果如图 7-8 所示。当单击"外部锚链接"时,页面将跳转到"页面.html"的锚点,效果如图 7-9 所示。

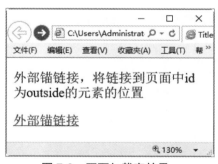

图 7-8　页面加载完效果

图 7-9　其他页面的锚点位置

7.5　使用 CSS 样式美化超链接

人们浏览网页时,会发现网页中超链接的样式是各种各样的,本节使用 CSS 样式来美化超链接。

7.5.1　定义按钮式超链接样式

本案例是将超链接设计成按钮的样式，具体的 CSS 样式请参考案例中的代码以及其中的注释。

【例 7-6】（实例文件：ch07\Chap7.6.html）按钮式链接样式。

```html
<!DOCTYPE html>
<html>
<head>
    <meta charset="UTF-8">
    <title>按钮式链接样式</title>
    <style>
        a{
            display: block;            /*把超链接 a 转变为块级元素*/
            width: 200px;              /*设置超链接的宽度*/
            height: 50px;              /*设置超链接的高度*/
            background: #FF66FF;       /*设置超链接的背景颜色*/
            color:white;               /*设置超链接的字体颜色*/
            text-align: center;        /*设置文本水平居中*/
            line-height: 50px;         /*设置行高*/
            font-size: 20px;           /*设置超链接的字体大小*/
            text-decoration: none;     /*去掉<a>标签自带的下画线*/
            font-weight: bold;         /*设置字体加粗*/
            border-radius:10px;        /*设置圆角边框*/
            margin-top: 15px;          /*设置上边外边距*/
            letter-spacing:8px;        /*设置字符间距*/
        }
    </style>
</head>
<body>
<a href="#">首  页</a>
<a href="#">列表页</a>
<a href="#">详情页</a>
</body>
</html>
```

相关的代码实例请参考 Chap7.6.html 文件，在 IE 浏览器中运行的结果如图 7-10 所示。

图 7-10　定义按钮式超链接样式

7.5.2 定义立体超链接样式

对于链接样式，把超链接的外观设计成立体的，给人一种忍不住想点击的感觉。本案例是通过设计边框的不同颜色来实现的。

【例 7-7】（实例文件：ch07\Chap7.7.html）立体链接样式。

```html
<!DOCTYPE html>
<html>
<head>
    <meta charset="UTF-8">
    <title>立体链接样式</title>
    <style>
        a{
            display: block;                    /*把超链接 a 转变为块级元素*/
            width:150px;                       /*设置超链接的宽度*/
            height: 50px;                      /*设置超链接的高度*/
            font-size: 22px;                   /*设置超链接的字体大小*/
            font-weight: bold;                 /*设置超链接的字体加粗*/
            text-align:center;                 /*设置文本水平居中*/
            line-height: 50px;                 /*设置超链接的行高*/
            border-radius: 10px;               /*设置圆角边框*/
            text-decoration: none;
            background-color:#cccccc;          /*设置背景颜色*/
            border-right:#222222 10px solid;   /*设置左边框样式*/
            border-bottom:#222222 10px solid;  /*设置底边框样式*/
            border-left:#dddddd 10px solid;    /*设置左边框样式*/
            border-top:#dddddd 10px solid;     /*设置上边框样式*/
        }
    </style>
</head>
<body>
<a href="https://www.baidu.com/">跳转</a>
</body>
</html>
```

相关的代码实例请参考 Chap7.7.html 文件，在 IE 浏览器中运行的结果如图 7-11 所示。

图 7-11　定义立体超链接样式

7.5.3 定义文章中的超链接样式

在浏览一些网页时，有时会出现不一样颜色字体的文字，这些文字都可以超链接。本案例在诗歌中的一些关键词上加了超链接，并美化了超链接的样式。

【例 7-8】（实例文件：ch07\Chap7.8.html）定义文章中的超链接。

```
<!DOCTYPE html>
<html>
<head>
    <meta charset="UTF-8">
    <title>炫酷链接样式</title>
    <style>
        div{
            width: 400px;
            height: 200px;
        }
        h2{
            margin: auto;
            width: 400px;
            text-align: center;
        }
        a{
            font-size: 16px;                        /*设置超链接的字体大小*/
            text-decoration: none;                  /*去掉超链接自带的下画线*/
            background: yellow;                      /*设置超链接的背景颜色*/
            border-radius: 3px;                      /*设置超链接的圆角边框*/
        }
        a:hover{                                     /*设置伪类 hover,当鼠标指针悬浮时触发一下样式*/
            text-decoration:underline black;         /*添加超链接的下画线*/
            background: #FF66FF;                      /*背景颜色变为#FF66FF*/
            color: white;                            /*字体颜色变为白色*/
            border-radius: 10px;                     /*圆角边框变为10像素*/
        }
    </style>
</head>
<body>
<div>
    <h2>一剪梅<br><a href="">李清照</a></h2>
    红藕香残玉簟秋，轻解罗裳，独上兰舟。云中谁寄锦书来？雁字回时，<a href="">月满</a>西楼。
    花自飘零水<a>自流</a>，一种<a href="">相思</a>，两处闲愁。<a href="">此情</a>无计可消除，才下眉头，却上心头。
</div>
</body>
</html>
```

相关的代码实例请参考 Chap7.8.html 文件，在 IE 浏览器中运行的结果如图 7-12 所示。当把鼠标指针悬浮到“李清照”超链接上时，样式变化效果如图 7-13 所示。

图 7-12　页面加载完效果

图 7-13　悬浮时超链接的样式效果

7.5.4 定义图像交换超链接样式

在浏览页面时，有时当把鼠标指针悬浮到超链接上面时，会发现换了一张背景图片，和精灵图很像。本案例是给超链接设置一张大的背景，通过 background-position 来定位图片位置。

【例 7-9】（实例文件：ch07\Chap7.9.html）图片交换链接样式。

```html
<!DOCTYPE html>
<html>
<head>
    <meta charset="UTF-8">
    <title>图片交换链接样式</title>
    <style>
        a{
            display: block;                        /*把超链接 a 转变为块级元素*/
            width: 200px;                          /*设置超链接的宽度*/
            height: 50px;                          /*设置超链接的高度*/
            color:white;                           /*设置超链接的字体颜色*/
            text-align: center;                    /*设置文本水平居中*/
            line-height: 50px;                     /*设置超链接的行高*/
            font-size: 20px;                       /*设置超链接的字体大小*/
            text-decoration: none;                 /*去掉超链接自带的下画线*/
            font-weight: bold;                     /*设置超链接的字体加粗*/
            border-radius:10px;                    /*设置超链接圆角边框*/
            letter-spacing:8px;                    /*设置字符间距*/
            background-image: url("06.png");       /*插入背景图片*/
        }
        a:hover{
            background-position:center bottom;     /*鼠标指针悬浮超链接时显示图片的下半部分*/
        }
    </style>
</head>
<body>
<a href="https://www.baidu.com/">首  页</a>
</body>
</html>
```

相关的代码实例请参考 Chap7.9.html 文件，在 IE 浏览器中运行的结果如图 7-14 和图 7-15 所示。

图 7-14 页面加载完效果

图 7-15 鼠标指针悬浮时超链接的样式效果

109

7.6 实践案例——鼠标指针跟随的超链接样式

本节使用超链接的 CSS 3 伪类来设计超链接在不同阶段显示的效果。

本案例是通过超链接自身所带的 CSS 3 伪类来设计的，包括 link、visied、hover、active 等，一定要按这个顺序来设置，否则有些效果会不显示。

【例 7-10】（实例文件：ch07\Chap7.10.html）鼠标跟随的链接样。

```html
<!DOCTYPE html>
<html>
<head>
    <meta charset="UTF-8">
    <title>Title</title>
    <style>
        a{
            display:block;                  /*把超链接 a 转变为块级元素*/
            width:200px;                    /*设置超链接的宽度*/
            height:50px;                    /*设置超链接的高度*/
            color:white;                    /*设置超链接的字体颜色*/
            text-align:center;              /*设置文本水平居中*/
            line-height:50px;               /*设置行高*/
            font-size:20px;                 /*设置字体大小*/
            text-decoration:none;           /*去掉拆链接的下画线*/
            font-weight:bold;               /*设置字体加粗*/
            border-radius:10px;             /*设置圆角边框*/
            letter-spacing:8px;             /*设置字符间距*/
            border: 1px solid red;          /*设置边框*/
        }
        a:link{
            background: #000000;            /*设置 a 对象在未被访问前的样式*/
        }
        a:visited {
            background:#0000FF;             /*设置 a 对象在其链接地址已被访问时的样式*/
        }
        a:hover {
            background: #ff7f24;            /*设置 a 对象在鼠标指针悬浮时的样式*/
        }
        a:active {
            background: #00FF00;            /*设置 a 对象在被用户单击未松开时的样式*/
        }
    </style>
</head>
<body>
<a href="#">开始</a>
</body>
</html>
```

相关的代码实例请参考 Chap7.10.html 文件，在 IE 浏览器中运行的结果如图 7-16 所示。

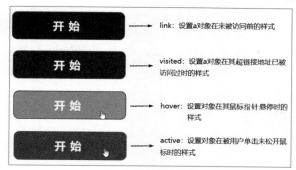

图 7-16　鼠标指针跟随的超链接样式

7.7　就业面试技巧与解析

7.7.1　面试技巧与解析（一）

面试官：display: none 与 visibility: hidden 的区别是什么？

应聘者：display: none 与 visibility: hidden 主要有两个区别。

（1）display: none 会把元素完全从渲染树中移除，不占据任何空间；visibility: hidden 不会把元素从渲染树移除，元素继续占据空间，只是内容不可见。

（2）display: none 是非继承属性，子孙节点的消失是由于元素从渲染树中移除造成的，通过修改子孙节点属性无法显示。visibility: hidden 是继承属性，子孙节点的消失是由于继承了 visibility: hidden 属性，通过设置 visibility: visible 可以让子孙节点显式。

7.7.2　面试技巧与解析（二）

面试官：说说超链接 target 属性的取值和作用。

应聘者：target 属性指定所链接的页面在浏览器窗口中的打开方式。

它的属性值有 4 种：

- _blank：在新浏览器窗口中打开链接文件。
- _parent：将链接的文件载入含有该链接框架的父框架集或父窗口中。如果含有该链接的框架不是嵌套的，则在浏览器全屏窗口中载入链接的文件，就像_self 参数一样。
- _self：在同一框架或窗口中打开所链接的文档，此参数为默认值，通常不用指定。
- _top：在当前的整个浏览器窗口中打开所链接的文档，因而会删除所有框架。

第8章

使用并美化网页列表

 学习指引

　　网页列表是制作网页菜单的基础元素，而网页菜单的风格往往影响网站的整体风格，所以大部分的网站都会花费大量的时间和精力去制作各种各样的网页菜单。本章将介绍列表相关知识以及使用 CSS 技术来美化网页列表。

 重点导读

- 掌握列表标签的用法。
- 熟悉列表的常用应用。
- 熟悉设计 CSS 样式美化列表。

8.1　列表标签

　　列表（List）是用来将相关资料以条目的形式有序或者无序排列而形成的表。常用的列表有无序列表、有序列表和定义列表 3 种。

8.1.1　无序列表

　　无序列表<ul>是网页中最常用的列表之一，使用<li>标签罗列每个项目，每个项目前面默认的自带黑色实心圆。在 CSS 3 中可以通过 list-style-type 属性来定义无序列表前面的符号，无序列表中 list-style-type 属性值如表 8-1 所示。

表 8-1　无序列表中 list-style-type 属性的属性值

属 性 值	说 　 明
disc	实心圆

续表

属　性　值	说　　明
circle	空心圆
square	实心方块
none	不使用任何标记

【例 8-1】（实例文件：ch08\Chap8.1.html）无序列表。

```
<!DOCTYPE html>
<html>
<head>
    <meta charset="UTF-8">
    <title>无序列表</title>
</head>
<body>
<ul>                    <!--创建无序列表-->
    <li>第一章</li>        <!--创建无序列表项目-->
    <li>第二章</li>
    <li>第三章</li>
    <li>第四章</li>
    <li>第五章</li>
</ul>
</body>
</html>
```

相关的代码实例请参考 Chap8.1.html 文件，在 IE 浏览器中运行的结果如图 8-1 所示。

可以设置表 8-1 中的属性值来改变无序列表的默认样式，这里设置属性值为 circle，代码如下：

```
<style>
    ul{
        list-style: circle;    /*设置无序列表的符号样式为空心小圆点*/
        color: blue;
    }
</style>
```

在 IE 浏览器中运行的结果如图 8-2 所示。

图 8-1　无序列表

图 8-2　circle 属性值效果

8.1.2　有序列表

有序列表标记<ol>可以创建具有顺序的列表，如每条信息前面加上 1、2、3 等，如果要改变有序列表前面的符号，同样需要使用 list-style-type 属性，只是属性值不同而已。

有序列表中 list-style-typed 的一些属性值如表 8-2 所示。

表 8-2　有序列表中 list-style-typed 的一些属性值

属　性　值	说　　　明
decimal	阿拉伯数字带圆点
lower-roman	小写罗马数字
upper-roman	大写罗马数字
lower-alpha	小写英文字母
upper-alpha	大写英文字母
none	不使用项目符号

【例 8-2】 （实例文件：ch08\Chap8.2.html）有序列表。

```html
<!DOCTYPE html>
<html>
<head>
    <meta charset="UTF-8">
    <title>有序列表</title>
</head>
<body>
<ol>                              <!--创建有序列表-->
    <li>窗前明月光, </li>          <!--创建有序列表项目-->
    <li>疑是地上霜。</li>
    <li>举头望明月, </li>
    <li>低头思故乡。</li>
</ol>
</body>
</html>
```

相关的代码实例请参考 Chap8.2.html 文件，在 IE 浏览器中运行的结果如图 8-3 所示。

可以设置表 8-2 中的属性值来改变无序列表的默认样式，这里设置属性值为 lower-alpha，代码如下：

```css
<style>
    ol{
        list-style: lower-alpha;  /*设置有序列表的样式为小写英文字母*/
        color: red;
    }
</style>
```

在 IE 浏览器中运行的效果如图 8-4 所示。

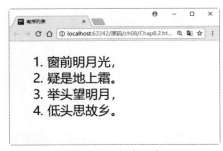

图 8-3　有序列表

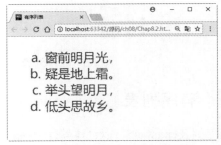

图 8-4　lower-alpha 属性值效果

8.1.3 自定义列表

自定义列表不仅仅是一列项目，而是项目及其注释的组合。

自定义列表以\<dl>标签开始，每个自定义列表项以\<dt>开始，每个自定义列表项的定义以\<dd>开始。

【例 8-3】（实例文件：ch08\Chap8.3.html）自定义列表。

```
<!DOCTYPE html>
<html>
<head>
    <meta charset="UTF-8">
    <title>Title</title>
</head>
<body>
<dl>                          <!--创建自定义列表-->
    <dt>李白</dt>            <!--创建自定义列表项目-->
    <dd>飞流直下三千尺，</dd>  <!--描述列表中的项目-->
    <dd>疑是银河落九天。</dd>
    <dt>杜甫</dt>
    <dd>读书破万卷，</dd>
    <dd>下笔如有神。</dd>
</dl>
</body>
</html>
```

相关的代码实例请参考 Chap8.3.html 文件，在 IE 浏览器中运行的结果如图 8-5 所示。

图 8-5　自定义列表

8.2　列表的常见应用

列表在网页中的应用很广泛，如导航条、菜单栏。下面举一些案例来介绍。

8.2.1 使用列表实现纵向菜单

列表默认状态就是纵向排列的，所以实现纵向菜单很简单，这里只需要使用定位属性，把列表定位到相应的位置便可以实现纵向菜单布局。

【例 8-4】（实例文件：ch08\Chap8.4.html）列表实现纵向菜单。

```
<!DOCTYPE html>
<html>
```

```
<head>
    <meta charset="UTF-8">
    <title>列表实现纵向菜单</title>
    <style>
        div{
            width: 70px;
            border-bottom: 3px solid black;
        }
        ul{
            list-style:'none;              /*去掉列表默认的符号*/
            position: absolute;            /*设置列表的绝对定位*/
            left: -30px;                   /*相对于已定位的父级元素向左移动30像素*/
            top: 20px;                     /*相对于已定位的父级元素向下移动20像素*/

        }
        li{background: yellow;border: 1px solid blue;}
    </style>
</head>
<body>
<div>千谷科技</div>
<ul>
    <li>首页</li>
    <li>公司介绍</li>
    <li>联系方式</li>
    <li>关于我们</li>
</ul>
</body>
</html>
```

相关的代码实例请参考 Chap8.4.html 文件，在 IE 浏览器中运行的结果如图 8-6 所示。

图 8-6　纵向菜单

8.2.2　使用列表实现新闻列表

用列表实现新闻列表是普遍存在的，因为用列表实现起来很方便，不需要大的布局改动便可以实现。

【例 8-5】（实例文件：ch08\Chap8.5.html）列表实现新闻列表。

```
<!DOCTYPE html>
<html>
<head>
    <meta charset="UTF-8">
    <title>新闻列表</title>
    <style>
        h2{color: red;}
        ul{list-style: square;} /*设置列表符号样式为实心的小正方体*/
    </style>
</head>
<body>
<ul>
    <h2>暑假小学生的安排情况</h2>
    <li><a href="#">20%学习乐器,钢琴、吉他、古筝等</a></li>
    <li><a href="#">30%补习下学期要学的课程</a></li>
    <li><a href="#">20%报了体育课程,乒乓球、篮球、足球</a></li>
    <li><a href="#">20%学习计算机,"少儿编程"</a></li>
    <li><a href="#">10%在家里学习</a></li>
</ul>
</body>
</html>
```

相关的代码实例请参考 Chap8.5.html 文件,在 IE 浏览器中运行的结果如图 8-7 所示。

图 8-7　列表实现新闻列表

8.2.3　使用列表实现图片的排列

使用 list-style-image 属性,可以将列表前面的项目符号替换为任意的图片。代码如下:

```
list-style-image: url(a);
```

其中 a 表示图片的路径。

【例 8-6】（实例文件：ch08\Chap8.6.html）列表实现图片的排列。

```
<!DOCTYPE html>
<html>
<head>
    <meta charset="UTF-8">
    <title>列表实现图片排列</title>
    <style>
        li{
```

117

```
            list-style-image: url("06.png");     /*使用图像来替换列表项的标记*/
            font-size: 30px;
            padding-left:15px;
        }
    </style>
</head>
<body>
<ul>
<li>热水澡让人失眠 尤其是这三个时间点</li>
<li>经常放屁是胃有问题吗 医师教你治屁</li>
<li>睡前只要抬腿 15 分钟 全身气血都通了</li>
<li>醋有多种养生方法 每种都为健康加分</li>
<li>不想得癌症 调整饮食可降低患癌风险</li>
</ul>
</body>
</html>
```

相关的代码实例请参考 Chap8.6.html 文件，在 IE 浏览器中运行的结果如图 8-8 所示。

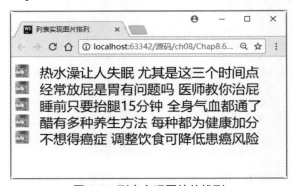

图 8-8　列表实现图片的排列

8.3　设计 CSS 3 样式美化列表

在 HTML 中，系统提供的列表的项目符号比较少而且不够美观，在网页设计中常常需要自定义项目符号来使网页更美观。

8.3.1　自定义项目符号

这里把一个<span>标签设计成一个项目符号，添加到每个 li 元素中。具体思路：
- 在每个 li 元素中添加一个<span>标签，去掉列表的默认符号。
- 分别给 li 和 span 添加相对定位和绝对定位。
- 设置 span 的 CSS 样式，调整位置。

具体的实现代码，请参考下面案例。

【例 8-7】（实例文件：ch08\Chap8.7.html）自定义项目符号。

```
<!DOCTYPE html>
<html>
```

```
<head>
    <meta charset="UTF-8">
    <title>Title</title>
    <style>
        ul{
            list-style-type: none;         /*去掉列表的默认项目符号*/
        }
        li
        {
            position: relative;            /*给 li 添加相对定位,用于后面调整 span 标签*/
        }
        span{
            display: block;                /*设置 span 为块级元素*/
            position: absolute;            /*设置绝对定位*/
            left: -30px;                   /*设置 span 位置*/
            width: 16px;
            height: 16px;
            background: #ff3bdd;
            border-radius:5px;
        }
    </style>
</head>
<body>
<ul>
    <li><span></span>窗前明月光,</li>
    <li><span></span>疑是地上霜。</li>
    <li><span></span>举头望明月,</li>
    <li><span></span>低头思故乡。</li>
</ul>
</body>
</html>
```

相关的代码实例请参考 Chap8.7.html 文件，在 IE 浏览器中运行的结果如图 8-9 所示。

图 8-9 自定义项目符号

8.3.2 使用背景图片设计项目符号

首先使用 list-style-type: none;清除列表自带的项目符号，然后给每个 li 设置背景图片，并调整图片大小，设置图片不平铺。

【例 8-8】（实例文件：ch08\Chap8.8.html）使用背景图片设计项目符号。

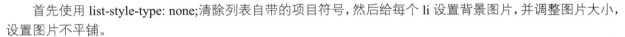

```
<!DOCTYPE html>
<html>
```

```
<head>
    <meta charset="UTF-8">
    <title>Title</title>
    <style>
        ul{
            list-style-type: none;              /*清除列表默认的项目符号*/
        }
        li
        {
            background-image:url(001.png);      /*插入背景图片*/
            background-size: 30px;              /*设置图片大小*/
            background-repeat:no-repeat;        /*设置图片不平铺*/
            height:60px;
            line-height:30px;
            padding-left:60px;
        }
    </style>
</head>
<body>
<ul>
    <li>窗前明月光，</li>
    <li>疑是地上霜。</li>
    <li>举头望明月，</li>
    <li>低头思故乡。</li>
</ul>
</body>
</html>
```

相关的代码实例请参考 Chap8.8.html 文件，在 IE 浏览器中运行的结果如图 8-10 所示。

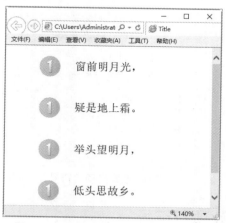

图 8-10　使用背景图片设计项目符号

8.4　实践案例——设计排行榜

本节介绍了列表的知识，下面是使用列表相关知识实现一个排行榜的案例。

排行榜一般由标题和排名项目组成，在下面的案例中，使用其中一个列表项来设计标题，使用剩下的列表来设计排名项。详细的请参考案例注释以及代码。

【例 8-9】（实例文件：ch08\Chap8.9.html）设计排行榜。

```
<!DOCTYPE html>
<html>
<head>
    <meta charset="UTF-8">
    <title>Title</title>
    <style>
        ul{
            list-style-type: none;              /*去掉列表的默认项目符号*/
        }
        li
        {
            position: relative;                 /*给 li 添加相对定位,用于后面调整 span 标签*/
            border: 1px dotted midnightblue;
            padding-left: 60px;
            width: 600px;
            height:40px;
        }
        /*宠物种类的样式设计*/
        span{
            display: block;                     /*设置 span 为块级元素*/
            position: absolute;                 /*设置绝对绝对定位*/
            left: 0px;                          /*设置 span 的位置*/
            width: 40px;
            height: 40px;
            color: white;
            background: #ff3bdd;
            border-radius:5px;
            text-align: center;
            line-height: 40px;
            font-size: 30px;
        }
        /*排行榜标题样式*/
        .head{background: #0000FF;font-size: 25px;font-weight: bold;color: white;line-height: 40px;}
    </style>
</head>
<body>
<ul>
    <li class="head">2050 宠物饲养排行榜</li>
    <li><span>狗</span>可爱的毫无机心对你百分百信任与依赖的狗狗,偶尔调皮捣蛋却总能让你忍不住哈哈大笑,让你
与它一起永远保持一颗年轻的心,这可是千金不换的哦。</li>
    <li><span>猫</span>大众都认为猫咪较冷淡,不像狗狗一样会跟人互动或有反应。但资深猫奴都知道,虽然猫不理你,
但猫儿都有在偷偷注意你,一起共享同个空间的陪伴,也感到很幸福。</li>
    <li><span>鱼</span>不仅静心养眼,鱼缸蒸发的水汽还能调节室内空气的干湿度。缓解视觉疲劳,美化环境,调节室内
空气的氧含量和湿度。</li>
</ul>
</body>
</html>
```

相关的代码实例请参考 Chap8.9.html 文件，在 IE 浏览器中运行的结果如图 8-11 所示。

图 8-11　设计排行榜

8.5　就业面试技巧与解析

8.5.1　面试技巧与解析（一）

面试官：CSS Sprites 有什么作用？

应聘者：CSS Sprites 是精灵图，将一个页面涉及的所有图片制作成一张大图，然后利用 CSS 的 background-image、background- repeat 和 background-position 组合进行背景定位。利用 CSS Sprites 能很好地减少网页的 http 请求，从而大大提高页面的性能。

8.5.2　面试技巧与解析（二）

面试官：在项目开发中，使用 css reset 有什么作用？

应聘者：当今流行的浏览器中，有些是以自己的方式去理解 CSS 规范，这就会遇到有的浏览器对 CSS 的解释与设计师的 CSS 定义初衷相冲突，使得网页在某些浏览器下不能正确按照设计师的想法显示。所以使用 css reset 来重置浏览器默认的样式，然后再统一定义，这样页面就可以实现相同的显示效果了。

第 9 章

使用并美化表格

 学习指引

HTML 中表格不但可以展示数据信息，还可以用于页面布局。本章将向读者详细介绍表格的相关知识。

 重点导读

- 掌握表格的基本结构。
- 掌握创建网页表格的方法。
- 掌握表格边框的设置方法。
- 掌握表格背景的设置方法。
- 掌握表格的行属性。
- 掌握单元格的属性。
- 熟悉使用 CSS 样式美化表格。

9.1　表格的基本结构

简单的 HTML 表格由 table 元素以及一个或多个<tr>、<th>或<td>元素组成。<tr>元素定义表格的行，<th>元素定义表格的头，<td>元素定义表格单元格。更复杂的 HTML 表格可能包括 caption、col、colgroup、thead、tfoot 及 tbody 等元素。

9.1.1　<table>标签的属性

<table>标签用于定义表格，<table>是表格的开始，</table>是表格的结束。<table>标签的属性如表 9-1 所示。

表 9-1　<table>标签的属性

属　　性	属　性　值	说　　明
align	Left、center、right	定义表格相对周围元素的对齐方式
bgcolor	rgb(x,x,x)、#xxxxxx、colorname	定义表格的背景颜色
border	pixels	定义表格边框的宽度
cellspacing	pixels 或百分比	定义单元格之间的空白
cellpadding	pixels 或百分比	定义单元边沿与其内容之间的空白
summary	text	定义表格的摘要
width	pixels	定义表格的宽度

9.1.2　<tr>标签的属性

<tr>标签定义 HTML 表格中的行。tr 元素包含一个或多个 th 或 td 元素。<tr>标签的属性如表 9-2 所示。

表 9-2　<tr>标签的属性

属　　性	属　性　值	说　　明
align	right、left、center、justify、char	定义表格行的内容对齐方式
bgcolor	rgb(x,x,x)、#xxxxxx、colorname	定义表格行的背景颜色
char	character	定义根据哪个字符来进行文本对齐
charoff	number	定义第一个对齐字符的偏移量
valign	top、middle、bottom、baseline	定义表格行中内容的垂直对齐方式
height	pixels、百分比	定义表格的行的高度

9.1.3　<td>和<th>标签的属性

<td>标签定义 HTML 表格中的标准单元格，<th>标签定义表格内的表头单元格。th 元素内部的文本通常会呈现为居中的粗体文本，而 td 元素内的文本通常是左对齐的普通文本。

单元格的属性如表 9-3 所示。

表 9-3　<td>和<th>标签的属性

属　　性	属　性　值	说　　明
abbr	text	定义单元格中内容的缩写版本
align	left、right、center、justify、char	定义单元格内容的水平对齐方式
axis	category_name	对单元进行分类
bgcolor	rgb(x,x,x)、#xxxxxx、colorname	定义单元格的背景颜色
char	character	定义根据哪个字符来进行内容的对齐
charoff	number	定义对齐字符的偏移量

续表

属 性	属 性 值	说 明
colspan	Number	定义单元格可横跨的列数
headers	header_cells' id	定义与单元格相关的表头
height	pixels	定义表格单元格的高度
nowrap	nowrap	定义单元格可横跨的行数
rowspan	number	定义将表头数据与单元数据相关联的方法
scope	col、colgroup、row、rowgroup	定义单元格内容的垂直排列方式
valign	top、middle、bottom、baseline	定义表格的垂直对齐方式
width	pixels、百分比	定义表格单元格的宽度

9.2 创建网页表格

表格由行与列构成，中间有若干个单元格。在过去，表格可用来设计网页的布局，现在更多是容纳文本数据。下面就来创建表格。

9.2.1 创建普通表格

如创建一个普通的 3 行 3 列的表格，具体代码如下。

【例 9-1】（实例文件：ch09\Chap9.1.html）创建普通表格。

```
<!DOCTYPE html>
<html>
<head>
    <meta charset="UTF-8">
    <title> </title>
</head>
<body>
<table border="1">            <!--定义表格,设置边框为 1-->
    <tr>                     <!--定义表格的行-->
        <td>小明</td>         <!--定义表格的单元格-->
        <td>经理</td>
        <td>50000 元</td>
    </tr>
    <tr>
        <td>小红</td>
        <td>秘书</td>
        <td>10000 元</td>
    </tr>
    <tr>
        <td>小华</td>
        <td>职员</td>
        <td>5000 元</td>
```

```
    </tr>
</table>
</body>
</html>
```

相关的代码实例请参考 Chap9.1.html 文件，在 IE 浏览器中运行的结果如图 9-1 所示。

图 9-1　创建普通表格

9.2.2　创建包含表头的表格

<th>标签用于定义表格内的表头单元格，字体呈加粗居中的效果。

【例 9-2】（实例文件：ch09\Chap9.2.html）创建包含表头的表格。

```
<!DOCTYPE html>
<html>
<head>
    <meta charset="UTF-8">
    <title>包含表头的表格</title>
</head>
<body>
<table border="1">
    <tr>
        <th>姓名</th>                 <!--定义表格的表头-->
        <th>职位</th>
        <th>薪资</th>
    </tr>
    <tr>
        <td>小明</td>
        <td>经理</td>
        <td>50000 元</td>
    </tr>
    <tr>
        <td>小红</td>
        <td>秘书</td>
        <td>10000 元</td>
    </tr>
    <tr>
        <td>小华</td>
        <td>职员</td>
        <td>5000 元</td>
    </tr>
```

```
</table>
</body>
</html>
```

相关的代码实例请参考 Chap9.2.html 文件，在 IE 浏览器中运行的结果如图 9-2 所示。

图 9-2　创建包含表头的表格

9.2.3　创建包含标题的表格

在<table>中，<caption>标签用于定义表格的标题。

【例 9-3】（实例文件：ch09\Chap9.3.html）创建包含标题的表格。

```
<!DOCTYPE html>
<html>
<head>
    <meta charset="UTF-8">
    <title>包含标题的表格</title>
</head>
<body>
<table border="1">
    <caption>员工表</caption>              <!--定义表格的标题-->
    <tr>
        <th>姓名</th>
        <th>职位</th>
        <th>薪资</th>
    </tr>
    <tr>
        <td>小明</td>
        <td>经理</td>
        <td>50000 元</td>
    </tr>
    <tr>
        <td>小红</td>
        <td>秘书</td>
        <td>10000 元</td>
    </tr>
    <tr>
        <td>小华</td>
        <td>职员</td>
        <td>5000 元</td>
    </tr>
</table>
</body>
</html>
```

相关的代码实例请参考 Chap9.3.html 文件，在 IE 浏览器中运行的结果如图 9-3 所示。

图 9-3　创建包含标题的表格

9.2.4　创建没有边框的表格

使用 border 属性可以定义表格的边框类型，设置边框的属性为 0 时，可以创建没有边框的表格。

【例 9-4】（实例文件：ch09\Chap9.4.html）创建没有边框的表格。

```
<!DOCTYPE html>
<html>
<head>
    <meta charset="UTF-8">
    <title>没有边框的表格</title>
</head>
<body>
<table border="0">                        <!--设置表格的边框为 0-->
    <caption>员工表</caption>
    <tr>
        <th>姓名</th>
        <th>职位</th>
        <th>薪资</th>
    </tr>
    <tr>
        <td>小明</td>
        <td>经理</td>
        <td>50000 元</td>
    </tr>
    <tr>
        <td>小红</td>
        <td>秘书</td>
        <td>10000 元</td>
    </tr>
    <tr>
        <td>小华</td>
        <td>职员</td>
        <td>5000 元</td>
    </tr>
</table>
</body>
</html>
```

相关的代码实例请参考 Chap9.4.html 文件，在 IE 浏览器中运行的结果如图 9-4 所示。

图 9-4 创建没有边框的表格

9.2.5 创建含有跨行、列单元格的表格

在<table>中，可以使用 colspan 和 rowspan 属性来创建跨行跨列的表格。

【例 9-5】（实例文件：ch09\Chap9.5.html）创建含有跨行、列单元格的表格。

```html
<!DOCTYPE html>
<html>
<head>
    <meta charset="UTF-8">
    <title>跨行、跨列的表格</title>
</head>
<body>
<table border="1">
    <tr>
        <td colspan="3">三年级前三名学生</td>          <!--设置表格跨 3 列-->
    </tr>
    <tr>
        <th>班级</th>
        <th>姓名</th>
        <th>总分数</th>
    </tr>
    <tr>
        <td rowspan="2">三年级（2）班</td>          <!--设置表格跨 2 行-->
        <td>小明</td>
        <td>190 分</td>
    </tr>
    <tr>
        <td>小红</td>
        <td>188 分</td>
    </tr>
    <tr>
        <td>三年级（1）班</td>
        <td>小华</td>
        <td>185 分</td>
    </tr>
</table>
</body>
</html>
```

相关的代码实例请参考 Chap9.5.html 文件，在 IE 浏览器中运行的结果如图 9-5 所示。

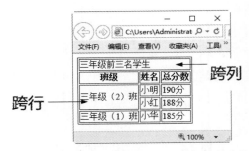

图 9-5　创建跨行、列单元格的表格

9.2.6　创建含有内嵌标签元素的表格

为了需要，表格中还可以添加一些其他的标签元素，如下面案例中，在表格中插入了 img 标签。

【例 9-6】（实例文件：ch09\Chap9.6.html）创建含有内嵌标签元素的表格。

```
<!DOCTYPE html>
<html>
<head>
    <meta charset="UTF-8">
    <title>内嵌 img 标签的表格</title>
</head>
<body>
<table border="1">
    <tr>
        <td colspan="4">三年级前三名学生</td>
    </tr>
    <tr>
        <th>班级</th>
        <th>姓名</th>
        <th>总分数</th>
        <th>照片</th>
    </tr>
    <tr>
        <td rowspan="2">三年级（2）班</td>
        <td>小明</td>
        <td>190 分</td>
        <td><img src="04.jpg" alt="" width="30px"></td>          <!--内嵌 img 元素-->

    </tr>
    <tr>
        <td>小红</td>
        <td>188 分</td>
        <td><img src="01.jpg" alt="" width="30px"></td>
    </tr>
    <tr>
        <td>三年级（1）班</td>
        <td>小华</td>
        <td>185 分</td>
        <td><img src="05.jpg" alt="" width="30px"></td>
    </tr>
</table>
</body>
</html>
```

相关的代码实例请参考 Chap9.6.html 文件，在 IE 浏览器中运行的结果如图 9-6 所示。

图 9-6　创建含有内嵌标签元素的表格

9.3　表格的边框

可以通过设置 border 属性来改变表格边框的样式。

9.3.1　设置表格边框宽度

通过设置 border 属性值的大小来改变表格边框的宽度。

【例 9-7】（实例文件：ch09\Chap9.7.html）设置表格边框宽度。

```
<!DOCTYPE html>
<html>
<head>
    <meta charset="UTF-8">
    <title>表格边框的宽度 border</title>
</head>
<body>
<table border="10">                <!--设置表格的边框为 10-->
    <caption>员工表</caption>
    <tr>
        <th>姓名</th>
        <th>职位</th>
        <th>薪资</th>
    </tr>
    <tr>
        <td>小明</td>
        <td>经理</td>
        <td>50000 元</td>
    </tr>
    <tr>
        <td>小红</td>
        <td>秘书</td>
        <td>10000 元</td>
    </tr>
    <tr>
        <td>小华</td>
```

```
        <td>职员</td>
        <td>5000 元</td>
    </tr>
</table>
</body>
</html>
```

相关的代码实例请参考 Chap9.7.html 文件，在 IE 浏览器中运行的结果如图 9-7 所示。

图 9-7　设置表格边框宽度

9.3.2　设置表格边框颜色

通过设置 bordercolor 属性来改变表格边框的颜色。

【例 9-8】（实例文件：ch09\Chap9.8.html）设置表格边框颜色。

```
<!DOCTYPE html>
<html>
<head>
    <meta charset="UTF-8">
    <title>表格边框的宽度 border</title>
</head>
<body>
<table border="10" bordercolor="#7cfc00">        <!--设置表格的边框为 10,背景颜色为#7cfc00-->
    <caption>员工表</caption>
    <tr>
        <th>姓名</th>
        <th>职位</th>
        <th>薪资</th>
    </tr>
    <tr>
        <td>小明</td>
        <td>经理</td>
        <td>50000 元</td>
    </tr>
    <tr>
        <td>小红</td>
        <td>秘书</td>
        <td>10000 元</td>
    </tr>
    <tr>
        <td>小华</td>
        <td>职员</td>
        <td>5000 元</td>
```

```
    </tr>
</table>
</body>
</html>
```

相关的代码实例请参考 Chap9.8.html 文件，在 IE 浏览器中运行的结果如图 9-8 所示。

图 9-8 设置表格边框颜色

9.3.3 设置<td>之间的间距

在<table>中通过设置 cellspacing 属性来改变<td>之间的距离。

【例 9-9】（实例文件：ch09\Chap9.9.html）设置<td>之间的距离。

```html
<!DOCTYPE html>
<html>
<head>
    <meta charset="UTF-8">
    <title>td 之间的间距</title>
</head>
<body>

<!-- cellspacing 设置单元格之间的间距-->
<table border="10" bordercolor="#7cfc00" cellspacing="0">
    <caption>员工表</caption>
    <tr>
        <th>姓名</th>
        <th>职位</th>
        <th>薪资</th>
    </tr>
    <tr>
        <td>小明</td>
        <td>经理</td>
        <td>50000 元</td>
    </tr>
    <tr>
        <td>小红</td>
        <td>秘书</td>
        <td>10000 元</td>
    </tr>
    <tr>
        <td>小华</td>
        <td>职员</td>
        <td>5000 元</td>
    </tr>
</table>
```

```
</body>
</html>
```

相关的代码实例请参考 Chap9.9.html 文件，在 IE 浏览器中运行的结果如图 9-9 所示。

图 9-9　设置<td>之间的距离

9.3.4　设置表格内文字与<td>的间距

在<table>中通过设置 cellpadding 属性来改变文字与<td>的间距。

【例 9-10】（实例文件：ch09\Chap9.10.html）设置表格内文字与<td>的间距。

```html
<!DOCTYPE html>
<html>
<head>
    <meta charset="UTF-8">
    <title>表格内文字与 td 之间的间距</title>
</head>
<body>

<!--cellpadding 设置文字与单元格之间的间距-->
<table border="10" bordercolor="#7cfc00" cellspacing="0" cellpadding="10">
    <caption>员工表</caption>
    <tr>
        <th>姓名</th>
        <th>职位</th>
        <th>薪资</th>
    </tr>
    <tr>
        <td>小明</td>
        <td>经理</td>
        <td>50000 元</td>
    </tr>
    <tr>
        <td>小红</td>
        <td>秘书</td>
        <td>10000 元</td>
    </tr>
    <tr>
        <td>小华</td>
        <td>职员</td>
        <td>5000 元</td>
    </tr>
</table>
</body>
</html>
```

相关的代码实例请参考 Chap9.10.html 文件，在 IE 浏览器中运行的结果如图 9-10 所示。

图 9-10　设置表格内文字与<td>的间距

9.4　表格背景

为了使表格看上去更美观，可以设置表格的背景，如设置背景颜色、背景图片等。

9.4.1　设置表格背景颜色

在<table>中通过设置 bgcolor 属性来设置表格的背景颜色。

【例 9-11】（实例文件：ch09\Chap9.11.html）设置表格背景颜色。

```html
<!DOCTYPE html>
<html>
<head>
    <meta charset="UTF-8">
    <title>表格的背景颜色</title>
</head>
<body>
<table border="1" bgcolor="green">        <!--设置表格的背景颜色为绿色-->
    <caption>员工表</caption>
    <tr>
        <th>姓名</th>
        <th>职位</th>
        <th>薪资</th>
    </tr>
    <tr>
        <td>小明</td>
        <td>经理</td>
        <td>50000 元</td>
    </tr>
    <tr>
        <td>小红</td>
        <td>秘书</td>
        <td>10000 元</td>
    </tr>
```

```
    <tr>
        <td>小华</td>
        <td>职员</td>
        <td>5000 元</td>
    </tr>
</table>
</body>
</html>
```

相关的代码实例请参考 Chap9.11.html 文件，在 IE 浏览器中运行的结果如图 9-11 所示。

图 9-11　设置表格背景颜色

9.4.2　设置表格背景图

background 属性用来设置表格的背景图。

【例 9-12】（实例文件：ch09\Chap9.12.html）设置表格背景图。

```
<!DOCTYPE html>
<html>
<head>
    <meta charset="UTF-8">
    <title>表格的背景图像</title>
    <style>
        table{
            background-size:200px 200px;      /*设置背景图的大小*/
            color: white;                     /*设置表格的字体颜色*
        }
    </style>
</head>
<body>
<table border="1" background="04.jpg">   <!--设置表格的背景图-->
    <caption>员工表</caption>
    <tr>
        <th>姓名</th>
        <th>职位</th>
        <th>薪资</th>
    </tr>
    <tr>
        <td>小明</td>
        <td>经理</td>
        <td>50000 元</td>
    </tr>
    <tr>
```

```
        <td>小红</td>
        <td>秘书</td>
        <td>10000 元</td>
     </tr>
     <tr>
        <td>小华</td>
        <td>职员</td>
        <td>5000 元</td>
     </tr>
</table>
</body>
</html>
```

相关的代码实例请参考 Chap9.12.html 文件，在 IE 浏览器中运行的结果如图 9-12 所示。

图 9-12 设置表格背景图

9.5 表格的行属性

在前面已经简单介绍了表格中行（tr）的属性，下面就来具体介绍一下表格的行属性。

9.5.1 设置表格的行高

在<tr>标签中，可以通过设置 height 属性来改变行的高度。

【例 9-13】（实例文件：ch09\Chap9.13.html）设置表格的行高。

```
<!DOCTYPE html>
<html>
<head>
   <meta charset="UTF-8">
   <title>Title</title>
</head>
<body>
<table border="1">
   <tr>
      <td>设置表格的行高</td>
   </tr>
   <tr height="150">                    <!--设置表格的高度-->
      <td>设置表格的行高</td>
   </tr>
</table>
```

```
</body>
</html>
```

相关的代码实例请参考 Chap9.13.html 文件，在 IE 浏览器中运行的结果如图 9-13 所示。

图 9-13　设置表格的行高

9.5.2　设置边框颜色

上面介绍过，使用 bordercolor 属性来设置<table>标签的边框颜色，<tr>标签与它一样，也是通过设置 bordercolor 属性来设置<tr>的边框颜色。

【例 9-14】（实例文件：ch09\Chap9.14.html）设置边框的颜色。

```
<!DOCTYPE html>
<html>
<head>
    <meta charset="UTF-8">
    <title>Title</title>
</head>
<body>
<table border="1">
    <!--设置行边框颜色-->
    <tr bordercolor="gold">              <!--设置行的边框颜色-->
        <td>设置表格的行属性</td>
    </tr>
    <tr>
        <td>设置表格的行属性</td>
    </tr>
</table>
</body>
</html>
```

相关的代码实例请参考 Chap9.14.html 文件，在 IE 浏览器中运行的结果如图 9-14 所示。

图 9-14　设置边框的颜色

9.5.3 设置行背景颜色

与<table>一样，行的背景色也是使用 bgcolor 属性来设置。

【例 9-15】（实例文件：ch09\Chap9.15.html）设置表格中行的背景颜色。

```
<!DOCTYPE html>
<html>
<head>
    <meta charset="UTF-8">
    <title></title>
</head>
<body>
<table border="1">
    <tr bgcolor="yellow">              <!--设置行背景颜色-->
        <td>设置表格的行属性</td>
    </tr>
    <tr>
        <td>设置表格的行属性</td>
    </tr>
</table>
</body>
</html>
```

相关的代码实例请参考 Chap9.15.html 文件，在 IE 浏览器中运行的结果如图 9-15 所示。

图 9-15　设置行背景颜色

9.5.4 设置行文字的水平对齐方式

align 属性用于设置行文字的水平对齐方式，具体的属性如表 9-2 所示。

【例 9-16】（实例文件：ch09\Chap9.16.html）设置表格中行文字的水平对齐方式。

```
<!DOCTYPE html>
<html>
<head>
    <meta charset="UTF-8">
    <title></title>
</head>
<body>
<table border="1" width="300">
    <tr align="left">                  <!--设置行文字左对齐-->
        <td>设置表格的行属性</td>
    </tr>
    <tr align="center">               <!--设置行文字水平居中对齐-->
        <td>设置表格的行属性</td>
    </tr>
    <tr align="right">                <!--设置行文字右对齐-->
        <td>设置表格的行属性</td>
    </tr>
</table>
```

```
</body>
</html>
```

相关的代码实例请参考 Chap9.16.html 文件，在 IE 浏览器中运行的结果如图 9-16 所示。

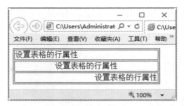

图 9-16　设置行文字的水平对齐方式

9.5.5　设置行文字的垂直对齐方式

valign 属性用于设置行文字的垂直对齐方式，具体属性如表 9-2 所示。

【例 9-17】（实例文件：ch09\Chap9.17.html）设置表格中行文字的垂直对齐方式。

```
<!DOCTYPE html>
<html>
<head>
    <meta charset="UTF-8">
    <title></title>
</head>
<body>
<table border="1" height="300">
    <tr valign="top">                <!--设置行文字顶部对齐-->
        <td>设置表格的行属性</td>
    </tr>
    <tr valign="middle">             <!--设置行文字垂直居中对齐-->

        <td>设置表格的行属性</td>
    </tr>
    <tr valign="bottom">             <!--设置行文字底部对齐-->
        <td>设置表格的行属性</td>
    </tr>
</table>
</body>
</html>
```

相关的代码实例请参考 Chap9.17.html 文件，在 IE 浏览器中运行的结果如图 9-17 所示。

图 9-17　设置行文字的垂直对齐方式

9.6 单元格属性

在前面也已经简单介绍了单元格（td）的属性，下面就来具体地介绍一下表格的行属性。

9.6.1 设置单元格的宽度和高度

对于<td>标签中 width 和 height 的设置一定要注意，具体如下：

- width：某一个<td>标签的 width 和它所处的一列中的每个<td>的 width 都相关，取其中最大的 width 作为这一列中每个<td>的 width。
- height：某一个<td>标签的 height 和它所处的一整行的每个<td>的 height 都有关，取其中最大的 height 作为这一列中每个<td>的 height。

这是设置单元格大小 width、height 中最容易混淆的，一定要从全局把握<td>的 width、height。

【例 9-18】（实例文件：ch09\Chap9.18.html）单元格的 width 和 height。

```html
<!DOCTYPE html>
<html>
<head>
    <meta charset="UTF-8">
    <title></title>
</head>
<body>
<table border="1">
    <tr>
        <td width="400" height="100">设置表格的单元格属性</td>
        <td width="200">设置表格的单元格属性</td>
    </tr>
    <tr>
        <td height="150">设置表格的单元格属性</td>
        <td>设置表格的单元格属性</td>
    </tr>
    <tr>
        <td height="50">设置表格的单元格属性</td>
        <td>设置表格的单元格属性</td>
    </tr>
</table>
</body>
</html>
```

相关的代码实例请参考 Chap9.18.html 文件，在 IE 浏览器中运行的结果如图 9-18 所示。

图 9-18　设置单元格的宽度和高度

9.6.2　设置单元格的对齐方式

单元格的对齐方式是使用 align 和 valign 属性来设置，具体的属性值如表 9-3 所示。

【例 9-19】（实例文件：ch09\Chap9.19.html）设置单元格的对齐方式。

```html
<!DOCTYPE html>
<html>
<head>
    <meta charset="UTF-8">
    <title></title>
</head>
<body>
<table border="1">
    <tr>
        <td width="400" height="100" align="left">设置表格的单元格属性</td>
        <td width="200" valign="top">设置表格的单元格属性</td>
    </tr>
    <tr>
        <td height="100" align="center">设置表格的单元格属性</td>
        <td valign="middle">设置表格的单元格属性</td>
    </tr>
    <tr>
        <td height="100" align="right">设置表格的单元格属性</td>
        <td valign="bottom">设置表格的单元格属性</td>
    </tr>
</table>
</body>
</html>
```

相关的代码实例请参考 Chap9.19.html 文件，在 IE 浏览器中运行的结果如图 9-19 所示。

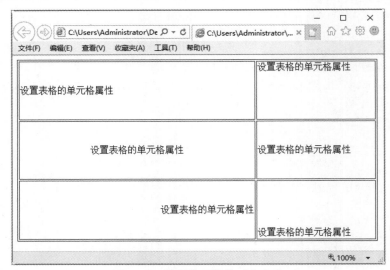

图 9-19　设置单元格的对齐方式

第 9 章 使用并美化表格

9.6.3 设置单元格的背景色

单元格背景色的设置与<table>、<tr>的设置一样，使用 bgcolor 属性来设置。

【例 9-20】（实例文件：ch09\Chap9.20.html）设置单元格的背景色。

```html
<!DOCTYPE html>
<html>
<head>
    <meta charset="UTF-8">
    <title></title>
</head>
<body>
<table border="1">
    <tr>
        <td bgcolor="#BFEFFF">设置表格的单元格属性</td>          <!--设置单元格的背景色-->
    </tr>
    <tr>
        <td bgcolor="#90EE90">设置表格的单元格属性</td>
    </tr>
</table>
</body>
</html>
```

相关的代码实例请参考 Chap9.20.html 文件，在 IE 浏览器中运行的结果如图 9-20 所示。

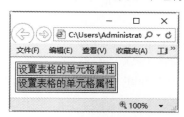

图 9-20 设置单元格的背景色

9.6.4 设置单元格的边框颜色

单元格边框颜色的设置与<table>一样，也是使用 bordercolor 属性来设置。

【例 9-21】（实例文件：ch09\Chap9.21.html）设置单元格的边框颜色。

```html
<!DOCTYPE html>
<html>
<head>
    <meta charset="UTF-8">
    <title></title>
</head>
<body>
<table border="1">
    <tr>
        <td bordercolor="red">设置表格的单元格属性</td>          <!--设置单元格的边框颜色-->
    </tr>
    <tr>
```

143

```
        <td bordercolor="gold">设置表格的单元格属性</td>
    </tr>
</table>
</body>
</html>
```

相关的代码实例请参考 Chap9.21.html 文件，在 IE 浏览器中运行的结果如图 9-21 所示。

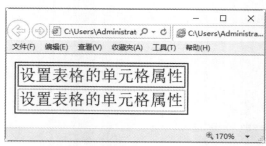

图 9-21　设置单元格的边框颜色

9.6.5　设置单元格的亮边框和暗边框

bordercolorlight 属性用于定义亮边框，bordercolordark 属性用于定义暗边框。亮边框和暗边框并不是字面意思，一般是针对表格的（包括表格中的行和单元格），表格的边框默认都有 4 个边框，其中亮边框属性设置的一般是左边框、上边框，暗边框属性设置的是下边框、右边框。要说明的是，必须在 IE 浏览器浏览。代码如下：

```
<td bordercolorlight="亮边框的颜色"></td>
<td bordercolordark="暗边框的颜色"></td>
```

【例 9-22】　（实例文件：ch09\Chap9.22.html）设置单元格的亮边框和暗边框。

```
<!DOCTYPE html>
<html>
<head>
    <meta charset="UTF-8">
    <title></title>
</head>
<body>
<table border="1">
    <tr>
        <!--Bordercolorlight 设置亮边框颜色　bordercolordark 设置暗边框颜色-->
        <td bordercolorlight="red" bordercolordark="gold">设置表格的单元格属性</td>
    </tr>
    <tr>
        <td bordercolorlight="red" bordercolordark="gold">设置表格的单元格属性</td>
    </tr>
</table>
</body>
</html>
```

相关的代码实例请参考 Chap9.22.html 文件，在 IE 浏览器中运行的结果如图 9-22 所示。

图 9-22　设置单元格的亮边框和暗边框

9.6.6　设置单元格的背景图

设置单元格背景图和<table>一样，使用 background 属性来设置即可。

【例 9-23】（实例文件：ch09\Chap9.23.html）设置单元格的背景图。

```html
<!DOCTYPE html>
<html>
<head>
    <meta charset="UTF-8">
    <title></title>
</head>
<body>
<table border="1">
    <tr>
        <td background="01.png">设置表格的单元格属性</td>  <!--设置单元格的背景图-->
    </tr>
    <tr>
        <td>设置表格的单元格属性</td>
    </tr>
</table>
</body>
</html>
```

相关的代码实例请参考 Chap9.23.html 文件，在 IE 浏览器中运行的结果如图 9-23 所示。

图 9-23　设置单元格的背景图

9.7　使用 CSS 样式美化表格

9.7.1　设置细线表格

我们在给表格设置 border="1"和 cellspacing="0"后，在页面中显示的效果是边框的宽度为 2px，这样会显得页面不是很美观。

可以使用 border-collapse 属性并设置属性值为 collapse，来实现细线表格，具体请看下面的案例。

【例 9-24】（实例文件：ch09\Chap9.24.html）设计细线表格。

```
<!DOCTYPE html>
<html>
<head>
    <meta charset="UTF-8">
    <title></title>
    <style>
        table {
            /*border-collapse 属性设置表格的边框是否被合并为一个单一的边框,还是像在标准的 HTML 中那样分开显示。*/
            border-collapse: collapse;
            border-left: 1px solid #438820;
            border-top: 1px solid #438820;
        }
        th, td {
            border-right: 0.5px solid #e63b57;
            border-bottom: 1px solid #e63b57;
            padding: 5px 15px;
        }
    </style>
</head>
<body>
<table>
    <tr>
        <td>设计细线表格</td>
        <td>设计细线表格</td>
        <td>设计细线表格</td>
    </tr>
    <tr>
        <td>设计细线表格</td>
        <td>设计细线表格</td>
        <td>设计细线表格</td>
    </tr>
</table>
</body>
</html>
```

相关的代码实例请参考 Chap9.24.html 文件，在 IE 浏览器中运行的结果如图 9-24 所示。

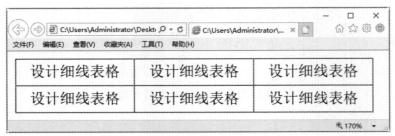

图 9-24　设置细线表格

9.7.2　设置表格标题的样式

一个出色的表格标题，能吸引很多人的目光，下面就来设置一下表格中标题的样式。

【例 9-25】（实例文件：ch09\Chap9.25.html）定义表格标题样式。

```
<!DOCTYPE html>
<html>
<head>
    <meta charset="UTF-8">
    <title>包含标题的表格</title>
    <style>
        table{
            background: #00E1F3;                /*设置表格的背景颜色*/
        }
        caption{
            background: #00FF00;                /*设置标题的背景颜色*/
            border: 1px solid #0d0d0f;
            color: #fff;
            font-size: 30px;
            border-radius: 30px 30px 0 0;       /*设置标题的圆角边框*/
        }
    </style>
</head>
<body>
<table border="1" cellpadding="0" cellspacing="0">
    <caption>员工表</caption>
    <tr>
        <td>小红</td>
        <td>秘书</td>
        <td>10000 元</td>
    </tr>
    <tr>
        <td>小华</td>
        <td>职员</td>
        <td>5000 元</td>
    </tr>
</table>
</body>
</html>
```

相关的代码实例请参考 Chap9.25.html 文件，在 IE 浏览器中运行的结果如图 9-25 所示。

图 9-25　设置表格标题的样式

9.8　实践案例

9.8.1　设置隔行换色表格

在 HTML 中，常用表格显示数据。表格的每一行交替使用两种颜色，使得表格数据更易观察。CSS 3 的 nth-child()选择器，可以用来设计隔行换色的表格。:nth-child(n)选择器匹配属于其父元素的第 n 个子元素，不论元素的类型，n 可以是数字、关键词或公式。

在下面案例中，使用 nth-child(2n)来选择表格的偶数行，用 nth-child(2n+1)选择表格的基数行。

【例 9-26】　（实例文件：ch09\Chap9.26.html）设计隔行换色表格。

```
<!DOCTYPE html>
<html>
<head>
    <meta charset="UTF-8">
    <title>隔行换色表格</title>
    <style>
        tr:nth-child(2n){ background:#00F5FF;}          /*设置表格偶数行的背景颜色*/
        tr:nth-child(2n+1){background:#FF83FA;}         /*设置表格奇数行的背景颜色*/
    </style>
</head>
<body>
<table border="1" cellpadding="10" cellspacing="0">
    <caption>员工表</caption>
    <tr>
        <th>姓名</th>
        <th>职位</th>
        <th>薪资</th>
    </tr>
    <tr>
        <td>小明</td>
        <td>经理</td>
        <td>50000 元</td>
    </tr>
    <tr>
        <td>小红</td>
        <td>秘书</td>
        <td>10000 元</td>
    </tr>
    <tr>
        <td>小华</td>
        <td>职员</td>
        <td>5000 元</td>
    </tr>
</table>
</body>
</html>
```

相关的代码实例请参考 Chap9.26.html 文件，在 IE 浏览器中运行的结果如图 9-26 所示。

图 9-26　设置隔行换色表格

9.8.2　设置日历表

<table>其实越来越不被大家使用，现在大都采用 DIV 来设计网页。但有时做一些页面的效果的时候，使用表格设置效果很好。下面就用<table>来设置一个日历。

【例 9-27】　（实例文件：ch09\Chap9.27.html）设计日历。

```html
<!DOCTYPE html>
<html>
<head>
    <meta charset="UTF-8">
    <title>日历</title>
    <style>
        div{
            border: 1px solid #00BFFF;
            width: 270px;
        }
        table{margin: auto;}
        td,th{text-align: center}
        td{background:#FFF0F5;}                 /*设置单元格的背景颜色*/
        th,caption{background:#00BFFF;}         /*设置标题和表头的背景颜色*/
    </style>
</head>
<body>
<div>
    <table cellspacing="0" cellpadding="10" border="0">
    <caption>2018 年 7 月</caption>
    <tr>
        <th>日</th><th>一</th><th>二</th><th>三</th><th>四</th><th>五</th><th>六</th>
    </tr>
    <tr>
        <td>1</td><td>2</td><td>3</td><td>4</td><td>5</td><td>6</td><td>7</td></tr>
    <tr>
        <td>8</td><td>9</td><td>10</td><td>11</td><td>12</td><td>13</td><td>14</td>
    </tr>
    <tr>
        <td>15</td><td>16</td><td>17</td><td>18</td><td>19</td><td>20</td><td>21</td>
    </tr>
    <tr>
        <td>22</td><td>23</td><td>24</td><td>25</td><td>26</td><td>27</td><td>28</td>
    </tr>
    <tr>
```

```
                <td>29</td><td>30</td><td>31</td>
            </tr>
        </table>
    </div>
    </body>
    </html>
```

相关的代码实例请参考 Chap9.27.html 文件，在 IE 浏览器中运行的结果如图 9-27 所示。

图 9-27　设置日历表

9.9　就业面试技巧与解析

9.9.1　面试技巧与解析（一）

面试官：为什么现在开发很少使用 table 布局？

应聘者：由于 HTML 中的 table 标签浏览速度较慢，所以，使用嵌套表格的方法来布局网页框架会使网页浏览的速度变慢。因为 table 中的内容是自适应的，为了自适应，它要计算嵌套最深的节点以满足自适应，所以有可能会出现一断时间空白然后才显示，这是不使用 table 布局的最主要的原因之一。

9.9.2　面试技巧与解析（二）

面试官：你常用哪几种浏览器测试网页？它们是什么内核（Layout Engine）的?

应聘者：我常用 IE、Chrome、Firefox、Safari 和 Opera 等浏览器。

- IE 浏览器内核：Trident 内核，也是俗称的 IE 内核。
- Chrome 浏览器内核：Chrome 内核，以前是 Webkit 内核，现在是 Blink 内核。
- Firefox 浏览器内核：Gecko 内核，俗称 Firefox 内核。
- Safari 浏览器内核：Webkit 内核。
- Opera 浏览器内核：最初是自己的 Presto 内核，后来是 Webkit 内核，现在是 Blink 内核。

第 10 章

使用并美化表单

 学习指引

在网页中，表单的作用是比较重的，主要用于获取浏览着的相关信息，如登录和注册信息。本章将介绍表单的使用以及使用 CSS 来美化表单。

重点导读

- 熟悉表单的基本结构。
- 掌握表单及表单控件。
- 掌握 HTML 5 新增的表单元素。
- 掌握 HTML 5 新增的表单属性。
- 掌握 HTML 5 新增的客户端校验。

10.1　表单的基本结构

一个表单有 3 个基本组成部分：

（1）表单标签：<form>标签包含所有的表单对象，并定义了提交表单数据的各种属性。

（2）表单域：包含了文本框、密码框、隐藏域、多行文本框、复选框、单选按钮、下拉列表框和文件上传框等，作用是用来采集信息或者选择数据。

（3）表单按钮：如提交按钮、注册按钮和重置按钮等，用于将数据传送到服务器。还可以用表单按钮来控制其他定义了处理脚本的处理工作。

表单的基本结构如图 10-1 所示。

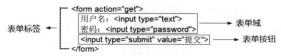

图 10-1　表单的基本结构

10.2　表单及表单控件

HTML 5 保留了 HTML 原有的表单以及表单控件，并对它们进行了加强。本节先来介绍原有的表单及表单控件。

10.2.1　表单 form 标签

<form>标签用来定义表单，在表单中可以插入相应的表单元素。在表单的 form 标签中可以设置表单的基本属性，包括表单的名称、处理程序和传送方式等。一般情况下，表单的处理程序 action 属性和传送方法 method 属性是必不可少的参数。action 属性用于指定表单数据提交到哪个地址进行处理，name 属性用于给表单命名。

10.2.2　表单 input 标签

<input>标签是表单控件元素中功能最丰富的，主要用于搜集用户信息。根据不同的 type 属性值，输入字段拥有很多种形式。输入字段可以是文本字段、复选框、掩码后的文本控件、单选按钮、按钮等，如下面的一些不同 type 属性值的 input 标签。

- 单行文本框：<input type="text">。
- 密码输入框：<input type="password">。
- 隐藏域：<input type="hidden">。
- 单选按钮：<input type="radio">。
- 复选框：<input type="checkbox">。

10.2.3　使用 label 定义标签

<label>标签为 input 元素定义标注。label 元素不会向用户呈现任何特殊效果，它为鼠标用户改进了可用性。如果在 label 元素内点击文本，就会触发此控件。就是说，当用户选择该标签时，浏览器会自动将焦点转到和标签相关的表单控件上。<label>标签的 for 属性应当与相关元素的 id 属性相同，如下面代码所示。

```
<form>
    <label for="a">用户名: </label>
    <input type="text" name="sex" id="a" />
    <br/>
    <label for="b">注册: </label>
    <input type="password" name="sex" id="b"/>
</form>
```

当单击用户名或者是注册时，对应的文本框获得焦点，在 IE 浏览器中显示效果如图 10-2 所示。

图 10-2　获得焦点

10.2.4　使用 button 定义按钮

button 元素用于定义按钮，在 button 元素内部可以放置内容，如文本或图像，这是该元素与使用 input 元素创建的按钮之间的不同之处。

<button>控件与<input type="button">相比，提供了更为强大的功能和更丰富的内容。<button>与</button>标签之间的所有内容都是按钮的内容，其中包括任何可接受的正文内容，如文本或多媒体内容。例如，可以在按钮中包括一个图像和相关的文本，用它们在按钮中创建一个吸引人的图像。它包含的属性如表 10-1 所示。

表 10-1　button 按钮的属性

属　　性	说　　明
name	定义按钮的名称
type	定义按钮类型，只能是 button、reset 或者 submit 中的一个
value	定义按钮的初始值
disabled	定义是否禁用此按钮

10.2.5　使用<select>和<option>标签

<select>用于创建单选或多选菜单，其是一种表单控件，可用于在表单中接受用户的输入。

<option>标签用于定义列表中的可用选项。value 属性规定在表单被提交时被发送到服务器的值。<option>与<option/>之间的值是浏览器显示在下拉列表中的内容，而 value 属性中的值是表单被提交时被发送到服务器的值，如果没有指定 value 属性，选项的值将设置为<option>标签中的内容。

【例 10-1】（实例文件：ch10\Chap10.1.html）使用<select>和<option>标签。

```
<!DOCTYPE html>
<html>
<head>
    <meta charset="UTF-8">
    <title>Title</title>
</head>
<body>
<select>
    <option value="a1">苹果</option>
    <option value="a2">西瓜</option>
    <option value="a3">香蕉</option>
</select>
</body>
</html>
```

相关的代码实例请参考 Chap10.1.html 文件，在 IE 浏览器中运行的结果如图 10-3 所示。

图 10-3　<select>和<option>标签

10.2.6　使用\<fieldset>和\<legend>标签

\<fieldset>标签可以将表单内的相关元素分组，并会在相关表单元素周围绘制边框。\<legend>标签用于对\<fieldset>标签定义标题。

HTML 5 中新增了一些\<fieldset>的新属性，如表 10-2 所示。

表 10-2　\<fieldset>的新属性

属　　性	属　性　值	说　　明
disabled	disabled	定义该组中的相关表单元素被禁用
form	form_id	定义 fieldset 所属的一个或多个表单
name	string	定义 fieldset 的名称

【例 10-2】（实例文件：ch10\Chap10.2.html）使用\<fieldset>和\<legend>标签。

```html
<!DOCTYPE html>
<html>
<head>
    <meta charset="UTF-8">
    <title>Title</title>
</head>
<body>
<form>
    <fieldset>
        <legend>注册</legend>
        姓名: <input type="text">
        年龄: <input type="text">
    </fieldset>
</form>
</body>
</html>
```

相关的代码实例请参考 Chap10.2.html 文件，在 Chrome 浏览器中运行的结果如图 10-4 所示。

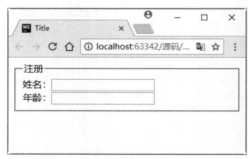

图 10-4　\<fieldset>和\<legend>标签

10.2.7　使用 HTML 5 增强的\<textarea>标签

\<textarea>标签用于定义多行文本域，文本区域中可容纳大量的文本，可以通过 cols 和 rows 属性来规定\<textarea>的尺寸大小，也可以在 CSS 中使用 height 和 width 属性定义它的尺寸。

【例 10-3】（实例文件：ch10\Chap10.3.html）使用<textarea>标签。

```html
<!DOCTYPE html>
<html>
<head>
    <meta charset="UTF-8">
    <title>Title</title>
</head>
<body>
<textarea cols="30" rows="10">    <!--cols 和 rows 属性规定 textarea 的尺寸-->
文本内容
</textarea>
</body>
</html>
```

相关的代码实例请参考 Chap10.3.html 文件，在 IE 浏览器中运行的结果如图 10-5 所示。

图 10-5 <textarea>标签

10.3 HTML 5 新增的表单元素

HTML 5 新增了一些表单元素，本节将详细介绍。

10.3.1 input 元素

HTML 5 拥有多个新的表单输入类型。这些新特性提供了更好的输入控制和验证。新增的表单输入类型如下。

- email：email 类型用于应该包含 E-mail 地址的输入域。
- url：url 类型用于应该包含 URL 地址的输入域。在提交表单时，会自动验证 url 域的值。
- number：number 类型用于应该包含数值的输入域。
- range：range 类型用于应该包含一定范围内数字值的输入域。
- date pickers：日期选择器。
- search：search 类型用于搜索域，例如站点搜索或 Google 搜索。
- color: color 类型用于生成一个颜色选择器。

10.3.2 output 元素

<output>标签作为计算结果输出显示，如执行脚本的输出。<output>标签是 HTML 5 中的新标签，它的一些属性值如表 10-3 所示，IE 浏览器不支持该属性。

表 10-3 <output>标签的属性

属 性	属 性 值	说 明
for	element_id	描述计算中使用的元素与计算结果之间的关系
form	form_id	定义输入字段所属的一个或多个表单
name	name	定义对象的唯一名称,表单提交时使用

【例 10-4】 （实例文件：ch10\Chap10.4.html）output 元素。

```html
<!DOCTYPE html>
<html>
<head>
    <meta charset="UTF-8">
    <title>Title</title>
</head>
<body>

<!-- oninput 事件在用户输入时触发-->
<form oninput="a.value=parseInt(x.value)+parseInt(y.value)">
    <input type="number" id="x">+<input type="number" id="y" value="50">=<output name="a" for="x y"></output>
</form>
</body>
</html>
```

相关的代码实例请参考 Chap10.4.html 文件，在 IE 浏览器中运行的结果如图 10-6 所示。当在左边文本框中输入数值时，等号右边显示前面两个文本框之和，运行结果如图 10-7 所示。

图 10-6 页面加载时的效果

图 10-7 输入数值后页面效果

10.3.3　meter 元素

　　<meter>标签用于定义度量衡，常用于静态比例的显示，如：磁盘用量、查询结果的相关性等。<meter>标签不应用在进度条中，如果需要标记进度条，请使用<progress>标签。IE 浏览器不支持该属性，<meter>标签包含的属性如表 10-4 所示。

表 10-4　<meter>标签的属性

属　　性	属　性　值	说　　明
high	number	定义被视作高的值的范围
low	number	定义被视作低的值的范围
max	number	定义范围的最大值
min	number	定义范围的最小值
value	number	定义度量值，可以是浮点型，默认为 0

【例 10-5】（实例文件：ch10\Chap10.5.html）meter 元素。

```
<!DOCTYPE html>
<html>
<head>
    <meta charset="UTF-8">
    <title>Title</title>
</head>
<body>
    <h1>C 盘和 D 盘已占用空间</h1>
    C 盘:<meter value="0.8"></meter><br/>
    D 盘:<meter value="0.5"></meter>
    <h1>你喜欢苹果和还是喜欢香蕉？</h1>
    喜欢苹果的人：<meter min="0" max="100" value="60"></meter><br/>
    喜欢香蕉的人：<meter min="0" max="100" value="40"></meter>
</body>
</html>
```

相关的代码实例请参考 Chap10.5.html 文件，在 Chrome 浏览器中运行的结果如图 10-8 所示。

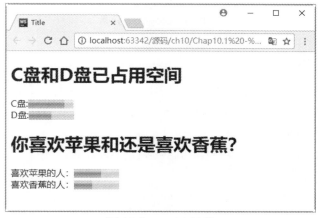

图 10-8　meter 元素

10.3.4　progress 元素

<progress>标签用于定义运行中的任务进度、进程，可以使用 progress 元素来显示 JavaScript 中耗费时间的函数进程。如下载文件到本地的进度值。IE 9 或者更早版本的 IE 浏览器不支持<progress>标签，<progress>标签包含的属性如表 10-5 所指示。

表 10-5　<progress>标签的属性

属　　性	属　性　值	说　　明
max	number	定义需要完成的值
value	number	定义进程的当前值

【例 10-6】　（实例文件：ch10\Chap10.6.html）使用<progress>标签。

```
<!DOCTYPE html>
<html>
<head>
    <meta charset="UTF-8">
    <title>Title</title>
</head>
<body>
<p>文件下载的进度：</p>
<progress value="33" max="100"></progress>
</body>
</html>
```

相关的代码实例请参考 Chap10.6.html 文件，在 IE 浏览器中运行的结果如图 10-9 所示。

图 10-9　progress 元素

10.3.5　keygen 元素

keygen 元素的作用是提供一种验证用户的可靠方法。当提交表单时，会生成两个键，一个是私钥，一个公钥。私钥存储于客户端，公钥则被发送到服务器。公钥可用于之后验证用户的客户端证书。

keygen 元素的使用方法代码如下：

```
<form action="/example/HTML 5/demo_form.asp" method="get">
用户名：<input type="text" name="usr_name" />
加密：<keygen name="security" />
<input type="submit" />
</form>
```

10.4 HTML 5 新增的表单属性

HTML 5 增加了表单元素和一些表单属性，本节将介绍其中一些比较常用的属性。

1. formaction 属性

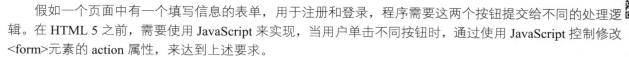

假如一个页面中有一个填写信息的表单，用于注册和登录，程序需要这两个按钮提交给不同的处理逻辑。在 HTML 5 之前，需要使用 JavaScript 来实现，当用户单击不同按钮时，通过使用 JavaScript 控制修改 `<form>` 元素的 action 属性，来达到上述要求。

使用 HTML 5 中的 formaction 属性可以很简单地处理这个问题，对于 `<input type="submit">`、`<button type="submit"></button>` 和 `<input type="image">` 元素，都可以指定 formaction 属性，该属性即可让表单提交到不同的 URL，代码如下：

```
<form method="get">
    登录：<input type="text" name="fname" /><br />
    注册：<input type="text" name="lname" /><br />
    <input type="submit" value="登录" formaction="login"/><br />
    <input type="submit" value="注册" formaction="regist"/>
</form>
```

2. formmethod 属性

formmethod 属性可以动态的设置表单以 post 或者 get 方式提交，覆盖 form 元素的原有 method 属性，代码如下：

```
<form action="abc" method="get">
    登录：<input type="text" name="fname" /><br />
    注册：<input type="text" name="lname" /><br />
    <input type="submit" value="登录" formmethod="get"/><br />
    <input type="submit" value="注册" formmethod="post"/>
</form>
```

当单击登录时，会采用 get 方式提交请求，单击注册时，将以 post 方式提交请求。

3. autofocus 属性

autofocus 属性用于页面加载完成时，某个表单自动获得焦点。由于页面中只能有一个表单元素可以获得焦点，所以整个页面最多只能设置一个 autofocus 属性。目前大部分主流浏览器已经支持该属性。

【例 10-7】（实例文件：ch10\Chap10.7.html）autofocus 属性。

```
<!DOCTYPE html>
<html>
<head>
    <meta charset="UTF-8">
    <title>Title</title>
</head>
<body>
<p>页面加载完成时，input 元素自动获取焦点</p>
<input type="text" autofocus="autofocus">
</body>
</html>
```

相关的代码实例请参考 Chap10.7.html 文件，在 IE 浏览器中运行的结果如图 10-10 所示。

图 10-10　autofocus 属性

4. placeholder 属性

placeholder 属性用于设置文本框或者文本域中未输入内容时的显示内容，当用户获得该文本框的焦点或输入时，该属性的值就会消失。

【例 10-8】（实例文件：ch10\Chap10.8.html）placeholder 属性。

```
<!DOCTYPE html>
<html>
<head>
    <meta charset="UTF-8">
    <title>Title</title>
</head>
<body>
<form action="abc" method="get">
    <input type="text" name="fname" placeholder="用户名"/><br />
    <input type="text" name="lname" placeholder="密码"/><br />
    <input type="submit" value="注册" />
</form>
</body>
</html>
```

相关的代码实例请参考 Chap10.8.html 文件，在 IE 浏览器中运行的结果如图 10-11 所示。

图 10-11　placeholder 属性

5. list 属性

list 属性需要结合<datalist>标签一起使用，形成一个下拉菜单的效果，list 的属性值指定<datalist>标签的 id 值。

【例 10-9】（实例文件：ch10\Chap10.9.html）list 属性。

```
<!DOCTYPE html>
<html>
<head>
    <meta charset="UTF-8">
    <title>Title</title>
</head>
<body>
```

```
<form action="abc" method="get">
    <input type="text" name="fname" list="fruits"/>
</form>
<datalist id="fruits">
    <option value="苹果">
    <option value="香蕉">
    <option value="西瓜">
</datalist>
</body>
</html>
```

相关的代码实例请参考 Chap10.9.html 文件，在 IE 浏览器中运行的结果如图 10-12 所示。

图 10-12　list 属性

6. autocomplete 属性

autocomplete 属性定义表单是否应该启用自动完成功能。自动完成功能是当用户在字段开始输入值时，浏览器基于之前输入过的值，应该显示出在字段中填写的选项。

【例 10-10】（实例文件：ch10\Chap10.10.html）autocomplete 属性。

```
<!DOCTYPE html>
<html>
<head>
    <meta charset="UTF-8">
    <title>Title</title>
</head>
<body>
<form method="get" autocomplete="on">
    姓名: <input type="text" name="fname">
    <input type="submit" />
</form>
</body>
</html>
```

相关的代码实例请参考 Chap10.10.html 文件，在 IE 浏览器中运行的结果如图 10-13 所示。在表单中输入"达文西"，单击"提交查询内容"按钮，如图 10-14 所示。然后刷新页面，当在文本中输入"达"的时候，用鼠标指针单击一下文本框，会弹出"达文西"的提示，效果如图 10-15 所示。

图 10-13　页面加载完效果

图 10-14　提交内容

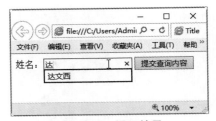

图 10-15　提示效果

10.5　HTML 5 新增的客户端校验

在以前，客户端校验通常使用 JavaScript 来完成，自 HTML 5 出现以后，HTML 5 为表单增加了一些输入校验属性，只需要简单设置这些校验属性即可完成客户端的校验。

10.5.1　使用校验属性执行校验

HTML 5 新增了表单的校验属性，如 required、pattern 等。
- required：定义表单不能为空。属性值是 required 或者省略。
- pattern：定义表单满足相应的正则表达式。

1. required 属性

required 属性用于定义表单不能为空，属性值是 required 或者省略。

【例 10-11】（实例文件：ch10\Chap10.11.html）required 属性。

```
<!DOCTYPE html>
<html>
<head>
    <meta charset="UTF-8">
    <title>Title</title>
</head>
<body>
<form action="#">
    <input type="text" required/>
    <input type="submit" value="提交">
</form>
</body>
</html>
```

当单击"提交"按钮时，提示相关的代码实例请参考 Chap10.11.html 文件，在 IE 浏览器中运行的结果如图 10-16 所示。

图 10-16　required 属性

2. pattern 属性

pattern 属性定义表单满足相应的正则表达式。

【例 10-12】（实例文件：ch10\Chap10.12.html）pattern 属性。

```
<!DOCTYPE html>
<html>
<head>
    <meta charset="UTF-8">
    <title>Title</title>
</head>
<body>
<form action="#">
    手机号:<input type="text" title="请输入 11 位有效的手机号" pattern="1[0-9]{10}" required/>
    <input type="submit" value="提交">
</form>
</body>
</html>
```

相关的代码实例请参考 Chap10.12.html 文件，在 IE 浏览器中运行的结果如图 10-17 所示。

图 10-17　pattern 属性

10.5.2　自定义错误提示

在 HTML 5 中，可以使用 setCustomValidity()方法自定义错误提示信息，在提交表单时，就会看到弹出的提示框中包含自定义的错误信息。

【例 10-13】（实例文件：ch10\Chap10.13.html）setCustomValidity()方法校验。

```
<!DOCTYPE html>
<html>
<head>
    <meta charset="UTF-8">
    <title>Title</title>
</head>
<body>
<form action="#">
    <input type="text" onchange="verify (this)"/>
    <input type="submit" value="提交">
</form>
</body>
</html>
<script>
    function verify (input){
        //判断输入的字的个数是否少于 15
```

```
            if(input.value.length < 15){      //如果少于 15 个字，执行下面语句
                input.setCustomValidity("感想不得少于 15 个字");
            }else{                             //否则执行下面语句
                input.setCustomValidity("");
            }
        }
</script>
```

相关的代码实例请参考 Chap10.13.html 文件，在 IE 浏览器中运行的结果如图 10-18 所示。

图 10-18　setCustomValidity()方法

10.5.3　关闭校验

如果需要关闭 HTML 5 对表单提供的校验功能，有以下两种方法来实现。

（1）在<form>元素中添加 novalidate 属性，禁用整个表单的验证功能，代码如下：

```
<form action="#" novalidate>
```

（2）给提交按钮添加 formnovalidate 属性，代码如下：

```
<input type="submit" value="提交" formnovalidate>
```

10.6　实践案例——设计美化搜索页面

本章主要介绍了 HTML 5 表单及表单控件相关的元素和属性，下面来设计一个搜索页面，并使用 CSS 美化它。

每个网站基本上都有搜索功能，让浏览者更好地找到自己需要的内容。本案例主要分了 3 个部分去设计，分别是导航条、logo、搜索框，具体请看下面的案例。

【例 10-14】（实例文件：ch10\Chap10.14.html）搜索页面。

```
<!DOCTYPE html>
<html>
<head>
    <meta charset="UTF-8">
    <title>Title</title>
    <style>
        body{
            background-image: url("03.jpg");
            background-size: cover;                 /*设置背景图片铺满整个容器*/
        }
        /*设置右上角的导航条*/
        ul{
```

```css
            list-style: none;
            position: absolute;
            right: 0;
            top: 15px;
        }
        ul li{
            float: left;
            margin-right: 15px;
        }
        ul li a{color: white;}
        .title{width: 400px;margin: auto;}
        .title div{
            float: left;
            border: 1px solid red;
            font-size: 30px;
            padding: 5px 15px;
            margin-left: 30px;
            border-radius: 50%;
        }
        .box{
            width: 800px;
            margin: 200px auto;
        }
        /*设置表单样式*/
        .search1{
            width:500px;
            height:40px;
            line-height:36px;
            background:rgba(255,255,255,0.5);
            border:1px solid;
            font-size:16px;
            color:blue;
            margin-left: 80px;
        }
        .search2{
            width:104px;
            height:45px;
            font-size:16px;
            background:#38f;
            color:#FFF;
            line-height:40px;
            border:none;
        }
        .search2:hover{background: #969922;}
    </style>
</head>
<body>
<ul>
    <li><a href="">首页</a></li>
    <li><a href="">视频</a></li>
    <li><a href="">音乐</a></li>
    <li><a href="">图片</a></li>
    <li><a href="">动漫</a></li>
    <li><a href="">登录</a></li>
```

```
    <li><a href="">注册</a></li>
</ul>
<div class="title">
    <div>搜</div>
    <div>搜</div>
    <div>搜</div>
</div>
<div class="box">
    <input type="text" class="search1"><input type="button" value="搜搜搜" class="search2">
</div>
</body>
</html>
```

相关的代码实例请参考 Chap10.14.html 文件，在 IE 浏览器中运行的结果如图 10-19 所示。

图 10-19 搜索界面效果

10.7 就业面试技巧与解析

10.7.1 面试技巧与解析（一）

面试官：请问 HTML 5 表单的输入类型有哪些。

应聘者：HTML 5 表单的输入类型有：

- url 类型：url 属性用于说明网站网址。
- tel 类型：tel 类型的 input 元素被设计为用来输入电话号码的专用文本框。
- color 类型：color 类型的 input 元素用来选取颜色，它提供了一个颜色选取器。
- email 类型：email 属性用于让浏览者输入 E-mail 地址。
- range 类型：range 属性是显示一个滚动的控件，与 number 属性一样，用户可以使用 max、min 和 step 属性控制控件的范围。

- search 类型：search 类型的 input 元素是一种专门用来输入搜索关键词的文本框。
- number 类型：number 属性提供了一个输入数字的输入类型。
- datepickers 类型：datepickers 类型指日期类型，HTML 中提供了多个可供选取日期和时间的新输入类型，用于验证输入的日期与时间。

10.7.2　面试技巧与解析（二）

面试官：请问 HTML 5 新增了哪些表单元素。

应聘者：HTML 5 新增的表单元素有：

- <datalist>：<datalist>元素规定了<input>元素可能的选项列表。
- <keygen>：<keygen>元素的作用是提供一种验证用户的可靠方法，当提交表单时，会生成两个键，一个是私钥，另一个是公钥。私钥存储于客户端，公钥则被发送到服务器，公钥可用于之后验证用户的客户端证书。
- <output>：<output>元素用于不同类型的输出，例如计算或脚本输出。

第11章

Web 标准与网页布局

 学习指引

在网页设计中要遵循 Web 标准规则。网页的布局会直接影响一个网站的整体美观，本章将主要介绍使用 CSS 来实现网页布局。

 重点导读

- 了解 Web 标准与 CSS 布局。
- 了解网页的排版。
- 掌握 CSS 定位。
- 掌握浮动布局。

11.1 Web 标准与 CSS 布局

Web 标准和 CSS 布局的优势，是作为前端开发人员必须要了解的知识，下面来具体介绍一下。

 ### 11.1.1 什么是 Web 标准

Web 标准是由 W3C 和其他标准化组织制定的一套规范集合，目的在于创建统一的用于 Web 表现层的技术标准，以便通过不同的浏览器或终端设备向最终用户展示信息内容。Web 标准由一系列规范组成，目前的 Web 标准主要由 3 大部分组成：结构、表现、行为。

1. 结构

结构用于对网页中用到的信息进行分类与整理。在结构中用到的技术主要包括 HTML、XML 和 XHTML。

2. 表现

表现用于对信息进行版式、颜色、大小等形式的控制。在表现中用到的技术主要是 CSS 层叠样式表。

3. 行为

行为是指文档内部的模型定义及交互行为的编写，用于编写交互式的文档。在行为中用到的技术主要包括 DOM 和 ECMAScript。

DOM 文档对象模型：DOM 是浏览器与内容结构之间沟通的接口，使浏览者可以访问页面上的标准组件。

ECMAScript 脚本语言：ECMAScript 是标准脚本语言，用于实现具体界面上对象的交互操作。

11.1.2　CSS 布局的优势

掌握基于 CSS 的网页布局方式，是实现 Web 标准的基础。在制作网页时采用 CSS 技术，可以有效地对页面的布局、字体、颜色、背景和其他效果实现更加精确地控制。只要对相应的代码做一些简单的修改，就可以改变网页的外观和格式。采用 CSS 布局有以下优点：

- 可以轻松地控制页面的布局。
- 大大缩减页面代码，提高页面浏览速度，缩减带宽成本。
- 结构清晰，容易被搜索引擎搜索到。
- 缩短改版时间，只要简单地修改几个 CSS 文件就可以重新设计一个有成百上千页面的站点。
- CSS 非常容易编写，可以像写 HTML 代码一样轻松地编写 CSS。
- 提高易用性，使用 CSS 可以结构化 HTML，如 p 标记只用来控制段落，h 标记只用来控制标题，table 标记只用来表现格式化的数据等。
- 表现和内容相分离，将设计部分分离出来，放在一个独立的样式文件中。
- 几乎在所有的浏览器上都可以使用。
- 以前一些必须通过图片转换实现的功能，现在只要用 CSS 就可以轻松实现，从而可以更快地加载页面。

11.2　网页排版

11.2.1　网页排版基本原则

在网页设计中，除了我们强调的配色方案、字体、UI 元素之外，还有一个重要的点，那就是设计布局的四大原则。

1. 对齐

对齐：任何东西都不能在页面上随意安放，每个元素都应当与页面上的另一个元素有某种视觉联系，这样能建立一种清晰、精巧而且清爽的外观。

2. 对比

对比：对比的基本思想是，要避免页面上的元素太过相似。如果元素（字体、颜色、大小、线宽、形状、空间等）不相同，那就干脆让它们截然不同。要让页面引人注目，对比一般是最重要的一个因素。

3. 亲密性

亲密性：彼此相关的项应当靠近，归组在一起。如果多个项相互之间存在很近的亲密性，它们就会成为一个视觉单元，而不是多个孤立的元素。这有助于组织信息，减少混乱，为读者提供清晰的结构。

4. 重复

重复：让设计中的视觉要素在整个作品中重复出现。可以重复颜色、形状、材质、空间关系、线宽、字体、大小和图片等。这样一来，既能增加条理性，还可以加强统一性。

11.2.2　标准网页版式基本形式

在版式设计当中，主要有以下几种排版形式：中轴型、分割型、倾斜型、满版型、对称型。这几种形式会常出现在网页设计当中。

1. 中轴型

中轴型的网页设计，是将图形做水平或垂直方向的排列，文案以上下或左右配置。水平排列的版面会给人稳定、安静、和平与含蓄之感。垂直排列的版面给人强烈的动感。垂直排列这种排版方式比较常见。

2. 分割型

分割型主要可以分成上下分割和左右分割。相比较，左右分割型的网站会比较常见。

3. 倾斜型

倾斜型的网站比较少见，这样的网站偏个性化一些，多在一些设计公司或是运动品牌的网站中出现。

4. 满版型

满版型的网站近几年越来越多见，通常是版面以图像充满整版，主要以图像为诉求，视觉传达直观而强烈。文字的配置压置在上下、左右或中部的图像上。满版型给人以大方、舒展的感觉。

5. 对称型

对称的版式给人稳定、庄重、理性的感觉。对称有绝对对称和相对对称，一般多采用相对对称，以避免过于严谨。对称一般以左右对称居多。

每种版式设计并非以一种表现形态出现，在分析一个网站的时候不要以单一的视角去分析，因为一个网站的设计可能同时存在好几种版式形式。不同的排版可以给人不同的视觉感受，好的排版会给整个网站"锦上添花"。版式也没有绝对的好坏，只有适合和不适合。

11.3　CSS 定位

在 HTML 中改变布局有两种方式，一种是 float，另一种是 position 定位，本节来讲一下 position 定位。

1. 认识 position

position 是 CSS 中非常重要的一个属性，通过 position 属性，我们可以让元素相对于其正常位置、父元素或者浏览器窗口进行偏移。position 属性有 4 个属性值：static、relative、absolute 和 fixed，下面详细介绍 position 属性。

2. 静态定位

"position: static;" 用于对元素静态定位。

在 HTML 中，所有元素默认为静态定位，如果没有指定元素的 position 属性值，也就是默认情况下，元素是静态定位。只要是支持 position 属性的 html 对象都是默认为 static。static 是 position 属性的默认值，它表示块保留在原本应该在的位置，不会重新定位，它的位置不能使用 left、right、top、bottom 4 个属性来设置。

3. 绝对定位

"position: absolute;" 用于对元素绝对定位。

如果绝对定位的父元素设置了除 static 之外的定位，例如 "position: relative;" 或 "position: absolute;" 及 "position: fixed;"，那么它就会相对于它的父元素来定位，如果它没有已定位的父元素，那么它的位置相对于<html>元素。相对位置可以使用 left、right、top、bottom 4 个属性来设置。

【例 11-1】（实例文件：ch011\Chap11.1.html）绝对定位。

```
<!DOCTYPE html>
<html>
<head>
    <meta charset="UTF-8">
    <title>Title</title>
    <style>
        .box1{
            position: absolute;        /*设置绝对定位*/
            left: 50px;
            top: 50px;
        }
        .box2{
            position: absolute;
            left: 350px;
            top: 50px;
        }
    </style>
</head>
<body>
<!--父元素box没有定位,box1相对于<html>定位-->
<div class="box">
    <div class="box1"><img src="01.jpg" alt=""></div>
</div>
<!--父元素box2有定位,box1相对于box2定位-->
<div class="box2">
    <div class="box1"><img src="01.jpg" alt=""></div>
</div>
</body>
</html>
```

相关的代码实例请参考 Chap11.1.html 文件，在 IE 浏览器中运行的结果如图 11-1 所示。

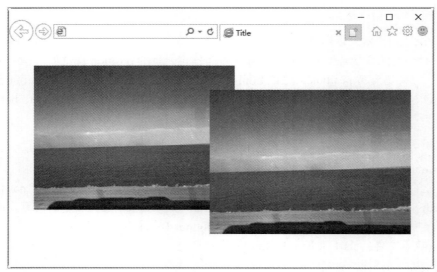

图 11-1　绝对定位

注意：绝对定位元素可层叠，层叠顺序可通过 z-index 属性控制，z-index 值为无单位的整数，大的在上面，可以有负值。

4. 相对定位

"position: relative;" 用于对元素相对定位。

相对定位元素的定位是相对它自身正常的位置来实现的。相对定位的元素，它原本所占有的空间不会改变。相对位置可以使用 left、right、top、bottom 4 个属性来设置。

【例 11-2】（实例文件：ch011\Chap11.2.html）相对定位。

```html
<!DOCTYPE html>
<html>
<head>
    <meta charset="UTF-8">
    <title>Title</title>
    <style>
        .box{
            position: relative;        /*设置相对定位*/
            left:500px;
        }
    </style>
</head>
<body>
<div><img src="01.jpg" alt=""></div>
<div class="box"><img src="01.jpg" alt=""></div>
<div><img src="01.jpg" alt=""></div>
</body>
</html>
```

相关的代码实例请参考 Chap11.2.html 文件，在 IE 浏览器中运行的结果如图 11-2 所示。

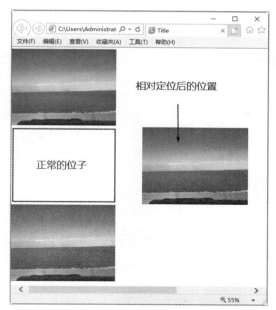

图 11-2　相对定位

5. 固定定位

"position:fixed;"用于对元素固定定位。

固定定位是相对于浏览器窗口进行定位，它的位置不会随着浏览器的滚动而改变。相对位置可以使用 left、right、top、bottom 4 个属性来设置。

【例 11-3】 （实例文件：ch011\Chap11.3.html）固定定位。

```html
<!DOCTYPE html>
<html>
<head>
    <meta charset="UTF-8">
    <title>Title</title>
    <style>
        div{font-size: 50px;}
        h1{
            position:fixed;          /*设置固定定位*/
            left: 500px;
            top: 200px;
        }
    </style>
</head>
<body>
<h1>固定定位</h1>
<div><img src="01.jpg" alt="">1</div>
<div><img src="01.jpg" alt="">2</div>
<div><img src="01.jpg" alt="">3</div>
</body>
</html>
```

相关的代码实例请参考 Chap11.3.html 文件，在 IE 浏览器中运行的结果如图 11-3 所示。当滚动滚动条时，会发现"固定定位"始终不动，如图 11-4 所示。

图 11-3　页面加载完的效果

图 11-4　滚动滚动条后的效果

11.4　浮动布局及浮动嵌套

1. 浮动布局

浮动布局是我们在布局中经常用到的一种技术，利用它进行布局很方便，通过让元素浮动，可以使元素在水平上左右移动。

【例 11-4】（实例文件：ch011\Chap11.4.html）浮动布局。

```html
<!DOCTYPE html>
<html>
<head>
    <meta charset="UTF-8">
    <title>Title</title>
    <style>
        .box{
            width: 700px;
            height: 200px;
            font-size: 30px;
            border: 1px solid #000000;
        }
        .box div{
            width: 150px;
            height: 150px;
            border:1px solid red;
        }
        .flo1{float: left;}            /*设置左浮动*/
        .flo2{float: left;}
        .flo3{float: left;}
        .flo4{float: right;}           /*设置右浮动*/
    </style>
</head>
<body>
<div class="box">
    <div class="flo1">1</div>
    <div class="flo2">2</div>
    <div class="flo3">3</div>
    <div class="flo4">4</div>
</div>
```

```
</body>
</html>
```

相关的代码实例请参考 Chap11.5.html 文件，在 IE 浏览器中运行的结果如图 11-5 所示。

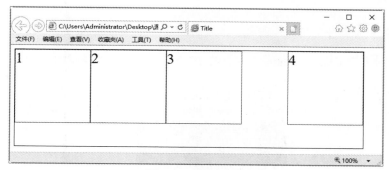

图 11-5　浮动布局

2. 浮动嵌套

当一个 div1 里面嵌套有一个 div2，当 div2 设置了浮动，那么 div1 是无法被撑开的，也就是说 div2 在这里相当于浮在了页面上方，跟 div1 不在同一个层面，导致了 div2 无法把 div1 给撑开，这是一个老生常谈的问题，也是困扰很多刚接触 DIV+CSS 的读者的一个问题。

可以通过添加一个空 div，设置 clear:both，便可以让 div1 获取到高度了。

【例 11-5】（实例文件：ch011\Chap11.5.html）浮动嵌套。

```
<!DOCTYPE html>
<html>
<head>
    <meta charset="UTF-8">
    <title> </title>
    <style>
        .box{
            width: 300px;
            background-color:red;
            color: white;
        }
        .box1{
            background-color:green;
            color: white;
            float:left;                  /*设置左浮动*/
            height:100px;
            width:50px;
        }
        .box2{
            background-color:blue;
            color: white;
            float:right;                 /*设置右浮动*/
            height:100px;
            width:50px;
        }
    </style>
</head>
<body>
<div class="box">box
```

```
    <div class="box1">box1</div>
    <div class="box2">box2</div>
<!--解决嵌套问题的代码-->
    <div style="clear: both"></div>
</div>
</body>
</html>
```

相关的代码实例请参考 Chap11.5.html 文件，在 IE 浏览器中运行的结果如图 11-6 所示。

图 11-6 浮动嵌套

3. 清除浮动

浮动会使当前元素产生向上浮的效果，同时会影响到前后标签、父元素的位置及 width、height 等属性，可以说浮动问题是每个前端设计师必会的技能之一。

在前面一节中，通过在浮动元素的后面添加一个<div>，设置它的样式为"clear:both"，来解决因子元素浮动撑不开父元素的问题，这就是一种清除浮动的方法。

下面再来介绍一种方法，通过给父元素添加"overflow:hidden"或者"overflow:auto;"。

【例 11-6】（实例文件：ch011\Chap11.6.html）清除浮动。

```
<!DOCTYPE html>
<html>
<head>
    <meta charset="UTF-8">
    <title>清除浮动</title>
    <style>
        .box{
            width: 300px;
            background-color:red;
            color: white;
            font-size: 20px;
            overflow: hidden;              /*清除浮动代码*/
        }
        .box1{
            background-color:green;
            float:left;                    /*设置左浮动*/
            height:100px;
            width:50px;
        }
        .box2{
            background-color:blue;
            float:right;                   /*设置右浮动*/
            height:100px;
            width:50px;
        }
```

```
      </style>
</head>
<body>
<div class="box">box
    <div class="box1">box1</div>
    <div class="box2">box2</div>
</div>
</body>
</html>
```

相关的代码实例请参考 Chap11.6.html 文件，在 IE 浏览器中运行的结果如图 11-7 所示。

图 11-7 清除浮动

清除浮动有很多种方法，在这里就不过多介绍了。

11.5 案例实战

11.5.1 两列布局

实现两列布局很简单，也有很多种方法，本案例介绍其中一种——左侧固定大小，右侧自适应。将左侧 div 浮动，右侧设置 div 的 margin-left 属性合适的值，便可以实现这种两列布局。

【例 11-7】（实例文件：ch011\Chap11.7.html）两列布局。

```
<!DOCTYPE html>
<html>
<head>
    <meta charset="UTF-8">
    <title>Title</title>
    <style>
       .box1{
           width: 200px;
           height: 200px;
           background: #00E1F3;
           float: left;                    /*设置左浮动*/

       }
```

```
        .box2{
            width: 100%;
            height: 200px;
            background:#00FF7F;
            margin-left: 200px;
        }
    </style>
</head>
<body>
<div>
    <div class="box1">左边固定</div>
    <div class="box2">
        燕子去了,有再来的时候;杨柳枯了,有再青的时候;桃花谢了,有再开的时候。但是,聪明的,你告诉我,我们的日子
为什么一去不复返呢?是有人偷了他们罢:那是谁?又藏在何处呢?是他们自己逃走了罢:现在又到了哪里呢?我不知道他们给了
我多少日子;但我的手确乎是渐渐空虚了。
        选自《朱自清散文集》
    </div>
</div>
</body>
</html>
```

相关的代码实例请参考 Chap11.7.html 文件，在 IE 浏览器中运行的结果如图 11-8 所示。当改变浏览器宽度时，右侧的 div 自适应，效果如图 11-9 所示。

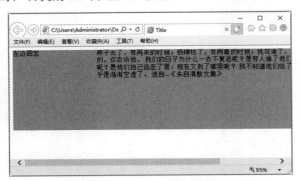

图 11-8 页面加载完效果

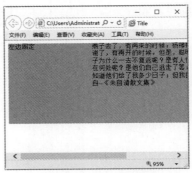

图 11-9 自适应效果

11.5.2 三列布局

三列布局，有经典的双飞燕和圣杯布局，本案例通过圣杯布局来讲解。

- 在代码中 center 部分首先要放在 container 的最前部分，然后是 left,right。
- 将三者都 float:left，再加上一个 position:relative（因为相对定位后面会用到）。
- center 部分 width:100%占满。
- 此时 center 占满了，所以要把 left 拉到最左边，使用 margin-left:-100%。
- 此时 left 拉回来了，但会覆盖 center 内容的左端，要把 center 内容拉出来，所以在外围 container 加上 padding:0 200px。
- center 内容拉回来了，但 left 也跟着过来了，所以要还原，就对 left 使用相对定位 left:-200px。同理，right 也要相对定位还原 right:-200px。

按照上面讲解的步骤，圣杯布局已经实现了。具体代码请看下面的案例。

【例 11-8】 （实例文件：ch011\Chap11.8.html）三列布局。

```html
<!DOCTYPE html>
<html>
<head>
    <meta charset="UTF-8">
    <title>Title</title>
    <style>
        body{min-width: 700px;}                    /*设置 body 的最小宽度*/
        .header,.footer{
            border: 1px solid #333333;
            background:#FFFF00;
            text-align: center;
        }
        .left,.center,.right{
            min-height: 150px;                     /*设置最小高度*/
            position: relative;                    /*设置相对定位*/
            float: left;                           /*设置左浮动*/
        }
        .container{
            padding:0 200px;
            overflow: hidden;                      /*清除浮动*/
            color: white;
        }
        .left{
            margin-left: -100%;                    /*设置负边距*/
            left: -200px;
            width: 200px;
            background: green;
        }
        .right{
            margin-left: -200px;
            right: -200px;
            width: 200px;
            background:red;
        }
        .center{
            width: 100%;
            background: blue;
        }
    </style>
</head>
<body>
<div class="header">
    <h3>header</h3>
</div>
<div class="container">
    <div class="center">
        <h3>center</h3>
    </div>
    <div class="left">
        <h3>left</h3>
        <p></p>
```

```
        </div>
        <div class="right">
            <h3>right</h3>
            <p></p>
        </div>
    </div>
    <div class="footer">
        <h3>footer</h3>
    </div>
    </body>
    </html>
```

相关的代码实例请参考 Chap11.8.html 文件，在 IE 浏览器中运行的结果如图 11-10 所示。当改变浏览器宽度时，center 部分会随着自适应，效果如图 11-11 所示。

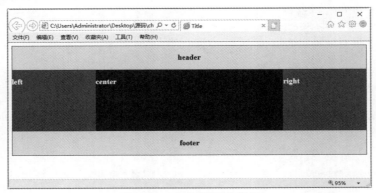

图 11-10　页面加载完效果

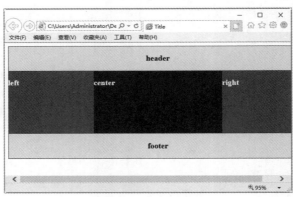

图 11-11　自适应效果

11.6　就业面试技巧与解析

11.6.1　面试技巧与解析（一）

面试官：请谈谈你对 rem 的理解。

应聘者：rem 用来实现自适应布局，是现在移动开发比较流行的布局之一。rem 是根据 HTML 根元素的 font-size 大小来变化的，正是基于这个原因，可以在每一个设备下根据设备的宽度设置对应的 HTML 字号，从而实现自适应布局。目前有两种方式来调整 HTML 根元素的 font-size 大小，一种是根据 JavaScript 来调整 HTML 的字号，另一种则是通过媒体查询来调整字号。

11.6.2　面试技巧与解析（二）

面试官： DIV+CSS 布局有什么优势？

应聘者：

- 保持视觉的一致性。以往表格嵌套的制作方法会使得页面与页面或者区域与区域之间的显示效果有偏差。而使用 DIV+CSS 的制作方法，将所有页面或所有区域统一用 CSS 文件控制，就避免了不同区域或不同页面体现出的效果偏差。
- 浏览者和浏览器更具亲和力。由于 CSS 富含丰富的样式，使页面更具灵活性，它可以根据不同的浏览器，而达到显示效果的统一和不变形。
- 使页面载入得更快。页面体积变小，浏览速度变快，由于将大部分页面代码写在了 CSS 当中，使得页面体积容量变得更小。相对于表格嵌套的方式，DIV+CSS 将页面独立成更多的区域，在打开页面的时候，逐层加载。而不像表格嵌套那样，将整个页面圈在一个大表格里，使得加载速度很慢。
- 修改设计时更有效率。由于使用了 DIV+CSS 制作方法，使内容和结构分离，在修改页面的时候更加省时。根据区域内容标记，到 CSS 里找到相应的 ID，使得修改页面的时候更加方便，也不会破坏页面其他部分的布局样式，在团队开发中更容易分工合作而减少相互关联性。
- 符合 W3C 标准，保证网站不会因为将来网络应用的升级而被淘汰。

第 12 章

CSS 3 盒子模型与页面布局

 学习指引

在前面的章节中，已经介绍了如何使用 CSS 样式来控制网页中的各种元素，本章将介绍盒子模型和网页布局，来提高读者的网页设计技巧。

 重点导读

- 掌握盒子模型。
- 掌握添加阴影的方法。
- 掌握布局相关属性。
- 掌握多列显示样式。
- 掌握弹性和布局。

12.1 认识盒子模型

在 HTML 中每个元素都包含在一个矩形框内，这个矩形框就是盒子模型。盒子模型由 margin（外边界）、border（边框）、padding（内边界）和 content（内容）组成，如图 12-1 所示。

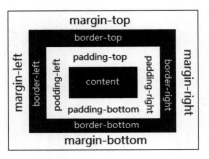

图 12-1 盒子模型的组成

12.1.1　盒子的边框属性

border 属性是盒子的边框属性，它由 border-width（边框的宽度）、border-style（边框的线形）和 border-color（边框的颜色）组成，语法格式如下：

```
border: border-width border-color border-style
```

【例 12-1】（实例文件：ch12\Chap12.1.html）盒子的边框属性。

```
<!DOCTYPE html>
<html>
<head>
    <meta charset="UTF-8">
    <title>Title</title>
    <style>
        div{
            width: 100px;
            height: 100px;
            border: 3px solid red;
        }
    </style>
</head>
<body>
<div>边框属性</div>
</body>
</html>
```

相关的代码实例请参考 Chap12.1.html 文件，在 IE 浏览器中运行的结果如图 12-2 所示。

图 12-2　盒子边框

12.1.2　盒子的内边距属性

padding 属性是盒子的内边距，可以用来定义内容与边框之间的距离。语法格式如下：

```
padding: length;
```

padding 属性可以是一个具体的长度值，也可以是一个相对于上级元素的百分比值，但不可以使用负值。padding 属性有 4 个子属性，如表 12-1 所示。

表 12-1　padding 属性

属　　性	说　　明
padding-top	设置内容与边框上边的距离
padding-bottom	设置内容与边框底边的距离

183

属　　性	说　　明
padding-right	设置内容与边框右边的距离
padding-left	设置内容与边框左边的距离

【例 12-2】（实例文件：ch12\Chap12.2.html）盒子的内边距属性。

```
<!DOCTYPE html>
<html>
<head>
    <meta charset="UTF-8">
    <title></title>
    <style>
        .box1{
            border:1px solid red;
        }
        .box2{
            border:1px solid red;              /*设置边框*/
            padding-top: 10px;                 /*设置上边的内边距*/
            padding-bottom: 20px;              /*设置底边的内边距*/
            padding-right: 30px;               /*设置右边的内边距*/
            padding-left: 30px;                /*设置左边的内边距*/
        }
    </style>
</head>
<body>
<p><span class="box1">没有设置内边距的盒子</span></p>
<p><span class="box2">设置内边距的盒子</span></p>
</body>
</html>
```

相关的代码实例请参考 Chap12.2.html 文件，在 IE 浏览器中运行的结果如图 12-3 所示。

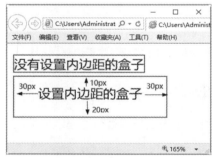

图 12-3　盒子的内边距

12.1.3　盒子的外边距属性

margin 属性用于设置页面中元素与元素之间的距离。margin 属性的语法如下：

```
margin: auto | length
```

auto 表示根据内容自动调整，length 表示长度值或者是百分比值。

margin 属性包含 4 个子属性，分别用于控制元素四周的边距，如表 12-2 所示。

表 12-2　margin 属性

属　　性	说　　明
margin-top	设置盒子上边框距离上面外边距的距离
margin-bottom	设置盒子底边框距离底面外边距的距离
margin-right	设置盒子右边框距离右面外边距的距离
margin-left	设置盒子左边框距离左面外边距的距离

【例 12-3】（实例文件：ch12\Chap12.3.html）盒子的外边距属性。

```
<!DOCTYPE html>
<html>
<head>
    <meta charset="UTF-8">
    <title></title>
    <style>
        .box1{
            border: 1px solid red;
        }
        .box2{
            border: 1px solid red;
            margin-top:50px;                /*设置上边的外边距*/
        }
    </style>
</head>
<body>
<div class="box1">box1</div>
<div class="box2">box2</div>
</body>
</html>
```

相关的代码实例请参考 Chap12.3.html 文件，在 IE 浏览器中运行的结果如图 12-4 所示。

图 12-4　盒子的外边距

12.1.4　盒子的宽和高

为了正确设置元素在所有浏览器中的宽度和高度，用户需要知道盒模型是如何工作的。下面介绍计算盒模型高度与宽度的方法。

【例 12-4】（实例文件：ch12\Chap12.4.html）计算盒模型中元素的总宽度。

```
<!DOCTYPE html>
<html>
<head>
    <meta charset="UTF-8">
    <title>Title</title>
    <style>
        div {
            background-color: lightgrey;
            width: 300px;                       /*设置盒子的宽度*/
            border: 25px solid green;
            padding: 25px;
            margin: 25px;
        }
    </style>
</head>
<body>
<h2>盒子模型演示</h2>
<p>CSS 盒模型本质上是一个盒子,封装周围的 HTML 元素,它包括：边距,边框,填充和实际内容。</p>
<div>这里是盒子内的实际内容。有 25px 内间距,25px 外间距、25px 绿色边框。</div>
</body>
</html>
```

相关的代码实例请参考 Chap12.4.html 文件，在 IE 浏览器中运行的结果如图 12-5 所示。这里自己算算：300px（宽）+50px（左+右填充）+50px（左+右边框）+50px（左+右边距）=450px，因此这里总元素的宽度为 450px。

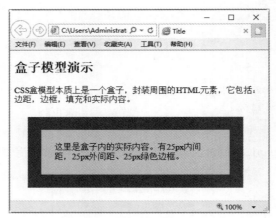

图 12-5　计算盒子模型的宽度

根据上面的计算，可以得出计算盒子模型高度与宽度的方法。

元素的总宽度计算公式如下：

总元素的宽度=宽度+左填充+右填充+左边框+右边框+左边距+右边距

元素的总高度计算公式如下：

总元素的高度=高度+顶部填充+底部填充+上边框+下边框+上边距+下边距

12.2　添加盒阴影

CSS 3 中新增加了为盒子添加阴影的属性 box-shadow，通过该属性可以轻松实现网页中元素的阴影效果。

12.2.1　使用 box-shadow 属性为盒子添加阴影

box-shadow 属性可以为元素添加阴影。该属性有 6 个参数值：阴影类型、水平偏移长度、垂直偏移长度、模糊距离、阴影大小和阴影颜色，其中水平偏移长度和垂直偏移长度是必须的，其他的参数可以有选择地省略。语法如下：

```
box-shadow:X Y blur spread color inset;
```

box-shadow 的相关属性值及说明如表 12-3 所示。

表 12-3　box-shadow 属性值及说明

属　性　值	说　　明
X	水平阴影的长度
Y	垂直阴影的长度
blur	模糊距离
spread	阴影的尺寸
color	阴影的颜色
inset	设置为内部阴影

【例 12-5】（实例文件：ch12\Chap12.5.html）为盒子添加阴影。

```
<!DOCTYPE html>
<html>
<head>
    <meta charset="UTF-8">
    <title>Title</title>
    <style>
        div{
            width: 100px;
            height: 100px;
            border: 1px solid red;
            box-shadow: 5px 5px 5px blue;    /*设置盒子的阴影*/
        }
    </style>
</head>
<body>
<div>box-shadow</div>
</body>
</html>
```

相关的代码实例请参考 Chap12.5.html 文件，在 IE 浏览器中运行的结果如图 12-6 所示。

图 12-6　为盒子添加阴影

12.2.2 为表格及单元格添加阴影

对表格及单元格添加阴影，也是通过 box-shadow 属性来添加。

给表格添加阴影，如下面案例所示。

【例 12-6】（实例文件：ch12\Chap12.6.html）为表格和单元格添加阴影。

```
<!DOCTYPE html>
<html>
<head>
    <meta charset="UTF-8">
    <title>Title</title>
    <style>
        table{
            border:1px solid red;
            box-shadow: 5px 5px 5px blue;    /*设置表格的阴影*/
        }
    </style>
</head>
<body>
<table>
    <tr>
        <td>姓名</td>
        <td>语文成绩</td>
        <td>数学成绩</td>
    </tr>
    <tr>
        <td>小明</td>
        <td>90</td>
        <td>85</td>
    </tr>
    <tr>
        <td>小红</td>
        <td>98</td>
        <td>90</td>
    </tr>
</table>
</body>
</html>
```

相关的代码实例请参考 Chap12.6.html 文件，在 IE 浏览器中运行的结果如图 12-7 所示。

给单元格添加阴影，参考案例【例 12-6】，只需把<style></style>标签内容换成以下代码，在 IE 浏览器中运行的结果如图 12-8 所示。

```
<style>
    td{
        border:1px solid red;
        box-shadow: 3px 3px 3px blue;              /*设置单元格的阴影*/
    }
</style>
```

图 12-7　为表格添加阴影

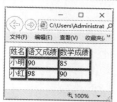

图 12-8　为单元格添加阴影

12.3　布局的相关属性

本节来介绍一下 CSS 中布局的一些相关属性。

12.3.1　实现换行

在 HTML 中使用
标签来实现简单的换行，
标签插入的位置就是换行的开始位置，可以作用于标签或者是文本内容。

在 CSS 中可以使用"浮动"和 clear 属性来实现换行。在下面的【例 12-7】中，让第二个 span 元素换行。

【例 12-7】（实例文件：ch12\Chap12.7.html）实现换行。

```html
<!DOCTYPE html>
<html>
<head>
    <meta charset="UTF-8">
    <title>Title</title>
    <style>
        span{
            float: left;                /*设置左浮动*/
            border: 1px solid red;
            margin: 20px;
        }
        .box{
            clear:both;                 /*清除.box 的浮动*/
        }
    </style>
</head>
<body>
<span>盒子 1</span>
<span class="box">盒子 2</span>
<span>盒子 3</span>
</body>
</html>
```

相关的代码实例请参考 Chap12.7.html 文件，在 IE 浏览器中运行的结果如图 12-9 所示。

图 12-9　换行效果

12.3.2　设置滚动条

在 HTML 中可以使用"overflow:auto;"和"overflow:scroll;"这两个属性给需要设置滚动条的元素添加，

它们两者的区别是："overflow:auto;"属性对于内容超出对象的尺寸时才会显示滚动条，而"overflow:scroll;"
属性，无论内容是否超出对象的尺寸，滚动条都是一直存在的。

【例 12-8】（实例文件：ch12\Chap12.8.html）设置滚动条。

```html
<!DOCTYPE html>
<html>
<head>
    <meta charset="UTF-8">
    <title></title>
    <style>
        div{
            width: 150px;
            height: 150px;
            border: 1px solid red;
            font-size: 12px;
            float: left;                    /*设置左浮动*/
            margin: 15px;
        }
        .box1{overflow: auto;}              /*用 overflow:auto 属性设置滚动条*/
        .box2{overflow: auto;}
        .box3{overflow: scroll;}           /*用 overflow:scroll 属性设置滚动条*/
        .box4{overflow: scroll;}
    </style>
</head>
<body>
    <div class="box1">
        <p>overflow: auto;内容没有超出对象</p>
        <p>overflow: auto;内容没有超出对象</p>
    </div>
    <div class="box2">
        <p>overflow: auto;内容超出对象！内容超出对象！</p>
        <p>overflow: auto;内容超出对象！内容超出对象！</p>
        <p>overflow: auto;内容超出对象！内容超出对象！</p>
        <p>overflow: auto;内容超出对象！内容超出对象！</p>
    </div>
    <div class="box3">
        <p>overflow: scroll;内容没有超出对象</p>
        <p>overflow: scroll;内容没有超出对象</p>
    </div>
    <div class="box4">
        <p>overflow: scroll;内容超出对象！内容超出对象！</p>
        <p>overflow: scroll;内容超出对象！内容超出对象！</p>
        <p>overflow: scroll;内容超出对象！内容超出对象！</p>
        <p>overflow: scroll;内容超出对象！内容超出对象！</p>
    </div>
</body>
</html>
```

相关的代码实例请参考 Chap12.8.html 文件，在 IE 浏览器中运行的结果如图 12-10 所示。

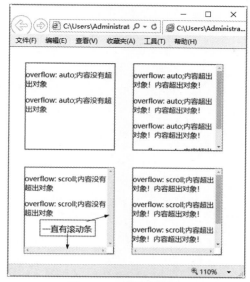

图 12-10　设置滚动条

12.3.3　控制滚动方式

还可以为有滚动条的元素添加"overflow:hidden；"属性来控制滚动条的滚动方式，它有两个子属性，如表 12-4 所示。

表 12-4　overflow:hidden 属性

属　　性	说　　明
overflow-x:hidden	禁止横向滚动
overflow-y:hidden	禁止垂直滚动

【例 12-9】（实例文件：ch12\Chap12.9.html）控制滚动方式。

```html
<!DOCTYPE html>
<html>
<head>
    <meta charset="UTF-8">
    <title>Title</title>
    <style>
        .box1{
            width: 150px;
            height: 150px;
            border: 1px solid red;
            overflow-y:hidden;              /*禁止垂直滚动*/
            float: left;
        }
        .box2{
            width: 150px;
            height: 150px;
            border: 1px solid red;
            overflow-x:hidden;              /*禁止水平滚动*/
```

191

```
            float: left;
            margin-left: 15px;
        }
    </style>
</head>
<body>
<div class="box1">
    <p>横向滚动！111111111111111111</p>
    <p>横向滚动！111111111111111111</p>
    <p>横向滚动！111111111111111111</p>
    <p>横向滚动！111111111111111111</p>
</div>
<div class="box2">
    <p>竖向滚动！222222222222222222</p>
    <p>竖向滚动！222222222222222222</p>
    <p>竖向滚动！222222222222222222</p>
    <p>竖向滚动！222222222222222222</p>
</div>
</body>
</html>
```

相关的代码实例请参考 Chap12.9.html 文件，在 IE 浏览器中运行的结果如图 12-11 所示。

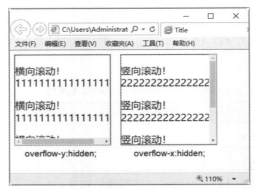

图 12-11　控制滚动条的滚动方式

 ## 12.3.4　控制裁剪

在 CSS 中，clip 属性用于对绝对定位的元素进行裁剪，clip 可以通过 rect() 在元素中指定一个矩形区域，区域内的内容可以显示，矩形外的隐藏。假如使用 rect(a b c d) 对元素进行裁剪，每个值所对应元素的边框如图 12-12 所示。

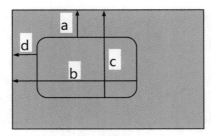

图 12-12　裁剪示意图

【例 12-10】（实例文件：ch12\Chap12.10.html）控制裁剪。

```html
<!DOCTYPE html>
<html>
<head>
    <meta charset="UTF-8">
    <title>Title</title>
    <style>
        .d{
            position: absolute;
            clip: rect(30px 150px 200px 30px);      /*用 rect()方法裁剪图片*/
        }
    </style>
</head>
<body>
<img src="80161936206485649.jpg" alt="">
<img src="80161936206485649.jpg" alt="" class="d">
</body>
</html>
```

相关的代码实例请参考 Chap12.10.html 文件，在 IE 浏览器中运行的结果如图 12-13 所示。

图 12-13　控制裁剪

12.4　设置多列显示样式

CSS 3 新增的 columns 属性，用于定义多列布局。多列布局是网页中块状布局模式的有力扩展，能够让开发者轻松地使文本呈多列显示。

1. 设置列宽

column-width 属性用于定义多列布局中每列，语法如下：

```css
column-width:length;
```

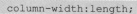

length 属性值用于指定列的宽度，不可以为负值。

2. 设置列数

column-count 属性，用于定义多列布局的列数，而不需要通过列宽度自动调整列数，语法如下面的代码所示：

```
column-count:number;
```

number 属性值用于指定多列的列数，取值为大于 0 的整数。

3. 设置列间距

column-gap 属性用于设置列与列之间的距离，从而更好地去控制多列布局的内容和版式。语法如下面的代码所示：

```
column-gap:length;
```

length 属性值用于定义列与列之间的距离，取值不可以为负值。

4. 设置列分割线

column-rule 属性用于设置列的分割线，语法如下面的代码所示：

```
column-rule:width style color;
```

width 属性值设置分割线的宽度，style 属性值设置分割线的样式，color 设置分割线的颜色。

5. 设置跨列显示

column-span 属性用于设置元素跨列显示，代码如下：

```
column-span:all;
```

all 属性值表示元素横跨所有列。

【例 12-11】（实例文件：ch12\Chap12.11.html）跨列显示。

```
<!DOCTYPE html>
<html>
<head>
    <meta charset="UTF-8">
    <title></title>
    <style>
        div{
            column-width: 150px;            /*设置列宽*/
            column-count: 3;                /*设置列数*/
            column-gap:20px;                /*设置列间距*/
            column-rule:1px red solid;      /*设置分割线的样式*/
        }
        h2{
            column-span: all;               /*设置跨列显示*/
            background: green;
            color:white;
        }
    </style>
</head>
<body>
<div>
```

```
        <h2>匆匆</h2>
        燕子去了,有再来的时候;杨柳枯了,有再青的时候;桃花谢了,有再开的时候。但是,聪明的,你告诉我,我们的日子为什么
    一去不复返呢? 是有人偷了他们罢: 那是谁? 又藏在何处呢? 是他们自己逃走了罢: 现在又到了哪里呢?  我不知道他们给了我多少
    日子;但我的手确乎是渐渐空虚了。
        选自--《朱自清散文集》
    </div>
    </body>
    </html>
```

相关的代码实例请参考 Chap12.11.html 文件，在 IE 浏览器中运行的结果如图 12-14 所示。

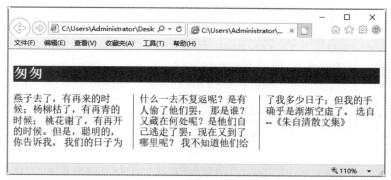

图 12-14　跨列显示效果

12.5　使用弹性盒布局

CSS 3 引入了新的盒模型处理机制——弹性盒模型。引入弹性盒布局模型的目的是实现盒元素内部的多种布局，包括排列方向、排列顺序、空间分配和对其方式等。现在大多的主流浏览器还不支持弹性盒布局，基于 webkit 内核的浏览器，需要加上前缀-webkit-，基于 gecko 内核的浏览器，需要加上前缀-moz-。CSS 3 为弹性盒布局样式，新增了 8 个属性，如表 12-5 所示。

表 12-5　CSS 3 新增盒子模型属性

属 性 名	说 明
box-orient	定义盒子分布的坐标轴
box-align	定义子元素在盒子内垂直方向上的空间分配方式
box-direction	定义盒子的显示顺序
box-flex	定义子元素在盒子内的自适应尺寸
box-flex-group	将自适应元素分配到柔性分组
box-lines	定义子元素分布显示
box-ordinal-group	定义子元素在盒子内的显示位置
box-pack	定义子元素在盒子内的水平方向上的空间分配方式

12.5.1　使用 flex 类型的盒模型

flex 布局，可以简便、完整、响应式地实现各种页面布局。flex 是 Flexible Box 的缩写，意为"弹性布局"，用来为盒模型提供最大的灵活性。任何一个容器都可以指定为 flex 布局，设为 flex 布局以后，子元素的 float、clear 和 vertical-align 属性将失效。

12.5.2　定义盒内元素的排列方向

box-orient 属性用于定义盒子元素内部的流动布局方向，包括横排（horizontal）和竖排（vertical）两种。语法格式如下所示：

```
box-orient: horizontal | vertical | inline-axis | block-axis | inherit
```

box-orient 属性值如表 12-6 所示。

表 12-6　box-orient 属性值

属 性 值	说 明
horizontal	盒子元素从左到右在一条水平线上显示它的子元素
vertical	盒子元素从上到下在一条垂直线上显示它的子元素
inline-axis	盒子元素沿着内联轴显示它的子元素
block-axis	盒子元素沿着块轴显示它的子元素

【例 12-12】（实例文件：ch12\Chap12.12.html）使用 box-orient 属性设置盒子元素水平并列显示 1。

```html
<!DOCTYPE html>
<html>
<head>
    <meta charset="UTF-8">
    <title> </title>
    <style>
        div{
            height:100px;text-align:center;font-size: 50px;
            color: white;line-height: 100px; width:600px;
        }
        .div1{background-color:#00F5FF;}
        .div2{background-color:#00FF7F;}
        .div3{background-color:#FF69B4;}
        body{
            display:box;                  /*标准声明,盒子显示*/
            display:-moz-box;             /*兼容 Mozilla Gecko 引擎浏览器*/
            box-orient:vertical;          /*定义元素为盒子显示*/
            -moz-box-orient:vertical;     /*兼容 Mozilla Gecko 引擎浏览器*/
        }
    </style>
</head>
<body>
<div class="div1">上</div>
<div class="div2">中</div>
```

```
<div class="div3">下</div>
</body>
</html>
```

相关的代码实例请参考 Chap12.12.html 文件，在 IE 浏览器中运行的结果如图 12-15 所示。

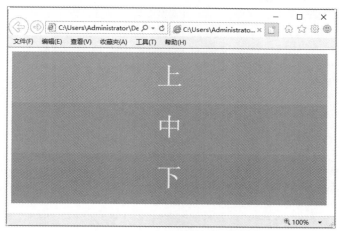

图 12-15　盒子元素水平并列显示效果 1

在弹性盒子里，元素默认是水平排列，在元素中添加 box-orient:vertical 属性类别，这时元素会垂直排列。

12.5.3　控制换行

在默认情况下，项目都排在一条线（又称"轴线"）上。flex-wrap 属性定义，如果一条轴线排不下，如何换行。

flex-wrap 属性用于指定弹性盒子的子元素换行方式，语法如下：

```
flex-wrap: nowrap|wrap|wrap-reverse
```

flex-wrap 属性值如表 12-7 所示。

表 12-7　flex-wrap 属性值

属　性　值	说　　　明
nowrap	默认情况，弹性容器为单行，该情况下弹性子项可能会溢出容器
wrap	弹性容器为多行，弹性盒子溢出的部分被放置到下一行，子项内部会发生断行
wrap-reverse	与 wrap 相反的排列方式

【例 12-13】（实例文件：ch12\Chap12.13.html）使用 flex-wrap 属性设置盒子元素水平并列显示 2。

```
<!DOCTYPE html>
<html>
<head>
    <meta charset="UTF-8">
    <title></title>
    <style>
        #main {
            width: 200px;
```

```
        height: 150px;
        color:white;
        border: 1px solid #c3c3c3;
        display: flex;                    /*声明弹性盒模型*/
        display: -webkit-flex;            /*兼容 webkit 引擎浏览器*/
        flex-wrap: wrap;                  /*设置弹性容器为多行显示*/
        -webkit-flex-wrap: wrap;
    }
    #main div {
        width: 50px;
        height: 50px;
    }
    </style>
</head>
<body>
<div id="main">
    <div style="background-color:#5cff3f;">A</div>
    <div style="background-color:#4583e6;">B</div>
    <div style="background-color:#f051ec;">C</div>
    <div style="background-color:#232e6c;">D</div>
    <div style="background-color:#fd8320;">E</div>
    <div style="background-color:#d3092f;">F</div>
</div>
</body>
</html>
```

相关的代码实例请参考 Chap12.13.html 文件，在 IE 浏览器中运行的结果如图 12-16 所示。

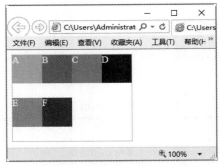

图 12-16　盒子元素水平并列显示效果 2

12.5.4　定义元素显示顺序

在盒布局下，box-direction 可以设置盒元素内部的排列顺序为正向或者反向。
语法格式如下：

```
box-direction:normal | reverse | inherit
```

box-direction 属性值如表 12-8 所示。

表 12-8　box-direction 属性值

属 性 值	说 明
normal	正常显示顺序，即如果盒子元素的 box-orient 属性值为 horizontal，则其包含的子元素按照从左到右的顺序显示，即每个子元素的左边总是靠近前一个子元素的右边；如果盒子元素的 box-orient 属性值为 vertical，则其包含的子元素按照从上到下的顺序显示
reverse	反向显示，盒子所包含的子元素的显示顺序将与 normal 相反
inherit	继承上级元素的显示顺序

【例 12-14】（实例文件：ch12\Chap12.14.html）定义元素显示顺序。

```html
<html>
<head>
    <meta charset="UTF-8">
    <title></title>
    <style>
        div{
            height:50px;text-align:center;font-size:50px;
            color: white;line-height: 500px;
        }
        .div1{background-color:#00F5FF;width:180px;height:500px}
        .div2{background-color:#00FF7F;width:600px;height:500px}
        .div3{background-color:#FF69B4;width:180px;height:500px}
        body{
            display:box;                    /*声明弹性盒模型*/
            display:-moz-box;
            box-direction:reverse;          /*设置元素反向排列*/
            -moz-box-direction:reverse;
        }
    </style>
</head>
<body>
<div class="div1">左侧</div>
<div class="div2">中间</div>
<div class="div3">右侧</div>
</body>
</html>
```

相关的代码实例请参考 Chap12.14.html 文件，在 Firefox 浏览器中运行的结果如图 12-17 所示。

图 12-17　定义元素显示顺序

12.5.5　定义子元素的缩放

box-flex 定义了子元素的空间弹性，能够灵活地控制子元素在盒子中的显示空间。显示空间包括子元素的宽度和高度，也可以说是子元素在盒子中所占的面积。当弹性盒元素尺寸缩小或变大时，子元素也会随着缩小或变大；弹性盒元素多出的空余空间，子元素会扩大来填补空余空间。

语法格式如下：

```
box-flex:<number>
```

<number>属性值是一个整数或者小数，不可以为负数，默认值为 0。当盒子中包含多个定义了 box-flex 属性的子元素时，浏览器将会把这些子元素的 box-flex 属性值相加，然后根据它们各自的值占总值的比例来分配盒子剩余的空间。

box-flex 属性只有在盒子拥有确定的空间大小时才能够正确运用，所以弹性盒子需有具体的 width 和 height 属性值。

【例 12-15】（实例文件：ch12\Chap12.15.html）定义子元素的缩放。

```
<html>
<head>
    <meta charset="UTF-8">
    <title></title>
    <style>
        body{margin:0;padding:0;text-align:center;}
        .box{
            width:600px;font-size: 40px;color: white;
            text-align:center; overflow:hidden;
            border: 1px solid red;
            display:box;                    /*标准声明,盒子显示*/
            display:-moz-box;               /*兼容 Gecko 引擎浏览器*/
        }
        .box1{
            width:800px;font-size: 40px;color: white;
            text-align:center; overflow:hidden;
            border: 1px solid red;
            display:box;                    /*标准声明,盒子显示*/
            display:-moz-box;               /*兼容 Gecko 引擎浏览器*/
            margin-top: 15px;
        }
        .div1{background-color:#F6F;-moz-box-flex:2;-moz-box-flex:2;}
        .box>div{ margin-left: 5px;height:150px;line-height: 150px;  }
        .div2{-moz-box-flex:4;-moz-box-flex:4;background-color:#3F9;}
        .div3{-moz-box-flex:2;-moz-box-flex:2;background-color:#FCd;}
    </style>
</head>
<body>
<div class="box">
    <div class="div1">左侧</div>
    <div class="div2">中间</div>
    <div class="div3">右侧</div>
</div>
<div class="box1">
```

```
    <div class="div1">左侧</div>
    <div class="div2">中间</div>
    <div class="div3">右侧</div>
  </div>
</body>
</html>
```

相关的代码实例请参考 Chap12.15.html 文件，在 Firefox 浏览器中运行的结果如图 12-18 所示。

图 12-18　定义子元素的缩放

注意：box-flex 只是动态分配父元素的剩余空间，而不是父元素的空间。如上面的文档，父元素.box 的宽度为 800px，如果你认为 div1、div2 和 div3 的宽度分别为 200px、400px、200px，那就错了，因为 box-flex 只是分配父元素的剩余空间，div1、div2 和 div3c 所分到的应该是父元素内容以外所剩余下来的宽度。

12.5.6　定义对齐方式

box-pack 属性和 box-align 属性，分别用于定义弹性盒元素内子元素的水平方向和垂直方向上的富余空间管理方式，对弹性盒元素内部的文字、图形以及子元素都是有效的。

box-pack 属性可以用于设置子容器在水平轴上的空间分配方式。

语法格式如下：

```
box-pack:start|end|center|justify
```

box-pack 属性值及说明如表 12-9 所示。

表 12-9　box-pack 属性值

属 性 值	说　　明
start	所有子容器都分布在父容器的左侧，右侧留空
end	所有子容器都分布在父容器的右侧，左侧留空
justify	所有子容器平均分布（默认值）
center	平均分配父容器剩余的空间（能压缩子容器的大小，并且有全局居中的效果）

box-align 属性用于管理子容器在竖轴上的空间分配方式。

语法格式如下：

```
box-align: start|end|center|baseline|stretch
```

box-align 属性值及说明如表 12-10 所示。

表 12-10　box-align 属性值

属 性 值	说　　明
start	子容器从父容器顶部开始排列，富余空间显示在盒子底部
end	子容器从父容器底部开始排列，富余空间显示在盒子顶部
center	子容器横向居中，富余空间在子容器两侧分配，上面一半下面一半
baseline	所有盒子沿着它们的基线排列，富余的空间可前可后显示
stretch	每个子元素的高度被调整到适合盒子的高度显示，即所有子容器和父容器保持同一高度

元素垂直居中显示，是老生常谈的问题，但都不是很让人满意，需要大量代码，使用 CSS 3 新增的 box-pack、box-align 属性，可以很轻松地解决此问题。

【例 12-16】（实例文件：ch12\12.16.html）使用 box-pack、box-align 属性设置盒子垂直居中。

```html
<html>
<head>
    <meta charset="UTF-8">
    <title>box-pack、box-align</title>
    <style>
        body, html {
            height: 100%;
            width: 100%;
        }
        body {
            margin: 0;
            padding: 0;
            display: box;                    /*标准声明,盒子显示*/
            display: -moz-box;               /*兼容 Mozilla Gecko 引擎浏览器*/
            box-pack: center;                /*设置盒子的垂直居中*/
            -moz-box-pack: center;
            box-align: center;               /*设置盒子的水平居中*/
            -moz-box-align: center;
        }
        .box {
            width: 200px;
            height: 200px;
            background: red;
        }
    </style>
</head>
<body>
<div class="box"></div>
</body>
</html>
```

相关的代码实例请参考 Chap12.16.html 文件，在 Firefox 浏览器中运行的结果如图 12-19 所示。

上面文档中，分别为弹性盒子的子元素设置了 box-pack:center 和 box-align:center，轻松解决了水平垂直居中的问题。

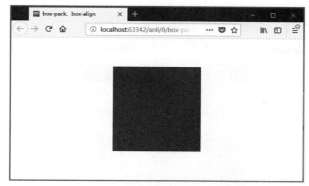

图 12-19　设置盒子垂直居中效果

12.5.7　空间溢出管理

box-lines 属性用来避免空间溢出的问题。

语法格式如下：

```
box-lines:single|multiple
```

其中，参数值 single 表示子元素都单行或单列显示，multiple 表示子元素可以多行或多列显示。

【例 12-17】（实例文件：ch12\Chap12.17.html）使用 box-lines 属性进行空间溢出管理。

```
<html>
<head>
    <meta charset="UTF-8">
    <title>box-lines</title>
    <style>
        .testbox {
            width: 400px;
            margin: 40px auto;
            padding: 20px;
            background: #f0f3f9;
            display: -moz-box;
            display: box;
            box-lines: multiple;                /*设置盒子的溢出管理方式*/
            -moz-box-lines: multiple;
        }
        .list {
            width: 150px;
            height: 150px;
            font-size: 30px;
            color: white;
            background: red;
            margin-left: 15px;
            text-align: center;
            line-height: 150px;
        }
    </style>
</head>
<body>
<div class="testbox">
    <div class="list">1</div>
    <div class="list">2</div>
    <div class="list">3</div>
</div>
```

```
        </body>
        </html>
```

相关的代码实例请参考 Chap12.17.html 文件，在 Firefox 浏览器中运行的结果如图 12-20 所示。

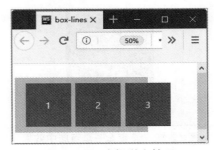

图 12-20　空间溢出管理

从上面的文档可以发现，设置 box-lines 属性没起作用。因为现在所有主流浏览器都不支持，所以不要运用该属性。

12.6　实践案例

12.6.1　画册式网页布局

画册是图文并茂的一种理想表达，相对于单一的文字或图册，画册有很大的优势。因为画册够醒目，让人一目了然。下面就来实现一个简单的画册布局。

【例 12-18】（实例文件：ch12\12.18.html）画册式网页布局。

```
<!DOCTYPE html>
<html>
<head>
    <meta charset="UTF-8">
    <title>Title</title>
    <style>
        .main{
            border: 1px solid red;
            width: 480px;
            overflow: auto;          /*清除子元素的浮动*/
            color: white;
            margin:0 auto;
            padding: 30px;
            /*背景颜色渐变*/
            background: -o-linear-gradient(bottom right, red, blue);  /*Opera 11.1 - 12.0*/
            background: linear-gradient(to bottom right, red , blue); /*标准的语法*/
        }
        .box{
            float: left;
            margin-left: 30px;
        }
        .box1{
            width: 200px;
            text-indent: 2em;        /*设置首行缩进2字符*/
        }
```

```
    </style>
</head>
<body>
<div class="main">
    <h1 align="center">魔鬼城的传说</h1>
    <div class="box">
        <div class="box1"><p>关于魔鬼城有一段神奇的传说。传说这里原来是一座雄伟的城堡,城堡里的男人英俊健壮,
城堡里的女人美丽而善良,城堡里的人们勤于劳作,过着丰衣足食的无忧生活。</p></div>
        <div><img src="001.png" alt=""></div>
        <div class="box1"><p>然而,伴随着财富的聚积,邪恶逐渐占据了人们的心灵。
            他们开始变得沉湎于玩乐与酒色,为了争夺财富,城里到处充斥着尔虞我诈与流血打斗,每个人的面孔都变得狰狞
恐怖。
            </p></div>
    </div>
    <div class="box">
        <div class="box1"><p>天神为了唤起人们的良知,化作一个衣衫褴褛的乞丐来到城堡。天神告诉人们,是邪恶使
他从一个富人变成乞丐,然而乞丐的话并没有奏效,反而遭到了城堡里的人们的辱骂和嘲讽。</p></div>
        <img src="389411284700695685.jpg" alt="">
        <div class="box1"><p>天神一怒之下把这里变成了废墟,城堡里所有的人都被压在废墟之下。每到夜晚,亡魂便
在城堡内哀鸣,希望天神能听到他们忏悔的声音。</p></div>
    </div>
</div>
</body>
</html>
```

相关的代码实例请参考 Chap12.18.html 文件，在 IE 浏览器中运行的结果如图 12-21 所示。

图 12-21　画册式布局

12.6.2　展览式网页布局

展览式网页布局，就是一张优美的图片，配上一些精美的文字组成的。本案例来实现一个简单的水果展览式布局效果。

【例 12-19】（实例文件：ch12\12.19.html）展览式网页布局。

```html
<!DOCTYPE html>
<html>
<head>
    <meta charset="UTF-8">
    <title>Title</title>
    <style>
        .main{
            width: 500px;
            border: 1px solid red;
            padding: 50px;
            overflow: auto;                /*清除子元素的浮动*/
            background: #ff3bdd;
            color: white;
            margin: 0 auto;
        }
        .box1{
            float: left;                   /*设置左浮动*/
            margin: 50px 23px;
            background: #2380ff;
            /*设置渐变色*/
            background: -o-linear-gradient(bottom right, red, #fffa86); /*Opera 11.1 - 12.0*/
            background: linear-gradient(to bottom right, red , #fffb46); /*标准的语法*/
            /*设置轮廓属性*/
            outline: 8px #2aff1c dashed;
        }
        hr{
            /*设置水平线的样式*/
            border: 2px solid white;
        }
    </style>
</head>
<body>
<div class="main">
    <h1 align="center">水果展览</h1>
    <hr>
    <div class="box1">
        <img src="0001.png" alt="">
        <h2 align="center">菠萝</h2>
    </div>
    <div class="box1">
        <img src="0002.png" alt="">
        <h2 align="center">荔枝</h2>
    </div>
    <div class="box1">
        <img src="0003.png" alt="">
        <h2 align="center">酥梨</h2>
    </div>
    <div class="box1">
        <img src="0004.png" alt="">
        <h2 align="center">哈密瓜</h2>
    </div>
</div>
</body>
</html>
```

相关的代码实例请参考 Chap12.19.html 文件，在 Firefox 浏览器中运行的结果如图 12-22 所示。

图 12-22　展览式布局

12.7　就业面试技巧与解析

12.7.1　面试技巧与解析（一）

面试官：请问，响应式布局与自适应布局什么区别？

应聘者：响应式与自适应的原理是相似的，都是检测设备，根据不同的设备采用不同的 CSS，而且 CSS 都是采用的百分比的，而不是固定的宽度，不同点是响应式的模板在不同的设备上看上去是不一样的，会随着设备的改变而改变展示的样式，而自适应不会，所有的设备看起来都是一套的模板，不过是长度或者图片变大或变小，不会根据设备采用不同的展示样式。

12.7.2　面试技巧与解析（二）

面试官：请谈谈你对盒子模型的理解。

应聘者：盒子模型有两种，分别是 IE 盒子模型和 W3C 盒子模型。W3C 盒子模型被大家称为标准盒子模型，它由内容（content）、填充（padding）、边框（border）和边界（margin）四个部分组成。两者的区别是，IE 盒子模型的 content 部分把 border 和 padding 计算进去了。

第13章
使用网页动画效果

 学习指引

CSS 3 新增了变形和动画相关的模块，使得页面更加绚丽多彩。另一方面，减少了 JavaScript 代码的书写，在 CSS 3 以前，实现相同效果需要大段的 JavaScript 代码，而使用 CSS 3 新增的属性，很简单便可以实现。本章将向读者详细介绍 transform、transition 和 animation 等新增属性。

 重点导读

- 了解 HTML 5 的概述。
- 熟悉 HTML 5 的特殊之处。
- 熟悉 HTML 5 在 iOS 和 Android 设备中的使用。
- 了解 HTML 5 移动开发辅助工具。

13.1 定义 2D 变形动画

Transform 用于定义 2D 变形动画，通过指定它的变形函数，即可实现对 HTML 元素的变形。但需要注意的是，目前的主流浏览器还不完全支持 CSS 3 新增属性，因此在开发中还需要添加各浏览器厂商的前缀，如-moz-、-webkit-、-o-、-ms-等前缀。

13.1.1 定义旋转动画

Transform 属性中 rotate()属性值用来定义 2D 旋转动画，在参数中可以规定角度。

【例 13-1】（实例文件：ch013\Chap13.1.html）定义旋转动画。

```
<!DOCTYPE html>
<html>
<head>
    <meta charset="UTF-8">
```

```
    <title>Title</title>
    <style>
        div{
            width: 100px;
            height: 100px;
            background: red;
            color: white;
            margin:15px 15px;
        }
        div:hover{
            transform: rotate(60deg);           /*设置 2D 旋转动画*/
            -ms-transform: rotate(60deg);       /*兼容 Trident 内核浏览器*/
        }
    </style>
</head>
<body>
<div>2D 旋转</div>
</body>
</html>
```

相关的代码实例请参考 Chap13.1.html 文件，在 IE 浏览器中运行的结果如图 13-1 所示。当把鼠标指针悬浮在 div 上时，旋转动画效果如图 13-2 所示。

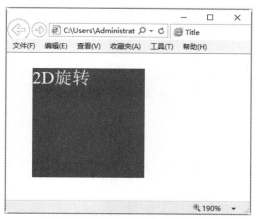

图 13-1　加载完成效果

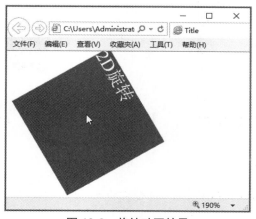

图 13-2　旋转动画效果

13.1.2 定义缩放动画

Transform 属性中属性值 scale(x,y)用来定义 2D 缩放动画，x 表示 X 轴方向上的缩放，y 表示 Y 轴方向的缩放。

【例 13-2】（实例文件：ch013\Chap13.2.html）定义缩放动画。

```html
<!DOCTYPE html>
<html>
<head>
    <meta charset="UTF-8">
    <title>Title</title>
    <style>
        div{
            width: 100px;
            height: 100px;
            background: red;
            color: white;
            margin:50px 50px;
        }
        div:hover{
            /*沿 X 轴放大到 1.5 倍,沿 Y 轴缩小到 0.8 倍*/
            transform: scale(1.5,0.8);              /*设置 2D 缩放动画*/
            -ms-transform: scale(1.5,0.8);          /*兼容 Trident 内核浏览器*/
        }
    </style>
</head>
<body>
<div>2D 缩放</div>
</body>
</html>
```

相关的代码实例请参考 Chap13.2.html 文件，在 IE 浏览器中运行的结果如图 13-3 所示。当把鼠标指针悬浮在 div 上时，缩放动画效果如图 13-4 所示。

图 13-3　加载完成效果

图 13-4　缩放动画效果

13.1.3 定义移动动画

Transform 属性中属性值 translate(x,y)定义 2D 移动动画，x 表示 X 轴方向上的移动，y 表示 Y 轴方向的移动。

【例 13-3】（实例文件：ch013\Chap13.3.html）定义移动动画。

```html
<!DOCTYPE html>
<html>
<head>
    <meta charset="UTF-8">
    <title>Title</title>
    <style>
        div{
            width: 100px;
            height: 100px;
            background: red;
            color: white;
        }
        p{background:yellow;}
        div:hover{
            /*沿 X 轴移动 50px,沿 Y 轴移动 50px*/
            transform: translate(50px,50px);          /*设置 2D 移动动画*/
            -ms-transform: translate(50px,50px);       /*兼容 Trident 内核浏览器*/
        }
    </style>
</head>
<body>
<p>2D 移动</p>
<div></div>
</body>
</html>
```

相关的代码实例请参考 **Chap13.3.html** 文件，在 **IE** 浏览器中运行的结果如图 13-5 所示。当把鼠标指针悬浮在 div 上时，移动动画效果如图 13-6 所示。

图 13-5 加载完成效果

图 13-6 移动动画效果

13.1.4 定义倾斜动画

Transform 属性中属性值 skew(x,y)定义 2D 倾斜动画，x 表示 X 轴方向上的倾斜，y 表示 Y 轴方向的倾斜。

【例 13-4】（实例文件：ch013\Chap13.4.html）定义倾斜动画。

```html
<!DOCTYPE html>
<html>
```

```
<head>
    <meta charset="UTF-8">
    <title>Title</title>
    <style>
        div{
            width: 100px;
            height: 100px;
            background: red;
            color: white;
            margin:15px 15px;
        }
        div:hover{
            transform: skew(15deg,15deg);          /*设置 2D 倾斜动画*/
            -ms-transform: skew(15deg,15deg);       /*兼容 Trident 内核浏览器*/

        }
    </style>
</head>
<body>
<div>2D 倾斜</div>
</body>
</html>
```

相关的代码实例请参考 Chap13.4.html 文件，在 IE 浏览器中运行的结果如图 13-7 所示。当把鼠标指针悬浮在 div 上时，倾斜动画效果如图 13-8 所示。

图 13-7　加载完成效果

图 13-8　倾斜动画效果

13.1.5　定义矩阵动画

矩阵动画可以通过设置 transform 属性值为 matrix()函数来实现。matrix()函数用于定义页面元素在二维空间中的矩阵变形动画。语法如下：

```
transform: matrix(a,b,c,d,x,y);
```

前面介绍的旋转、拉伸、位移、倾斜这些变形效果，都可以看作是矩阵变形的例子。

- 旋转 rotate(A)：相当于矩阵变形 matrix(cosA,sinA,-sinA,cosA,0,0)。
- 移动 translate(dx,dy)：相当于矩阵变形 matrix(1,0,0,1,dx,dy)。
- 缩放 scale(sx,sy)：相当于矩阵变形 matrix(sx,0,0,sy,0,0)。
- 倾斜 skew(B)：相当于矩阵变形 matrix(1,tan(By),tan(Bx),1,0,0)，其中 tan(By)是 Y 轴方向上的倾斜。

关于详细的矩阵变形原理，这里就不做介绍了，需要参考数学相关的知识。

【例 13-5】（实例文件：ch013\Chap13.5.html）定义矩阵动画。

```html
<!DOCTYPE html>
<html>
<head>
    <meta charset="UTF-8">
    <title></title>
    <style>
        div{
            width: 100px;
            height: 100px;
            background: red;
            font-size: 30px;
            color: white;
            margin:15px 15px;
            float: left;
            text-align: center;
            line-height: 100px;
        }

        .box1{
            transform:matrix(0.866,0.5,-0.5,0.866,0,0);          /*定义矩阵2D旋转动画*/
            -ms-transform:matrix(0.866,0.5,-0.5,0.866,0,0);
            /*相当于   transform: rotate(30deg);
                    -ms-transform: rotate(30deg);*/
        }
        .box2{
            transform:matrix(1,0,0,1,0,30);                      /*定义矩阵2D移动动画*/
            -ms-transform:matrix(1,0,0,1,0,30);
            /*相当于   transform: translate(0px,30px);
                    -ms-transform: translate(0px,30px);*/
        }
        .box3{
            transform:matrix(1.2,0,0,1.2,0,0);                   /*定义矩阵2D缩放动画*/
            -ms-transform:matrix(1.2,0,0,1.2,0,0);
            /*相当于  transform: scale(1.2);
                    -ms-transform: scale(1.2);*/
        }
        .box4{
            transform:matrix(1,0.577,1,1,0,0);                   /*定义矩阵2D倾斜动画*/
            -ms-transform:matrix(1,0.364,0.577,1,0,0);
            /*相当于   transform: skew(30deg,20deg);
                    -ms-transform:skew(30deg,20deg);*/
        }
    </style>
</head>
<body>
    <div class="box1">旋转</div>
    <div class="box2">移动</div>
```

```
    <div class="box3">缩放</div>
    <div class="box4">倾斜</div>
</body>
</html>
```

相关的代码实例请参考 Chap13.5.html 文件，在 IE 浏览器中运行的结果如图 13-9 所示。

图 13-9 矩阵动画效果

13.2 自定义 2D 变换

在前面几节中介绍了 transform 属性的一些 2D 转换动画，下面来使用它们创建一些动画效果。

13.2.1 自定义变换动画

下面利用上面所讲的四种变换效果来实现一个简单的效果，并添加一些简单的样式。

【例 13-6】（实例文件：ch013\Chap13.6.html）自定义变换动画。

```
<!DOCTYPE html>
<html>
<head>
    <meta charset="UTF-8">
    <title></title>
    <style>
        #box{
            border: 1px solid blue;
            width: 600px;
            height: 200px;
            cursor:pointer;              /*设置鼠标指针的显示类型*/
        }
        div{
            width: 100px;
            height: 100px;
            background: red;
            color: white;
            margin:15px 15px;
            float: left;
            text-align: center;
```

```
            line-height: 100px;
        }
        #box:hover div:first-of-type{
            transform:rotate(45deg);                    /*定义 2D 旋转动画*/
            -ms-transform: rotate(45deg);
            border-radius: 50% ;
        }
        #box:hover div:nth-of-type(2){
            transform: translate(0px,30px);             /*定义 2D 移动动画*/
            -ms-transform: translate(0px,30px);
            border-radius: 50% ;
        }
        #box:hover div:nth-of-type(3){
            transform: skew(30deg,15deg);               /*定义 2D 倾斜动画*/
            -ms-transform: skew(15deg,15deg);
            border-radius: 50% ;
        }
        #box:hover div:last-of-type{
            transform: scale(0.7,1.2);                  /*定义 2D 缩放动画*/
            -ms-transform: scale(0.7,1.2);
            border-radius: 50% ;
        }
    </style>
</head>
<body>
<nav id="box">
    <div>旋转</div>
    <div>移动</div>
    <div>倾斜</div>
    <div>缩放</div>
</nav>
</body>
</html>
```

相关的代码实例请参考 Chap13.6.html 文件，在 IE 浏览器中运行的结果如图 13-10 所示。当把鼠标指针悬浮在 box 上时，自定义变换动画效果如图 13-11 所示。

图 13-10　加载完成效果

图 13-11　自定义变换动画效果

13.2.2　定义复杂的变形动画

下面来使用 transform 属性中的 2D 转换来实现一个复杂的变形动画。

【例 13-7】（实例文件：ch013\Chap13.7.html）定义复杂的变形动画。

```html
<!DOCTYPE html>
<html>
<head>
    <meta charset="UTF-8">
    <title></title>
    <style>
        #big{
            border: 1px solid blue;
            width: 700px;
            height: 550px;
            cursor:pointer;
        }
        #box{
            border: 1px solid blue;
            width: 500px;
            height: 500px;
            margin: 30px auto;
            transform: scale(0.8,1);
        }
        #small{
            position: absolute;
            left: -150px;
        }
        #box #small div{
            width: 50px;
            height: 50px;
            background: red;
            font-size: 30px;
            color: white;
            margin:15px 15px;
```

```
                text-align: center;
                line-height: 100px;
            }
            #big:hover #box{
                border-radius: 180px 180px 240px 240px;
            }
            /*眉毛*/
            #big:hover #box #small div:first-of-type{
                /*设置 2D 移动、旋转、缩放动画*/
                transform:translate(260px,130px) rotate(95deg) scale(0.1,2.5);
                /*兼容 Trident 内核浏览器*/
                -ms-transform:translate(260px,130px) rotate(95deg) scale(0.1,2.5);
                border-radius: 10% 50% 10% 10%;
            }
            #big:hover #box #small div:nth-of-type(2){
                transform:translate(460px,65px) rotate(85deg) scale(0.1,2.5);
                -ms-transform:translate(460px,65px) rotate(85deg) scale(0.1,2.5);
                border-radius:10% 10% 50% 10%;
            }
            /*眼睛*/
            #big:hover #box #small div:nth-of-type(3){
                /*设置 2D 移动、缩放动画*/
                transform:translate(260px,35px) scale(2.5,0.8);
                -ms-transform:translate(260px,35px) scale(2.5,0.8);
                border-radius: 50% 40% 40% 50%;
            }
            #big:hover #box #small div:nth-of-type(4){
                transform:translate(460px,-30px) scale(2.5,0.8);
                -ms-transform:translate(460px,-30px) scale(2.5,0.8);
                border-radius: 40% 50% 50% 40%;
            }
            /*鼻子*/
            #big:hover #box #small div:nth-of-type(5){
                transform:translate(360px,-10px) scale(1.3,2);
                -ms-transform:translate(360px,-10px) scale(1.3,2);
                border-radius: 45% 45% 20% 20%;
            }
            /*嘴*/
            #big:hover #box #small div:last-of-type{
                transform: translate(360px,40px) scale(3,0.8);
                -ms-transform: translate(360px,40px) scale(3,0.8);
                border-radius: 30% 30% 50% 50%;
            }
    </style>
</head>
<body>
<div id="big">
    <nav id="box">
        <div id="small">
            <div></div>
            <div></div>
            <div></div>
            <div></div>
            <div></div>
            <div></div>
        </div>
    </nav>
```

```
    </div>
    </body>
    </html>
```

相关的代码实例请参考 Chap13.7.html 文件，在 IE 浏览器中运行的结果如图 13-12 所示。当把鼠标指针悬浮在 big 上时，复杂变形动画效果如图 13-13 所示。

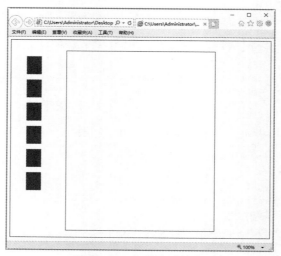

图 13-12 加载完成效果

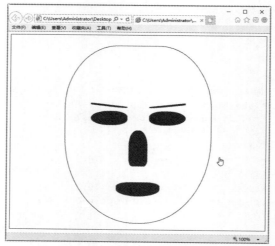

图 13-13 复杂变形动画效果

13.3 CSS 3 3D 变换动画

transform-style 属性是 3D 空间一个重要属性，指定嵌套元素如何在 3D 空间中呈现。transform-style 属性的使用语法非常简单，代码如下：

```
transform-style:flat|preserve-3d
```

其中，flat 值为默认值，表示所有子元素在 2D 平面呈现；preserve-3d 表示所有子元素在 3D 空间中呈现。

也就是说，如果对一个元素设置了 transform-style 的值为 flat，则该元素的所有子元素都将被平展到该元素的 2D 平面中进行呈现。沿着 *X* 轴或 *Y* 轴方向旋转该元素，将导致位于 *Z* 或-*Z* 轴位置的子元素显示在该元素的平面上，而不是它的前面或者后面。如果对一个元素设置了 transform-style 的值为 preserve-3d，表示不执行平展操作，它的所有子元素位于 3D 空间中。transform-style 属性需要设置在父元素中，并且高于任何嵌套的变形元素。

perspective 属性是设置查看者的位置，并将可视内容映射到一个视锥上，继而投到一个 2D 视平面上。如果不指定透视，则 *Z* 轴空间中的所有点将平铺到同一个 2D 视平面中，并且变换结果中将不存在景深概念。perspective 属性也是 3D 空间的重要属性之一。

13.3.1　定义 3D 位移动画

Transform 属性中属性值 translate3d(x,y,z)用来定义 3D 位移动画，x 表示 *X* 轴方向上的移动，y 表示 *Y* 轴方向的移动，z 表示 *Z* 轴方向上的移动。

【例 13-8】（实例文件：ch013\Chap13.8.html）定义 3D 位移动画。

```html
<!DOCTYPE html>
<html>
<head>
    <meta charset="UTF-8">
    <title>Title</title>
    <style>
        *{
            padding: 0;
            margin: 0;
        }
        .box{
            width: 100px;
            height: 100px;
            outline:thick dotted blue;
            color: white;
            margin:15px 15px;
            transform-style:preserve-3d;              /*定义展示的空间*/
            perspective:500px;                        /*设置透视距离*/
            -ms-perspective:500px;
        }
        .box1{
            width: 100px;
            height: 100px;
            background: red;
            color: white;
        }
        .box1:hover{
            /*沿 X 轴移动 10px,沿 Y 轴移动 10px,沿 Z 轴向内移动 200px*/
            transform: translate3d(10px,10px,-200px);      /*定义 3D 位移动画*/
            -ms-transform: translate3d(10px,10px,-200px);
        }
    </style>
</head>
<body>
<div class="box">
```

```
        <div class="box1">3D 移动</div>
    </div>
</body>
</html>
```

相关的代码实例请参考 Chap13.8.html 文件，在 IE 浏览器中运行的结果如图 13-14 所示。当把鼠标指针悬浮在 box1 上时，3D 位移动画效果如图 13-15 所示。

图 13-14　加载完成效果

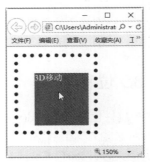

图 13-15　3D 位移动画效果

13.3.2　定义 3D 缩放动画

Transform 属性中属性值 scale3d(x,y,z)用来定义 3D 缩放动画，x 表示 X 轴方向上的移缩放，y 表示 Y 轴方向的缩放，z 表示 Z 轴方向上的缩放。

【例 13-9】（实例文件：ch013\Chap13.9.html）定义 3D 缩放动画。

```
<!DOCTYPE html>
<html>
<head>
    <meta charset="UTF-8">
    <title>Title</title>
    <style>
        *{
            padding: 0;
            margin: 0;
        }
        .box{
            width: 100px;
            height: 100px;
            outline:thick dotted blue;
            color: white;
            margin:15px 15px;
            transform-style:preserve-3d;        /*定义展示的空间*/
            perspective:500px;                  /*设置透视距离*/
            -ms-perspective:500px;
        }
        .box1{
            width: 100px;
            height: 100px;
            background: red;
            color: white;
        }
        .box1:hover{
```

```
              /*沿 X 轴放大到 1.2 倍,沿 Y 轴缩小到 1.2 倍,沿 Z 轴放大到 1.5 倍*/
              transform: scale3d(1.2,0.8,1.5);         /*定义 3D 缩放动画*/
              -ms-transform: scale3d(1.2,0.8,1.5);
          }
      </style>
</head>
<body>
<div class="box">
    <div class="box1">3D 移动</div>
</div>
</body>
</html>
```

相关的代码实例请参考 Chap13.9.html 文件，在 IE 浏览器中运行的结果如图 13-16 所示。当把鼠标指针悬浮在 box1 上时，3D 缩放动画效果如图 13-17 所示。

图 13-16　加载完成效果

图 13-17　3D 缩放动画效果

13.3.3　定义 3D 旋转动画

Transform 属性中属性值 rotate3d(x,y,z,angle)用来定义 3D 缩放动画，参数的含义如下：

* x：number 类型，可以是 0～1 的数值，表示旋转轴 x 坐标方向的矢量。
* y：number 类型，可以是 0～1 的数值，表示旋转轴 y 坐标方向的矢量。
* z：number 类型，可以是 0～1 的数值，表示旋转轴 z 坐标方向的矢量。
* angle：表示旋转的角度，正值表示顺时针旋转，负值表示逆时针旋转。

【例 13-10】（实例文件：ch013\Chap13.10.html）定义 3D 旋转动画。

```
<!DOCTYPE html>
<html>
<head>
    <meta charset="UTF-8">
    <title>Title</title>
    <style>
        *{
            padding: 0;
            margin: 0;
        }
        .box{
            width: 100px;
            height: 100px;
            outline:1px dotted blue;
```

```
            color: white;
            margin:15px 15px;
            transform-style:preserve-3d;          /*定义展示的空间*/
            perspective:500px;                    /*设置透视距离*/
            -ms-perspective:500px;
        }
        .box1{
            width: 100px;
            height: 100px;
            background: red;
            color: white;
        }
        .box1:hover{
            /*沿 Y 轴旋转 60deg*/
            transform: rotateY(60deg);            /*定义 3D 旋转动画*/
            -ms-transform:rotateY(60deg);
        }
    </style>
</head>
<body>
<div class="box">
    <div class="box1">3D 旋转</div>
</div>
</body>
</html>
```

相关的代码实例请参考 **Chap13.10.html** 文件，在 IE 浏览器中运行的结果如图 13-18 所示。当把鼠标指针悬浮在 box1 上时，3D 旋转动画效果如图 13-19 所示。

图 13-18　加载完成效果

图 13-19　3D 旋转动画效果

13.4　CSS 3 平滑过渡动画

transition 属性是网页上的过渡动画，是元素从一种样式逐渐改变为另一种的效果。
要实现这一点，必须规定两项内容：
（1）指定要添加效果的 CSS 属性。
（2）指定效果的持续时间。

13.4.1 设置过渡属性

Transition-property 属性用来规定过渡效果的 CSS 属性的名称。

【例 13-11】（实例文件：ch013\Chap13.11.html）设置过渡属性。

```html
<!DOCTYPE html>
<html>
<head>
    <meta charset="UTF-8">
    <title>Title</title>
    <style>
        div{
            width: 150px;
            height: 100px;
            background: blue;
            /*指定过渡属性 background,width,height*/
            transition-property:background,width,height;
        }
        div:hover{                    /*鼠标指针悬浮时的样式*/
            background:red;
            width: 200px;
            height: 150px;
        }
    </style>
</head>
<body>
<div></div>
</body>
</html>
```

相关的代码实例请参考 Chap13.11.html 文件，在 IE 浏览器中运行的结果如图 13-20 所示。当把鼠标指针悬浮在 div 上时，过渡属性效果如图 13-21 所示。

图 13-20　加载完成效果

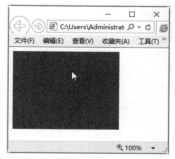

图 13-21　过渡属性效果

13.4.2 设置过渡时间

Transition-duration 属性用来规定过渡效果需要的时间，默认值为 0。

【例 13-12】（实例文件：ch013\Chap13.12.html）设置过渡时间。

```html
<!DOCTYPE html>
```

```
<html>
<head>
    <meta charset="UTF-8">
    <title>Title</title>
    <style>
        div{
            width: 150px;
            height: 100px;
            background: blue;
            /*设置过渡属性 background,width,height*/
            transition-property:background,width,height;
            /*设置过渡持续的时间*/
            transition-duration:2s;
        }
        div:hover{
            background:red;
            width: 200px;
            height: 150px;
        }
    </style>
</head>
<body>
<div></div>
</body>
</html>
```

相关的代码实例请参考 Chap13.12.html 文件，在 IE 浏览器中运行的结果如图 13-22 所示。当把鼠标指针悬浮在 div 上时，在 2s 中完成过渡效果，不同阶段的效果如图 13-23 所示。

图 13-22　加载完成效果

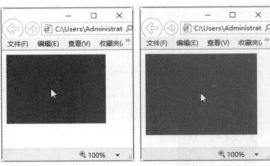

图 13-23　过渡时间效果

13.4.3　设置延迟时间

Transition-delay 属性用来规定过渡效果的延迟时间，默认值为 0。

【例 13-13】（实例文件：ch013\Chap13.13.html）设置延迟时间。

```
<!DOCTYPE html>
<html>
<head>
    <meta charset="UTF-8">
    <title>Title</title>
```

```
        <style>
            div{
                width: 150px;
                height: 100px;
                background: blue;
                /*设置过渡属性 background,width,height*/
                transition-property:background,width,height;
                /*设置延迟的时间为 2s*/
                transition-delay:2s;
                color:white;
            }
            div:hover{
                background:red;
                width: 200px;
                height: 150px;
            }
        </style>
    </head>
    <body>
    <div></div>
    </body>
    </html>
```

相关的代码实例请参考 Chap13.13.html 文件，在 IE 浏览器中运行的结果如图 13-24 所示。当把鼠标指针悬浮在 div 上时，延迟 2s 后产生过渡效果，如图 13-25 所示。

图 13-24　加载完成效果

图 13-25　鼠标指针悬浮 2s 后的过渡效果

13.4.4　设置过渡类型

transition-timing-function 属性用来规定过渡效果的过渡类型，它的取值如下：

- linear：规定以相同速度开始至结束的过渡效果。
- ease：规定慢速开始，然后变快，然后慢速结束的过渡效果。
- ease-in：规定以慢速开始的过渡效果。
- ease-out：规定以慢速结束的过渡效果。
- ease-in-out：规定以慢速开始和结束的过渡效果。

【例 13-14】（实例文件：ch013\Chap13.14.html）设置过渡类型。

```
<!DOCTYPE html>
<html>
<head>
```

```
    <meta charset="UTF-8">
    <title>Title</title>
    <style>
        div{
            width: 150px;
            height: 100px;
            background: blue;
            color:white;
            /*设置过渡属性 background,width,height*/
            transition-property:background,width,height;
            /*设置过渡持续的时间*/
            transition-duration:20s;
            /*设置过渡类型*/
            transition-timing-function:ease-out;
        }
        div:hover{
            background:red;
            width:200px;
            height:150px;
        }
    </style>
</head>
<body>
<div>过渡类型 ease-out</div>
</body>
</html>
```

相关的代码实例请参考 Chap13.14.html 文件，在 IE 浏览器中运行的结果如图 13-26 所示。当把鼠标指针悬浮在 div 上时，ease-out 过渡类型的效果如图 13-27 所示。

图 13-26　加载完成效果

图 13-27　以慢速结束的过渡效果

13.4.5　设置触发方式

在前面几节中是使用伪元素来触发动画的，下面使用 JavaScript 来触发动画。

【例 13-15】（实例文件：ch013\Chap13.15.html）设置触发方式。

```
<!DOCTYPE html>
<html>
<head>
    <meta charset="UTF-8">
```

```
<title></title>
<style>
    #box{
        background: red;
        width: 150px;
        height: 150px;
        /*设置过渡属性 background,width,height*/
        transition-property:background,width,height;
        /*设置过渡持续的时间*/
        transition-duration:10s;
        /*设置过渡类型*/
        transition-timing-function:ease-out;
    }
</style>
</head>
<body>
<p>使用 JavaScript 触发过渡动画效果</p>
<div id="box"></div>
<script>
    var box=document.getElementById("box");         //获取页面中的 box 元素,赋值给变量 box
    box.onclick=function(){                          //为 box 添加单击事件,单击触发执行下面语句
        box.style.background="blue";                //设置 box 的背景颜色为绿色
        box.style.width="200px";                    //设置 box 的宽度为 200 像素
        box.style.height="200px";                   //设置 box 的高度为 200 像素
    }
</script>
</body>
</html>
```

相关的代码实例请参考 Chap13.15.html 文件,在 IE 浏览器中运行的结果如图 13-28 所示。当单击 box 时,触发过渡动画,过渡不同阶段的效果如图 13-29 所示。

图 13-28 加载完成效果

图 13-29 单击后效果

13.5 CSS 3 帧动画

从上一节可以看出,过渡动画(transition)有它的局限性,虽然简单,但是它只能在两个状态之间改

变，并且它需要驱动才能够进行，不能够自己运动。CSS 3 还提供了另一个动画属性 animation，就是我们所说的帧动画，它相比较于 transition 有更强大的功能。

13.5.1　设置关键帧

创建帧动画的原理是将一套 CSS 样式逐渐变化为另一套样式；在动画过程中，您能够多次改变这套 CSS 样式，以百分比来规定改变发生的时间，或者通过关键词"from"和"to"，等价于 0%和 100%，0%是动画的开始时间，100%动画的结束时间。

要创建 CSS 3 动画，必须要先了解@keyframes 规则。@keyframes 规则是创建动画，在@keyframes 中规定某项 CSS 样式，就能创建由当前样式逐渐变成新样式的动画效果。

创建动画，设置关键帧，语法如下：

```
@keyframes [动画名]{
    开始帧：0%或者 from{动画开始的样式}
    50%{50%的样式}
    结束帧：100%或者 to{结束时的样式}
}
```

13.5.2　设置动画属性

创建完动画，接下来就可以使用动画了，首先通过 animation 属性绑定一个选择器，并至少指定 animation-name（动画名）和 animation-duration（动画时间），动画才能有效果。animation 是一个综合属性，其他属性如表 13-1 所示。

表 13-1　animation 属性

属　　性	描　　述
animation-name	指定动画名称
animation-duration	指定动画播放一遍的时间，默认是 0
animation-delay	指定动画开始时的延迟时间，默认是 0
animation-interation-count	指定动画播放的遍数，取值为数值或者为 infinite
animation-direction	指定动画的播放方向，默认是 normal，reverse 是方向相反
animation-timing-function	指定动画的速度曲线，默认 ease 缓动
animation-play-state	指定动画的运行或暂停，默认是 running
animation-fill-mode	指定当动画不播放时，元素的样式。通过将 animation-fill-mode 设置为 forwards、backwards 和 both 将元素最终状态设置为动画的起始或结束状态

【例 13-16】（实例文件：ch013\Chap13.16.html）设置 animation 动画属性。

```
<!DOCTYPE html>
<html>
<head>
    <meta charset="UTF-8">
```

```
<title></title>
<style>
    *{margin:0;padding:0;}
    div{
        width: 100px;
        height:100px;
        color: white;
        border:1px solid #000;
        position:relative;
        animation:change 5s infinite;}          /*定义 animation 动画属性*/
    @keyframes change{                           /*创建动画 change*/
        /*设置关键帧*/
        0%{ background-color: red;left:0;top:0;}
        25%{ background-color: green;left:100px;top:0;}
        50%{ background-color: blue;left:100px;top:100px;}
        75%{ background-color: pink;left:0;top:100px;}
        100%{ background-color: purple;left:0;top:0;}
    }
</style>
</head>
<body>
<div>帧动画</div>
</body>
</html>
```

相关的代码实例请参考 Chap13.16.html 文件，在 IE 浏览器中运行的结果如图 13-30 所示。

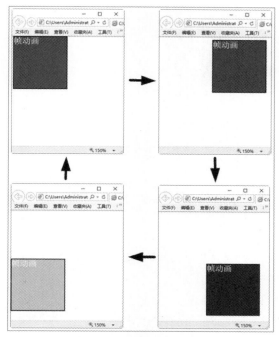

图 13-30　动画运行过程

13.6　实践案例

本章介绍了 CSS 3 新增加的一些动画效果，下面使用本章介绍的动画属性来实现一些效果。

13.6.1　设计炫酷菜单

本案例设计了一个下拉菜单，它有两个菜单，每个菜单各有一种动画。第一种动画使用了旋转变形动画，第二种动画使用了缩放变形动画。

【例 13-17】 （实例文件：ch013\Chap13.17.html）设计酷炫菜单。

```
<!DOCTYPE html>
<html>
<head>
<meta charset="utf-8">
<title>CSS 3 动画菜单</title>
<style>
* {
    margin: 0;
    padding: 0;
}
h1 {
    text-align: center;
    color: #402146;
    margin-bottom: 30px;
}
ul {
    list-style: none;
}
nav {
    height: 42px;
    background-color: rgba(0,139,139,0.7);
    text-align: center;
}
.menu {
    display: flex;              /*声明为弹性盒子*/

    justify-content: center;
}
.menu> li a{
    border-left:1px solid rgb(247, 252, 255);
}
a {
    text-decoration: none;
    color: #fff;
    display: block;
    padding: 10px 15px;
    font-size: 16px;
    transition: background-color 0.5s ease-in-out;       /*定义过渡动画*/
}
a:hover {
```

```
         background-color:#631818;
     }
     .kind li{
         opacity: 0;
         transform-origin: top center;
     }
     .kind li a {
         background-color: rgba(0,139,139,0.7);
         padding: 10px 0;
     }
     /*男装栏动画*/
     .menu li:hover .menu1 li:first-of-type {
         animation: change1 0.3s ease-in-out forwards;          /*设置帧动画的属性*/
         animation-delay: 0.3s;                                 /*设置动画的延迟时间为 0.3s*/
     }
     .menu li:hover .menu1 li:nth-of-type(2) {
         animation: change1 0.3s ease-in-out forwards;
         animation-delay: 0.6s;
     }
     .menu li:hover .menu1 li:nth-of-type(3) {
         animation: change1 0.3s ease-in-out forwards;
         animation-delay: 0.9s;
     }
     .menu li:hover .menu1 li:last-of-type {
         animation: change1 0.3s ease-in-out forwards;
         animation-delay: 1.2s;
     }
     @keyframes change1{
         0% {
           opacity: 0;
           transform: translateX(50px) rotate(-90deg);
       }
       100% {
           opacity: 1;
           transform: translateX(0) rotate(0);
       }
     }
     /*女装栏动画*/
     .menu li:hover .menu2 li:first-of-type {
         animation: change2 0.3s ease-in-out forwards;
         animation-delay: 0.2s;
     }
     .menu li:hover .menu2 li:nth-of-type(2) {
         animation: change2 0.3s ease-in-out forwards;
         animation-delay: 0.4s;
     }
     .menu li:hover .menu2 li:nth-of-type(3) {
         animation: change2 0.3s ease-in-out forwards;
         animation-delay: 0.6s;
     }
     .menu li:hover .menu2 li:last-of-type {
         animation: change2 0.3s ease-in-out forwards;
         animation-delay: 0.8s;
     }
     @keyframes change2{                              /*创建帧动画*/
         /*设置关键帧*/
         0% {
           opacity: 0;                                /*设置透明度*/
           transform: scale(2);                       /*设置 2D 缩放动画*/
```

```
      }
    100% {
      opacity: 1;
      transform: scale(1);
    }
  }
}
</style>
</head>
<body>
<h1>CSS 动画菜单</h1>
<nav>
  <ul class="menu">
    <li><a href="#">男装</a>
      <ul class="kind menu1">
        <li><a href="#">上衣</a></li>
        <li><a href="#">裤子</a></li>
        <li><a href="#">衬衫</a></li>
        <li><a href="#">西装</a></li>
      </ul>
    </li>
    <li><a href="#">女装</a>
      <ul class="kind menu2">
        <li><a href="#">短裤</a></li>
        <li><a href="#">短裙</a></li>
        <li><a href="#">T 恤</a></li>
        <li><a href="#">裤子</a></li>
      </ul>
    </li>
  </ul>
</nav>
</body>
</html>
```

相关的代码实例请参考 Chap13.7.html 文件，在 IE 浏览器中运行的结果如图 13-31 所示。当把鼠标指针悬浮在"男装"上时，下拉菜单的动画效果如图 13-32 所示；当把鼠标指针悬浮在"女装"上时，下拉菜单的动画效果如图 13-33 所示。

图 13-31　加载完成效果

图 13-32　鼠标指针悬浮"男装"下拉菜单效果

图 13-33　鼠标指针悬浮"女装"下拉菜单效果

13.6.2　设计 3D 几何体

实现 3D 几何体效果首先要设置 3D 舞台，通过 perspective 属性来设置大小。紧接着再定义正方体的 6 个面，都统一定位到合适的位置，接下来通过变形动画来实现一个简单的立方体效果。在 3D 变形中应遵循：用左手握住相应的坐标系，大拇指指向正的方向，其余四个手指弯曲的方向就是旋转正值的旋转方向，如图 13-34 所示。

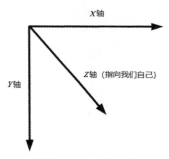

图 13-34　坐标方向

【例 13-18】（实例文件：ch013\Chap13.18.html）设计 3D 几何体。

```html
<!DOCTYPE html>
<html>
<head>
    <meta charset="UTF-8">
    <title></title>
    <style>
        .stage{
            perspective: 1600px;          /*设置透视距离*/
            position: relative;
            left: 500px;
            top: 100px;
        }
        #box{
            width: 400px;
            height: 400px;
```

```
            transform-style: preserve-3d;        /*设置展示的空间为 3D*/
        }
        .kind{
            width: 200px;height: 200px;text-align: center;
            line-height: 200px;font-size: 50px;color: white;
            position: absolute; left: 200px;top: 200px;
        }
        .b1{
            background:rgba(0,255,255,0.6);
            /*以 X 轴逆时针旋转 90deg,".b1"的底边为旋转中心*/
            transform: rotateX(-90deg);transform-origin:bottom;
        }
        .b2{
            background:rgba(127,255,0,0.6);
            /*以 X 轴顺时针旋转 90deg,".b2"的上边为旋转中心*/
            transform:rotateX(90deg);transform-origin:top;
        }
        .b3{
            background: rgba(205,200,177,0.6);
            /*以 Y 轴顺时针旋转 90deg,".b3"的右边为旋转中心*/
            transform:rotateY(90deg);transform-origin:right;
        }
        .b4{
            background: rgba(255,182,193,0.6);
            /*以 Y 轴逆时针旋转 90deg,".b4"的左边为旋转中心*/
            transform:rotateY(-90deg);transform-origin:left;
        }
        .b5{
            background: rgba(159,121,238,0.6);
            /*保持原来位置*/
            transform:translateZ(0);
        }
        .b6{
            background:rgba(138,43,226,0.6);
            /*沿 Z 轴正方向移动 200px*/
            transform:translateZ(200px);
        }
    </style>
</head>
<body>
<div class="stage">
    <div id="box">
        <div class="kind b1">1</div>
        <div class="kind b2">2</div>
        <div class="kind b3">3</div>
        <div class="kind b4">4</div>
        <div class="kind b5">5</div>
        <div class="kind b6">6</div>
    </div>
</div>
</body>
</html>
```

相关的代码实例请参考 Chap13.18.html 文件，在 IE 浏览器中运行的结果如图 13-35 所示。

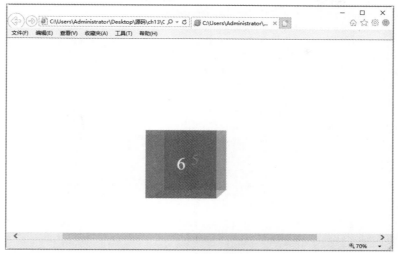

图 13-35　3D 几何体效果

13.6.3　设计 3D 旋转的盒子

3D 盒子在上一节已经介绍了，下面只需要让 3D 旋转盒子动起来即可。

【例 13-19】（实例文件：ch013\Chap13.19.html）设计 3D 旋转的盒子。

```html
<!DOCTYPE html>
<html>
<head>
    <meta charset="UTF-8">
    <title></title>
    <style>
        .stage{
            perspective: 1600px;
            position: relative;
            left: 500px;
            top: 100px;
        }
        #box{
            width: 400px;
            height: 400px;
            transform-style: preserve-3d;
            animation: rotate-box 10s;
        }
        .kind{
            width: 200px;height: 200px;text-align: center;
            line-height: 200px;font-size: 50px;color: white;
            position: absolute; left: 200px;top: 200px;
        }
        .b1{
            background:rgba(0,255,255,0.6);
            transform: rotateX(-90deg); transform-origin: bottom;
        }
        .b2{
            background:rgba(127,255,0,0.6);
```

```css
        transform:rotateX(90deg); transform-origin: top;
    }
    .b3{
        background: rgba(205,200,177,0.6);
        transform:rotateY(90deg);transform-origin: right;
    }
    .b4{
        background: rgba(255,182,193,0.6);
        transform:rotateY(-90deg);transform-origin: left;
    }
    .b5{
        background: rgba(  159,121,238,0.6);
        transform: translateZ(0);
    }
    .b6{
        background: rgba(138,43,226,0.6);
        transform: translateZ(200px);
    }
    @keyframes rotate-box{                 /*创建帧动画*/
        /*设置关键帧*/
        0% {
            transform: rotateX(0deg) rotateY(0deg);
        }
        10% {
            transform: rotateX(0deg) rotateY(180deg);
        }
        20% {
            transform: rotateX(-180deg) rotateY(180deg);
        }
        30% {
            transform: rotateX(-360deg) rotateY(180deg);
        }
        40% {
            transform: rotateX(-360deg) rotateY(360deg);
        }
        50% {
            transform: rotateX(-180deg) rotateY(360deg);
        }
        60% {
            transform: rotateX(90deg) rotateY(180deg);
        }
        70% {
            transform: rotateX(0deg) rotateY(180deg);
        }
        80% {
            transform: rotateX(90deg) rotateY(90deg);
        }
        90% {
            transform: rotateX(90deg) rotateY(0deg);
        }
        100% {
            transform: rotateX(0deg) rotateY(0deg);
        }
    }
</style>
```

```
</head>
<body>
<div class="stage">
    <div id="box">
        <div class="kind b1">1</div>
        <div class="kind b2">2</div>
        <div class="kind b3">3</div>
        <div class="kind b4">4</div>
        <div class="kind b5">5</div>
        <div class="kind b6">6</div>
    </div>
</div>
</body>
</html>
```

相关的代码实例请参考 Chap13.19.html 文件，在 IE 浏览器中运行的结果如图 13-36 所示。

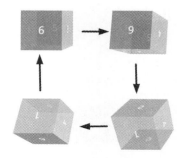

图 13-36　3D 盒子旋转效果

13.6.4　设计翻转广告

在设计翻转广告牌代码中，z-index 属性设置元素的堆叠顺序。拥有更高堆叠顺序的元素总是会处于堆叠顺序较低的元素的前面。z-index 仅能在定位元素上奏效。

【例 13-20】（实例文件：ch013\Chap13.20.html）设计翻转广告。

```
<!DOCTYPE html>
<html>
<head>
    <title></title>
    <meta charset="utf-8"/>
    <style type="text/css">
        #box ul {
            width: 960px;
            margin: 30px auto;
            padding: 30px 0;
            list-style: none;
        }
        #box ul li {
            margin-right: 30px;
            width: 300px;
            height: 300px;
            float: left;
```

```
    }
    #box ul li:last-child {
        margin-right: 0;
    }
    #box ul li a {
        position: relative;
        display: block;
        width: 100%;
        height: 100%;
        perspective: 800px;                              /*设置透视距离*/
        -webkit-perspective: 800px;
    }
    #box ul li a div{
        position: absolute;
        left: 0;
        height: 0;
        width: 100%;
        height: 100%;
        color:white;
        transform-style: preserve-3d;                    /*指定嵌套元素在 3D 空间中呈现*/
        -webkit-transform-style: preserve-3d;
        transition: 0.8s ease-in-out;                    /*设置过渡动画的属性*/
        -webkit-transition: 0.8s ease-in-out;
        backface-visibility: hidden;                     /*动画元素背后设置为 hidden*/
        -webkit-backface-visibility: hidden;
    }
    #box ul li a div:first-child {
        transform: rotateY(0);                           /*绕 Y 轴旋转*/
        -webkit-transform: rotateY(0);
        z-index: 10;
    }
    #box ul li a:hover div:first-child {
        transform: rotateY(-180deg);
        -webkit-transform: rotateY(-180deg);
    }
    #box ul li a div:last-child {
        background:#9932CC;
        transform: rotateY(180deg);
        -webkit-transform: rotateY(180deg);
        z-index: 1;
    }
    #box ul li a:hover div:last-child {
        transform: rotateY(0);
        -webkit-transform: rotateY(0);
    }
    #box ul li a div h2 {
        margin: 0 auto 15px;
        padding: 15px 0;
        width: 200px;
        font-size: 24px;
        text-align: center;
        border-bottom: 1px white dashed;
```

```
        }
        #box ul li a div p {
            padding: 0 15px;
            font-size: 20px;
            text-indent: 2em;                          /*设置首行缩进 2 字符*/
        }
    </style>
</head>
<body>
<div id="box">
    <ul>
        <li>
            <a href="#" >
                <div><img alt="" src="imgs/01.png"/></div>
                <div>
                    <h2>玫瑰花茶</h2>
                    <p>性质温和、男女皆宜,可缓和情绪、平衡内分泌、补血气,美颜护肤、对肝及胃有调理的作用、并可
消除疲劳、改善体质,玫瑰花茶的味道清香幽雅,能令人缓和情绪、纾解抑郁。</p>
                </div>
            </a>
        </li>
        <li>
            <a href="#" >
                <div>
                    <img alt="" src="imgs/02.png"/>
                </div>
                <div>
                    <h2>茉莉花茶</h2>
                    <p>茉莉花茶保持了浓郁爽口的天然茶味,又饱含茉莉花的鲜灵芳香,是现代最佳天然保健饮品。茉莉花
茶还有松弛神经的功效,有助于保持稳定的情绪。</p>
                </div>
            </a>
        </li>
        <li>
            <a href="#" >
                <div><img alt="" src="imgs/03.png"/></div>
                <div>
                    <h2>菊花茶</h2>
                    <p>菊花茶中的类黄酮物质已经被证明对自由基有很强的清除作用,而且在抗氧化、防衰老等方面卓有成效。</p>
                </div>
            </a>
        </li>
    </ul>
</div>
</body>
</html>
```

相关的代码实例请参考 Chap13.20.html 文件,在 IE 浏览器中运行的结果如图 13-37 所示。当把鼠标指针悬浮在"第一张"图片上时,广告牌翻转,展示说明信息效果如图 13-38 所示。

图 13-37　页面加载完成效果

图 13-38　鼠标指针悬浮"第一张"图片效果

13.7　就业面试技巧与解析

13.7.1　面试技巧与解析（一）

面试官： CSS 3 中新出了哪些可以让页面动起来的属性？

应聘者： 有 transform 变形动画、transition 过渡动画和 animation 关键帧动画。

13.7.2　面试技巧与解析（二）

面试官： CSS 3 中 transition 和 animation 区别是什么？

应聘者： transition 强调过渡，需要触发一个事件，如鼠标指针移上去、焦点、点击。animation 有多个关键帧，实现自由动画不需要触发任何事件，也可随时间变化达到一种动画效果，与 transition 不同的是，animation 可以通过@keyframe 控制当前关键帧的属性，运用更加灵活。

第 3 篇

核心技术

在本篇中，将通过案例示范学习 JavaScript 在前端开发中的一些核心技术。例如 JavaScript 的基础、开发应用工具、对象与数组、函数与闭包以及窗口与人机交互对话框等核心技术。

- 第 14 章　JavaScript 基础
- 第 15 章　JavaScript 开发应用工具
- 第 16 章　JavaScript 对象与数组
- 第 17 章　JavaScript 函数与闭包
- 第 18 章　JavaScript 窗口与人机交互对话框

第14章

JavaScript 基础

 学习指引

　　JavaScript 是互联网上最流行的脚本语言，这门语言可用于 HTML 和 web，更可广泛用于服务器、PC、笔记本计算机、平板计算机和智能手机等设备。本章将详细介绍 JavaScript 的相关基础知识，主要内容包括 JavaScript 的概述、网页中的 JavaScript、变量、数据类型、运算符、运算符优先级、表达式语句、条件判断语句、循环语句、条件语句等。

 重点导读

- 了解 JavaScript 的概述。
- 掌握网页执行 JavaScript 的方法。
- 熟悉变量的操作。
- 熟悉 JavaScript 中的数据类型。
- 熟悉 JavaScript 中的运算符。
- 掌握表达式语句的应用。
- 掌握条件判断语句的使用方法。
- 掌握循环语句的使用方法。

14.1　JavaScript 概述

　　JavaScript 是一种由 Netscape 的 Live Script 发展而来的面向过程的客户端脚本语言，为客户提供更流畅的浏览效果。另外，由于 Windows 操作系统对其拥有较为完善的支持，并提供二次开发的接口来访问操作系统中各个组件，从而可实现相应的管理功能。

 ### 14.1.1　JavaScript 能做什么？

　　JavaScript 是一种解释性的、基于对象的脚本语言（Object-based scripting language），其主要是基于客户端运行的，用户点击带有 JavaScript 脚本的网页，网页里的 JavaScript 就会被传到浏览器，由浏览器对此作处理。如下拉菜单、验证表单有效性等大量互动性功能，都是在客户端完成的，不需要和 Web Server 发生任何数据交换。因此，不会增加 Web Server 的负担。几乎所有浏览器都支持 JavaScript，如 Internet Explorer（IE）、Firefox、Netscape、Mozilla、Opera 等。

在互联网上可看到很多应用了 JavaScript 的实例，下面介绍一些 JavaScript 的典型应用。

- 改善导航功能——JavaScript 最常见的应用就是网站导航系统，可以使用 JavaScript 创建一个导航工具。如用于选择下一个页面的下拉菜单，或者当鼠标指针移动到某导航链接上时所弹出的子菜单。只要正确应用，此类 JavaScript 交互功能就使得浏览网站更方便，而且该功能在不支持 JavaScript 的浏览器上也是可以使用的。
- 验证表单——验证表单是 JavaScript 一个比较常用的功能。使用一个简单脚本就可以读取用户在表单中输入的信息，并确保输入格式的正确性，如要保证输入的是电话号码或者是电子邮箱。该项功能可提醒用户注意一些常见的错误并加以改正，而不必等待服务器的响应。
- 特殊效果——JavaScript 一个最早的应用就是创建引人注目的特殊效果，如在浏览器状态行显示滚动的信息，或者让网页背景颜色闪烁。
- 远程脚本技术（AJAX）——长期以来，JavaScript 最大的限制是不能和 Web 服务器进行通信的，如可以用 JavaScript 确保电话号码的位数正确，但不能利用电话号码来查找用户在数据库中的位置。

综上所述，JavaScript 是一种新的描述语言，它可以被嵌入到 HTML 的文件之中。JavaScript 语言可以做到回应使用者的需求事件（如：form 的输入），而不用任何的网路来回传输资料，所以当一位使用者输入一项资料时，它不用经过传给服务端（Server）处理、再传回来的过程，而直接可以被客户端（Client）的应用程式所处理。

14.1.2 JavaScript 的基本特点

JavaScript 的主要作用是与 HTML 超文本标记语言、Java 脚本语言（Java 小程序）一起实现在一个 Web 页面中连接多个对象，与 Web 客户交互作用，从而可以开发客户端的应用程序等，它是通过嵌入或调入到标准的 HTML 语言中实现的。它的出现弥补了 HTML 语言的缺陷，是 Java 与 HTML 折衷的选择，具有如下几个基本特点：

- 脚本编写语言——JavaScript 是一种采用小程序段方式来实现编程的脚本语言。同其他脚本语言一样，JavaScript 是一种解释性语言，在程序运行过程中被逐行地解释。此外，它还可与 HTML 标识结合在一起，从而方便用户的使用。
- 基于对象的语言——JavaScript 是一种基于对象的语言，同时可以看作一种面向对象的语言。这意味着它能运用自己已经创建的对象。因此，许多功能可以来自脚本环境中对象的方法与脚本的相互作用。
- 简单性——JavaScript 的简单性主要体现在：首先它是一种基于 Java 基本语句和控制流之上的简单而紧凑的设计，从而对于学习 Java 是一种非常好的过渡。其次它的变量类型是采用弱类型，并未使用严格的数据类型。
- 安全性——JavaScript 是一种安全性语言。它不允许访问本地的硬盘，并不能将数据存入到服务器上，不允许对网络文档进行修改和删除，只能通过浏览器实现信息浏览或动态交互，从而有效地防止数据丢失。
- 动态性——JavaScript 是动态的，它可以直接对用户或客户输入做出响应，无须经过 Web 服务程序。

它采用以事件驱动的方式对用户的反映作出响应。所谓事件（Event）驱动，就是指在主页（Home Page）中执行了某种操作所产生的动作。例如按下鼠标、移动窗口、选择菜单等均可视为事件。当事件发生后，可能会引起相应的事件响应。

- 跨平台性——JavaScript 依赖于浏览器本身，与操作环境无关。只要能运行浏览器的计算机，并支持 JavaScript 的浏览器就可正确执行。

14.2　网页中的 JavaScript

在网页中添加 JavaScript 代码，需要使用标记来标识脚本代码的开始和结束。该标记就是<script>，它告诉浏览器，在<script>标记和</script>结束标记之间的文本块并不是要显示的网页内容，而是需要处理的脚本代码。

14.2.1　执行代码

在网页中执行 JavaScript 代码可以分为以下几种情况，分别是在网页头中执行、在网页中执行、在网页的元素事件中执行、调用已经存在的 JavaScript 文件、将 JavaScript 代码作为属性值执行等。

1. 在网页头中执行 JavaScript 代码

如果不是通过 JavaScript 脚本生成 HTML 网页的内容，JavaScript 脚本一般放在 HTML 网页的头部的<head>与</head>标签对之间。这样，不会因为 JavaScript 影响整个网页的显示结果。执行 JavaScript 的格式如下：

```
<head>
<title>在网页头中嵌入 JavaScript 代码<title>
<script language="JavaScript">
JavaScript 脚本内容
</script>
</head>
```

在<script>与</script>标签中添加相应的 JavaScript 脚本，这样就可以直接在 HTML 文件中调用 JavaScript 代码，以实现相应的效果。

2. 在网页中执行 JavaScript 代码

当需要使用 JavaScript 脚本生成 HTML 网页内容时，如某些 JavaScript 实现的动态树，就需要把 JavaScript 放在 HTML 网页主题部分的<body>与</body>标签对中。执行 JavaScript 的格式如下：

```
<body>
<script language="JavaScript">
JavaScript 脚本内容
</script>
</body>
```

另外，JavaScript 代码可以在同一个 HTML 网页的头部与主题部分同时嵌入，并且在同一个网页中可以多次嵌入 JavaScript 代码。

3. 在网页中调用已经存在的 JavaScript 文件

如果 JavaScript 的内容较长，或者多个 HTML 网页中都调用相同的 JavaScript 程序，可以将较长的 JavaScript 或者通用的 JavaScript 写成独立的.js 文件，直接在 HTML 网页中调用。执行 JavaScript 的格式如下：

```
<script src = "hello.js"></script>
```

4. 通过 JavaScript 伪 URL 引入 JavaScript 脚本代码

在多数支持 JavaScript 脚本的浏览器中，可以通过 JavaScript 伪 URL 地址调用语句来引入 JavaScript 脚本代码。伪 URL 地址的一般格式如下：

```
JavaScript:alert("已点击文本框!")
```

由上可知，伪 URL 地址语句一般以 JavaScript 开始，后面就是要执行的操作。

5. 在网页的元素事件中执行 JavaScript 代码

在开发 Web 应用程序的过程中，开发者可以给 HTML 文档设置不同的事件处理器，一般是设置某 HTML 元素的属性来引用一个脚本，如可以是一个简单的动作，该属性一般以 on 开头，如按下鼠标事件 OnClick() 等。这样，当需要对 HTML 网页中的该元素进行事件处理时（验证用户输入的值是否有效），如果事件处理的 JavaScript 代码量较少，就可以直接在对应的 HTML 网页的元素事件中嵌入 JavaScript 代码。

14.2.2　函数

函数是由事件驱动的或者当它被调用时执行的可重复使用的代码块。在代码中，函数就是包裹在大括号中的代码块，前面使用了关键词 function，格式如下：

```
function functionname()
{
    执行代码
}
```

当调用该函数时，会执行函数内的代码，可以在某事件发生时直接调用函数（例如当用户单击按钮时），并且可由 JavaScript 在任何位置进行调用。

注意： JavaScript 对大小写敏感，关键词 function 必须是小写的，并且必须以与函数名称相同的大小写来调用函数。

14.2.3　对象

JavaScript 对象是拥有属性和方法的数据。在 JavaScript 中，对象是非常重要的，当你理解了对象，就可以了解 JavaScript。对象也是一个变量，但对象可以包含多个值或多个变量。

例如下面一段代码：

```
var car = {type:"Fiat", model:500, color:"white"};
```
其中，3 个值（"Fiat"、500、"white"）赋予变量 car。3 个变量（type、model、color）也赋予变量 car。

另外，JavaScript 对象可以使用字符来定义和创建，例如下面一段代码，就是创建了一个人对象，包括姓名、年龄等属性。

```
var person = {firstName:"John", lastName:"Doe", age:50, eyeColor:"blue"};
```

14.3　变量

变量是用来临时存储数值的容器。在程序中，变量存储的数值是可以变化的，变量占据一段内存，通过变量的名字可以调用内存中的信息。

14.3.1　变量的声明

尽管 JavaScript 是一种弱类型的脚本语言，变量可以在不声明的情况下直接使用，但在实际使用过程中，最好还是先使用 var 关键字对变量进行声明。声明变量具有如下几种规则：

- 可以使用一个关键字 var 同时声明多个变量，如语句"var x,y;"就同时声明了 x 和 y 两个变量。
- 可以在声明变量的同时对其赋值（称为初始化），例如"var president = "henan";var x=5,y=12;"声明了 3 个变量 president、x 和 y，并分别对其进行了初始化。如果出现重复声明的变量，且该变量已有一个初始值，则此时的声明相当于对变量的重新赋值。
- 如果只是声明了变量，并未对其赋值，其值缺省为 undefined。
- var 语句可以用作 for 循环和 for/in 循环的一部分，这样可以使得循环变量的声明成为循环语法自身的一部分，使用起来较为方便。

当给一个尚未声明的变量赋值时，JavaScript 会自动用该变量名创建一个全局变量。在一个函数内部，通常创建的只是一个仅在函数内部起作用的局部变量，而不是一个全局变量。要确保创建的是一个局部变量，而不仅仅是赋值给一个已经存在的局部变量，就必须使用 var 语句进行变量声明。

注意：JavaScript 变量声明时，不指定变量的数据类型。一个变量一旦声明，可以存放任何数据类型的信息，JavaScript 会根据存放的信息类型，自动为变量分配合适的数据类型。

14.3.2　变量的作用域

变量的作用范围又称为作用域，是指某变量在程序中的有效范围。根据作用域的不同，变量可划分为全局变量和局部变量。

- 全局变量：全局变量的作用域是全局性的，即在整个 JavaScript 程序中，全局变量处处都存在。
- 局部变量：局部变量是函数内部声明的，只作用于函数内部，其作用域是局部性的；函数的参数也是局部性的，只在函数内部起作用。

【例 14-1】（实例文件：ch14\Chap14.1.html）变量定义实例。

```html
<!DOCTYPE html>
<html>
<head>
<title> New Document </title>
</head>
<body>
<script>
    var myName = "zhangsan";   //声明 myName 并把 "zhangsan" 赋值给它
    alert(myName);
    myName = "lisi";
    alert(myName);
</script>
</body>
</html>
```

相关的代码实例请参考 Chap14.1.html 文件。在 IE 浏览器中运行的结果如图 14-1 所示。从结果中可以看到同一变量具有不同的运行结果。

图 14-1　定义变量后的运行结果

14.3.3　变量的优先级

在函数内部，局部变量的优先级高于同名的全局变量。也就是说，如果存在与全局变量名称相同的局部变量，或者在函数内部声明了与全局变量同名的参数，则该全局变量将不再起作用。

【例 14-2】（实例文件：ch14\Chap14.2.html）变量的优先级。

```
<!DOCTYPE html>
<html>
<head>
<title>变量的优先级</title>
<body>
<script language="javascript">
var scope="全局变量";              //声明一个全局变量
function checkscope()
{
var scope="局部变量";              //声明一个同名的局部变量
document.write(scope);             //使用的是局部变量,而不是全局变量
}
checkscope();                      //调用函数,输出结果
</script>
</body>
</head>
</html>
```

相关的代码实例请参考 Chap14.2.html 文件，在 IE 浏览器中运行的结果如图 14-2 所示。从结果中可以看出输入的是"局部变量"。

图 14-2　变量的优先级

注意： 虽然在全局作用域中可以不使用 var 声明变量，但声明局部变量时，一定要使用 var 语句。JavaScript 没有块级作用域，函数中的所有变量无论是在哪里声明的，在整个函数中都有意义。

【例 14-3】（实例文件：ch14\Chap14.3.html）JavaScript 无块级作用域。

```
<!DOCTYPE html>
<html>
```

```
<head>
<title>变量的优先级</title>
<body>
<script language="javascript">
var scope="全局变量";          //声明一个全局变量
function checkscope()          //创建 checkscope 函数
{
    alert(scope);             //调用局部变量,将显示"undefined"而不是"局部变量"
    var scope="局部变量";      //声明一个同名的局部变量
    alert(scope);             //使用的是局部变量,将显示"局部变量"
}
checkscope();                //调用函数,输出结果
</script>
</body>
</head>
</html>
```

相关的代码实例请参考 Chap14.3.html 文件，在 IE 浏览器中运行的结果如图 14-3 所示。

单击"确定"按钮，弹出结果如图 14-4 所示。

图 14-3　运行结果

图 14-4　局部变量

在本例中，用户可能认为因为声明局部变量的 var 语句还没有执行而调用全局变量 scope，但由于"无块级作用域"的限制，局部变量在整个函数体内是有定义的。这就意味着在整个函数体中都隐藏了同名的全局变量，因此，输出的并不是"全局变量"。虽然局部变量在整个函数体都是有定义的，但在执行 var 语句之前不会被初始化，

14.4　数据类型

JavaScript 中共有 9 种数据类型，分别是未定义（Undefined）、空（Null）、布尔型（Boolean）、字符串（String）、数值（Number）、对象（Object）、引用（Reference）、列表（List）和完成（Completion）。其中后 3 种类型仅仅作为 JavaScript 运行时中间结果的数据类型，因此不能在代码中使用，下面讲解一些常用的数据类型。

14.4.1　未定义类型

Undefined 是未定义类型的变量，表示变量还没有赋值，如 var a;，或者赋予一个不存在的属性值，例如 var a=String.notProperty。

此外，JavaScript 中有一种特殊类型的数字常量 NaN，表示"非数字"，当在程序中由于某种原因发生计算错误后，将产生一个没有意义的数字，此时 JavaScript 返回的数字值就是 NaN。

【例 14-4】（实例文件：ch14\Chap14.4.html）使用未定义类型。

```
<!DOCTYPE html>
<html>
<body>
<script type="text/javascript">
var person;
document.write(person + "<br />");  //在页面中输出 person
</script>
</body>
</html>
```

相关的代码实例请参考 Chap14.4.html 文件，在 IE 浏览器中运行的结果如图 14-5 所示。

图 14-5　使用未定义类型运行结果

14.4.2　空类型

JavaScript 中的关键字 null 是一个特殊的值，表示空值，用于定义空的或不存在的引用。不过，null 不等同于空的字符串或 0。由此可见，null 与 undefined 的区别是：null 表示一个变量被赋予了一个空值，而 undefined 则表示该变量还未被赋值。

【例 14-5】（实例文件：ch14\Chap14.5.html）使用空类型。

```
<!DOCTYPE html>
<html>
<body>
<script type="text/javascript">
var person;
document.write(person + "<br />");         //在页面中输出 person
var car=null;
document.write(car + "<br />");            //在页面中输出 car
</script>
</body>
</html>
```

相关的代码实例请参考 Chap14.5.html 文件，在 IE 浏览器中运行的结果如图 14-6 所示。

图 14-6　使用空类型运行结果

14.4.3　布尔类型

数值数据类型和字符串数据类型可能的值都无穷多，但布尔型数据类型只有两个值，这两个合法的值分别用 true 和 false 表示。一个布尔值代表的是一个"真值"，它说明了某个事物是真还是假。通常，使用 1 表示真，0 表示假。布尔值通常是在 JavaScript 程序中比较所得的结果。

Boolean 类型的 toString()方法只是输出 true 或 false，结果由变量的值决定，例如：

【例 14-6】（实例文件：ch14\Chap14.6.html）使用布尔类型。

```html
<!DOCTYPE html>
<html>
<body>
<script type="text/javascript">
var b1 = Boolean("");              //返回 false,空字符串
var b2 = Boolean("s");             //返回 true,非空字符串
var b3 = Boolean(0);               //返回 false,数字 0
var b4 = Boolean(1);               //返回 true,非 0 数字
var b5 = Boolean(-1);              //返回 true,非 0 数字
var b6 = Boolean(null);            //返回 false
var b7 = Boolean(undefined);       //返回 false
var b8 = Boolean(new Object());    //返回 true,对象
document.write(b1 + "<br>")
document.write(b2 + "<br>")
document.write(b3 + "<br>")
document.write(b4 + "<br>")
document.write(b5 + "<br>")
document.write(b6 + "<br>")
document.write(b7 + "<br>")
document.write(b8 + "<br>")
</script>
</body>
</html>
```

相关的代码实例请参考 Chap14.6.html 文件，在 IE 浏览器中运行的结果如图 14-7 所示。

图 14-7　使用布尔类型运行结果

14.4.4　字符串

字符串由零个或者多个字符构成，字符可以包括字母、数字、标点符号和空格，字符串必须放在单引号或者双引号里。JavaScript 字符串定义方法：

方法一：

```
var str ="字符串";
```

方法二：

```
var str = new String("字符串");
```

JavaScript 字符串使用注意事项。

- 字符串类型可以表示一串字符，如"www.haut.edu.cn"、'中国'。
- 字符串类型应使用双引号(")或单引号(')括起来。

在写 JavaScript 脚本时，可能会要在 HTML 文档中显示或使用某些特殊字符（例如：引号或斜线），例如：<img src="image5.jpg">，但是前面提过，声明一个字符串时，前后必须以引号括起来。如此一来，字符串当中引号可能会和标示字符串的引号搞混了，此时就要使用转义字符（Escape Character）。

JavaScript 使用以下八种转义字符。这些字符都是以一个反斜线（\）开始。当 JavaScript 的解释器（Interpreter）看到反斜线时，就会特别注意，表现出程序员所要表达的意思。

表 14-1 列出了 JavaScript 的转义序列以及它们所代表的字符。其中有两个转义序列是通用的，通过把 Latin-1 或 Unicode 字符编码表示为十六进制数，它们可以表示任意字符。例如，转义序列 \xA9 表示的是版权符号，它采用十六进制数 A9 表示 Latin-1 编码。同样的，\u 表示的是由四位十六进制数指定的任意 Unicode 字符，如\u03c0 表示的是字符 π（圆周率）。

表 14-1　JavaScript 的转义序列以及它们所代表的字符

序	转 义 字 符	使 用 说 明
0	\0	NUL 字符（\u0000）
1	\b	后退一格（Backspace）退格符（\u0008）
2	\f	换页（Form Feed）（\u000C）
3	\n	换行（New Line）（\u000A）
4	\r	回车（Carriage Return）（\u000D）
5	\t	制表（Tab）水平制表符（\u0009）
6	\'	单引号（\u0027）
7	\"	双引号（\u0022）
8	\\	反斜线（Backslash）（\u005C）
9	\v	垂直制表符（\u000B）
10	\xNN	由两位十六进制数值 NN 指定的 Latin-1 字符
11	\uNNNNN	由四位十六进制数 NNNN 指定的 Unicode 字符
12	\NNN	由一位到三位八进制数（1 到 377）指定的 Latin-1 字符。ECMAScript v3 不支持，不要使用这种转义序列

注意，虽然 ECMAScript v1 标准要求使用 Unicode 字符转义，但是 JavaScript 1.3 之前的版本通常不支持转义符。有些 JavaScript 版本还允许用反斜线符合后加三位八进制数字来表示 Latin-1 字符，但是 ECMAScript v3 标准不支持这种转义序列，所以不应该再使用它们。

1. 字符串的使用

JavaScript 的内部特性之一就是能够连接字符串。如果将加号（+）运算符用于数字，那就是把两个数字相加。但是，如果将它作用于字符串，它就会把这两个字符串连起来，将第二个字符串连接在第一个字符串之后，例如：

【例 14-7】（实例文件：ch14\Chap14.7.html）连接字符串实例。

```
<!DOCTYPE html>
<html>
<head>
<title> New Document </title>
</head>
<body>
<script>
var msg = "hello";
msg = msg + "world";    //连接字符串
alert(msg);
</script>
</body>
</html>
```

相关的代码实例请参考 Chap14.7.html 文件。在 IE 浏览器中字符串连接运行的结果如图 14-8 所示。

图 14-8　字符串连接运行结果

如果想要确定一个字符串的长度（它包含字符的个数），用户就可以使用字符串的 length 属性，如果变量 s 包含一个字符串，可以使用如下的方法访问它的长度：s.length：

【例 14-8】（实例文件：ch14\Chap14.8.html）计算字符串长度。

```
<!DOCTYPE html>
<html>
<head>
<title> New Document </title>
</head>
<body>
<script>
var str = "I love Javascript! ";
alert("I love Javascript! 的字符个数：" + str.length);   //在页面弹出字符串长度
</script>
</body>
</html>
```

相关的实例请参考 Chap14.8.html 文件。在 IE 浏览器中运行的结果如图 14-9 所示。从结果中可以看到字符串的长度已经计算出来。

根据字符串的 length 属性，可以对其进行许多操作，例如，可以获取字符串 s 的最后一个字符：

```
last_char = s.charAt(s.length - 1);
```

因为 length 是一个字符串的长度，即字符串的个数，而字符串中的首字符是从 0 开始的，所以最后一个字符在字符串中的位置为 length-1。

图 14-9　计算字符串的长度

2. 字符串的大小写转换

使用字符串对象中的 toLocaleLowerCase()、toLocaleUpperCase()、toLowerCase()、toUpperCase()方法可以转换字符串的大小写。这四种方法的语法格式如下：

```
stringObject.toLocaleLowerCase()
stringObject.toLowerCase()
stringObject.toLocaleUpperCase()
stringObject. toUpperCase()
```

【例 14-9】（实例文件：ch14\Chap14.9.html）字符串的大小写转换。

```
<!DOCTYPE html>
<html>
<head>
<title> New Document </title>
</head>
<script type="text/javascript">
var txt="Hello World!"
document.write("正常显示为: " + txt + "</p>")
document.write("以小写方式显示为: " + txt.toLowerCase() + "</p>")
document.write("以大写方式显示为: " + txt.toUpperCase() + "</p>")
document.write("按照本地方式把字符串转化为小写: " + txt.toLocaleLowerCase() + "</p>")
document.write("按照本地方式把字符串转化为大写: " + txt.toLocaleUpperCase() + "</p>")
</script>
</body>
</html>
```

相关的代码实例请参考 Chap14.9.html 文件，在 IE 浏览器中运行的结果如图 14-10 所示。

图 14-10　字符串的大小写转换结果

14.4.5　数值类型

JavaScript 数值类型表示一个数字，如 5、12、–5、2e5 等，在 JavaScript 中数值类型有正数、负数、指数等类型。

【例 14-10】（实例文件：ch14\Chap1410.html）输出数值。

```
<!DOCTYPE html>
<html>
<body>
<script type="text/javascript">
var x1=36.00;
var x2=36;
var y=123e5;
var z=123e-5;
document.write(x1 + "<br />")
document.write(x2 + "<br />")
document.write(y + "<br />")
document.write(z + "<br />")
</script>
</body>
</html>
```

相关的代码实例请参考 Chap14.10.html 文件，在 IE 浏览器中运行的结果如图 14-11 所示。

图 14-11　输出数值

提示：JavaScript 中只有一种数字类型，而且内部使用的是 64 位浮点型，等同于 C#或 Java 中的 double。

14.4.6　对象类型

Object 是对象类型，该数据类型中包括 Object、Function、String、Number、Boolean、Array、Regexp、Date、Globel、Math、Error，以及宿主环境提供的 object 类型。

【例 14-11】（实例文件：ch14\Chap14.11.html）Object 数据类型的使用。

```
<!DOCTYPE html>
<html>
<body>
<script type="text/javascript">
person=new Object();                //创建对象
//给对象添加属性
person.firstname="Bill";
person.lastname="Gates";
person.age=56;
person.eyecolor="blue";
document.write(person.firstname + " is " + person.age + " years old.");
</script>
</body>
</html>
```

相关的代码实例请参考 Chap14.11.html 文件，在 IE 浏览器中运行的结果如图 14-12 所示。

图 14-12　使用 Object 数据类型的结果

14.5　运算符

运算符是在表达式中用于进行运算的符号，例如运算符"="用于赋值、运算符"+"用于把数值加起来，使用运算符可进行算术、赋值、比较、逻辑等各种运算。

14.5.1　运算符概述

运算符用于执行程序代码运算，会针对一个以上操作数项目来进行运算。例如：2+3，其操作数是 2 和 3，而运算符则是"+"。JavaScript 的运算符可以分为算术运算符、逻辑运算符、位运算符、赋值运算符、条件运算符、位操作运算符和字符串运算符等。

14.5.2　赋值运算符

赋值运算符是将一个值赋给另一个变量或表达式的符号。最基本的赋值运算符为"="，主要用于将运算符右边的操作数的值赋给左边的操作数。

【例 14-12】（实例文件：ch14\Chap14.12.html）赋值运算符的应用。

```
<!DOCTYPE HTML>
<html>
<head>
<meta http-equiv="Content-Type" content="text/html; charset=UTF-8"/>
<meta http-equiv="Content-Language" content="UTF-8"/>
<body>
<script language="JavaScript" type="text/javaScript">
var president = "henan";        //字符串型
var pi =3.14159;                //数值型
var visited = false;            //逻辑型
//将以上三种类型合并输出
document.write( "president: "+ president +"<p>"+"pi: "+pi+"<p>"+"visited: "+visited);</script>
</body>
</head>
</html>
```

相关的代码实例请参考 Chap14.12.html 文件，然后双击该文件，在 IE 浏览器中运行的结果如图 14-13 所示。

图 14-13 赋值运算符的应用结果

另外，在 JavaScript 中，赋值运算符还可与算术运算符和位运算符组合，从而产生许多变种。在赋值运算符中，除 "=" 运算符之外，其他运算符都是先将运算符两边的操作数做相关处理，将处理之后的结果赋给运算符左操作符。如操作符 "-="，先将两个操作数相减，再将结果赋给左操作数。

【例 14-13】（实例文件：ch14\Chap14.13.html）赋值运算符的复杂应用。

```
<!DOCTYPE HTML>
<html>
<head>
<title>赋值运算符</title>
<body>
<script language="JavaScript" type="text/javaScript">
  var param;          //定义变量
  param = 8;          //给变量赋值
  document.write("给变量 param 赋值后,param=" + param + "<br>");
  param += 10;
  document.write("对变量进行+= 10 操作后,param=" + param + "<br>");
  param -= 4;
  document.write("对变量进行-= 4 操作后,param=" + param + "<br>");
  param *= 3;
  document.write("对变量进行*= 3 操作后,param=" + param + "<br>");
  param /= 5;
  document.write("对变量进行/= 5 操作后,param=" + param + "<br>");
  param %= 3;
  document.write("对变量进行%= 3 操作后,param=" + param + "<br>");
  param &= 2;
  document.write("对变量进行&= 2 操作后,param=" + param + "<br>");
  param ^= 2;
  document.write("对变量进行^= 2 操作后,param=" + param + "<br>");
  param |= 2;
  document.write("对变量进行|= 2 操作后,param=" + param + "<br>");
  param <<= 2;
  document.write("对变量进行<<= 2 操作后,param=" + param + "<br>");
  param >>= 2;
  document.write("对变量进行>>= 2 操作后,param=" + param + "<br>");
  param >>>= 2;
 document.write("对变量进行>>>= 2 操作后,param=" + param );
</script>
</body>
</head>
</html>
```

相关的代码实例请参考 **Chap14.13.html** 文件，然后双击该文件，在 IE 浏览器中运行的结果如图 14-14 所示。

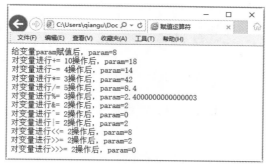

图 14-14 赋值运算符的复杂应用结果

14.5.3 算术运算符

算术运算符用于各类数值之间的运算，JavaScript 的算术运算符包括加（+）、减（−）、乘（*）、除（/）、求余（%）、自增（++）、自减（−−）共 7 种。算术运算符是比较简单的运算符，也是在实际操作中经常用到的操作符。

【例 14-14】（实例文件：ch14\Chap14.14.html）算术运算符的应用。

```
<!DOCTYPE html>
<html>
<head>
<title>算术运算符</title>
<script language="JavaScript" type="text/javaScript">
function calcOprt()
{
 var param = 25;
  document.write("数值 X=" + param + "<br>");
 param = param + 8;
 document.write("加法运算（加 8）结果: " + param + "<br>");
 param = param - 9;
 document.write("减法运算（减 9）结果: " + param + "<br>");
 param = param * 3;
 document.write("乘法运算（乘 3）结果: " + param + "<br>");
 param = param / 6;
 document.write("除法运算（除 6）结果: "+ param + "<br>");
 param = param % 7;
 document.write("取余运算（与 7 取余）结果: " + param + "<br>");
 param++;
 document.write("自增运算结果: " + param + "<br>");
 param--;
 document.write("自减运算结果: " + param + "<br>");
 var test1 = param++;
 document.write("自增运算符在后的结算结果: " + test1 + ",自增之后的值: " + param + "<br>");
 var test2 = ++param;
 document.write("自增运算符在前的运算结果: " + test2 + ",自增之后的值: " + param);
```

```
}
</script>
</head>
<body>
<form method=post action="#">
<input type="button" value="算术运算" onclick="calcOprt()">
</form>
</body>
</html>
```

相关的代码实例请参考 Chap14.14.html 文件，然后双击该文件，在 IE 浏览器中运行的结果如图 14-15 所示。

图 14-15　算术运算符的应用结果

单击页面中的"算术运算"按钮后，使用 JavaScript 算术运算符进行相关运算，具体运行结果如图 14-16 所示。

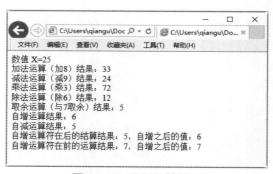

图 14-16　显示运算结果

提示：算术运算符中需要注意自增与自减运算符。如果++或--运算符在变量后面，执行的顺序为"先赋值后运算"；如果++或--运算符在变量前面，执行顺序则为"先运算后赋值"。

14.5.4　比较运算符

比较运算符在逻辑语句中使用，用于连接操作数组成比较表达式，并对操作符两边的操作数进行比较，其结果为逻辑值 true 或 false。

【例 14-15】（实例文件：ch14\Chap14.15.html）比较运算符的应用。

```
<!DOCTYPE html>
```

```
<html>
<head>
<title>比较运算符</title>
<body>
<script language="JavaScript" type="text/javaScript">
  var param = 15;
  document.write("当前变量值: param=" + param + "<br>");
  document.write("变量== 15 的结果: " + (param == 15) + "<br>");
  document.write("变量!= 15 的结果: " + (param != 15) + "<br>");
  document.write("变量> 15 的结果: " + (param > 15) + "<br>");
  document.write("变量>= 15 的结果: " + (param >= 15) + "<br>");
  document.write("变量< 15 的结果: " + (param < 15) + "<br>");
  document.write("变量<= 15 的结果: " + (param <= 15) );
</script>
</body>
</head>
</html>
```

相关的代码实例请参考 Chap14.15.html 文件，然后双击该文件，在 IE 浏览器中运行的结果如图 14-17 所示。

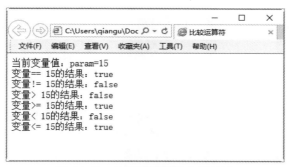

图 14-17 比较运算符的应用结果

注意：在各种运算符中，比较运算符 "=="与赋值运算符 "="是完全不同的：运算符 "="是用于给操作数赋值；而运算符 "=="则是用于比较两个操作数的值是否相等。

如果在需要比较两个表达式的值是否相等的情况下，错误的使用赋值运算符 "="，则会将右操作数的值赋给左操作数。

【例 14-16】（实例文件：ch14\Chap14.16.html）区别比较运算符和赋值运算符的应用。

```
<!DOCTYPE HTML>
<html>
<head>
<title>比较运算符和赋值运算的区别</title>
<body>
<script language="JavaScript" type="text/javaScript">
var param;
param=15;
var test1=(param==15);
var test2=(param=15);
 document.write("执行语句 test1=(param==15)后的结果为: " + test1 + "<br>");
 document.write("执行语句 test2=(param=15)后的结果为: " + test2 );
```

```
</script>
</body>
</head>
</html>
```

相关的代码实例请参考 Chap14.16.html 文件，然后双击该文件，在 IE 浏览器中运行的结果如图 14-18 所示。

图 14-18　区别比较运算符和赋值运算符的应用结果

从运行结果中可以看出，语句执行 "param==15" 后返回结果为逻辑值 true，然后通过赋值运算符 "=" 将其赋给变量 test1，因此 test1 最终的结果为 true；同理，语句执行 "param=15" 后返回结果为 15 并将其赋给变量 test2。

14.5.5　逻辑运算符

逻辑运算符用于测定变量或值之间的逻辑，操作数一般是逻辑型数据。在 JavaScript 中，逻辑运算符包含逻辑与（&&）、逻辑或（||）、逻辑非（!）等。在逻辑与运算中，如果运算符左边的操作数为 false，系统将不再执行运算符右边的操作数；在逻辑或运算中，如果运算符左边的操作数为 true，系统同样不再执行右边的操作数。

【例 14-17】（实例文件：ch14\Chap14.17.html）逻辑运算符的应用。

```
<!DOCTYPE HTML>
<html>
<head>
<title>逻辑运算符</title>
<body>
<script language="JavaScript" type="text/javaScript">
var score = 350;
  document.write("当前的库存数量是: " + score + ".<br>");
  var test1 = ((score > 200) && (score <= 500));
  document.write("库存数量是否大于 200 并且小于等于 500: " + test1 + "<br>");
  var test2 = ((score > 400) || (score == 500));
  document.write("库存数量是否大于 400 或等于 500: " + test2 + "<br>");
  document.write("库存数量小于 200,是否提货的结果是: "+ (!(score < 200)) + "<br>");
  document.write("库存数量是否小于 200: " + ((score < 200) && (score = 500)) + "<br>");
  document.write("执行(score < 200) && (score = 500)之后的数量: " + score + "<br>");
  document.write("库存数量是否大于 200: " + ((score > 200) || (score = 500)) + "<br>");
  document.write("执行(score > 200) || (score = 500)之后的数量: " + score);
</script>
```

```
</body>
</head>
</html>
```

相关的代码实例请参考 Chap14.17.html 文件，然后双击该文件，在 IE 浏览器中运行的结果如图 14-19 所示。

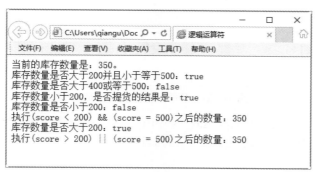

当前的库存数量是：350。
库存数量是否大于200并且小于等于500：true
库存数量是否大于400或等于500：false
库存数量小于200，是否提货的结果是：true
库存数量是否小于200：false
执行(score < 200) && (score = 500)之后的数量：350
库存数量是否大于200：true
执行(score > 200) || (score = 500)之后的数量：350

图 14-19　逻辑运算符的应用结果

从运行结果中可以看出：逻辑与、逻辑或是短路运算符。在表达式 "(score < 200) && (score = 500)" 中，由于条件 score<200 结果为 false，程序将不再继续执行 "&&" 之后的脚本，因此，score 的值仍为 350；同理，在表达式 "(score > 200) || (score = 500)" 中，条件 score>200 结果为 true，score 的值仍然为 350。

14.5.6　条件运算符

条件运算符是构造快速条件分支的三目运算符，可以看作是 if…else 语句的简写形式，其语法形式为"逻辑表达式?语句 1:语句 2;"。如果 "?" 前的逻辑表达式结果为 true，则执行 "?" 与 ":" 之间的语句 1，否则执行语句 2。由于条件运算符构成的表达式带有一个返回值，因此，可通过其他变量或表达式对其值进行引用。

【例 14-18】（实例文件：ch14\Chap14.18.html）条件运算符的应用。

```
<!DOCTYPE HTML>
<html>
<head>
<title>条件运算符</title>
<body>
<script language="JavaScript" type="text/javaScript">
var x=23;
var y = x < 10 ? x : -x ;
document.write("当前变量为: x=" + x +"<br>");
document.write("执行语句（y = x < 10 ? x : -x）后,结果为: y=" + y );
</script>
</body>
</head>
</html>
```

相关的代码实例请参考 Chap14.18.html 文件，然后双击该文件，在 IE 浏览器中运行的结果如图 14-20

所示。

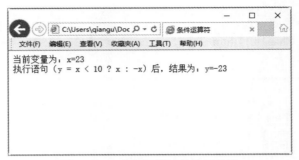

图 14-20　条件运算符的应用结果

从运行结果中可以看出，首先语句对表达式"x < 10"成立与否进行判断，结果为 false，然后根据判断结果执行"："后的表达式"-x"，并通过赋值符号将其赋给变量 y，因此变量 y 最终的结果为-23。

14.5.7　字符串运算符

字符串运算符是对字符串进行操作的符号，一般用于连接字符串。在 JavaScript 中，字符串连接符"+="与赋值运算符类似：将两边的操作数（字符串）连接起来并将结果赋给左操作数。

【例 14-19】（实例文件：ch14\Chap14.19.html）字符串运算符的应用。

```
<!DOCTYPE HTML>
<html>
<head>
<title>字符串运算符</title>
<body>
<script language="JavaScript" type="text/javaScript">
  var param = "";
  param = "好好学习," + "天天向上！";
  document.write(param + "<br>");
  param += "----静轩阁";
  document.write("连接结果：" + param );
</script>
</body>
</head>
</html>
```

相关的代码实例请参考 Chap14.19.html 文件，然后双击该文件，在 IE 浏览器中运行的结果如图 14-21 所示。

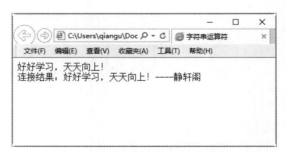

图 14-21　字符串运算符的应用结果

14.5.8　位运算符

位运算符是将操作数以二进制为单位进行操作的符号。在进行位运算之前，通常先将操作数转换为二进制整数，再进行相应的运算，最后的输出结果以十进制整数表示。此外，位运算的操作数和结果都应是整型。

在 JavaScript 中，位运算符包含按位与（&&）、按位或（||）、按位异或（||）、按位非（!）等。

- 按位与运算：将操作数转换成二进制以后，如果两个操作数对应位的值均为 1，则结果为 1，否则结果为零。例如，对于表达式 41&23，41 转换成二进制数 00101001，而 23 转换成二进制数 00010111，按位与运算后结果为 00000001，转换成十进制数即为 1。
- 按位或运算：将操作数转换为二进制后，如果两个操作数对应位的值中任何一个为 1，则结果为 1，否则结果为零。例如，对于表达式 41||23，按位或运算后结果为 00111111，转换成十进制数为 63。
- 按位异或运算：将操作数转换成二进制后，如果两个操作数对应位的值互不相同时，则结果为 1，否则结果为零。例如，对于表达式 41^23，按位异或运算后结果为 00111110，转换成十进制数为 62。
- 按位非的运算：将操作数转换成二进制后，对其每一位取反（即值为 0 则取 1，值为 1 则取 0）。如，对于表达式 ～41，将每一位取反后结果为 11010110，转换成十进制数就是-42。

【例 14-20】（实例文件：ch14\Chap14.20.html）位运算符的应用。

```html
<!DOCTYPE HTML>
<html>
<head>
<title>位运算符</title>
<body>
<script language="JavaScript" type="text/javaScript">
document.write("按位与 41&23 结果: " + (41 & 23) + "<br>");
  document.write("按位或 41|23 结果: " + (41 | 23) + "<br>");
  document.write("按位异或 41^23 结果: " + (41 ^ 23) + "<br>");
  document.write("按位非～41 结果: "+ (~41) );
</script>
</body>
</head>
</html>
```

相关的代码实例请参考 Chap14.20.html 文件，然后双击该文件，在 IE 浏览器中运行的结果如图 14-22 所示。

图 14-22　位运算符的应用结果

14.5.9　移位运算符

移位运算符与位运算符相似，都是将操作数转换成二进制，然后对转换之后的值进行操作。JavaScript 位操作运算符有 3 个：<<、>>、>>>。

【例 14-21】（实例文件：ch14\Chap14.21.html）移位运算符的应用。

```
<!DOCTYPE HTML>
<html>
<head>
<title>移位运算符</title>
<body>
<script language="JavaScript" type="text/javaScript">
  var param = 25;
  document.write("当前变量值: param=" + param + "<br>");
  document.write("变量<<2 的结果: " + (param << 2) + "<br>");
  document.write("变量>>2 的结果: " + (param >> 2) + "<br>");
  document.write("变量>>>2 的结果: " + (param >>> 2) + "<br>");
  param = -28;
  document.write("当前变量值: param=" + param + "<br>");
  document.write("变量<<2 的结果: " + (param << 2) + "<br>");
  document.write("变量>>2 的结果: " + (param >> 2) + "<br>");
  document.write("变量>>>2 的结果: " + (0 + (param >>> 2)) );
</script>
</body>
</head>
</html>
```

相关的代码实例请参考 Chap14.21.html 文件，然后双击该文件，在 IE 浏览器中运行的结果如图 14-23
所示。

图 14-23　移位运算符的应用结果

上述代码的运行过程如下：首先将十进制数 25 转换成二进制为 00011001，然后将其左移 2 位，右边
的空位由 0 补齐，结果为 01100100，转换成十进制数即为 100；将其进行算术右移 2 位，结果是 00000110，
转换成十进制为 6；将其逻辑右移 2 位，因其为正数，结果仍为 6。同理，十进制数-28 转换成二进制是
11100100，将其左移 2 位后为 10010000，转换成十进制数是-112；将其进行算术右移 2 位，得到的结果是
11111001，转换成十进制是-7。

14.5.10　其他运算符

除前面介绍的几种之外，JavaScript 运算符还有一些特殊运算符，下面对其进行简要介绍。

1．逗号运算符

逗号运算符用于将多个表达式连接为一个表达式，新表达式的值为最后一个表达式的值。其语法形式
为："变量=表达式 1,表达式 2"。

【例 14-22】（实例文件：ch14\Chap14.22.html）逗号运算符的应用。

```
<!DOCTYPE HTML>
<html>
<head>
<title>逗号运算符</title>
<body>
<script language="JavaScript" type="text/javaScript">
var a=34;
document.write("变量a的当前值为: a= " + a + "<br>");
var b,c,d;
a = (b=17, c=28, d=45);
document.write("变量b的当前值为: b= " + b + "<br>");
document.write("变量c的当前值为: c= " + c + "<br>");
document.write("变量d的当前值为: d= " + d + "<br>");
document.write("执行语句"a = (b=17, c=28, d=45)"后,变量a的值为: a = " + a );
</script>
</body>
</head>
</html>
```

相关的代码实例请参考 Chap14.22.html 文件，然后双击该文件，在 IE 浏览器中运行的结果如图 14-24 所示，从运行结果中可以看到，变量 a 最终取最后一个表达式（d=45）的结果作为自己的值。

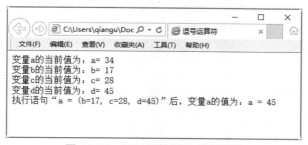

图 14-24   逗号运算符的应用结果

2．void 运算符

void 运算符对表达式求值，并返回 undefined。该运算符通常用于避免输出不应该输出的值，其语法形式为 "void 表达式"。

【例 14-23】（实例文件：ch14\Chap14.23.html）void 运算符的应用。

```
<!DOCTYPE HTML>
<html>
<head>
<title>void运算符</title>
<body>
<script language="JavaScript" type="text/javaScript">
var a=34;
document.write("变量a的当前值为: a= " + a + "<br>");
var b,c,d;
a = void(b=17, c=28, d=45);
document.write("变量b的当前值为: b= " + b + "<br>");
document.write("变量c的当前值为: c= " + c + "<br>");
document.write("变量d的当前值为: d= " + d + "<br>");
```

```
document.write("执行语句"a = void(b=17, c=28, d=45)"后,变量a的值为: a = " + a );
</script>
</body>
</head>
</html>
```

相关的代码实例请参考 Chap14.23.html 文件，然后双击该文件，在 IE 浏览器中运行的结果如图 14-25 所示，从运行结果中可以看到，变量 a 最终被标记为"（undefined）"。

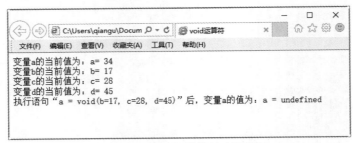

图 14-25　viod 运算符的应用结果

3．typeof 运算符

typeof 运算符是返回一个字符串指明其操作数的数据类型，返回值有六种可能：number、string、boolean、object、function 和 undefined。typeof 运算符的语法形式为"typeof 表达式"。

【例 14-24】（实例文件：ch14\Chap14.24.html）typeof 运算符的应用。

```
<!DOCTYPE HTML>
<html>
<head>
<title>typeof 运算符</title>
<body>
<script language="javascript">
var x = 3;
var y = null;
var sex = "boy";
document.write("<p>执行语句"typeof x"后,可以看出变量 x 类型为: "+(typeof x));
document.write("<p>执行语句"typeof y"后,可以看出变量 y 类型为: "+(typeof y));
document.write("<p>执行语句"typeof sex"后,可以看出变量 sex 类型为: "+(typeof sex));
</script>
</body>
</head>
</html>
```

相关的代码实例请参考 Chap14.24.html 文件，然后双击该文件，在 IE 浏览器中运行的结果如图 14-26 所示，从运行结果中可以看到，null 类型的操作数的返回值为 object。

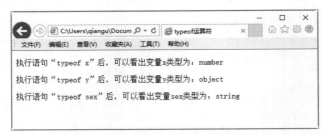

图 14-26　typeof 运算符的应用结果

14.6　运算符优先级

在 JavaScript 中，运算符具有明确的优先级与结合性。优先级用于控制运算符的执行顺序，具有较高优先级的运算符先于较低优先级的运算符执行；结合性则是指具有同等优先级的运算符将按照怎样的顺序进行运算，结合性有向左结合和向右结合。圆括号可用来改变运算符优先级所决定的求值顺序。

【例 14-25】（实例文件：ch14\Chap14.25.html）用()改变运算顺序的应用。

```
<!DOCTYPE HTML>
<html>
<head>
<title>运算符优先级</title>
<body>
<script language="javascript">
var a = 3+4*5;                    //按照自动优先级进行
var b = (3+4)*5;                  //用() 改变运算优先级
alert("3+4*5="+a+"\n(3+4)*5="+b); //分行输出结果
</script>
</body>
</head>
</html>
```

相关的代码实例请参考 Chap14.25.html 文件，然后双击该文件，在 IE 浏览器中运行的结果如图 14-27 所示。

图 14-27　用()改变运算顺序的应用结果

从运行结果中可以看到，由于乘法的优先级高于加法，因此，表达式 "3+4*5" 的计算结果为 23；而在表达式 "(3+4)*5" 中则被圆括号 "()" 改变运算符的优先级，括号内部分将优先于任何运算符而被最先执行，因此该语句的结果为 35。

14.7　表达式语句

表达式语句是 JavaScript 中最简单的语句，赋值、删除（delete）、函数调用这三类即是表达式，又是语句，所以叫作表达式语句。

1. 赋值语句

赋值语句是 JavaScript 程序中最常用的语句，在程序中，往往需要大量的变量来存储程序中用到的数据，所以用来对变量进行赋值的赋值语句也会在程序中大量出现。赋值语句的语法格式如下：

变量名=表达式

当使用关键字 var 声明变量时，可以同时使用赋值语句对声明的变量进行赋值。

例如，声明一些变量，并分别给这些变量赋值，代码如下：

```
var username="Rose"
var bue=true
var variable="开怀大笑"
```

另外，递增运算符（++）和递减运算符（--）和赋值语句有关，它们的作用是改变一个变量的值，就像执行一条赋值语句一样，代码如下：

```
counter++;
```

2. 删除（delete）

delete 是 JavaScript 语言中使用频率较低的操作之一，但是有些时候，需要做 delete 或者清空动作时，就需要 delete 操作。如下面代码会删除对象的属性：

```
var Ball = {
    "name": "足球",
    "url" : "http://www.zuqiu.com"
};
delete Ball.name;
Outputs: Object { url: "http://www.zuqiu.com" }
console.log(Ball);
```

3. 函数调用

函数中的代码在函数被调用后执行，函数调用也属于表达式语句中的一种类型。

【例 14-26】（实例文件：ch14\Chap14.1.html）函数调用表达式语句的应用。

```
<!DOCTYPE html>
<html>
<head>
<title>函数调用</title>
</head>
<body>
<p>
全局函数（myFunction)返回参数相乘的结果：
</p>
<p id="demo"></p>
<script>
function myFunction(a, b) {
    return a * b;
}
document.getElementById("demo").innerHTML = myFunction(10, 2);
</script>
</body>
</html>
```

相关的代码实例请参考 Chap14.26.html 文件，然后双击该文件，在 IE 浏览器中运行的结果如图 14-28 所示。

图 14-28 函数调用表达式语句的应用结果

提示：JavaScript 语句以分号结束，但表达式不需要分号结尾。一旦在表达式后面添加分号，则 JavaScript 就将表达式视为语句，这样会产生一些没有任何意义的语句。

```
1+3 ;
'abc';
```

14.8　条件判断语句

条件判断语句是一种比较简单的选择结构语句，它包括 if 语句及其各种变种，以及 switch 语句。这些语句各具特点，在一定条件下可以相互转换。

14.8.1　if 语句

if 语句是最常用的条件判断语句，通过判断条件表达式的值为 true 或 false，来确定程序的执行顺序。在实际应用中，if 语句有多种表现形式，最简单的 if 语句的应用格式为：

```
if(conditions)
{
   statements;
}
```

条件表达式 conditions 必须放在小括号里，当且仅当该表达式为真时，执行大括号内包含的语句，否则将跳过该条件语句执行其下的语句。大括号"{}"的作用是将多余语句组合成一个语句块，系统将该语句块作为一个整体来处理。如果大括号中只有一条语句，则可省略"{}"。

【例 14-27】（实例文件：ch14\Chap14.27.html）if 语句的应用。

```
<!DOCTYPE html>
<html>
<head>
<title>if 语句的应用</title>
</head>
<body>
<p>如果时间早于 20:00,会获得问候 "Good day".</p>
<button onclick="myFunction()">获取问候</button>
<p id="demo"></p>
<script>
function myFunction(){
   var x="";
   var time=new Date().getHours();
   if (time<20){          //如果 time 小于 20
```

```
        x="Good day";        //执行的语句
    }
    document.getElementById("demo").innerHTML=x;
}
</script>
</body>
</html>
```

相关的代码实例请参考 Chap14.27.html 文件，然后双击该文件，在 IE 浏览器中运行，单击"获取问候"按钮，即可得出如图 14-29 所示的结果。

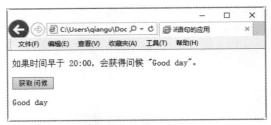

图 14-29　if 语句的应用结果

注意：请使用小写的 if，使用大写字母（IF）会生成 JavaScript 错误！

14.8.2　if…else 语句

if…else 语句选择多个代码块之一来执行，具体语法格式如下：

```
if (condition)
{
    当条件为 true 时执行的代码
}
else
{
    当条件不为 true 时执行的代码
}
```

例如：当时间小于 20:00 时，生成问候"Good day"，否则，生成问候"Good evening"。

【例 14-28】（实例文件：ch14\Chap14.28.html）if…else 语句的应用。

```
<!DOCTYPE html>
<html>
<head>
<title> if…else 语句</title>
</head>
<body>
<p>点击这个按钮,获得基于时间的问候。</p>
<button onclick="myFunction()">获取问候</button>
<p id="demo"></p>
<script>
function myFunction(){
    var x="";
    var time=new Date().getHours();
    if (time<20){    //如果 time 小于 20,执行下面的代码
        x="Good day";
    }
```

```
        else{              //否则执行下面的代码
            x="Good evening";
        }
        document.getElementById("demo").innerHTML=x;
    }
</script>
</body>
</html>
```

相关的代码实例请参考 Chap8.28.html 文件，然后双击该文件，在 IE 浏览器中运行后单击"获取问候"按钮，即可得出如图 14-30 所示的结果。

图 14-30　if…else 语句的应用结果

14.8.3　if…else if…else 语句

使用该语句来选择多个代码块之一来执行，具体语法格式如下：

```
if (condition1)
{
    当条件 1 为 true 时执行的代码
}
else if(condition2)
{
    当条件 2 为 true 时执行的代码
}
else
{
    当条件 1 和条件 2 都不为 true 时执行的代码
}
```

例如：如果时间小于 10:00，则生成问候"早上好！"，如果时间大于 10:00 小于 20:00，则生成问候"今天好！"，否则生成问候"晚上好！"。

【例 14-29】（实例文件：ch14\Chap14.29.html）if…else if…else 语句的应用。

```
<!DOCTYPE html>
<html>
<head>
<title>if…else if…else 语句</title>
</head>
<body>
<script type="text/javascript">
var d = new Date();
var time = d.getHours();
if (time<10)
{
```

```
    document.write("<b>早上好! </b>");
}
else if (time>=10 && time<16)
{
    document.write("<b>今天好! </b>");
}
else
{
    document.write("<b>晚上好! </b>");
}
</script>
<p>
这个实例演示了 if…else if…else 语句的应用。
</p>
</body>
</html>
```

相关的代码实例请参考 Chap8.29.html 文件，然后双击该文件，在 IE 浏览器中运行的结果如图 14-31 所示。

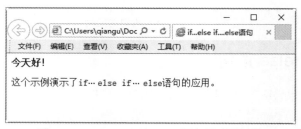

图 14-31 if…else if…else 语句的应用结果

14.8.4 else if 语句

在 if 语句中，如果所涉及的判断条件超出两种，则可使用 else if 语句，其语法格式如下：

```
if ( conditions 1 )
{
    statement 1
}
else if ( conditions 2 )
{
    statement 2
}
...
else if ( conditions n )
{
  Statement n
}
else
{
    statement n+1
}
```

这种格式是用 else 语句进行更多的条件判断，不同的条件对应不同的程序语句。

【例 14-30】（实例文件：ch14\Chap14.30.html）else…if 语句的应用。

```
<!DOCTYPE html>
<html>
<head>
<title>else...if</title>
</head>
<body>
<p>
```

这个实例演示了 else…if 语句的应用。

```
</p>
<script language="JavaScript">
<!--
var x=56;                    //x 的值为 56
if(x<=1)                     //x 值不满足此条件,不会执行其下的语句
alert("x<=1");
else if(x>1&&x<=50)          //x 值不满足此条件,不会执行其下的语句
alert("x>1&&x<=50");
else if(x>50&&x<=100)        //x 值足此条件,将执行其下的语句
alert("x>50&&x<=100");       //输出结果
else                         //x 值不满足此条件,不会执行其下语句
alert("x>100");
//-->
</script>
</body>
</html>
```

相关的代码实例请参考 Chap8.30.html 文件,然后双击该文件,在 IE 浏览器中运行的结果如图 14-32 所示。

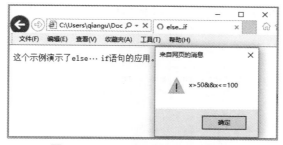

图 14-32　else…if 语句的应用结果

从运行结果中可以看出,其运行过程如下:首先判断 x 是否小于或等于 1,如果结果为 true,则执行语句 "alert("x<=1");";否则程序将判断 x 是否大于 1 并且小于或等于 50,如果结果为 true,则执行语句 "alert("x>1&&x<=50")";同理,如果上述语句均不满足,则执行最后的 else 语句。

14.8.5　if 语句的嵌套

if(或 if…else)结构可以嵌套使用,来表示所示条件的一种层次结构关系。不过,在使用 if 语句的嵌套应用时,最好使用大括号 "{}" 来确定相互的层次关系。

【例 14-31】（实例文件:ch14\Chap14.31.html）if 语句的嵌套应用。

```
<!DOCTYPE HTML>
<html>
```

```
<head>
<title>if 语句的嵌套</title>
<body>
<script language="javascript">
<!--
var x=25;y=x;              //x、y 值都为 25
document.write("<p>目前变量 x 的值为: x="+ x);
document.write("<p>目前变量 y 的值为: y="+ y);
if(x<10)                   //x 为 25,不满足此条件,故其下面的代码不会执行
{
    if(y==1)
    document.write("<p>所以,可以得出结论: x<10&&y==1");
    else
    document.write("<p>所以,可以得出结论: x<10&&y!==1");
}
else if(x>10)              //x 满足条件,继续执行下面的语句
{
    if(y==1)              //y 为 12,不满足此条件,故其下面的代码不会执行
    document.write("<p>所以,可以得出结论: x>10&&y==1");
    else                 //y 满足条件,继续执行下面的语句
    document.write("<p>所以,可以得出结论: x>10&&y!==1");
}
else
document.write("<p>所以,可以得出结论: x==10");
//-->
</script>
</body>
</head>
</html>
```

相关的代码实例请参考 Chap8.31.html 文件，然后双击该文件，在 IE 浏览器中运行的结果如图 14-33 所示。

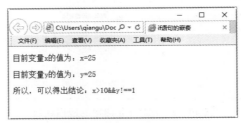

图 14-33　if 语句的嵌套应用结果

14.8.6　switch 语句

switch 语句用于基于不同的条件来执行不同的动作。具体的语法格式如下：

```
switch(n)
{
    case 1:
        执行代码块 1
        break;
    case 2:
        执行代码块 2
```

```
            break;
        default:
            与 case 1 和 case 2 不同时执行的代码

}
```

【例 14-32】（实例文件：ch14\Chap14.32.html）switch 语句的应用。

```
<!DOCTYPE html>
<html>
<head>
<title>switch 语句</title>
</head>
<body>
<p>点击下面的按钮来显示今天是周几：</p>
<button onclick="myFunction()">获取星期信息</button>
<p id="demo"></p>
<script>
function myFunction(){
    var x;
    var d=new Date().getDay();
    switch (d){
        case 0:x="今天是星期日";
    break;
        case 1:x="今天是星期一";
        break;
        case 2:x="今天是星期二";
        break;
        case 3:x="今天是星期三";
        break;
        case 4:x="今天是星期四";
    break;
        case 5:x="今天是星期五";
        break;
        case 6:x="今天是星期六";
    break;
    }
    document.getElementById("demo").innerHTML=x;
}
</script>
</body>
</html>
```

相关的代码实例请参考 Chap8.32.html 文件，然后双击该文件，在 IE 浏览器中运行后单击"获取星期信息"按钮，即可在下方显示星期数如图 14-34 所示。

图 14-34　switch 语句的应用结果

275

14.9　循环语句

循环语句的作用是反复地执行同一段代码，尽管其分为几种不同的类型，但基本原理几乎都是一样的，只要给定的条件仍能得到满足，包括再循环条件语句里面的代码就会重复执行下去，一旦条件不再满足则终止。本节将简要介绍 JavaScript 中常用的几种循环。

14.9.1　while 语句

while 循环会在指定条件为真时循环执行代码块，while 语句的语法格式如下：

```
while （条件）
{
    需要执行的代码
}
```

while 语句为不确定性循环语句，当表达式的结果为真（true）时，执行循环中的语句；表达式的结果为假（false）时，不执行循环。

【例 14-33】（实例文件：ch14\Chap14.33.html）while 语句的应用。

```
<!DOCTYPE html>
<html>
<head>
<title>while 语句的应用实例</title>
</head>
<body>
<p>单击下面的按钮,只要 i 小于 5 就一直循环代码块,并输出数字。</p>
<button onclick="myFunction()">单击这里</button>
<p id="demo"></p>
<script>
function myFunction(){
    var x="",i=0;
    while (i<5){
        x=x + "该数字为 " + i + "<br>";
        i++;
    }
    document.getElementById("demo").innerHTML=x;
}
</script>
</body>
</html>
```

相关的代码实例请参考 Chap8.33.html 文件，然后双击该文件，在 IE 浏览器中运行后单击"单击这里"按钮，即可显示数字信息，如图 14-35 所示。

图 14-35　while 语句的应用结果

14.9.2　do…while 语句

do…while 循环是 while 循环的变体，该循环会在检查条件是否为真之前执行一次代码块，然后如果条件为真，就会重复这个循环。do…while 语句的语法格式如下：

```
do
{
    需要执行的代码
}
while (条件);
```

do…while 为不确定性循环，先执行大括号中的语句，当表达式的结果为真（true）时，执行循环中的语句；表达式为假（false）时，不执行循环，并退出 do…while 循环。

【例 14-34】（实例文件：ch14\Chap14.34.html）do…while 语句的应用。

```html
<!DOCTYPE html>
<html>
<head>
<title>do…while 语句的应用实例</title>
</head>
<body>
<p>单击下面的按钮,只要 i 小于 5 就一直循环代码块,并输出数字。</p>
<button onclick="myFunction()">单击这里</button>
<p id="demo"></p>
<script>
function myFunction(){
    var x="",i=0;
    do{
        x=x + "该数字为" + i + "<br>";
        i++;
    }
    while (i<5)
    document.getElementById("demo").innerHTML=x;
}
</script>
</body>
</html>
```

相关的代码实例请参考 Chap8.34.html 文件，然后双击该文件，在 IE 浏览器中运行后单击"单击这里"按钮，即可显示数字信息，如图 14-36 所示。

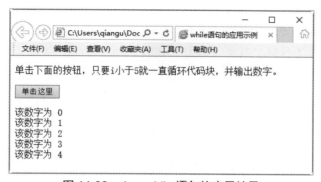

图 14-36　do…while 语句的应用结果

提示：while 与 do⋯while 的区别：do⋯while 将先执行一遍大括号中的语句，再判断表达式的真假，这是它与 while 的本质区别。

14.9.3　for 语句

for 语句非常灵活，完全可以代替 while 与 do⋯while 语句，如图 14-37 所示为 for 语句的执行流程。执行的过程为：先执行"初始化表达式"，再根据"判断表达式"的结果判断是否执行循环，当判断表达式为真 true 时，执行循环中的语句，最后执行"循环表达式"，并继续返回循环的开始，并进行新一轮的循环；表达式为假 false 时，不执行循环，并退出 for 循环。

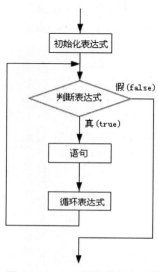

图 14-37　for 语句的执行流程

for 语句语法如下：

```
for (语句1;语句2;语句3)
{
    被执行的代码块
}
```

语句 1：（代码块）开始前执行。
语句 2：定义运行循环（代码块）的条件。
语句 3：在循环（代码块）已被执行之后执行。
例如：计算 1～100 的所有整数之和（包括 1 与 100）。

【例 14-35】（实例文件：ch14\Chap14.35.html）for 语句的应用。

```
<!DOCTYPE html>
<html>
<head>
<title>for 语句的应用实例</title>
</head>
<body>
<script>
for(var i=0,iSum=0;i<=100;i++)
```

```
{
        iSum+=i;
}
document.write("1-100 的所有数之和为"+iSum);
</script>
</body>
</html>
```

相关的代码实例请参考 Chap8.35.html 文件，然后双击该文件，在 IE 浏览器中运行的结果如图 14-38 所示。

图 14-38　for 语句的应用结果

14.10　跳转语句

在循环语句中，某些情况需要跳出循环或者跳过循环体内剩余语句，而直接执行下一次循环，此时可通过 break 和 continue 语句来实现这一目的。break 语句的作用是立即跳出循环，continue 语句的作用是停止正在进行的循环而直接进入下一次循环。

14.10.1　break 语句

break 语句主要有以下 3 种作用：

（1）在 switch 语句中，用于终止 case 语句序列，跳出 switch 语句。

（2）用在循环结构中，用于终止循环语句序列，跳出循环结构。

（3）与标签语句配合使用，从内层循环或内层程序块中退出。

当 break 语句用于 for、while、do…while 循环语句中时，可使程序终止循环而执行循环后面的语句。

【例 14-36】（实例文件：ch14\Chap14.36.html）break 语句的应用。

```
<!DOCTYPE html>
<html>
<head>
<body>
<title> break 语句使用实例</title>
<script type = "text/javascript">
stop:{
    for(var row = 1; row <= 10; ++row)
{
        for(var column = 1;column <= 6;++column)
{
```

```
        if(row == 5)
          break stop;
          document.write(" * ");
      }
    document.write("<p>");
  }
    document.write("这行无法显示");
 }
    document.write("结束 script 语句");
</script>
</body>
</head>
</html>
```

相关的代码实例请参考 Chap8.36.html 文件，然后双击该文件，在 IE 浏览器中运行的结果如图 14-39 所示。

图 14-39　break 语句的应用结果

14.10.2　continue 语句

continue 语句只能出现在循环语句的循环体内，无标号的 continue 语句的作用是跳过当前循环的剩余语句，继续执行下一次循环。

例如要显示 20 以内的偶数，首先判断变量 x 是奇数时，则会跳过本循环的后续代码，直接执行 for 语句中的第三部分，再进行下一次循环的比较，直至偶数都显示出来。

【例 14-37】（实例文件：ch14\Chap14.37.html）continue 语句的应用。

```
<!DOCTYPE html>
<html>
<head>
<body>
<title> continue 语句使用实例</title>
<script language="JavaScript">
var output = "";              //output 初值为空字符串
for(var x=1;x<20;x++)         //求 20 以内的偶数
{
if(x%2==1)                    //如果是奇数就跳过
continue;
output=output+"x="+x+" ";    //如果是偶数，就附加在 output 字符串后面组成新字符串
}
document.write(output);      //输出结果
</script>
</body>
```

280

```
</head>
</html>
```

相关的代码实例请参考 **Chap8.37.html** 文件，然后双击该文件，在 IE 浏览器中运行的结果如图 14-40 所示。

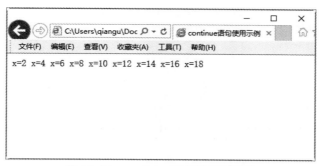

图 14-40　continue 语句的应用结果

14.11　九九乘法表

下面是一个 JavaScript 综合实例——九九乘法表。

【**例 14-38**】（实例文件：ch14\Chap14.38.html）九九乘法表的应用。

```
<!DOCTYPE html>
<html>
<head>
<title> New Document </title>
<meta name="Generator" content="EditPlus">
<meta name="Author" content="">
<meta name="Keywords" content="">
<meta name="Description" content="">
</head>
<body>
<script language="JavaScript" type="text/javascript">
//这里是注释
var a=1;    //注释可以跟在语句后面
/*
程序功能：打印九九乘法表
建立日期：2013 年 1 月 30 日
*/
label1:for(var i=1;i<=9;i++){
    document.write("<br>");
    for(var j=1;j<=9;j++){
        if(j>i){
            continue label1;
        }
        document.write(i+"×"+j+"="+i*j+"  ");
    }
}
//-->
</script>
```

```
</body>
</html>
```

相关的实例请参考 Chap14.38.html 文件，在 IE 浏览器中运行的结果如图 14-41 所示。

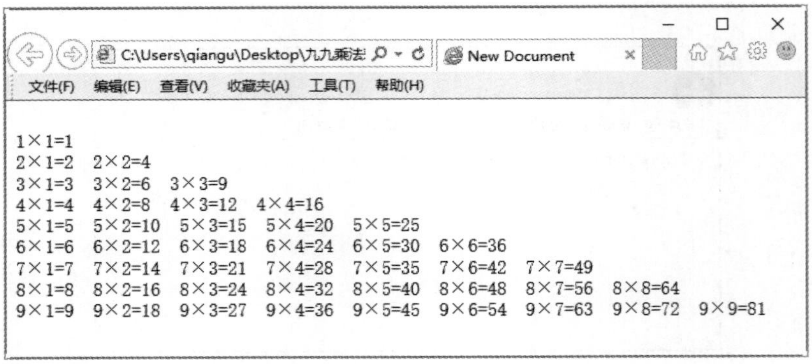

图 14-41　九九乘法表的应用结果

14.12　计算借贷支出金额

下面是一个 JavaScript 综合实例——计算借贷支出金额，读者可以先自己动手编写程序，经过出错、调试，反复检验将程序进行完善。

【例 14-39】（实例文件：ch14\Chap14.39.html）用 JavaScript 计算借贷支出金额。

```html
<!DOCTYPE html>
<html>
<head>
<title>自动计算借贷支付金额</title>
</head>
<body bgcolor="white">
    <form name="loandata">
        <table>
            <tr><td colspan="3"><b>输入贷款信息：</b></td></tr>
            <tr>
                <td>(1)</td>
                <td>贷款总额：</td>
                <td><input type="text" name="principal" size="12" onchange="calculate();
"></input></td>
            </tr>
            <tr>
                <td>(2)</td>
                <td>年利率(%)：</td>
                <td><input type="text" name="interest" size="12" onchange="calculate();">
</input></td>
            </tr>
            <tr>
                <td>(3)</td>
                <td>借款期限(年)：</td>
```

```
                        <td><input type="text" name="years" size="12" onchange="calculate();">
</input></td>
                    </tr>
                    <tr><td colspan="3"><input type="button" value="计算" onclick="calculate();">
</td></tr>
                    <tr><td colspan="3"><b>输入还款信息: </b></td></tr>
                    <tr>
                        <td>(4)</td>
                        <td>每月还款金额: </td>
                        <td><input type="text" name="payment" size="12" ></input></td>
                    </tr>
                    <tr>
                        <td>(5)</td>
                        <td>还款总金额: </td>
                        <td><input type="text" name="total" size="12" ></input></td>
                    </tr>
                    <tr>
                        <td>(6)</td>
                        <td>还款总利息: </td>
                        <td><input type="text" name="totalinterest" size="12" ></input></td>
                    </tr>
        </table>
    </form>
</body>
<script type="text/javascript">
    function calculate(){
                //贷款总额
                //把年利率从百分比转换成十进制,并转换成月利率
                //还款月数
                var principal = document.loandata.principal.value;
                var interest = document.loandata.interest.value/100/12;
                var payments = document.loandata.years.value*12;
                //计算月支付额,使用了相关的数学函数
                var x=Math.pow(1+interest,payments);
                var monthly=(principal*x*interest)/(x-1)
                //检查结果是否是无穷大的数.如果不是,就显示出结果
                if(!isNaN(monthly)&&
                    (monthly!=Number.POSITIVE_INFINITY)&&
                    (monthly!=Number.NEGATIVE_INFINITY)){
                    document.loandata.payment.value=round(monthly);document.loandata.total.value=
round(monthly*payments);document.loandata.totalinterest. value=round((monthly*payments)-principal);
                }
                //否则,用户输入的数据是无效的,因此什么都不显示
                else{
                        document.loandata.payment.value="";
                        document.loandata.total.value="";
                        document.loandata.totalinterest.value="";
        }
    }
    //把数字舍入成两位小数的形式
```

```
    function round(x){
        return Math.round(x*100)/100;
    }
</script>
</html>
```

相关的代码实例请参考 Chap14.39.html 文件，然后双击该文件，在 IE 浏览器中运行的结果如图 14-42 所示。

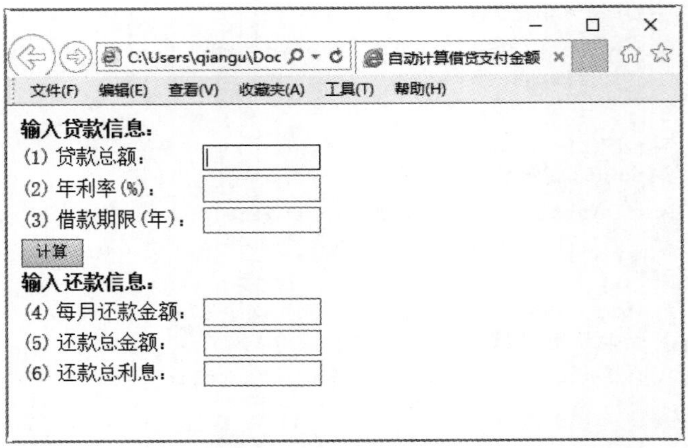

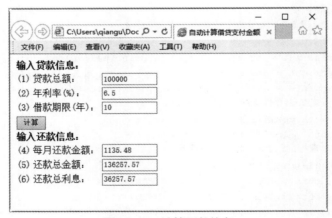

图 14-42　运行预览效果

在输入贷款信息下方输入贷款金额、年利率与借款期限等信息，单击"计算"按钮，即可在下方显示还款信息，如图 14-43 所示。

图 14-43　计算还款信息

14.13　就业面试技巧与解析

14.13.1　面试技巧与解析（一）

面试官：有些程序员认为 JavaScript 是 Java 的变种，对于这个问题，你是怎么看的？

应聘者：就我个人理解来说，JavaScript 不是 Java 的变种。虽然，JavaScript 最初的确是受 Java 启发而开始设计的，而且设计的目的之一就是"看上去像 Java"，因此语法上有很多类似之处，许多名称和命名规范也借自 Java。但是实际上，JavaScript 的主要设计原则源自 Self 和 Scheme，它与 Java 本质上是不同的。它与 Java 名称上的近似，是当时开发公司为了营销考虑与 Sun 公司达成协议的结果。其实，从本质上讲，JavaScript 更像是一门函数式编程语言，而非面向对象的语言，它使用一些智能的语法和语义来仿真高度复杂的行为。其对象模型极为灵活、开放和强大，具有全部的反射性。

14.13.2　面试技巧与解析（二）

面试官：你认为什么是脚本语言？

应聘者：就我个人理解来说，脚本语言是由传统编程语言简化而来的语言，它与传统编程语言有很多相似之处，也有不同之处。脚本语言的最显著特点：一是它不需要编译成二进制，以文本的形式存在；二是脚本语言一般都需要其他语言的调用执行，不能独立运行。

第 15 章

JavaScript 开发应用工具

学习指引

在程序开发过程中，总是需要对代码程序不断进行调试以及优化才能达到理想的效果，JavaScript 也同样需要一套有力的开发工具。本章将详细介绍与 JavaScript 相关的工具的应用，主要内容包括 JavaScript 常用的编写工具、开发工具与调试工具。

重点导读

- 掌握 JavaScript 编写工具的使用。
- 掌握 JavaScript 开发工具的使用。
- 掌握 JavaScript 调试工具的使用。

15.1　JavaScript 的编写工具

JavaScript 是一种脚本语言，代码不需要编译成二进制，而是以文本的形式存在，因此任何文本编辑器都可以作为其开发环境。通常使用的 JavaScript 编辑器有记事本、Ultra Edit-32 和 Dreamweaver。

15.1.1　系统自带编辑器记事本

记事本是 Windows 系统自带的文本编辑器，也是最简洁方便的文本编辑器，由于记事本的功能过于单一，所以要求开发者必须熟练掌握 JavaScript 语言的语法、对象、方法和属性等。对于初学者是个极大的挑战，因此，不建议使用记事本。但是由于记事本简单方便、打开速度快，所以常用来做局部修改，如图 15-1 所示。

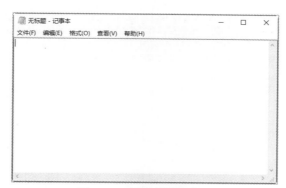

图 15-1　记事本编辑窗口

15.1.2　UltraEdit 文本编辑器

UltraEdit 是能够满足一切编辑需要的编辑器。它是一套功能强大的文本编辑器，可以编辑文本、十六进制、ASCII 码，可以取代记事本，可同时编辑多个文件，而且即使开启很大的文件速度也不会慢。软件附有 HTML 标签颜色显示、搜寻替换以及无限制的还原功能，一般大家喜欢用其来代替记事本的文本编辑器，如图 15-2 所示。

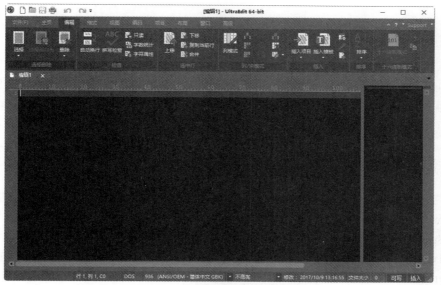

图 15-2　UltraEdit 文本编辑器窗口

15.1.3　Dreamweaver 开发工具

Adobe 公司的 Dreamweaver 用户界面非常友好，是一个非常优秀的网页开发工具，深受广大用户的喜爱，Dreamweaver 的主界面如图 15-3 所示。

提示：除了上述编辑器外，还有很多种编辑器可以用来编写 JavaScript 程序。如 Aptana、1st Javascript Editor、Javascript Menu Master、Platypus Javascript Editor、SurfMap Javascript、Javascript Editor 等。"工欲善其事，必先利其器"，选择一款适合自己的 JavaScript 编辑器，可以让程序员的编辑工程事半功倍。

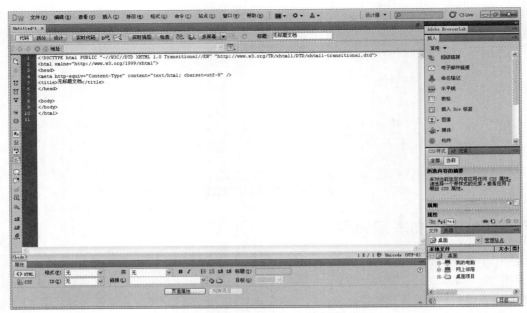

图 15-3　Dreamweaver 编辑窗口

15.2　JavaScript 常用的开发工具

由于 JavaScript 缺少合适的开发工具的支持，编写 JavaScript 程序，特别是超过 500 行以上的 JavaScript 程序，就会变得非常复杂，在代码中不小心增加了一个多余的"("或"{"，整段代码就有可能崩溃。本节就来介绍几款常用的 JavaScript 开发工具。

15.2.1　附带测试的开发工具——TestSwarm

TestSwarm 是 Mozilla 实验室推出的一个开源项目，它旨在为开发者提供在多个浏览器版本上快速轻松测试自己 JavaScript 代码的方法。

目前，TestSwarm 正在测试许多开发人员都依靠的诸多流行的开源 JavaScript 库，其中包括 jQuery、YUI、Dojo、MooTools 和 Prototype 等。如果用户想在自己的项目中使用 TestSwarm，可以下载并在自己的服务器上安装 TestSwarm，TestSwarm 的工作界面如图 15-4 所示。

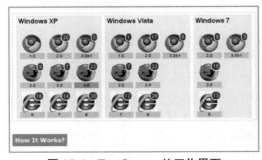

图 15-4　TestSwarm 的工作界面

15.2.2 半自动化开发工具——Minimee

在互联网领域，速度就是一切。这意味着当面对 CSS 和 JavaScript 文件的时候，文件大小是一个重要的要素。Minimee 可以自动将文件最小化以及对文件进行组合，帮助用户化繁为简，Minimee 的工作界面如图 15-5 所示。

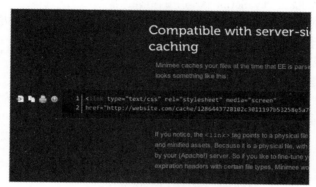

图 15-5　Minimee 的工作界面

15.2.3 轻松建立 JS 库的开发工具——Boilerplate

JavaScript Boilerplate 是基于 HTML/CSS/JavaScript 的一个快速、健壮和面向未来的网站模板。经过多年的迭代开发，功能更加完善。包括跨浏览器的正常化显示、性能优化、AJAX 跨域通信和 Flash 处理等。这个模板包含一个.htaccess 配置文件，通过该配置文件可以设置 Apache 缓存、网站播放 HTML 5 视频、使用@font-face 和是否允许使用 gzip 等，Boilerplatee 的工作界面如图 15-6 所示。

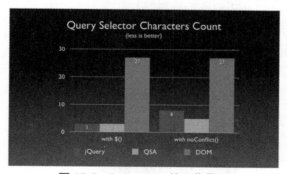

图 15-6　Boilerplate 的工作界面

它同样可以在手机浏览器工作，它拥有 iOS、Android、Opera 所支持的标签和 CSS 骨架。Boilerplate 有以下特性：

- 支持 HTML 5。
- 跨浏览器兼容,包括对 IE 6 的支持。
- 高速缓存和压缩规则，最佳实践配置。
- 移动浏览器优化。
- 单元测试套件 JavaScript 分析。
- 移动与特定 CSS 规则的 iOS 和 Android 的浏览器支持。

15.3　JavaScript 常用的调试工具

JavaScript 技术已经变得非常流行，每一天都有新的变化。JavaScript 加强了很多东西，为了调试 JavaScript 代码会涉及各种各样的工作。

JavaScript 调试器能帮忙找出 JavaScript 代码中的错误。要想成为一名高级 JavaScript 调试员，你需要知道自己要用到的一些调试器、典型的 JavaScript 调试工作流程及高效调试的核心条件。

当调查一个特定问题时，通常遵循以下过程：

（1）在调试器的代码查看窗口找出相关代码。

（2）在觉得将发生有趣的事的地方设置断点。

（3）若是行内脚本，则在浏览器中重载页面，若是一个事件处理器则点击按钮，以再次运行脚本。

（4）一直等到调试器暂停执行并通过代码。

（5）查看变量值。例如，看看那些本该包含一个值却显示未定义的变量，或者当你希望他们返回 true 却返回 false 时。

（6）如果需要，使用命令行对代码进行求值，或者为测试改变变量。

（7）通过学习导致错误情况发生的那段代码或输入，找出问题所在。

这里介绍 5 个最常用的 JavaScript 调试工具。

15.3.1　调试工具——Drosera

Drosera 可以调试任何基于 WebKit 的应用程序，Drosera 的调试界面如图 15-7 所示。

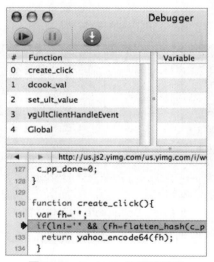

图 15-7　Drosera 的调试界面

15.3.2　规则的调试工具——Dragonfly

Dragonfly 可以高亮显示语法和断点，搜索功能强大，可以搜索当前选择的脚本。可以用文本、正则表达式来加载所有的 JavaScript 文件，Dragonfly 的调试界面如图 15-8 所示。

图 15-8　Dragonfly 的调试界面

15.3.3　Firefox 的集成工具——Firebug

Firefox 集成了 Firebug，它提供了一个丰富的 Web 开发工具，可以在任何网页编辑、调试和监控 CSS、HTML 与 JavaScript，Firebug 的调试界面如图 15-9 所示。

图 15-9　Firebug 的调试界面

15.3.4　前端调试利器——Debugbar

在 IE 8 之前，在 IE 中的调试就只有 alert 命令，虽然可以在 Visual Studio 中进行调试，但过程比较麻烦。一个做得比较好的工具就是 Debugbar，不过该工具与 Firebug 比起来，还是有很大的差距的。

Debugbar 虽然可以与 Firebug 一样获取页面元素、做源代码调试和 CSS 调试，但是，其功能实在有限，Debugbar 的工作界面如图 15-10 所示。

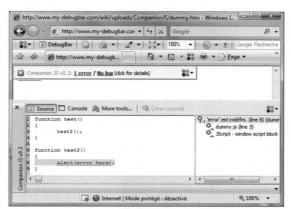

图 15-10　Debugbar 的工作界面

15.3.5　支持浏览器多的工具——Venkman

Venkman 是 Mozilla 的 JavaScript degugger 代码名称，可以在用户界面上和控制台命令中使用断点管理、调用栈检查、检查变量/对象等功能，可以让用户以最习惯的方式调试。

Venkman 可以从 http://www.hacksrus.com/～ginda/venkman/下载，然后用 firefox 打开得到的 xpi 文件，它就会自动安装，重启 firefox，选择工具->JavaScript Debugger 启动 venkman，工作界面如图 15-11 所示。

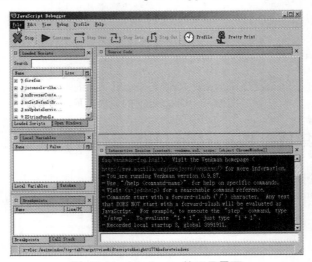

图 15-11　Venkman 的工具界面

从工作界面中，可以看出其窗口布局很清晰，Loaded Scripts 窗口中显示当前可用的 JavaScript，点击文件旁边的加号，就会打开一个详细列表，列出该文件中的所有函数。

代码中的断点跟踪，是调试工作中的重点，venkman 支持两种断点模式，分别是硬（hard）断点和将来（future）断点。两者的区别是：将来断点设置在函数体之外的代码行上，一旦这些代码行加载到浏览器上就会立即执行。

下面给出一个实例，一个 js 文件 DebugSample.js 和一个调用页面 CallPage.html。

```
//DebugSample.js
var dateString = new Date().toString();
function doFoo(){
    var x = 2 + 2;
    var y = "hello";
    alert("test");
}


//CallPage.html
<html>
    <title>test page</title>
    <script language="JavaScript" src="DebugSample.js"></script>
    <body>
        <form id="test">
            <input type="button" value="test" onclick="doFoo()"/>
        </form>
    </body>
</html>
```

用 firefox 打开 CallPage.html，启动 venkman，在所需的代码行上设置一个断点，点击代码行左侧的边栏即可。每次点击这一行时，这行就会轮流切换为以下 3 种：无断点、硬断点、将来断点。硬断点由一个红色的 B 指示，将来断点有橙色的 F 指示。函数体外的代码行只能切换为无断点和将来断点。可以在 var y = "hello";这一行设个断点，如图 15-12 所示。

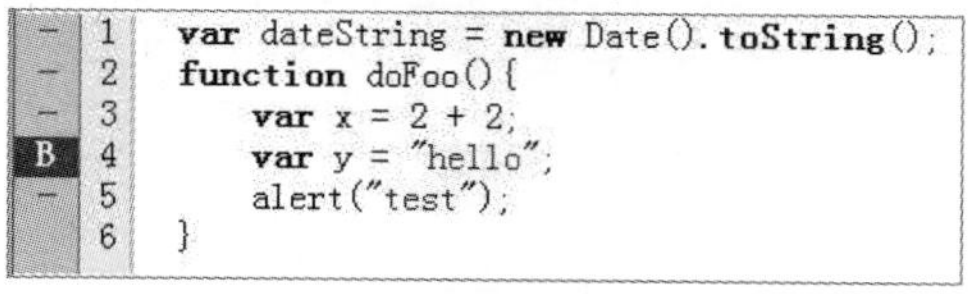

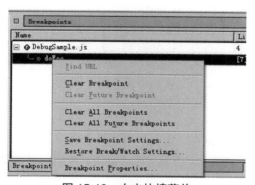

图 15-12　设置断点

单击页面的 test 按钮，可以看到在断点处停止了，接下来的操作想必大家都知道了，它和其他的 debugger 用法相同。

下面看一下 venkman 的另一个强大特性，右键点击一个断点，选择 Breakpoint Properties（断点属性），如图 15-13 所示。

图 15-13　右击快捷菜单

这样会打开 Breakpoint Properties 对话框，允许用户修改断点的行为，如图 15-14 所示。

图 15-14　Breakpoint Properties 对话框

这个窗口的强大之处在于 Wen triggered, execute…（如果触发，则执行…），勾选这个复选框，会置一个文本框有效，可以编写 js 代码，每次遇到断点时都会执行此代码，向这个定制脚本传递的参数名为_count_，它表示遇到断点的次数，对话框的 4 个复选框中，Stop if result is true 的功能最强大，它意味着只有当定制代码的返回值为 true 时，断点才会暂停执行。

15.4 就业面试技巧与解析

15.4.1 面试技巧与解析（一）

面试官：如果当前浏览器不支持 JavaScript，如何做才能不影响网页的美观？

应聘者：现在浏览器种类、版本繁多，不同浏览器对 JavaScript 代码的支持度均不一样。为了不影响网页的美观，可以使用 HTML 注释语句将代码注释，这样便不会在网页中输出这些代码。HTML 注释语句使用 "<!--" 符号和 "-->" 标记 JavaScript 代码。

15.4.2 面试技巧与解析（二）

面试官：使用 JavaScript 编写好应用程序后，你认为还需要对 JavaScript 代码进行优化处理吗？

应聘者：对于我个人来说，优化处理是必要的，而且主要优化的是脚本程序代码的下载时间和执行效率，因为 JavaScript 运行前不需要进行编译而直接在客户端运行，所以代码的下载时间和执行效率直接决定了网页的打开速度，从而影响着客户端的用户体验效果。

具体来讲，可以从下面三个方面来优化 JavaScript 代码。

（1）合理地声明变量。在 JavaScript 中，变量的声明方式可分为显式声明和隐式声明，使用 var 关键字进行声明的就是显式声明，而没有使用 var 关键字的就是隐式声明。在函数中显式声明的变量为局部变量，隐式声明的变量为全局变量。

（2）简化代码。简化 JavaScript 代码是优化代码的一个非要重要的方法。将工程上传到服务器前，尽量缩短代码的长度，去除不必要的字符，包括注释、不必要的空格、换行等。

（3）多使用内置的函数库。与 C、java 等语言一样，JavaScript 也有自己的函数库，函数库里有很多内置函数，用户可以直接调用这些函数。当然，开发人员也可以自己去写那些函数，但是 JavaScript 中的内置函数的属性方法都是经过 C、C++之类的语言编译的，而开发者自己编写的函数在运行前还要进行编译，所以在运行速度上 JavaScript 的内置函数要比自己编写的函数快很多。

第16章

JavaScript 对象与数组

对象是 JavaScript 最基本的数据类型之一，是一种复合的数据类型；数组是 JavaScript 中唯一用来存储和操作有序数据集的数据结构。本章将详细介绍 JavaScript 的对象与数组，主要内容包括创建对象的方法、常用内置对象、对象的访问语句、对象的序列化、创建对象的常用模式、数组对象以及数组的应用方法等。

重点导读

- 掌握创建对象的方法。
- 掌握常用内置对象的使用方法。
- 掌握对象访问语句的使用方法。
- 掌握对象的序列化应用。
- 掌握创建对象常用模式的方法。
- 掌握数组对象的使用方法。
- 掌握使用数组的方法与技巧。

16.1 创建对象的方法

JavaScript 对象是拥有属性和方法的数据。例如，在真实生活中，一辆汽车是一个对象。对象具有自己的属性，如重量、颜色等，方法有启动、停止等。

JavaScript 中创建对象有以下几种方法：

- 使用内置对象创建。
- 直接定义并创建。
- 自定义对象构造创建。

16.1.1 使用内置对象创建对象

JavaScript 可用的内置对象可分为两种，一种是语言级对象，如 String、Object、Function 等；另一种是环境宿主级对象，如 window、document、body 等。通常，我们所说的使用内置对象，是指通过语言级对象的构造方法，创建出一个新的对象，具体代码格式如下：

```
var str = new String("初始化 String");
var str1 = "直接赋值的 String";
var func = new Function("x","alert(x)");        //初始化 func
var o = new Object();                           //初始化一个 Object 对象
```

下面创建一个人对象，对象的属性包括姓名、年龄等。

【例 16-1】（实例文件：ch16\Chap16.1.html）创建 JavaScript 对象应用实例。

```
<!DOCTYPE html>
<html>
<head>
<title>创建 JavaScript 对象</title>
</head>
<body>
<p>创建 JavaScript 对象</p>
<p id="demo"></p>
<script>
var person = {              //创建对象
    //给对象添加属性
    firstName : "刘",
    lastName  : "天佑",
    age       : 3,
    eyeColor  : "black"
};
document.getElementById("demo").innerHTML =
    person.firstName +person.lastName+ "现在"+person.age +"岁了.";
</script>
</body>
</html>
```

相关的代码实例请参考 Chap16.1.html 文件，然后双击该文件，在 IE 浏览器中运行的结果如图 16-1 所示。

图 16-1　使用内置对象创建对象

16.1.2 直接定义并创建对象

直接定义并创建对象，易于阅读和编写，同时也易于解析和生成。直接定义并创建采用"键/值对"集合的形式。在这种形式下，一个对象以"{"（左大括号）开始，"}"（右大括号）结束。每个"名称"后跟一个":"（冒号），"'键/值'对"之间使用","（逗号）分隔。具体代码如下：

```
person={firstname:"刘",lastname:"天佑",age:3,eyecolor:"black"}
```

直接定义并创建对象具有以下特点：

- 简单格式化的数据交换。
- 易于人们的读写习惯。
- 易于机器的分析和运行。

下面创建一个人对象，对象的属性包括姓名、年龄等。

【例 16-2】（实例文件：ch16\Chap16.2.html）创建 JavaScript 对象应用实例。

```
<!DOCTYPE html>
<html>
<head>
<title>创建 JavaScript 对象</title>
</head>
<body>
<script>
person={firstname:"刘",lastname:"天佑",age:3,eyecolor:"black"}
document.write(person.firstname + person.lastname+"现在" + person.age + "岁了");
</script>
</body>
</html>
```

相关的代码实例请参考 Chap16.2.html 文件，然后双击该文件，在 IE 浏览器中运行的结果如图 16-2 所示。

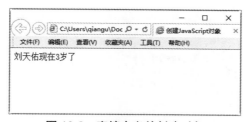

图 16-2　直接定义并创建对象

16.1.3　自定义对象构造创建

创建高级对象构造有两种方式，一种是使用"this"关键字构造；另一种是使用原型 prototype 构造。具体代码如下：

```
//使用 this 关键字
function person ()
{
    this.name = "刘天佑";
    this.age = 3;
}
//使用 prototype
function person (){}
person.prototype.name = "刘天佑";
person.prototype.age = 3;
alert(new person ().name);
```

上例中的两种定义在本质上没有区别，都是定义 person 对象的属性信息。this 与 prototype 的区别主要在于属性访问的顺序。具体代码如下：

```
function Test()
{
    this.text = function()
{
    alert("defined by this");
}
}
Test.prototype.test = function()
{
    alert("defined by prototype");
}
var _o = new Test();
_o.test();                          //输出"defined by this"
```

this 与 prototype 定义的另一个不同点是属性的占用空间不同。使用 this 关键字，实例初始化时为每个实例开辟构造方法所包含的所有属性、方法所需的空间，而使用 prototype 定义，由于 prototype 实际上是指向父级的一种引用，仅仅是个数据的副本，因此在初始化及存储上都比 this 节约资源。

下面创建一个人对象，对象的属性包括姓名、年龄等。

【例 16-3】（实例文件：ch16\Chap16.3.html）创建 JavaScript 对象应用实例。

```
<!DOCTYPE html>
<html>
<head>
<title>创建 JavaScript 对象</title>
</head>
<body>
<script>
//创建构造函数 person
function person(firstname,lastname,age,eyecolor){
    this.firstname=firstname;
    this.lastname=lastname;
    this.age=age;
    this.eyecolor=eyecolor;
}
//实例化一个实例 mySon
mySon=new person("刘","天佑",3,"black");
document.write(mySon.firstname + mySon.lastname + "现在" + mySon.age + " 岁了！");
</script>
</body>
</html>
```

相关的代码实例请参考 Chap16.3.html 文件，然后双击该文件，在 IE 浏览器中运行的结果如图 16-3 所示。

图 16-3　自定义对象构造创建

16.2　常用内置对象

JavaScript 作为一门基于对象的编程语言，以其简单、快捷的对象操作获得 Web 应用程序开发者的认可，而其内置的几个核心对象，则构成了 JavaScript 脚本语言的基础。

16.2.1　字符串对象

字符串（String）对象是 JavaScript 的内置对象，属于动态对象，需要创建对象实例后才能引用该对象的属性和方法，该对象主要用于处理或格式化文本字符串及确定和定位字符串中的子字符串。

1. 创建 String 对象

String 对象用于处理文本或字符串。创建 String 对象的方法有两种。

第一种是直接创建，例如：

```
var txt = "string";
```

其中，var 是可选项，""string"" 就是给对象 txt 赋的值。

第二种是使用 new 关键字来创建，例如：

```
var txt = new String("string");
```

其中，var 是可选项，字符串构造函数 String() 的第一个字母必须为大写字母。

注意：上述两种语句效果是一样的，因此声明字符串时可以采用 new 关键字，也可以不采用 new 关键字。

2. String 对象属性

String（字符串）对象的属性及说明如表 16-1 所示。

表 16-1　字符串对象的属性及说明

属　　性	描　　述
constructor	对创建该对象的函数的引用
length	字符串的长度
prototype	允许用户向对象添加属性和方法

【例 16-4】（实例文件：ch16\Chap16.4.html）计算字符串的长度。

```
<!DOCTYPE html>
<html>
<head>
<title>计算字符串的长度</title>
</head>
<body>
<script>
var txt = "Hello JavaScript!";
document.write("字符串"Hello JavaScript! "的长度为："+txt.length);
</script>
</body>
</html>
```

相关的代码实例请参考 Chap16.4.html 文件，然后双击该文件，在 IE 浏览器中运行的结果如图 16-4 所示。

图 16-4　计算字符串的长度

注意： 测试字符串长度时，空格也占一个字符位。一个汉字点一个字符位，即一个汉字长度为 1。

3. String 对象的方法

String（字符串）对象的方法如表 16-2 所示。使用这些方法可以定义字符串的属性，如以大号字体显示字符串、指定字符串的显示颜色等。

表 16-2　String 对象的方法

方 法	描 述
charAt()	返回在指定位置的字符
charCodeAt()	返回在指定的位置的字符的 Unicode 编码
concat()	连接字符串
fromCharCode()	从字符编码创建一个字符串
indexOf()	检索字符串
lastIndexOf()	从后向前搜索字符串
match()	找到一个或多个正则表达式的匹配
replace()	替换与正则表达式匹配的子串
search()	检索与正则表达式相匹配的值
slice()	提取字符串的片断，并在新的字符串中返回被提取的部分
split()	把字符串分割为字符串数组
substr()	从起始索引号提取字符串中指定数目的字符
substring()	提取字符串中两个指定的索引号之间的字符
toLowerCase()	把字符串转换为小写
toUpperCase()	把字符串转换为大写
valueOf()	返回某个字符串对象的原始值

【例 16-5】（实例文件：ch16\Chap16.5.html）转换字符串的大小写。

```
<!DOCTYPE html>
<html>
<head>
<title>转换字符串的大小写</title>
</head>
<body>
```

```
<p>该方法返回一个新的字符串,源字符串没有被改变。</p>
<script>
var txt="Hello World!";
document.write("<p>" +"原字符串: " + txt + "</p>");
document.write("<p>" +"全部大写: " + txt.toUpperCase() + "</p>");
document.write("<p>" + "全部小写: " +txt.toLowerCase() + "</p>");
</script>
</body>
</html>
```

相关的代码实例请参考 Chap16.5.html 文件，然后双击该文件，在 IE 浏览器中运行的结果如图 16-5 所示。

图 16-5 转换字符串的大小写

16.2.2 日期对象

Date（日期）对象用于处理日期与时间，是一种内置式 JavaScript 对象。

1. 创建 Date 对象

创建 Date 对象的方法有以下四种：

```
var d = new Date();                //当前日期和时间
var d = new Date(milliseconds);    //返回从 1970 年 1 月 1 日至今的毫秒数
var d = new Date(dateString);
var d = new Date(year, month, day, hours, minutes, seconds, milliseconds);
```

上述创建方法中的参数大多数都是可选的，在不指定的情况下，默认参数是 0。

实例化一个日期，代码如下：

```
var today = new Date()
var d1 = new Date("October 13, 1975 11:13:00")
var d2 = new Date(79,5,24)
var d3 = new Date(79,5,24,11,33,0)
```

下面给出一个实例，分别使用上述四种方法创建日期对象。

【例 16-6】（实例文件：ch16\Chap16.6.html）创建日期对象。

```
<!DOCTYPE html>
<html>
<head>
<title>创建日期对象</title>
<script>
//以当前时间创建一个日期对象
var myDate1=new Date();
//将字符串转换成日期对象,该对象代表日期为 2017 年 6 月 10 日
var myDate2=new Date("June 10,2017");
```

```
//将字符串转换成日期对象,该对象代表日期为 2017 年 6 月 10 日
var myDate3=new Date("2017/6/10");
//创建一个日期对象,该对象代表日期和时间为 2017 年 10 月 19 日 16 时 16 分 16 秒
var myDate4=new Date(2017,10,19,16,16,16);
//创建一个日期对象,该对象代表距离 1970 年 1 月 1 日 0 分 0 秒 20000 毫秒的时间
var myDate5=new Date(20000);
//分别输出以上日期对象的本地格式
document.write("myDate1 所代表的时间为: "+myDate1.toLocaleString()+"<br>");
document.write("myDate2 所代表的时间为: "+myDate2.toLocaleString()+"<br>");
document.write("myDate3 所代表的时间为: "+myDate3.toLocaleString()+"<br>");
document.write("myDate4 所代表的时间为: "+myDate4.toLocaleString()+"<br>");
document.write("myDate5 所代表的时间为: "+myDate5.toLocaleString()+"<br>");
</script>
</head>
<body>
</body>
</html>
```

相关的代码实例请参考 Chap16.6.html 文件，然后双击该文件，在 IE 浏览器中运行的结果如图 16-6 所示。

图 16-6 创建日期对象

2. Date 对象的属性

Date 日期对象只包含两个属性，分别是 constructor 和 prototype，如表 16-3 所示。

表 16-3 Date 对象的属性及说明

属 性	描 述
constructor	返回对创建此对象的 Date 函数的引用
prototype	允许用户向对象添加属性和方法

【例 16-7】（实例文件：ch16\Chap16.7.html）显示当前系统的月份。

```
<!DOCTYPE html>
<html>
<head>
<title> Date 对象属性的应用</title>
</head>
<body>
<p id="demo">单击"获取月份"按钮来调用新的 myMet()方法,并显示这个月的月份</p>
<button onclick="myFunction()">获取月份</button>
<script>
//创建一个新的日期对象方法:
Date.prototype.myMet=function(){
    if (this.getMonth()==0){this.myProp="一月"};
```

```
    if (this.getMonth()==1){this.myProp="二月"};
    if (this.getMonth()==2){this.myProp="三月"};
    if (this.getMonth()==3){this.myProp="四月"};
    if (this.getMonth()==4){this.myProp="五月"};
    if (this.getMonth()==5){this.myProp="六月"};
    if (this.getMonth()==6){this.myProp="七月"};
    if (this.getMonth()==7){this.myProp="八月"};
    if (this.getMonth()==8){this.myProp="九月"};
    if (this.getMonth()==9){this.myProp="十月"};
    if (this.getMonth()==10){this.myProp="十一月"};
    if (this.getMonth()==11){this.myProp="十二月"};
}
//创建一个 Date 对象,调用对象的 myMet 方法:
function myFunction(){
    var d = new Date();
    d.myMet();
    var x=document.getElementById("demo");
    x.innerHTML=d.myProp;
}
</script>
</body>
```

相关的代码实例请参考 Chap16.7.html 文件，然后双击该文件，在 IE 浏览器中运行的结果如图 16-7 所示。

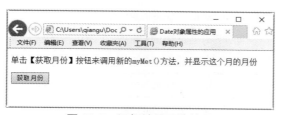

图 16-7　运行结果预览效果

单击"获取月份"按钮，即可在浏览器窗口中显示当前系统的月份，如图 16-8 所示。

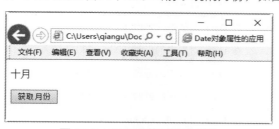

图 16-8　显示当前系统的月份

因为这两个属性在每个内部对象中都有，前面在讲数组对象时已经讲过，这里不再赘述。

3. Date 对象的常用方法

日期对象的方法可分为三大组：setXxx、getXxx、toXxx。setXxx 方法用于设置时间和日期值；getXxx 方法用于获取时间和日期值；toXxx 主要是将日期转换成指定格式。Date（日期）对象的方法如表 16-4 所示。

表 16-4　Date 对象的方法

方　　法	描　　述
getDate()	从 Date 对象返回一个月中的某一天（1～31）
getDay()	从 Date 对象返回一周中的某一天（0～6）
getFullYear()	从 Date 对象以四位数字返回年份
getHours()	返回 Date 对象的小时（0～23）
getMilliseconds()	返回 Date 对象的毫秒（0～999）
getMinutes()	返回 Date 对象的分钟（0～59）
getMonth()	从 Date 对象返回月份（0～11）
getSeconds()	返回 Date 对象的秒数（0 ～ 59）
getTime()	返回 1970 年 1 月 1 日至今的毫秒数
getTimezoneOffset()	返回本地时间与格林威治标准时间（GMT） 的分钟差
getUTCDate()	根据世界时从 Date 对象返回月中的一天（1 ～ 31）
getUTCDay()	根据世界时从 Date 对象返回周中的一天（0 ～ 6）
getUTCFullYear()	根据世界时从 Date 对象返回四位数的年份
getUTCHours()	根据世界时返回 Date 对象的小时（0 ～ 23）
getUTCMilliseconds()	根据世界时返回 Date 对象的毫秒（0 ～ 999）
getUTCMinutes()	根据世界时返回 Date 对象的分钟（0 ～ 59）
getUTCMonth()	根据世界时从 Date 对象返回月份（0 ～ 11）
getUTCSeconds()	根据世界时返回 Date 对象的秒钟（0 ～ 59）
getYear()	已废弃。请使用 getFullYear（）方法代替
parse()	返回 1970 年 1 月 1 日午夜到指定日期（字符串）的毫秒数
setDate()	设置 Date 对象中月的某一天（1 ～ 31）
setFullYear()	设置 Date 对象中的年份（四位数字）
setHours()	设置 Date 对象中的小时（0 ～ 23）
setMilliseconds()	设置 Date 对象中的毫秒（0 ～ 999）
setMinutes()	设置 Date 对象中的分钟（0 ～ 59）
setMonth()	设置 Date 对象中月份（0 ～ 11）
setSeconds()	设置 Date 对象中的秒钟（0 ～ 59）
setTime()	setTime（）方法以毫秒设置 Date 对象
setUTCDate()	根据世界时设置 Date 对象中月份的一天（1 ～ 31）
setUTCFullYear()	根据世界时设置 Date 对象中的年份（四位数字）
setUTCHours()	根据世界时设置 Date 对象中的小时（0 ～ 23）

方　　法	描　　述
setUTCMilliseconds()	根据世界时设置 Date 对象中的毫秒（0 ～ 999）
setUTCMinutes()	根据世界时设置 Date 对象中的分钟（0 ～ 59）
setUTCMonth()	根据世界时设置 Date 对象中的月份（0 ～ 11）
setUTCSeconds()	用于根据世界时（UTC）设置指定时间的秒字段
setYear()	已废弃。请使用 setFullYear() 方法代替
toDateString()	把 Date 对象的日期部分转换为字符串
toGMTString()	已废弃。请使用 toUTCString() 方法代替
toISOString()	使用 ISO 标准返回字符串的日期格式
toJSON()	以 JSON 数据格式返回日期字符串
toLocaleDateString()	根据本地时间格式，把 Date 对象的日期部分转换为字符串
toLocaleTimeString()	根据本地时间格式，把 Date 对象的时间部分转换为字符串
toLocaleString()	根据本地时间格式，把 Date 对象转换为字符串
toString()	把 Date 对象转换为字符串
toTimeString()	把 Date 对象的时间部分转换为字符串
toUTCString()	根据世界时，把 Date 对象转换为字符串
UTC()	根据世界时返回 1970 年 1 月 1 日到指定日期的毫秒数
valueOf()	返回 Date 对象的原始值

【例 16-8】（实例文件：ch16\Chap16.8.html）在网页中显示时钟。

```
<!DOCTYPE html>
<html>
<head>
<title>在网页中显示时钟</title>
<script>
function startTime(){
    var today=new Date();
    var h=today.getHours();
    var m=today.getMinutes();
    var s=today.getSeconds();        //在小于10的数字前加一个'0'
    m=checkTime(m);
    s=checkTime(s);
    document.getElementById('txt').innerHTML=h+":"+m+":"+s;
    t=setTimeout(function(){startTime()},500);
}
function checkTime(i){
    if (i<10){
        i="0" + i;
    }
    return i;
}
</script>
</head>
```

```
<body onload="startTime()">
<div id="txt"></div>
</body>
</html>
```

相关的代码实例请参考 Chap16.8.html 文件，然后双击该文件，在 IE 浏览器中运行的结果如图 16-9 所示。

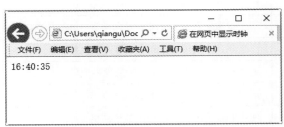

图 16-9　在网页中显示时钟

16.2.3　数组对象

Array（数组）对象是 JavaScript 中常用的内置对象之一，通过调用 Array（数组）对象的各种方法，可以方便地对数组进行排序、删除、合并等操作。有关数组对象的介绍，将在下面小节详细介绍。

16.2.4　逻辑对象

Boolean（逻辑）对象用于转换一个不是 Boolean 类型的值，转换的结果为 Boolean 类型值，包括 true 和 false。

1. 创建 Boolean 对象

Boolean 对象代表两个值：true 或者 false，下面的代码定义了一个名为 myBoolean 的布尔对象，具体格式如下：

```
var myBoolean=new Boolean();
```

如果布尔对象无初始值或者其值为：0、-0、null、""、false、undefined 和 NaN，那么对象的值为 false。否则，其值为 true。

2. 创建 Boolean 的属性

Boolean 日期对象只包含两个属性，分别是 constructor 和 prototype，如表 16-5 所示。

表 16-5　Boolean 对象的属性及说明

属　　性	描　　述
constructor	返回对创建此对象的 Boolean 函数的引用
prototype	允许用户向对象添加属性和方法

【例 16-9】（实例文件：ch16\Chap16.9.html）获取颜色。

```
<!DOCTYPE html>
<html>
<head>
```

```
<title>Boolean 对象属性的应用</title>
</head>
<body>
<p id="demo">单击"获取颜色"按钮,如果 boolean 值为<em>true</em>显示"green",否则显示"red"。</p>
<button onclick="myFunction()">获取颜色</button>
<script>
Boolean.prototype.myColor=function(){
    if (this.valueOf()==true){
        this.color="green";
    }
    else{
        this.color="red";
    }
}
function myFunction(){
    var a = new Boolean(1);
    a.myColor();
    var x=document.getElementById("demo");
    x.innerHTML=a.color;
}
</script>
</body>
</html>
```

相关的代码实例请参考 Chap16.9.html 文件，然后双击该文件，在 IE 浏览器中运行的结果如图 16-10 所示。

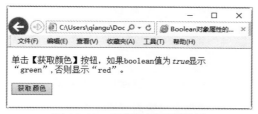

图 16-10　运行结果预览效果

单击"获取颜色"按钮，即可在浏览器窗口中显示符合条件的颜色信息，如图 16-11 所示。

图 16-11　显示复合条件的颜色信息

3. Boolean 对象的方法

Boolean 对象的方法包括两个，如表 16-6 所示。

表 16-6　Boolean 对象的方法

方　　法	描　　述
toString()	把布尔值转换为字符串，并返回结果
valueOf()	返回 Boolean 对象的原始值

307

【例 16-10】（实例文件：ch16\Chap16.10.html）把布尔值转换为字符串，并返回结果。

```
<!DOCTYPE html>
<html>
<head>
<title>把布尔值转换为字符串</title>
</head>
<body>
<p id="demo">单击"获取结果"按钮,以字符串的形式显示 Boolean 对象的值。</p>
<button onclick="myFunction()">获取结果</button>
<script>
function myFunction(){
    var myvar=new Boolean(1);
    var x=document.getElementById("demo");
    x.innerHTML=myvar.toString();
}
</script>
</body>
</html>
```

相关的代码实例请参考 Chap16.10.html 文件，然后双击该文件，在 IE 浏览器中运行的结果如图 16-12 所示。

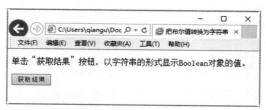

图 16-12　运行结果预览效果

单击"获取结果"按钮，即可在浏览器窗口中以字符串的形式显示布尔值，如图 16-13 所示。

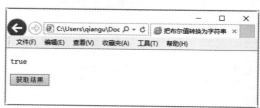

图 16-13　显示运行结果

注意：当需要把 Boolean 对象转换成字符串的情况，JavaScript 会自动调用此方法。

16.2.5　算数对象

算数（Math）对象的作用是执行常见的算数任务。这是因为 Math 对象提供了大量的数学常量和数学函数。在使用 Math 对象时，不能使用关键字 new 来创建对象实例，而应直接使用"对象名.成员"的格式来访问其属性和方法。

1. 创建 Math 对象

创建 Math 对象的语法结构如下。

```
Math.[{property|method}]
```

其中，property 为必选项，为 Math 对象的一个属性名；method 也是必选项，为 Math 对象的一个方法名。具体应用实例代码格式如下：

```
var x = Math.PI;              //返回 PI
var y = Math.sqrt(16);        //返回 16 的平方根
```

2. Math 对象的属性

Math 对象的属性是数学中常用的常量，Math 对象的属性及说明如表 16-7 所示。

表 16-7　Math 对象的属性

属　　性	描　　述
E	返回算术常量 e，即自然对数的底数（约等于 2.718）
LN2	返回 2 的自然对数（约等于 0.693）
LN10	返回 10 的自然对数（约等于 2.302）
LOG2E	返回以 2 为底的 e 的对数（约等于 1.414）
LOG10E	返回以 10 为底的 e 的对数（约等于 0.434）
PI	返回圆周率（约等于 3.14159）
SQRT1_2	返回 2 的平方根的倒数（约等于 0.707）
SQRT2	返回 2 的平方根（约等于 1.414）

【例 16-11】（实例文件：ch16\Chap16.11.html）Math 对象属性的应用。

```
<!DOCTYPE html>
<html>
<body>
<script type="text/javascript">
var numVar1=Math.E
document.write("E 属性应用后的计算结果为: " +numVar1);
document.write("<br>");
document.write("<br>");
var numVar2=Math.LN2
document.write("LN2 属性应用后的计算结果为: " +numVar2);
document.write("<br>");
document.write("<br>");
var numVar3=Math.LN10
document.write("LN10 属性应用后的计算结果为: " +numVar3);
document.write("<br>");
document.write("<br>");
var numVar4=Math. LOG2E
document.write("LOG2E 属性应用后的计算结果为: " +numVar4);
document.write("<br>");
document.write("<br>");
var numVar5=Math. LOG10E
document.write("LOG10E 属性应用后的计算结果为: " +numVar5);
document.write("<br>");
document.write("<br>");
var numVar6=Math. PI
document.write("PI 属性应用后的计算结果为: " +numVar6);
document.write("<br>");
```

```
document.write("<br>");
var numVar7=Math. SQRT1_2
document.write("SQRT1_2 属性应用后的计算结果为：" +numVar7);
document.write("<br>");
document.write("<br>");
var numVar8=Math. SQRT2
document.write("SQRT2 属性应用后的计算结果为：" +numVar8);
</script>
</body>
</html>
```

相关的代码实例请参考 Chap16.11.html 文件，然后双击该文件，在 IE 浏览器中运行的结果如图 16-14 所示。

图 16-14　算数计算结果

3. Math 对象的方法

Math 对象的方法是数学中常用的函数，如表 16-8 所示。

表 16-8　Math 对象的方法

方　　法	描　　述
abs(x)	返回数的绝对值
acos(x)	返回数的反余弦值
asin(x)	返回数的反正弦值
atan(x)	以介于–PI/2 与 PI/2 弧度之间的数值来返回 x 的反正切值
atan2(y,x)	返回从 X 轴到点(x,y)的角度（介于–PI/2 与 PI/2 弧度之间）
ceil(x)	对数进行上舍入
cos(x)	返回数的余弦
exp(x)	返回 e 的指数
floor(x)	对数进行下舍入
log(x)	返回数的自然对数（底为 e）
max(x,y,z,...,n)	返回 x, y, z, ..., n 中的最大值
mix(x,y,z,...,n)	返回 x, y, z, ..., n 中的最小值

方　　法	描　　述
pow(x,y)	返回 x 的 y 次幂
random()	返回 0～1 的随机数
round(x)	把数四舍五入为最接近的整数
sin(x)	返回数的正弦
sqrt(x)	返回数的平方根
tan(x)	返回角的正切

下面以返回两个或多个参数中的最大值或最小值为例，来介绍 Math 对象方法的使用技巧。使用 max() 方法可返回两个指定的数中带有较大的值的那个数。语法格式如下：

```
Math.max(x...)
```

其中，参数 X 为 0 或多个值。其返回值为参数中最大的数值。

使用 min() 方法可返回两个指定的数中带有较小的值的那个数。语法格式如下：

```
Math.min(x...)
```

其中，参数 X 为 0 或多个值。其返回值为参数中最小的数值。

【例 16-12】（实例文件：ch16\Chap16.12.html）返回参数当中的最大值或最小值。

```html
<!DOCTYPE html>
<html>
<body>
<script type="text/javascript">
var numVar=5;
var numVar1=2;
var numVar2=-4;
var numVar3=1;
document.write("5、2、-4、1中最大的值为: "+ Math.max(numVar, numVar1,numVar2,numVar3) + "<br />")
document.write("5、2、-4、1中最小的值为: "+ Math.min(numVar, numVar1,numVar2,numVar3) + "<br />")
</script>
</body>
</html>
```

相关的代码实例请参考 Chap16.12.html 文件，然后双击该文件，在 IE 浏览器中运行的结果如图 16-15 所示。

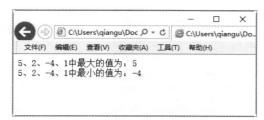

图 16-15　返回数组中的最大值或最小值

16.2.6　数值对象

Number 对象是原始数值的包装对象，代表数值数据类型和提供数值的对象，如果一个参数值不能转换为一个数字将返回 NaN（非数字值）。

1. 创建 Number 对象

在创建 Number 对象时，可以不与运算符 new 一起使用，而直接作为转换函数来使用。以这种方式调用 Number 对象时，它会把自己的参数转化成一个数字，然后返回转换后的原始数值。

创建 Number 对象的语法结构如下：

```
var num = new Number(value);
```

其中，num 表示要赋值为 Number 对象的变量名；value 为可选项，是新对象的数字值。如果忽略 Boolvalue，则返回值为 0。

【例 16-13】（实例文件：ch16\Chap16.13.html）创建一个 Number 对象。

```
<html>
<body>
<script type="text/javascript">
var numObj1=new Number()              //创建 Number 对象
var numObj2=new Number(0)
var numObj3=new Number(-1)
document.write(numObj1+"<br>");
document.write(numObj2+"<br>");
document.write(numObj3+"<br>");
</script>
</body>
</html>
```

相关的代码实例请参考 Chap16.13.html 文件，然后双击该文件，在 IE 浏览器中运行的结果如图 16-16 所示。

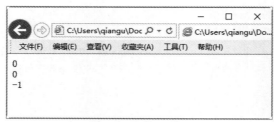

图 16-16　创建数值对象

2. Number 对象的属性

Number 对象包括 7 个属性，如表 16-9 所示。其中，constructor 和 prototype 两个属性在每个内部对象都有，前面已经介绍过，这里不再赘述。

表 16-9　Number 对象的属性

属　　性	描　　述
constructor	返回对创建此对象的 Number 函数的引用
MAX_VALUE	可表示的最大的数
MIN_VALUE	可表示的最小的数
NaN	非数字值

续表

属　　　性	描　　　述
NEGATIVE_INFINITY	负无穷大，溢出时返回该值
POSITIVE_INFINITY	正无穷大，溢出时返回该值
prototype	使您有能力向对象添加属性和方法

【例 16-14】（实例文件：ch16\Chap16.14.html）返回 JavaScript 中最大与最小的数值。

```
<!DOCTYPE html>
<html>
<body>
<script type="text/javascript">
document.write("JavaScript 中最大的数值为：" + Number.MAX_VALUE + "<br>");
document.write("JavaScript 中最小的数值为：" + Number.MIN_VALUE);
</script>
</body>
</html>
```

相关的代码实例请参考 Chap16.14.html 文件，然后双击该文件，在 IE 浏览器中运行的结果如图 16-17
所示。

图 16-17　返回 JavaScript 中最大值与最小值

3. Number 对象的方法

Number 对象包含的方法并不多，这些方法主要用于数据类型的转换，如表 16-10 所示。

表 16-10　Number 对象的方法

方　　　法	描　　　述
toString()	把数字转换为字符串，使用指定的基数
toFixed(x)	把数字转换为字符串，结果的小数点后有指定位数的数字
toExponential(x)	把对象的值转换为指数计数法
toPrecision(x)	把数字格式化为指定的长度
valueOf()	返回一个 Number 对象的基本数字值

【例 16-15】（实例文件：ch16\Chap16.15.html）四舍五入时指定小数位数。

```
<!DOCTYPE html>
<html>
<body>
<script type="text/javascript">
var number = new Number(12.3848);
document.write ("原数值为：" + number);
document.write("<br>");
```

```
document.write ("保留两位小数的数值为: "+number. toFixed(2))
</script>
</body>
</html>
```

相关的代码实例请参考 Chap16.15.html 文件，然后双击该文件，在 IE 浏览器中运行的结果如图 16-18 所示。

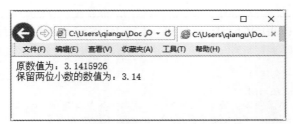

图 16-18　四舍五入运算结果

16.3　对象访问语句

在 JavaScript 中，用于对象访问的语句有两种，分别是 for…in 循环语句和 with 语句。下面详细介绍这两种语句的用法。

16.3.1　for…in 循环语句

for…in 循环语句和 for 语句十分相似，该语句用来遍历对象的每一个属性。每次都会将属性名作为字符串保存在变量中。

for…in 语句的语法格式如下：

```
for(variable in object){
…statement
}
```

其中，**variable** 是一个变量名，声明一个变量的 var 语句、数组的一个元素或者对象的一个属性。**Object** 是一个对象名，或者是计算结果为对象的表达式。statement 是一个原始语句或者语句块，由它构建循环的主体。

【例 16-16】（实例文件：ch16\Chap16.16.html）for…in 语句的使用。

```
<!DOCTYPE html>
<head>
<title>使用 for in 语句</title>
</head>
<body>
<script type="text/javascript">
var mybook = new Array()
mybook[0] = "红楼梦"
mybook[1] = "西游记"
mybook[2] = "水浒传"
mybook[3] = "三国演义"
for (var i in mybook)              //使用 for…in 循环遍历对象 mybook
{
    document.write(mybook[i] + "<br />")
}
```

```
</script>
</body>
</html>
```

相关的代码实例请参考 Chap16.16.html 文件，然后双击该文件，在 IE 浏览器中运行的结果如图 16-19 所示。

图 16-19　for…in 循环语句的应用

16.3.2　with 语句

有了 with 语句，在存取对象属性和方法时就不用重复指定参考对象了，在 with 语句块中，凡是 JavaScript 不识别的属性和方法都和该语句块指定的对象有关。

With 语句的语法格式如下：

```
with object {
    statements
}
```

【例 16-17】　（实例文件：ch16\Chap16.17.html）with 语句的应用。

```
<!DOCTYPE html>
<html>
  <head>
  <title>with 语句的使用</title>
  </head>
  <body>
<script type ="text/javascript">
var date_time=new Date();
with(date_time){
    var a=getMonth()+1;
    alert(getFullYear()+"年"+a+"月"+getDate()+"日"+getHours()+":"+getMinutes()+":"+getSeconds());
}
var date_time=new Date();
    alert(date_time.getFullYear()+" 年 "+date_time.getMonth()+1+" 月 "+date_time.getDate()+" 日
"+date_time.getHours()+":"+date_time.getMinutes()+":"+date_time.getSeconds());
</script>
</body>
</html>
```

相关的代码实例请参考 Chap16.17.html 文件，然后双击该文件，在 IE 浏览器中运行的结果如图 16-20 所示。

图 16-20　with 语句的应用结果

16.4　对象序列化

对象序列化是指将对象的状态转换为字符串，从而存储在计算机中，以供程序员连续使用，本节介绍如何对对象进行序列化。

16.4.1　认识对象序列化

使用 JavaScript JSON 中的 JSON.stringify()方法可以序列化对象，而使用 JSON.parse()可以还原 JavaScript 对象，也就是对象的反序列化。

JSON，全称是 JavaScript Object Notation。它是基于 JavaScript 编程语言标准的一种轻量级的数据交换格式，主要用于与服务器进行交换数据。与 XML 相类似，它独立语言，在跨平台数据传输上有很大的优势。

16.4.2　对象序列化的意义

世间万物，都有其存在的原因，为什么会有对象序列化呢？因为程序员需要它。既然是对象序列化，那就需要先从一个对象说起，例如下面一个实例代码：

```
var obj = {x:1, y:2};
```

当这句代码运行时，对象 obj 的内容会存储在一块内存中，而 obj 本身存储的只是这块内存的地址的映射而已。简单地说，对象 obj 就是我们的程序在计算机通电时，在内存中维护的一种东西，如果我们的程序停止运行了，或者是计算机断电了，对象 obj 将不复存在。

那么如何把对象 obj 的内容保存在磁盘上呢？也就是说在没电时继续保留着，这时就需要把对象 obj 序列化，也就是说把 obj 的内容转换成一个字符串的形式，然后再保存在磁盘上。

另外，我们又怎么通过 HTTP 协议把对象 obj 的内容发送到客户端呢？没错，还是需要先把对象 obj 序列化，然后客户端根据接收到的字符串再反序列化，也就是将字符串还原为对象，从而解析出相应的对象，这也正是对象序列化与反序列化的意义所在。

16.4.3　对象序列化

JavaScript 中的对象序列化是通过 JSON.stringify()来实现的，具体的语法格式如下：

```
JSON.stringify(value[, replacer[, space]])
```

参数说明：

- value：必选项，是指一个有效的 JSON 字符串。
- replacer：可选项，用于转换结果的函数或数组。如果 replacer 为函数，则 JSON.stringify 将调用该函数，并传入每个成员的键和值。使用返回值而不是原始值。如果此函数返回 undefined，则排除成员。根对象的键是一个空字符串：""。如果 replacer 是一个数组，则仅转换该数组中具有键值的成员。成员的转换顺序与键在数组中的顺序一样。当 value 参数也为数组时，将忽略 replacer 数组。
- space：可选项，文本添加缩进、空格和换行符，如果 space 是一个数字，则返回值文本在每个级别缩进指定数目的空格，如果 space 大于 10，则文本缩进 10 个空格。space 有可以使用非数字，如：\t。
- 返回值：返回包含 JSON 文本的字符串。

【例 16-18】（实例文件：ch16\Chap16.18.html）对象序列化操作。

```
<!DOCTYPE html>
<html>
<head>
<title>对象序列化</title>
</head>
<body>
<p id="demo"></p>
<script>
var str = {"name":"淘宝网址", "site":"http://www.taobao.com"}
str_pretty1 = JSON.stringify(str)
document.write("只有一个参数情况: ");
document.write("<br>");
document.write("<pre>" + str_pretty1 + "</pre>");
document.write("<br>");
str_pretty2 = JSON.stringify(str, null, 4)          //使用四个空格缩进
document.write("使用参数情况: " );
document.write("<br>" );
document.write("<pre>" + str_pretty2 + "</pre>");    //pre 用于格式化输出
</script>
</body>
</html>
```

相关的代码实例请参考 Chap16.18.html 文件，然后双击该文件，在 IE 浏览器中运行的结果如图 16-21 所示。

图 16-21　对象的序列化操作结果

JavaScript 中的对象反序列化是通过 JSON.parse()来实现的，该方法用于将一个 JSON 字符串转换为对象。具体的语法格式如下：

```
JSON.parse(text[, reviver])
```

参数说明：

- text：必选项，是指一个有效的 JSON 字符串。
- reviver：可选项，一个转换结果的函数，将为对象的每个成员调用此函数。
- 返回值：返回给定 JSON 字符串转换后的对象。

【例 16-19】（实例文件：ch16\Chap16.19.html）对象的反序列化操作。

```
<!DOCTYPE html>
<html>
<head>
<title>对象的反序列化</title>
</head>
<body>
<h2>从 JSON 字符串中创建一个对象</h2>
<p id="demo"></p>
<script>
var text = '{"employees":[' +
```

```
        '{"name":"Taobao","site":"http://www.taobao.com" },' +
        '{"name":"Google","site":"http://www.Google.com" },' +
        '{"name":"Baidu","site":"http://www.baidu.com" }]}';
obj = JSON.parse(text);
document.getElementById("demo").innerHTML =
    obj.employees[1].name + " " + obj.employees[1].site;
</script>
</body>
</html>
```

相关的代码实例请参考 Chap16.19.html 文件，然后双击该文件，在 IE 浏览器中运行的结果如图 16-22 所示。

图 16-22　对象的反序列化操作结果

另外，在反序列化操作的过程中，还可以通过添加可选参数，来对对象进行反序列化操作。

【例 16-20】（实例文件：ch16\Chap16.20.html）对象反序列化操作。

```
<!DOCTYPE html>
<html>
<head>
<title>对方的反序列化</title>
</head>
<body>
<h2>使用可选参数,回调函数</h2>
<script>
JSON.parse('{"p": 5}', function(k, v) {
    if (k === '') { return v; }
    return v * 2;
});
JSON.parse('{"1": 1, "2": 2, "3": {"4": 4, "5": {"6": 6}}}', function(k, v) {
    document.write( k );               //输出当前属性,最后一个为""
    document.write("<br>");
    return v;                          //返回修改的值
});
</script>
</body>
</html>
```

相关的代码实例请参考 Chap16.20.html 文件，然后双击该文件，在 IE 浏览器中运行的结果如图 16-23 所示。

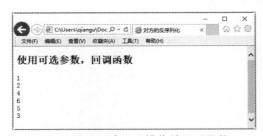

图 16-23　反序列化操作并回调函数

16.5　创建对象的常用模式

创建对象的常用模式包括工厂模式、自定义构造函数模式、原型模式、原型模式和构造函数模式、动态原型模式等。本节介绍创建对象的常用模式。

1. 工厂模式

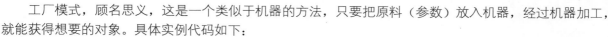

工厂模式，顾名思义，这是一个类似于机器的方法，只要把原料（参数）放入机器，经过机器加工，就能获得想要的对象。具体实例代码如下：

```
var lev=function(){
    return "宝宝";
};
function Parent(){
    var Child = new Object();
    Child.name="佑佑";
    Child.age="3";
    Child.lev=lev;
    return Child;
};
var x = Parent();
alert(x.name);
alert(x.lev());
```

使用工厂模式创建对象时注意以下几点：

- 在函数中定义对象，并定义对象的各种属性，虽然属性可以为方法，但是建议将属性为方法的属性定义到函数之外，这样可以避免重复创建该方法。
- 引用该对象的时候，这里使用的是 var x=Parent()而不是 var x=new Parent();因为后者会可能出现很多问题（前者也成为工厂经典方式，后者称为混合工厂方式），不推荐使用 new 的方式使用该对象。
- 在函数的最后返回该对象。
- 在创建对象时，不推荐使用这种方式创建对象，但应该了解。

2. 自定义构造函数模式

与工厂方式相比，使用构造函数方式创建对象，无须在函数内部重建创建对象，而使用 this 指代，并且函数无须明确 return。具体实例代码如下：

```
var lev=function(){
    return "宝宝";
};
function Parent(){        //自定义构造函数
    this.name="佑佑";
    this.age="3";
    this.lev=lev;
};
var x =new Parent();
alert(x.name);
alert(x.lev());
```

使用自定义构造函数模式创建对象时注意以下几点：

- 同工厂模式一样，虽然属性的值可以为方法，仍然建议将该方法定义在函数之外。
- 同样的，不推荐使用这种方式创建对象，但仍需要了解。

3. 原型模式

在使用原型模式创建对象时，函数中不对属性进行定义，而是利用 prototype 属性对属性进行定义。但是，在具体实际应用的过程中，不推荐使用这样方式创建对象。具体的实例代码如下：

```
var lev=function(){
    return "宝宝";
};
function Parent(){
    Parent.prototype.name="刘天佑";
    Parent.prototype.age="3";
    Parent.prototype.lev=lev;
};
var x =new Parent();
alert(x.name);
alert(x.lev());
```

4. 原型模式和构造函数模式

原型模式和构造函数模式是指混合搭配使用构造函数方式和原型方式，这种创建对象的模式是将所有属性不是方法的属性定义在函数中（构造函数方式），同时，将所有属性值为方法的属性利用 prototype 在函数之外定义（原型方式），具体的实例代码如下：

```
function Parent(){
    this.name="佑佑";
    this.age=4;
};
Parent.prototype.lev=function(){
    return this.name;
};;
var x =new Parent();
alert(x.lev());
```

提示：在实际应用的过程中，推荐使用这种方法创建对象。

5. 动态原型模式

动态原型方式可以理解为混合构造函数，它是原型方式的一个特例，具体的实例代码如下：

```
function Parent(){
    this.name="佑佑";
    this.age=4;
    if(typeof Parent._lev=="undefined"){
        Parent.prototype.lev=function(){
            return this.name;
        }
        Parent._lev=true;
    }
};
var x =new Parent();
alert(x.lev());
```

在该模式中，属性为方法的属性直接在函数中进行了定义，但是需要保证创建该对象的实例时，属性的方法不会被重复创建，具体的实例代码如下：

```
if(typeof Parent._lev=="undefined"){
    Parent._lev=true;
}
```

16.6　数组对象

数组对象是使用单独的变量名来存储一系列的值，并且可以用变量名访问任何一个值，数组中的每个元素都有自己的 ID，以便它可以很容易地被访问到。例如：如果你有一组数据（例如车名字），存在单独变量如下：

```
var car1="Saab";
var car2="Volvo";
var car3="BMW";
```

然而，如果你想从中找出某一辆车，并且不是 3 辆，而是 300 辆呢？这将不是一件容易的事！最好的方法就是用数组。

16.6.1　创建数组

数组是具有相同数据类型的变量集合，这些变量都可以通过索引进行访问。数组中的变量称为数组的元素，数组能够容纳元素的数量称为数组的长度。创建数组对象有以下 3 种方法。

第一种：常规方式，具体格式如下：

```
var 数组名=new Array( );
```

例如，定义一个名为 myCars 的数组对象，具体代码如下：

```
var myCars=new Array();          //创建数组 myCars
myCars[0]="Saab";
myCars[1]="Volvo";
myCars[2]="BMW";
```

第二种：简洁方式，具体格式如下：

```
var 数组名=new Array( n );
```

例如，定义一个名为 myCars 的数组对象，具体代码如下：

```
var myCars=new Array("Saab","Volvo","BMW");
```

第三种：字面方式，具体格式如下：

```
var 数组名=[元素 1,元素 2,元素 3,…];
```

例如，定义一个名为 myCars 的数组对象，具体代码如下：

```
var myCars=["Saab","Volvo","BMW"];
```

下面创建一个长度为 4 的数组，为其添加数组对象后，使用 for 循环语句枚举数组对象。

【例 16-21】（实例文件：ch16\Chap16.21.html）创建数组对象。

```
<!DOCTYPE HTML>
<html>
<head>
<script language=JavaScript>
myArray=new Array(4);           //创建数组
        //添加数组元素
        myArray[0]="红楼梦";
        myArray[1]="西游记";
        myArray[2]="水浒传";
        myArray[3]="三国演义";
```

```
for (i = 0; i < 4; i++){          //使用 for 循环遍历数组中的元素，输出到页面中
    document.write(myArray[i]+"<br>");
}
</script>
</head>
<body>
</body>
</html>
```

相关的代码实例请参考 Chap16.21.html 文件，然后双击该文件，在 IE 浏览器中运行的结果如图 16-24 所示。

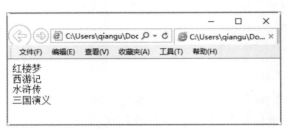

图 16-24　创建数组对象

只要构造了一个数组，就可以使用中括号 "[ ]"，通过索引和位置（它也是基于 0 的）来访问它的元素。数组元素的下标从零开始索引，第一个下标为 0，后面依次加 1。访问数据的语法格式如下：

```
document.write(mycars[0])
```

【例 16-22】（实例文件：ch16\Chap16.22.html）使用中括号访问并直接构造数组。

```
<!DOCTYPE HTML>
<html>
<head>
<script language=JavaScript>
myArray=[["a1","b1","c1"],["a2","b2","c2"],["a3","b3","c3"]];
for (var i=0; i <= 2; i++){
    document.write( myArray[i])
    document.write("<br>");
}
document.write("<hr>");
for (i=0;i<3;i++){
    for (j=0;j<3;j++){
        document.write(myArray[i][j]+" ");
    }
    document.write("<br>");
}
</script>
</head>
<body>
</body>
</html>
```

相关的代码实例请参考 Chap16.22.html 文件，然后双击该文件，在 IE 浏览器中运行的结果如图 16-25 所示。

图 16-25　使用中括号访问并直接构造数组

16.6.2　访问数组

访问数组，通过指定数组名以及索引号码，用户可以访问数组中的某个特定元素。例如可以访问 **myCars** 数组的第一个值，具体代码如下：

```
var name=myCars[0];
```

注意：[0]是数组的第一个元素，[1]是数组的第二个元素。另外，还可以修改数组中的第一个元素，具体代码如下：

```
myCars[0]="Opel";
```

在一个数组中可以有不同的对象，几乎所有的 **JavaScript** 变量都可以是对象，甚至数组本身也可以是对象，函数也可以是对象。下面创建一个数组，其中包括对象元素、函数与数组，具体代码如下：

```
myArray[0]=Date.now;
myArray[1]=myFunction;
myArray[2]=myCars;
```

【例 16-23】 （实例文件：ch16\Chap16.23.html）访问数组对象。

```
<!DOCTYPE html>
<html>
<head>
<title>访问数组</title>
</head>
<body>
<script>
var mybooks=new Array();
mybooks[0]="红楼梦";
mybooks[1]="水浒传";
mybooks[2]="西游记";
mybooks[3]="三国演义";
document.write(mybooks);     //页面输出数组
</script>
</body>
</html>
```

相关的代码实例请参考 Chap16.23.html 文件，然后双击该文件，在 IE 浏览器中运行的结果如图 16-26 所示。

图 16-26　访问数组对象

16.6.3　数组属性

数组对象的属性有 3 个，常用属性是 length 属性和 prototype 属性，如表 16-11 所示。

表 16-11　数组对象的属性及描述

属　　性	描　　述
constructor	返回创建数组对象的原型函数
length	设置或返回数组元素的个数
prototype	允许你向数组对象添加属性或方法

下面详细介绍 prototype 属性，该属性是所有 JavaScript 对象所共有的属性，让用户向数组对象中添加属性和方法。当构建一个属性时，所有的数组将被设置属性，它是默认值，在构建一个方法时，所有的数组都可以使用该方法。其语法格式为：

```
Array.prototype.name=value。
```

注意：Array.prototype 不能单独引用数组，Array()对象可以。

下面创建一个新的数组，将数组值转为大写。

【例 16-24】（实例文件：ch16\Chap16.24.html）prototype 属性的应用。

```
<!DOCTYPE html>
<html>
<head>
<title>prototype 属性的使用</title>
</head>
<body>
<p id="demo">创建一个新的数组,将数组值转为大写</p>
<button onclick="myFunction()">获取结果</button>
<script>
Array.prototype.myUcase=function()  //给 Array 的原型添加 myUcase 方法
{
    for (i=0;i<this.length;i++)
    {
        this[i]=this[i].toUpperCase();
    }
}

function myFunction()
{
    var fruits = ["Banana", "Orange", "Apple", "Mango"];
```

```
    fruits.myUcase();
    var x=document.getElementById("demo");
    x.innerHTML=fruits;
}
</script>
</body>
</html>
```

相关的代码实例请参考 Chap16.24.html 文件，然后双击该文件，在 IE 浏览器中运行的结果如图 16-27 所示。

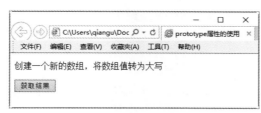

图 16-27　prototype 属性的应用

单击"获取结果"按钮，即可在浏览器窗口中显示符合条件的结果信息，如图 16-28 所示。

图 16-28　获取符合条件的结果信息

16.6.4　数组长度

使用数组属性中的 length 属性可以计算数组长度，该属性的作用是指定数组中元素数量的非从零开始的整数，当将新元素添加到数组时，此属性会自动更新。其语法格式为：

```
my_array.length
```

下面创建一个新的数组，并返回数组元素的个数，即数组长度。

【例 16-25】（实例文件：ch16\Chap16.25.html）获取数组的长度。

```
<!DOCTYPE html>
<html>
<head>
<title>获取数组长度</title>
</head>
<body>
<p id="demo">创建一个数组,并显示数组元素个数。</p>
<button onclick="myFunction()">获取长度</button>
<script>
function myFunction()
{
    var fruits = ["Banana", "Orange", "Apple", "Mango"];
    var x=document.getElementById("demo");
```

```
        x.innerHTML=fruits.length;           //获取数组的长度
}
</script>
</body>
```

相关的代码实例请参考 Chap16.25.html 文件，然后双击该文件，在 IE 浏览器中运行的结果如图 16-29 所示。

图 16-29　获取数组的长度

单击"获取结果"按钮，即可在浏览器窗口中显示符合条件的结果信息，如图 16-30 所示。

图 16-30　显示符合条件的结果

16.7　数组方法

在 JavaScript 当中，数据对象的方法有 25 种，常用的方法有连接方法 concat、分隔方法 join、追加方法 push、倒转方法 reverse、切片方法 slice 等，如表 16-12 所示。

表 16-12　数组对象的方法及描述

方　　法	描　　述
concat()	连接两个或更多的数组，并返回结果
copyWithin()	从数组的指定位置复制元素到数组的另一个指定位置中
every()	检测数值元素的每个元素是否都符合条件
fill()	使用一个固定值来填充数组
filter()	检测数值元素，并返回符合条件所有元素的数组
find()	返回符合传入测试（函数）条件的数组元素
findIndex()	返回符合传入测试（函数）条件的数组元素索引
forEach()	数组每个元素都执行一次回调函数
indexOf()	搜索数组中的元素，并返回它所在的位置
join()	把数组的所有元素放入一个字符串

续表

方　法	描　述
lastIndexOf()	返回一个指定的字符串值最后出现的位置，在一个字符串中的指定位置从后向前搜索
map()	通过指定函数处理数组的每个元素，并返回处理后的数组
pop()	删除数组的最后一个元素并返回删除的元素
push()	向数组的末尾添加一个或更多元素，并返回新的长度
reduce()	将数组元素计算为一个值（从左到右）
reduceRight()	将数组元素计算为一个值（从右到左）
reverse()	反转数组的元素顺序
shift()	删除并返回数组的第一个元素
slice()	选取数组的一部分，并返回一个新数组
some()	检测数组元素中是否有元素符合指定条件
sort()	对数组的元素进行排序
splice()	从数组中添加或删除元素
toString()	把数组转换为字符串，并返回结果
unshift()	向数组的开头添加一个或更多元素，并返回新的长度
valueOf()	返回数组对象的原始值

这些方法主要用于数组对象的操作，下面详细介绍常用的数组对象方法的使用。

16.7.1　连接两个或更多的数组

使用 concat() 方法可以连接两个或多个数组。该方法不会改变现有的数组，而仅仅会返回被连接数组的一个副本。语法格式如下：

```
arrayObject.concat(array1,array2,...,arrayN)
```

其中，arrayN 是必选项，该参数可以是具体的值，也可以是数组对象，可以是任意多个。

【例 16-26】（实例文件：ch16\Chap16.26.html）使用 concat() 方法连接三个数组，并返回链接后的结果。

```
< <!DOCTYPE html>
<html>
<head>
<title>连接数组</title>
</head>
<body>
<script>
var boy = ["张洪波", "张文轩", "赵天阳"];
var girl = ["刘一诺", "赵子涵", "龚露露"];
var other = ["刘天意", "狄家旭"];
var children = boy.concat(girl,other);     //连接数组 girl,other
document.write(children);
</script>
```

```
</body>
</html>
```

相关的代码实例请参考 Chap16.26.html 文件，然后双击该文件，在 IE 浏览器中运行的结果如图 16-31 所示。

图 16-31　连接三个数组并返回链接后的结果

16.7.2　将数组元素连接为字符串

使用 join()方法可以把数组中的所有元素放入一个字符串。语法格式如下：

```
arrayObject.join(separator)
```

其中，separator 为可选项，用于指定要使用的分隔符，如果省略该参数，则使用逗号作为分隔符。

【例 16-27】（实例文件：ch16\Chap16.27.html）使用 join()方法将数组元素连接为字符串。

```
<!DOCTYPE html>
<html>
<body>
<script type="text/javascript">
var arr = new Array(3);
arr[0] = "苹果"
arr[1] = "橘子"
arr[2] = "香蕉"
document.write(arr.join(", "));      //把数组转换为字符串,以逗号分隔
document.write("<br />");
document.write(arr.join("."));
</script>
</body>
</html>
```

相关的代码实例请参考 Chap16.27.html 文件，然后双击该文件，在 IE 浏览器中运行的结果如图 16-32 所示。

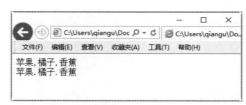

图 16-32　将数组元素连接为字符串

16.7.3　移除数组中最后一个元素

使用 pop()方法可以移除并返回数组中最后一个元素。语法格式如下：

```
arrayObject.pop()
```

提示：pop()方法将移除 arrayObject 的最后一个元素，把数组长度减 1，并且返回它移除的元素的值。如果数组已经为空，则 pop()不改变数组，并返回 undefined 值。

【例 16-28】（实例文件：ch16\Chap16.28.html）使用 pop ()方法移除数组最后一个元素。

```
<!DOCTYPE html>
<html>
<body>
<script type="text/javascript">
var fruits = ["香蕉", "橘子", "苹果", "火龙果"];
document.write("数组中原有元素: "+ fruits)
document.write("<br />")
document.write("被移除的元素: "+ fruits.pop())
document.write("<br />")
document.write("移除元素后的数组元素: "+ fruits)
</script>
</body>
</html>
```

相关的代码实例请参考 Chap16.28.html 文件，然后双击该文件，在 IE 浏览器中运行的结果如图 16-33 所示。

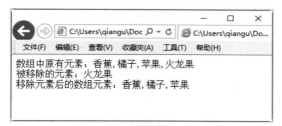

图 16-33　移除数组中最后一个元素

16.7.4　将指定的数值添加到数组中

使用 push()方法可向数组的末尾添加一个或多个元素，并返回新的长度。语法格式如下：

```
arrayObject.push(newelement1,newelement2,...,newelementN)
```

其中，arrayObject 为必选项，该参数为数组对象。newelement1 为可选项，表示添加到数组中的元素。

提示：push()方法可把它的参数顺序添加到 arrayObject 的尾部。它直接修改 arrayObject，而不是创建一个新的数组。push()方法和 pop()方法使用数组提供的先进后出栈的功能。

【例 16-29】（实例文件：ch16\Chap16.29.html）使用 push ()方法将指定数值添加到数组中。

```
<!DOCTYPE html>
<html>
<body>
<script type="text/javascript">
var fruits = ["香蕉", "橘子", "苹果", "火龙果"];
document.write("数组中原有元素: "+ fruits)
document.write("<br />")
document.write("添加元素后数组的长度: "+ fruits. push("香梨"))
document.write("<br />")
document.write("添加元素后的数组元素: "+ fruits)
```

```
</script>
</body>
</html>
```

相关的代码实例请参考 Chap16.29.html 文件，然后双击该文件，在 IE 浏览器中运行的结果如图 16-34 所示。

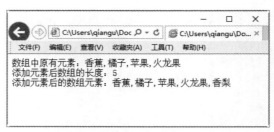

图 16-34 将指定数值添加到数组中

16.7.5 反序排列数组中的元素

使用 reverse()方法可以颠倒数组中元素的顺序。语法格式如下：

```
arrayObject.reverse()
```

提示： 该方法会改变原来的数组，而不会创建新的数组。

【例 16-30】（实例文件：ch16\Chap16.30.html）使用 reverse ()方法颠倒数组中的元素顺序。

```
<!DOCTYPE html>
<html>
<body>
<script type="text/javascript">
var fruits = ["香蕉", "橘子", "苹果", "火龙果"];
document.write("数组原有元素的顺序："+fruits + "<br />")
document.write("颠倒数组中的元素顺序："+fruits.reverse())
</script>
</body>
</html>
```

相关的代码实例请参考 Chap16.30.html 文件，然后双击该文件，在 IE 浏览器中运行的结果如图 16-35 所示。

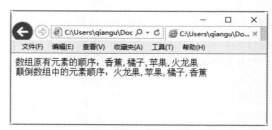

图 16-35 反序排列数组中的元素

16.7.6 删除数组中的第一个元素

使用 shift()方法可以把数组的第一个元素从其中删除，并返回第一个元素的值。语法格式如下：

```
arrayObject.shift()
```

其中，arrayObject 为必选项，是数组对象。

　　提示：如果数组是空的，那么 shift()方法将不进行任何操作，返回 undefined 值。请注意，该方法不创建新数组，而是直接修改原有的 arrayObject。

　　【例 16-31】（实例文件：ch16\Chap16.31.html）使用 shift ()方法删除数组中的第一个元素。

```html
<!DOCTYPE html>
<html>
<body>
<script type="text/javascript">
var fruits = ["香蕉", "橘子", "苹果", "火龙果"];
document.write("原有数组元素为: "+ fruits)
document.write("<br />")
document.write("删除数组中的第一个元素为: "+ fruits.shift())
document.write("<br />")
document.write("删除元素后的数组为: "+ fruits)
</script>
</body>
</html>
```

相关的代码实例请参考 Chap16.31.html 文件，然后双击该文件，在 IE 浏览器中运行的结果如图 16-36 所示。

图 16-36　删除数组中的第一个元素

16.7.7　获取数组中的一部分数据

使用 slice()方法可从已有的数组中返回选定的元素。语法格式如下：

```
arrayObject.slice(start,end)
```

其中，arrayObject 为必选项，为数组对象，start 为必选项，表示开始元素的位置，是从 0 开始计算的索引。end 为可选项，表示结束元素的位置，也是从 0 开始计算的索引。

　　【例 16-32】（实例文件：ch16\Chap16.32.html）使用 slice ()方法获取数据中的一部分数据。

```html
<!DOCTYPE html>
<html>
<body>
<script type="text/javascript">
var fruits = ["香蕉", "橘子", "苹果", "火龙果"];
document.write("原有数组元素: "+ fruits)
document.write("<br />")
document.write("获取的部分数组元素: "+ fruits.slice(1,3))
document.write("<br />")
```

```
document.write("获取部分元素后的数据: "+ fruits)
</script>
</body>
</html>
```

相关的代码实例请参考 Chap16.32.html 文件，然后双击该文件，在 IE 浏览器中运行的结果如图 16-37 所示，可以看出获取部分数组元素后的数组前后是不变的。

原有数组元素：香蕉,橘子,苹果,火龙果
获取的部分数组元素：橘子,苹果
获取部分元素后的数据：香蕉,橘子,苹果,火龙果

图 16-37 获取数组中的一部分数据

16.7.8 对数组中的元素进行排序

使用 sort()方法可以对数组的元素进行排序，排序顺序可以是字母或数字，并按升序或降序排序，默认排序顺序为按字母升序。语法格式如下：

```
arrayObject.sort(sortby)
```

其中，**arrayObject** 为必选项，为数组对象。**sortby** 为可选项，用来确定元素顺序的函数的名称，如果这个参数被省略，那么元素将按照 ASCII 字符顺序进行升序排序。

【例 16-33】（实例文件：ch16\Chap16.33.html）新建数组 x 并赋值 2,9,8,10,12,7，使用 sort 方法排序数组，并输出 x 数组到页面。

```
<!DOCTYPE html>
<html>
<head>
<title>数组排序</title>
<script type="text/javascript">
var x=new Array(2,9,8,10,12,7);                              //创建数组
document.write("排序前数组:"+x.join(",")+"<p>");             //输出数组元素
x.sort();                                                     //按字符升序排列数组
document.write("没有使用比较函数排序后数组:"+x.join(",")+"<p>"); //输出排序后数组
x.sort(asc);                                                  //有比较函数的升序排列
/*升序比较函数*/
function asc(a,b)
{
    return a-b;
}
document.write("排序升序后数组:"+x.join(",")+"<p>");         //输出排序后数组
x.sort(des);                                                  //有比较函数的降序排列
/*降序比较函数*/
function des(a,b)
{
    return b-a;
}
```

```
document.write("排序降序后数组:"+x.join(","));                          //输出排序后数组
</script>
</head>
<body>
</body>
</html>
```

相关的代码实例请参考 Chap16.33.html 文件，然后双击该文件，在 IE 浏览器中运行的结果如图 16-38 所示。

图 16-38　排序数组对象

注意：当数字是按字母顺序排列时，"40"将排在"5"前面。使用数字排序，用户必须通过一个函数作为参数来调用，函数指定数字是按照升序还是降序排列，这种方法会改变原始数组！

16.7.9　将数组转换成字符串

按照显示方式的不同，字符串可以分为字符串与本地字符串，使用 toString()方法可把数组转换为字符串，并返回结果。语法格式如下：

```
arrayObject.toString()
```

使用 toLocaleString()方法可以把数组转换为本地的字符串。语法格式如下：

```
arrayObject.toLocaleString()
```

提示：首先调用每个数组元素的 toLocaleString()方法，然后使用地区特定的分隔符把生成的字符串连接起来，形成一个字符串。

【例 16-34】（实例文件：ch16\Chap16.34.html）将数组转换成字符串与本地字符串。

```
<!DOCTYPE html>
<html>
<body>
<script type="text/javascript">
var arr = new Array(4)
arr[0] = "香蕉"
arr[1] = "橘子"
arr[2] = "苹果"
arr[3] = "火龙果"
document.write("字符串: "+arr.toString())
document.write("<br />")
document.write("本地字符串: "+arr.toLocaleString())
</script>
</body>
</html>
```

相关的代码实例请参考 Chap16.34.html 文件，然后双击该文件，在 IE 浏览器中运行的结果如图 16-39 所示。

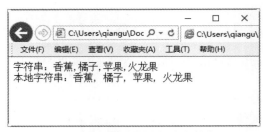

图 16-39　将数组转换为字符串

16.8　经典案例——制作二级关联菜单

许多编程语言中都提供定义和使用二维或多维数组的功能。JavaScript 通过 Array 对象创建的数组都是一维的，但是可以通过在数组元素中使用数组来实现二维数组。下面制作一个动态下拉列表。

【例 16-35】（实例文件：ch16\Chap16.35.html）制作二级关联菜单。

```
<!DOCTYPE html>
<html>
<head>
<title>二级关联菜单</title>
</head>
<script language=javascript>
   //定义一个二维数组 aArray,用于存放城市名称
var aCity=new Array();
aCity[0]=new Array();
aCity[1]=new Array();
aCity[2]=new Array();
aCity[3]=new Array();
//赋值,每个省份的城市存放于数组的一行
aCity[0][0]="--请选择--";
aCity[1][0]="--请选择--";
aCity[1][1]="郑州市";
aCity[1][2]="洛阳市";
aCity[1][3]="开封市";
aCity[1][4]="南阳市";
aCity[1][5]="周口市";
aCity[2][0]="--请选择--";
aCity[2][1]="石家庄市";
aCity[2][2]="秦皇岛市";
aCity[2][3]="张家口市";
aCity[3][0]="--请选择--";
aCity[3][1]="杭州市";
aCity[3][2]="嘉兴市";
aCity[3][3]="温州市";
function ChangeCity()
{
   var i,iProvinceIndex;
   iProvinceIndex=document.frm.optProvince.selectedIndex;
```

```
    iCityCount=0;
    while (aCity[iProvinceIndex][iCityCount]!=null)
    iCityCount++;
    //计算选定省份的城市个数
    document.frm.optCity.length=iCityCount;        //改变下拉菜单的选项数
    for (i=0;i<=iCityCount-1;i++)                  //改变下拉菜单的内容
    document.frm.optCity[i]=new Option(aCity[iProvinceIndex][i]);
    document.frm.optCity.focus();
}
</script>
<BODY ONfocus=ChangeCity()>
<H3>选择省份及城市</H3>
<FORM NAME="frm">
 <P>省份：
  <SELECT NAME="optProvince" SIZE="1" ONCHANGE=ChangeCity()>
   <OPTION>--请选择--</OPTION>
   <OPTION>河南省</OPTION>
   <OPTION>河北省</OPTION>
   <OPTION>浙江省</OPTION>
  </SELECT>
 </P>
 <P>城市：
  <SELECT NAME="optCity" SIZE="1">
   <OPTION>--请选择--</OPTION>
  </SELECT>
 </P>
</FORM>
</BODY>
</HTML>
```

相关的代码实例请参考 Chap16.35.html 文件，然后双击该文件，在 IE 浏览器中运行的结果如图 16-40 所示。

图 16-40　动态下拉列表显示效果

单击省份右侧的"请选择"下拉按钮，在弹出的下拉列表中可以选择省份，如图 16-41 所示。

图 16-41　选择需要的省份

省份选择完毕后，单击城市右侧的"请选择"下拉按钮，即可在弹出的下拉列表中选择城市信息，如图 16-42 所示。

图 16-42　选择需要的城市

16.9　就业面试技巧与解析

16.9.1　面试技巧与解析（一）

面试官：朋友对你的评价，你知道吗？

应聘者：我的朋友都说我是一个可以信赖的人。因为，我答应别人的事情，就一定会做到。如果我做不到，我就不会轻易许诺。

16.9.2　面试技巧与解析（二）

面试官：如果通过这次面试我们单位录用了你，但工作一段时间却发现你根本不适合这个职位，你怎么办？

应聘者：一段时间发现工作不适合我，我会从我个人身上找原因，不断学习，虚心向领导和同事学习业务知识和处事经验，了解这个职业的精神内涵和职业要求，力争胜任这份工作。

第17章
JavaScript 函数与闭包

 学习指引

当在 JavaScript 中需要实现较为复杂的系统功能时，就需要使用函数功能了。函数是进行模块化程序设计的基础，通过函数的使用可以提高程序的可读性与易维护性。本章将详细介绍 JavaScript 的函数与闭包，主要内容包括定义函数、函数的调用、常用内置函数、特殊函数以及 JavaScript 的闭包等。

 重点导读

- 掌握定义函数的方法与技巧。
- 掌握调用函数的方法与技巧。
- 掌握常用内置函数的使用方法。
- 掌握 JavaScript 中特殊函数的应用。
- 掌握 JavaScript 闭包的使用方法。
- 掌握回调函数的设计模式。

17.1 函数是什么

函数是由事件驱动的或者当它被调用时执行的可重复使用的代码块，是实现一个特殊功能和作用的程序接口，可以被当作一个整体来引用和执行。在 JavaScript 中，函数的定义通常由 4 部分组成：关键字、函数名、参数列表和函数内部实现语句，具体语法格式如下：

```
function functionname()
{
    执行代码
}
```

当调用该函数时，会执行函数内的代码。同时，可以在某事件发生时直接调用函数（例如当用户单击按钮时），并且可由 JavaScript 在任何位置进行调用。

注意：JavaScript 对大小写敏感，关键词 function 必须是小写的，并且必须以与函数名称相同的大小写来调用函数。

例如：定义一个函数，在网页中显示问候语。

【例 17-1】 （实例文件：ch17\Chap17.1.html）定义一个函数，在网页中显示问候语。

```html
<!DOCTYPE html>
<html>
<head>
<script>
function myFunction()
{
    alert("Hello World!");       //在页面中显示 Hello World!
}
</script>
</head>
<body>
<button onclick="myFunction()">显示结果</button>
</body>
</html>
```

相关的代码实例请参考 Chap17.1.html 文件，然后双击该文件，在 IE 浏览器中运行的结果如图 17-1 所示。

图 17-1　定义一个函数

单击"显示结果"按钮，即可弹出一个信息提示框，在提示框中显示问候语，如图 17-2 所示。

图 17-2　显示问候运行结果

提示：如果函数中引用的外部函数较多或函数的功能很复杂，将因函数代码过长而降低脚本代码的可读性。因此，在编写函数时，应尽量降低代码的复杂度及难度，保持函数功能的单一性，简化程序设计，以使脚本代码结构清晰、简单易懂。

17.2　定义函数

使用函数前，必须先定义函数，JavaScript 使用关键字 function 定义函数，除此之外，函数可以通过声明和一个表达式定义。

17.2.1　声明式函数定义

提示：分号用来分隔可执行 JavaScript 语句，由于函数声明不是一个可执行语句，所以不以分号结束。使用函数前，必须先定义函数。

```
function functionName(parameters) {
    执行的代码
}
```

函数声明后不会立即执行，会在用户需要的时候调用。

【例 17-2】（实例文件：ch17\Chap17.2.html）声明式函数定义的应用。

```html
<!DOCTYPE html>
<html>
<head>
<title>声明式函数定义</title>
</head>
<body>
<p>本例调用的函数会执行一个计算,然后返回结果: </p>
<p id="demo"></p>
<script>
function myFunction(a,b){
    return a*b;
}
document.getElementById("demo").innerHTML=myFunction(5,6);
</script>
</body>
</html>
```

相关的代码实例请参考 Chap17.2.html 文件，然后双击该文件，在 IE 浏览器中运行的结果如图 17-3 所示。

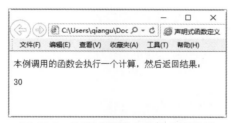

图 17-3　声明式函数定义的应用结果

17.2.2　函数表达式定义

JavaScript 函数可以通过一个表达式定义，其中，函数表达式可以存储在变量中，具体代码如下：

```
var x = function (a, b) {return a * b};
```

【例 17-3】（实例文件：ch17\Chap17.3.html）函数表达式定义的应用。

```html
<!DOCTYPE html>
<html>
<head>
<title>函数表达式定义</title>
</head>
<body>
<p>函数存储在变量后,变量可作为函数使用: </p>
```

```
<p id="demo"></p>
<script>
var x = function (a, b) {return a * b};
document.getElementById("demo").innerHTML = x(5,6);
</script>
</body>
</html>
```

相关的代码实例请参考 Chap17.3.html 文件，然后双击该文件，在 IE 浏览器中运行的结果如图 17-4 所示。

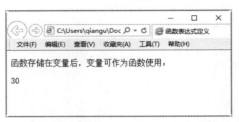

图 17-4 函数表达式定义的应用结果

17.2.3 函数构造器定义

JavaScript 内置的函数构造器为（Function()），通过该构造器可以进行函数定义，具体代码如下：

```
var myFunction = new Function("a", "b", "return a * b");
```

【例 17-4】（实例文件：ch17\Chap17.4.html）函数构造器定义的应用。

```
<!DOCTYPE html>
<html>
<head>
<title>函数构造器定义</title>
</head>
<body>
<p>JavaScrip 内置函数构造器定义</p>
<p id="demo"></p>
<script>
var myFunction = new Function("a", "b", "return a * b");
document.getElementById("demo").innerHTML = myFunction(5, 6);
</script>
</body>
</html>
```

相关的代码实例请参考 Chap17.4.html 文件，然后双击该文件，在 IE 浏览器中运行的结果如图 17-5 所示。

图 17-5 函数构造器定义的应用结果

在 JavaScript 中，很多时候，用户不必使用构造函数，需要避免使用 new 关键字。因此上面的函数定义实例可以修改为如下代码：

【例 17-5】（实例文件：ch17\Chap17.5.html）函数构造器定义的应用。

```
<!DOCTYPE html>
<html>
<head>
<title>函数构造器定义</title>
</head>
<body>
<p id="demo"></p>
<script>
var myFunction = function (a, b) {return a * b}
document.getElementById("demo").innerHTML = myFunction(5,6);
</script>
</body>
</html>
```

相关的代码实例请参考 Chap17.5.html 文件，然后双击该文件，在 IE 浏览器中运行的结果如图 17-6 所示。

图 17-6　函数构造器定义的应用结果

17.3　函数的调用

定义函数的目的是为了后续的代码中使用函数。调用自己不会执行，必须调用函数，函数体内的代码才会执行。在 JavaScript 中调用函数的方法有简单调用、在表达式中调用、在事件响应中调用等。

17.3.1　作为一个函数调用

作为一个函数调用函数是调用 JavaScript 函数常用的方法，但不是良好的编程习惯，因为全局变量、方法或函数容易造成命名冲突的 bug。

【例 17-6】（实例文件：ch17\Chap17.6.html）作为一个默认函数调用。

```
<!DOCTYPE html>
<html>
<head>
<title>作为一个默认函数调用</title>
</head>
<body>
<p>
```

```
全局函数(myFunction)返回参数相乘的结果:
</p>
<p id="demo"></p>
<script>
function myFunction(a, b) {
    return a * b;
}
document.getElementById("demo").innerHTML = myFunction(20, 4);    //调用函数,并传入参数
</script>
</body>
</html>
```

相关的代码实例请参考 Chap17.6.html 文件，然后双击该文件，在 IE 浏览器中运行的结果如图 17-7 所示。

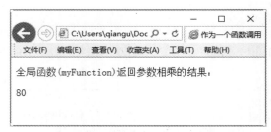

图 17-7　作为一个默认函数调用

全局函数 myFunction 不属于任何对象，但是在 JavaScript 中它始终是默认的全局对象。在 HTML 中默认的全局对象是 HTML 页面本身，所以函数属于 HTML 页面。在浏览器中的页面对象是浏览器窗口（window 对象），以上函数会自动变为 window 对象的函数。因此，myFunction()和 window.myFunction()的作用是一样的。

【例 17-7】（实例文件：ch17\Chap17.7.html）作为一个函数显示调用。

```
<!DOCTYPE html>
<html>
<head>
<title>作为一个函数显示调用</title>
</head>
<body>
<p>全局函数 myFunction()会自动变为 window 对象的方法.</p>
<p>myFunction()类似于 window.myFunction()</p>
<p id="demo"></p>
<script>
function myFunction(a, b) {
    return a * b;
}
document.getElementById("demo").innerHTML = window.myFunction(20, 4);
</script>
</body>
</html>
```

相关的代码实例请参考 Chap17.7.html 文件，然后双击该文件，在 IE 浏览器中运行的结果如图 17-8 所示。

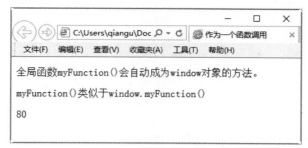

图 17-8 程序运行结果

17.3.2 将函数作为方法调用

在 JavaScript 中，用户可以将函数定义为对象的方法，从而进行调用。例如：创建一个对象(myObject)，对象有两个属性，分别是 firstName 和 lastName，还有一个方法是 fullName。

【例 17-8】（实例文件：ch17\Chap17.8.html）将函数作为方法调用返回 fullName 值。

```
<!DOCTYPE html>
<html>
<head>
<title>将函数作为方法调用返回 fullName 值</title>
</head>
<body>
<p>myObject.fullName()返回全名:</p>
<p id="demo"></p>
<script>
var myObject = {
    firstName:"刘",
    lastName: "天佑",
    fullName: function() {
        return this.firstName + " " + this.lastName;
    }
}
//调用对象 myObject 中的 fullName 方法
document.getElementById("demo").innerHTML = myObject.fullName();</script>
</body>
</html>
```

相关的代码实例请参考 Chap17.8.html 文件，然后双击该文件，在 IE 浏览器中运行的结果如图 17-9 所示。

图 17-9 将函数作为方法调用返回 fullName 值

fullName 方法是一个函数，函数属于对象，myObject 是函数的所有者，当加入 this 对象后，this 的值

343

为 myObject 对象，这里修改 fullName 方法并返回 this 值。

【例 17-9】（实例文件：ch17\Chap17.9.html）将函数作为方法调用返回 this 值。

```
<!DOCTYPE html>
<html>
<head>
<title>将函数作为方法调用返回 this 值</title>
</head>
<body>
<p>在一个对象方法中,<b>this</b>的值是对象本身。</p>
<p id="demo"></p>
<script>
var myObject = {
    firstName:"刘",
    lastName: "天佑",
    fullName: function() {
        return this;
    }
}
document.getElementById("demo").innerHTML = myObject.fullName();
</script>
</body>
</html>
```

相关的代码实例请参考 Chap17.9.html 文件，然后双击该文件，在 IE 浏览器中运行的结果如图 17-10 所示。

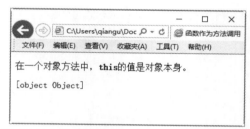

图 17-10　将函数作为一个方法调用返回 this 值

17.3.3　使用构造函数调用函数

如果函数调用前使用了 new 关键字，则是调用了构造函数。构造函数的调用会创建一个新的对象，新对象会继承构造函数的属性和方法。

【例 17-10】（实例文件：ch17\Chap17.10.html）使用构造函数调用函数。

```
<!DOCTYPE html>
<html>
<head>
<title>使用构造函数调用函数</title>
</head>
<body>
<p>该实例中,myFunction 是函数构造函数:</p>
<p id="demo"></p>
<script>
function myFunction(arg1, arg2) {
this.firstName= arg1;
this.lastName= arg2;
```

```
}
var x = new myFunction("刘天佑","刘天翼")
document.getElementById("demo").innerHTML = x.firstName;
</script>
</body>
</html>
```

相关的代码实例请参考 Chap17.10.html 文件，然后双击该文件，在 IE 浏览器中运行的结果如图 17-11 所示。

图 17-11　使用构造函数调用函数

提示：构造函数中 this 关键字没有任何的值，this 的值在函数调用时实例化对象(new object)时创建的。

17.3.4　作为函数方法调用函数

在 JavaScript 中，函数是对象，JavaScript 函数有它的属性和方法，call()和 apply()是预定义的函数方法。两个方法可用于调用函数，两个方法的第一个参数必须是对象本身。

【例 17-11】（实例文件：ch17\Chap17.11.html）使用 call()方法调用函数计算两数之积。

```
<!DOCTYPE html>
<html>
<head>
<title>使用 call()方法调用</title>
</head>
<body>
<p id="demo"></p>
<script>
var myObject;
function myFunction(a, b) {
    return a * b;
}
myObject = myFunction.call(myObject, 30, 6);    //返回180
document.getElementById("demo").innerHTML = myObject;
</script>
</body>
</html>
```

相关的代码实例请参考 Chap17.11.html 文件，然后双击该文件，在 IE 浏览器中运行的结果如图 17-12 所示。

图 17-12　使用 call()方法调用函数

【例 17-12】（实例文件：ch17\Chap17.12.html）使用 apply()方法调用函数计算两数之积。

```html
<!DOCTYPE html>
<html>
<head>
<title>使用 apply()方法调用</title>
</head>
<body>
<p id="demo"></p>
<script>
var myObject, myArray;
function myFunction(a, b) {
    return a * b;
}
myArray = [30, 6]
myObject = myFunction.apply(myObject, myArray);
document.getElementById("demo").innerHTML = myObject;
</script>
</body>
</html>
```

相关的代码实例请参考 Chap17.12.html 文件，然后双击该文件，在 IE 浏览器中运行的结果如图 17-13 所示。

图 17-13　使用 apply()方法调用函数

17.4　内置常规函数

　　内置函数是语言内部事先定义好的函数，使用 JavaScript 的内置函数，可提高编程效率，常用的内置函数有多种，下面进行详细介绍。

1. eval()函数

　　eval()函数计算 JavaScript 字符串，并把它作为脚本代码来执行。如果参数是一个表达式，eval()函数将执行表达式；如果参数是 Javascript 语句，eval()将执行 Javascript 语句。语法结构如下：

```
eval(string)
```

其中，参数 string 是必选项。要计算的字符串，其中含有要计算的 JavaScript 表达式或要执行的语句。

【例 17-13】（实例文件：ch17\Chap17.13.html）使用 eval()函数。

```html
<!DOCTYPE html>
<html>
<head>
<title>使用 eval()函数</title>
```

```
</head>
<body>
<script type="text/javascript">
eval("x=10;y=20;document.write(x*y)")        //eval()方法执行语句
document.write("<br />")
document.write(eval("2+2"))
document.write("<br />")
var x=10
document.write(eval(x+17))                    //eval()方法表达式
document.write("<br />")
eval("alert('Hello world')")                  //eval()方法执行语句
</script>
</body>
</html>
```

相关的代码实例请参考 Chap17.13.html 文件，然后双击该文件，在 IE 浏览器中运行的结果如图 17-14 所示。

图 17-14　使用 eval()函数

2. isFinite()函数

isFinite()函数用于检查其参数是否是无穷大，如果该参数为非数字、正无穷数或负无穷数，则返回 false，否则返回 true。如果是字符串类型的数字，则将会自动转化为数字型。语法结构如下：

```
isFinite(value)
```

其中，参数 value 是必选项，为要检测的数值。

【例 17-14】（实例文件：ch17\Chap17.14.html）使用 isFinite()函数。

```
<!DOCTYPE html>
<html>
<head>
<title>使用 isFinite()函数</title>
</head>
<body>
<script>
document.write(isFinite(123)+ "<br>");
document.write(isFinite(-1.23)+ "<br>");
document.write(isFinite(5-2)+ "<br>");
document.write(isFinite(0)+ "<br>");
document.write(isFinite("Hello")+ "<br>");
document.write(isFinite("2017/12/12")+ "<br>");
</script>
</body>
</html>
```

相关的代码实例请参考 Chap17.14.html 文件，然后双击该文件，在 IE 浏览器中运行的结果如图 17-15 所示。

图 17-15　使用 isFinite()函数

3. isNaN()函数

isNaN()函数用于检查其参数是否是非数字值。如果参数值为 NaN 或字符串、对象、undefined 等非数字值，则返回 true，否则返回 false。语法结构如下：

```
isNaN(value)
```

其中，参数 value 为必选项，为需要检测的数值。

【例 17-15】（实例文件：ch17\Chap17.15.html）使用 isNaN()函数。

```
<!DOCTYPE html>
<html>
<head>
<title>使用 isNaN()函数</title>
</head>
<body>
<script>
document.write(isNaN(123)+ "<br>");
document.write(isNaN(-1.23)+ "<br>");
document.write(isNaN(5-2)+ "<br>");
document.write(isNaN(0)+ "<br>");
document.write(isNaN("Hello")+ "<br>");
document.write(isNaN("2017/12/12")+ "<br>");
</script>
</body>
</html>
```

相关的代码实例请参考 Chap17.15.html 文件，然后双击该文件，在 IE 浏览器中运行的结果如图 17-16 所示。

图 17-16　使用 isNaN()函数

4. parseInt()函数

parseInt()函数可解析一个字符串，并返回一个整数。语法结构如下：

```
parseInt(string, radix)
```

参数说明如下。

- string：必选。要被解析的字符串。
- radix：可选。表示要解析的数字的基数，该值介于 2～36。

当参数 radix 的值为 0，或没有设置该参数时，parseInt() 会根据 string 来判断数字的基数。当忽略参数 radix，JavaScript 默认数字的基数如下：

- 如果 string 以 "0x" 开头，parseInt() 会把 string 的其余部分解析为十六进制的整数。
- 如果 string 以 0 开头，那么 ECMAScript v3 允许 parseInt() 的一个实现把其后的字符解析为八进制或十六进制的数字。
- 如果 string 以 1～9 的数字开头，parseInt() 将把它解析为十进制的整数。

【例 17-16】（实例文件：ch17\Chap17.16.html）使用 parseInt() 函数。

```html
<!DOCTYPE html>
<html>
<head>
<title>使用 parseInt() 函数</title>
</head>
<body>
<script>
document.write(parseInt("10") + "<br>") ;
document.write(parseInt("10.33") + "<br>");
document.write(parseInt("34 45 66") + "<br>");
document.write(parseInt(" 60 ") + "<br>");
document.write(parseInt("40 years") + "<br>");
document.write(parseInt("He was 40") + "<br>");
document.write("<br>");
document.write(parseInt("10",10)+ "<br>");
document.write(parseInt("010")+ "<br>");
document.write(parseInt("10",8)+ "<br>");
document.write(parseInt("0x10")+ "<br>");
document.write(parseInt("10",16)+ "<br>");
</script>
</body>
</html>
```

相关的代码实例请参考 Chap17.16.html 文件，然后双击该文件，在 IE 浏览器中运行的结果如图 17-17 所示。

图 17-17　使用 parseInt() 函数

5. parseFloat() 函数

parseFloat() 函数可解析一个字符串，并返回一个浮点数。该函数指定字符串中的首个字符是否是数字。如果是，则对字符串进行解析，直到到达数字的末端为止，然后以数字返回该数字，而不是作为字符串。

语法结构如下。

```
parseFloat(string)
```

其中，参数 string 为必选项，为要被解析的字符串。

注意： 字符串中只返回第一个数字，开头和结尾的空格是允许的，如果字符串的第一个字符不能被转换为数字，那么 parseFloat() 会返回 NaN。

【例 17-17】（实例文件：ch17\Chap17.17.html）使用 parseFloat() 函数。

```
<!DOCTYPE html>
<html>
<head>
<title>使用 parseFloat()函数</title>
</head>
<body>
<script>
document.write(parseFloat("10") + "<br>");
document.write(parseFloat("10.00") + "<br>");
document.write(parseFloat("10.33") + "<br>");
document.write(parseFloat("34 45 66") + "<br>");
document.write(parseFloat("   60   ") + "<br>");
document.write(parseFloat("40 years") + "<br>");
document.write(parseFloat("He was 40") + "<br>");
</script>
</body>
</html>
```

相关的代码实例请参考 Chap17.17.html 文件，然后双击该文件，在 IE 浏览器中运行的结果如图 17-18 所示。

图 17-18　使用 parseFloat() 函数

6. escape() 函数

escape() 函数可对字符串进行编码，这样就可以在所有的计算机上读取该字符串。该方法不会对 ASCII 字母和数字进行编码，也不会对下面这些 ASCII 标点符号进行编码： * @ - _ + . /。其他所有的字符都会被转义序列替换。语法结构如下：

```
escape(string)
```

其中，参数 string 为必选项，是要被转义或编码的字符串。

【例 17-18】（实例文件：ch17\Chap17.18.html）使用 escape() 函数。

```
<!DOCTYPE html>
<html>
<head>
<title>使用 escape()函数</title>
```

```
</head>
<body>
<center>
<h3>escape()函数应用实例</h3>
</center>
<script type="text/javascript">
document.write("空格符对应的编码是%20,感叹号对应的编码符是%21,"+"<br/>") ;
document.write("<br/>"+"故,执行语句 escape('hello JavaScript!')后,"+"<br/>") ;
document.write("<br/>"+"结果为: "+escape("hello JavaScript!")) ;
</script>
</body>
</html>
```

相关的代码实例请参考 Chap17.18.html 文件，然后双击该文件，在 IE 浏览器中运行的结果如图 17-19 所示。

图 17-19 使用 escape()函数

7. unescape()函数

unescape()函数可对通过 escape()编码的字符串进行解码。语法结构如下：

```
unescape(string)
```

其中，参数 string 为必选项，是要解码的字符串。

【例 17-19】（实例文件：ch17\Chap17.19.html）使用 unescape()函数。

```
<!DOCTYPE html>
<html>
<head>
<title>使用 unescape()函数</title>
</head>
<body>
<center>
<h3>unescape()函数应用实例</h3>
</center>
<script type="text/javascript">
document.write("空格符对应的编码是%20,感叹号对应的编码符是%21,"+"<br/>") ;
document.write("<br/>"+"故,执行语句 unescape('Hello%20JavaScript%21')后,"+"<br/>") ;
document.write("<br/>"+"结果为: "+unescape('Hello%20JavaScript%21')) ;
</script>
</body>
</html>
```

相关的代码实例请参考 Chap17.19.html 文件，然后双击该文件，在 IE 浏览器中运行的结果如图 17-20 所示。

图 17-20　使用 unescape()函数

17.5　JavaScript 特殊函数

在了解了什么是函数以及函数的调用方法外，下面介绍一些特殊函数，如嵌套函数、递归函数、内嵌函数等。

17.5.1　嵌套函数

顾名思义，嵌套函数就是在函数的内部再定义一个函数，这样定义的优点在于可以使用内部函数轻松获得外部函数的参数以及函数的全局变量。嵌套函数的语法格式如下：

```
function 外部函数名(参数1,参数2){
    function 内部函数名() {
        函数体
    }
}
```

【例 17-20】（实例文件：ch17\Chap17.20.html）使用嵌套函数计算三个数值之和。

```
<!DOCTYPE html >
<html>
<head>
<title>嵌套函数的应用</title>
<script type="text/javascript">
var outter=30;                                          //定义全局变量
function add(number1,number2){                          //定义外部函数
    function innerAdd(){                                //定义内部函数
        alert("参数的和为："+(number1+number2+outter)); //取参数的和
    }
    return innerAdd();                                  //调用内部函数
}
</script>
</head>
<body>
<script type="text/javascript">
add(30,30);                                             //调用外部函数
</script>
</body>
</html>
```

相关的代码实例请参考 Chap17.20.html 文件，然后双击该文件，在 IE 浏览器中运行的结果如图 17-21 所示。

图 17-21　嵌套函数的应用结果

注意： 嵌套函数在 JavaScript 语言中的功能非常强大，但是使用嵌套函数会使程序可读性降低。

17.5.2　递归函数

递归是一种重要的编程技术，它用于让一个函数从其内部调用其自身。在定义递归函数时，需要两个必要条件：首先包括一个结束递归的条件；其次包括一个递归调用的语句。

递归函数的语法格式如下：

```
function 递归函数名(参数1){
    递归函数名(参数2);
}
```

【例 17-21】 （实例文件：ch17\Chap17.21.html）递归函数的使用。

```
<!DOCTYPE html>
<html>
<head>
<title>函数的递归调用</title>
<script type="text/javascript">
var msg="\n 函数的递归调用 : \n\n";
//响应按钮的 onclick 事件处理程序
function Test()
{
    var result;
    msg+="调用语句 : \n";
    msg+="        result = sum(30);\n";
    msg+="调用步骤 : \n";
    result=sum(30);
    msg+="计算结果 : \n";
    msg+="        result = "+result+"\n";
    alert(msg);
}
//计算当前步骤加和值
function sum(m)
{
    if(m==0)
      return 0;
```

```
        else
        {
            msg+="    语句：result = " +m+ "+sum(" +(m-2)+"); \n";
            result=m+sum(m-2);
        }
        return result;
    }
</script>
</head>
<body>
<center>
<form>
<input type=button value="测试" onclick="Test()">
</form>
</center>
</body>
</html>
```

相关的代码实例请参考 Chap17.21.html 文件，然后双击该文件，在 IE 浏览器中运行的结果如图 17-22 所示。

图 17-22   函数的递归调用

单击"测试"按钮，即可在弹出的信息提示框中查看递归函数的使用，如图 17-23 所示。

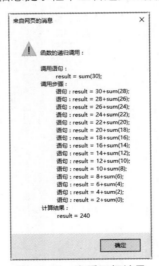

图 17-23   查看运行结果

提示：在上述代码中，为了求取 30 以内的偶数和定义了递归函数 sum(m)，而函数 Test() 对其进行调用，并利用 alert 方法弹出相应的提示信息。

17.5.3　内嵌函数

所有函数都能访问全局变量，实际上，在 JavaScript 中，所有函数都能访问它们上一层的作用域。JavaScript 支持内嵌函数，内嵌函数可以访问上一层的函数变量，内嵌函数 plus() 可以访问父函数的 counter 变量。

【例 17-22】（实例文件：ch17\Chap17.22.html）内嵌函数的使用。

```
<!DOCTYPE html>
<html>
<head>
<title>内嵌函数的使用</title>
</head>
<body>
<p>局部变量计数</p>
<p id="demo">0</p>
<script>
//调用函数 add()并赋值给 demo
document.getElementById("demo").innerHTML = add();
function add() {
    var counter = 0;
    function plus() {counter += 1;}
    plus();
    return counter;
}
</script>
</body>
</html>
```

相关的代码实例请参考 Chap17.22.html 文件，然后双击该文件，在 IE 浏览器中运行的结果如图 17-24 所示。

图 17-24　内嵌函数的使用

17.6　JavaScript 的闭包

闭包可以用在许多地方，它的最大用处有两个，一个是前面提到的可以读取函数内部的变量，另一个就是让这些变量的值始终保持在内存中。

17.6.1　什么是闭包

闭包是一个拥有许多变量和绑定了这些变量的环境的表达式（通常是一个函数），因而这些变量也是该表达式的一部分。在 JavaScript 中，所有的 function 都是一个闭包，不过一般来说，嵌套的 function 所产生的闭包更为强大，也是大部分时候所谓的"闭包"。

下面举例说明什么是闭包，具体实例代码如下：

```
function closure(){
    var str = "I'm a part variable.";
    return function(){
        alert(str);
    }
}
var fObj = closure();
fObj();
```

在上面代码中，str 是定义在函数 closure 中的局部变量，若 str 在 closure 函数调用完成以后不能再被访问，则在函数执行完成后 str 将被释放。但是由于函数 closure 返回了一个内部函数，且这个返回的函数引用了 str 变量，导致了 str 可能会在 closure 函数执行完成以后还会被引用，所以 str 所占用的资源不会被回收，这样 closure 就形成了一个闭包。

【例 17-23】（实例文件：ch17\Chap17.23.html）使用闭包统计计数。

```
<!DOCTYPE html>
<html>
<head>
<title>使用闭包统计计数</title>
</head>
<body>
<p>局部变量计数</p>
<button type="button" onclick="myFunction()">计数！</button>
<p id="demo">0</p>
<script>
var add = (function () {
    var counter = 0;
    return function () {return counter += 1;}
})();
function myFunction(){
    document.getElementById("demo").innerHTML = add();
}
</script>
</body>
</html>
```

相关的代码实例请参考 Chap17.23.html 文件，然后双击该文件，在 IE 浏览器中运行的结果如图 17-25 所示。

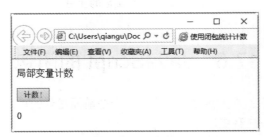

图 17-25　使用闭包统计计数

单击"计数"按钮，即可开始统计局部变量计数信息，单击一次，显示计数为 1，单击两次，显示计数为 2，以此类推，如图 17-26 所示。

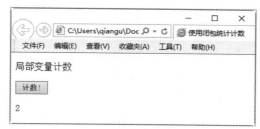

图 17-26　显示计算结果

17.6.2　闭包的原理

JavaScript 允许使用内部函数，即函数定义和函数表达式位于另一个函数的函数体内。而且，这些内部函数可以访问它们所在的外部函数中声明的所有局部变量、参数和声明的其他内部函数，当其中一个这样的内部函数在包含它们的外部函数之外被调用时，就会形成闭包，这就是闭包的原理。

17.6.3　闭包与类

JavaScript 中的"类"其实不是真正的类，它只是表现的像其他面向对象的语言中的类而已，它的本质是函数+原型对象（prototype）。先来看一段简单的代码，该段代码的作用是新建一个类，代码如下：

```
function MyClass(x) {
    this.x = x;
}
var obj = new MyClass('Hello class');
alert(obj.x);
```

在上述代码中，obj 具有一个 x 属性，现在的值是 Hello class，MyClass 是一个函数，我们称之为构造函数，在其他编程语言中，构造函数是要放在 class 关键字内部的，也就是先要声明一个类。

在 JavaScript 的函数中，this 关键字表示的是调用该函数的作用域（scope），可以简单地理解为它是调用函数的对象，再来看 MyClass 函数，如果把代码修改为如下代码：

```
var obj = MyClass('Hello class');
```

这是完全合乎语法的，如果这段代码是在浏览器中运行的，调试一下可以发现，内部的 this 是 window 对象，而与 obj 没有任何关系，obj 还是 undefined，alert 也不会有结果。原来的代码之所以可以工作，都是因为 new 关键字起的作用。

new 关键字把一个普通的函数变成了构造函数。也就是说，MyClass 还是一个普通的函数，它之所以能构造出一个 obj，基本上是 new 的功劳。当函数之前有 new 关键字的时候，JavaScript 会创造一个匿名对象，并且把当前函数的作用域设置为这个匿名对象。然后在那个函数内部引用 this 的话就是引用的这个匿名对象，最后，即使这个函数没有 return，它也会把这个匿名对象返回出去。那么 obj 自然就具有了 x 属性，现在这个 MyClass 就具有一点类的特性了。

一个对象具有类特性，这并不是 new 关键字的工作的全部，JavaScript 同样可以方便地实现继承，依靠是 prototype，prototype 也是一个对象，毕竟除了原始类型，所有的东西都是对象，包括函数。更为重要的是，前面提到的 JavaScript 是 prototype 基础，它的含义就是在 JavaScript 中没有类的概念，类是不存在的，一个函数，它之所以表现得像类，就是因为 prototype，prototype 可以有各种属性，也包括函数。

关键字 new 在构造对象的过程中，并在最终返回那个匿名对象之前，还会把那个函数的 prototype 中的属性——复制给这个对象。这里的复制是复制的引用，而不是新建的一个对象，把内容复制过来，在其内部，相当于保留了一个构造它的函数的 prototype 的引用，该属性对外是不可见的，只有函数对象是有 prototype 属性的，函数对象的 prototype 默认有一个 constructor 属性。下面具体的实例代码如下：

【例 17-24】（实例文件：ch17\Chap17.24.html）输出同学姓名。

```html
<!DOCTYPE html>
<html>
<head>
<title>输出同学姓名</title>
</head>
<body>
<script>
function MyClass(x) {
    this.x = x;
}
var proObj = new MyClass('x');
InheritClass.prototype = proObj;
MyClass.prototype.protox = 'xxx';
function InheritClass(y) {
    this.y = y;
}
var obj = new InheritClass('Hello class');
MyClass.prototype.protox = '刘亦婷';
proObj.x = '汪一涵';
alert(obj.protox);
alert(obj.x);
</script>
</body>
</html>
```

相关的代码实例请参考 Chap17.24.html 文件，然后双击该文件，在 IE 浏览器中运行的结果如图 17-27 所示，弹出的结果是"刘亦婷"。

单击"确定"按钮，弹出一个网页信息提示框，输入的结果是"汪一涵"，如图 17-28 所示。

图 17-27　显示运行结果

图 17-28　显示输入的结果

此代码说明了对象内部保留的是构造函数的 prototype 的引用，要注意的是，proObj 中也是保留的它的构造函数的 prototype 的引用。如果把实例代码改成如下代码：

【例 17-25】（实例文件：ch17\Chap17.25.html）输出同学姓名。

```html
<!DOCTYPE html>
<html>
<head>
<title>输出同学姓名</title>
```

```
</head>
<body>
<script>
function MyClass(x) {           //创建构造函数 MyClass
    this.x = x;
}
var proObj = new MyClass('x');
InheritClass.prototype = proObj;
MyClass.prototype.protox = 'xxx';
function InheritClass(y) {
    this.y = y;
}
var obj = new InheritClass('Hello class');
proObj.protox = '班级名单';
MyClass.prototype.protox = '刘亦婷';
proObj.x = '汪一涵';
alert(obj.protox);
alert(obj.x);
</script>
</body>
</html>
```

相关的代码实例请参考 Chap17.25.html 文件，然后双击该文件，在 IE 浏览器中运行的结果如图 17-29 所示，弹出的结果是"班级名单"。

单击"确定"按钮，弹出一个网页信息提示框，输入的结果是"汪一涵"，如图 17-30 所示。

图 17-29　弹出班级名单　　　　　图 17-30　显示输入的结果

事实上，在上述代码中，这些 prototype 逐层引用，构成了一个 prototype 链。当读取一个对象的属性时，首先寻找自己定义的属性，如果没有，就逐层向内部隐含的 prototype 属性寻找。但是在写属性时，就会把它的引用覆盖掉，是不会影响 prototype 的值的。

17.6.4　闭包中需要注意的地方

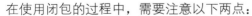

在使用闭包的过程中，需要注意以下两点：

（1）由于闭包会使得函数中的变量都被保存在内存中，内存消耗很大，所以不能滥用闭包，否则会造成网页的性能问题，在 IE 中可能导致内存泄露。解决方法是，在退出函数之前，将不使用的局部变量全部删除。

（2）闭包会在父函数外部，改变父函数内部变量的值。所以，如果用户把父函数当作对象（object）使用，把闭包当作它的公用方法（Public Method），把内部变量当作它的私有属性（private value），这时一定要小心，不要随便改变父函数内部变量的值。

17.7　回调函数设计模式

回调函数是程序设计的一种方法，所谓回调，就是程序 C 调用程序 S 中的某个函数 A，然后 S 又在某个时候反过来调用 C 中的某个函数 B，对于 C 来说，这个 B 便叫作回调函数。

17.7.1　回调函数与控制反转

回调函数这种方法是指在传递了可能会进行调用的函数或对象之后，在需要时再分别对其进行调用，由于调用方与被调用方的依赖关系与通常相反，所以也成为控制反转（IoC，Inversion of Control）。

由于历史原因，在 JavaScript 开发中我们常常会用到回调函数这一方法，这是多种因素导致的。

第一个原因是在客户端 JavaScript 中基本都是 GUI 程序设计。GUI 程序设计是一种很适合使用所谓事件驱动的程序设计方式。事件驱动正是一种回调函数设计模式。客户端 JavaScript 程序设计是一种基于 DOM 的事件驱动式程序设计。

第二个原因是源于客户端无法实现多线程程序设计（最近 HTML 5 Web Works 支持多线程了）。而通过将回调函数与异步处理相结合，就能够实现并行处理。由于不支持多线程，所以为了实现并行处理，不得不使用回调函数，这逐渐成为一种惯例。

最后一个原因与 JavaScript 中的函数声明表达式和闭包有关。

17.7.2　JavaScript 与回调函数

在 JavaScript 中，回调函数是需要定义的，下面给出一个回调函数的实例。

【例 17-26】（实例文件：ch17\Chap17.26.html）回调函数的应用。

```
<!DOCTYPE html>
<html>
<head>
<title>回调函数的应用</title>
</head>
<body>
<script>
var emitter = {
    //为了能够注册多个回调函数而通过数组管理
    callbacks:[],
    //回调函数的注册方法
    register:function (fn) {
        this.callbacks.push(fn);
    },
    //事件的触发处理
    onOpen:function () {
        for (var f in this.callbacks) {
            this.callbacks[f]();
        }
    }
};
emitter.register(function () {alert("event handler1 is called");})
emitter.register(function () {alert("event handler2 is called");})
emitter.onOpen();
//"event handler1 is called"
```

```
    //"event handler2 is called"
</script>
</body>
</html>
```

相关的代码实例请参考 Chap17.26.html 文件，然后双击该文件，在 IE 浏览器中运行的结果如图 17-31 所示。

单击 "确定" 按钮，弹出另外一个网页信息提示框，如图 17-32 所示。

图 17-31　回调函数的应用

图 17-32　信息提示框

在上述代码中，定义的两个匿名函数就是回调函数，它们的调用由 emitter.onOpen() 完成。对 emitter 来说，这仅仅是对注册的函数进行了调用，不过根据回调函数的定义，更应该关注使用了 emitter 部分的情况。从这个角度来看，注册过的回调函数与之形成的是一种调用与被调用的关系。

17.8　制作伸缩两级菜单

对于菜单一般都会有一级菜单、二级菜单，并且根据实际情况菜单的级数是不定的，所以，要想制作一个菜单，需要先建立一个好的 HTML 框架，设计好菜单的级数。下面制作一个伸缩两级菜单。

步骤 1：设计 HTML 网页框架，具体的代码如下：

```
<!DOCTYPE html>
<html>
<head>
<title>制作伸缩两级菜单</title>
</head>
<body>
<div id="navigation">
  <ul id="listUL">
    <li><a href="#">个人中心</a>
        <ul>
           <li><a href="#">个人资料</a></li>
           <li><a href="#">与我相关</a></li>
           <li><a href="#">好友动态</a></li>
        </ul>
    </li>
    <li><a href="#">我的主页</a>
        <ul>
           <li><a href="#">日志</a></li>
           <li><a href="#">相册</a></li>
    <li><a href="#">状态</a></li>
        </ul>
    </li>
```

```
            <li><a href="#">留言板</a></li>
        <li><a href="#">应用中心</a>
            <ul>
                <li><a href="#">游戏</a></li>
                    <li><a href="#">音乐</a></li>
            </ul>
        </li>
        <li><a href="#">更多</a></li>
    </ul>
</div>
</body>
</html>
```

相关的代码实例请参考 Chap17.27.html 文件，然后双击该文件，在 IE 浏览器中运行的结果如图 17-33 所示。

图 17-33　设计 HTML 网页框架

步骤 2：在网页中添加 CSS 代码，先对一级菜单进行风格设置，具体代码如下：

```
<style>
body{
    background-color:#eed0e0;
}
#navigation {
    width:200px;
    font-family:Arial;
}
#navigation > ul > li {
    border-bottom:1px solid #AD9F9F;        /*添加下画线*/
}
#navigation > ul > li > a{
    display:block;
    padding:5px 5px 5px 0.5em;
    text-decoration:none;
    border-left:12px solid #711111;         /*左边的粗边*/
}
#navigation > ul > li > a:link, #navigation > ul > li > a:visited{
    background-color:#c11136;
    color:#FFFFFF;
}
#navigation > ul > li > a:hover{             /*鼠标指针经过时*/
    background-color:#880020;                /*改变背景色*/
    color:#ff0000;                           /*改变文字颜色*/
```

```
}
h1{
    color:red;                          /*文字颜色*/
    background-color:#49ff01;           /*背景色*/
    text-align:center;                  /*居中*/
    padding:20px;                       /*边距*/
}
img{float:left;                         /*居左*/
border:2px #F00 solid;                  /*设置边框*/
margin:5px;                             /*设置边距*/
}
</style>
```

相关的代码实例请参考 Chap17.27.html 文件，然后双击该文件，在 IE 浏览器中运行的结果如图 17-34 所示。

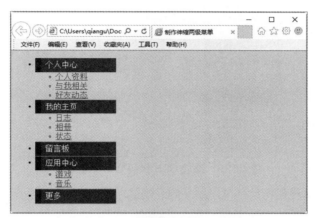

图 17-34　添加 CSS 代码修饰一级菜单

步骤 3：在网页中添加 CSS 代码，对二级子菜单做相应的风格设置，具体代码如下：

```
#navigation ul li ul{
    margin:0px;
    padding:0px 0px 0px 0px;
}
#navigation ul li ul li{
    border-top:1px solid #ED9F9F;
}
#navigation ul li ul li a{
    display:block;
    padding:3px 3px 3px 0.5em;
    text-decoration:none;
    border-left:28px solid #a71f1f;
    border-right:1px solid #711515;
}
#navigation ul li ul li a:link, #navigation ul li ul li a:visited{
    background-color:#e85070;
    color:#FFFFFF;
}
#navigation ul li ul li a:hover{
    background-color:#c2425d;
    color:#ffff00;
```

```
}
#navigation ul li ul.myHide{
    display:none;                    /*隐藏子菜单*/
}
#navigation ul li ul.myShow{
    display:block;                   /*显示子菜单*/
}
```

相关的代码实例请参考 Chap17.27.html 文件，然后双击该文件，在 IE 浏览器中运行的结果如图 17-35 所示。

图 17-35　添加 CSS 代码修饰二级菜单

步骤 4：添加 JavaScript 代码，为菜单添加上伸缩效果，具体代码如下：

```
<script type="text/javascript" src="jquery.min.js"></script>
<script type="text/javascript">
function change(){
    var SecondDiv = this.parentNode.getElementsByTagName("ul")[0];
    if(SecondDiv.className == "myHide")        //通过 CSS 交替更换实现显隐
        SecondDiv.className = "myShow";
    else
        SecondDiv.className = "myHide";
}
window.onload = function(){
    var Ul = document.getElementById("listUL");
    var aLi = Ul.childNodes;
    var A;
    for(var i=0;i<aLi.length;i++){
        //如果子元素为 li,且这个 li 有子菜单 ul
        if(aLi[i].tagName == "LI" && aLi[i].getElementsByTagName("ul").length){
            A = aLi[i].firstChild;               //找到超链接
            A.onclick = change;                  //动态添加点击函数
        }
    }
}
</script>
```

相关的代码实例请参考 Chap17.27.html 文件，然后双击该文件，在 IE 浏览器中运行的结果如图 17-36 所示。

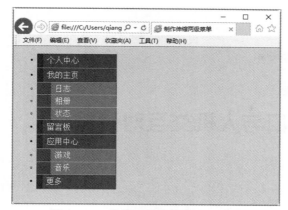

图 17-36 伸缩两级菜单的显示效果

17.9 就业面试技巧与解析

17.9.1 面试技巧与解析（一）

面试官：在完成某项工作时，你认为领导要求的方式不是最好的，自己还有更好的方法，你会怎么做？

应聘者：原则上我会尊重和服从领导的工作安排，同时私底下找机会以请教的口吻，婉转地表达自己的想法，看看领导是否能改变想法。如果领导没有采纳我的建议，我也同样会按领导的要求认真地去完成这项工作。还有一种情况，假如领导要求的方式违背原则，我会坚决提出反对意见，如领导仍固执己见，我会毫不犹豫地再向上级领导反映。

17.9.2 面试技巧与解析（二）

面试官：假设你在某单位工作成绩比较突出，得到领导的肯定。但同时你发现同事们越来越孤立你，你怎么看这个问题？你准备怎么办？

应聘者：成绩比较突出，得到领导的肯定是件好事情，以后我会更加努力。针对被孤立的事情，需要检讨一下自己是不是对工作的热心度超过了同事间交往的热心，在工作之余加强同事间的交往和发掘共同的兴趣爱好。在工作中，不伤害别人的自尊心，不在领导面前搬弄是非。

第 18 章

JavaScript 窗口与人机交互对话框

18.1　window 对象

window 对象表示浏览器中打开的窗口，如果文档包含框架（<frame>或<iframe>标签），浏览器会为 HTML 文档创建一个 window 对象，并为每个框架创建一个额外的 window 对象。

18.1.1　window 对象属性

window 对象在客户端 JavaScript 中扮演重要的角色，它是客户端程序的全局（默认）对象，该对象包含多个属性，window 对象常用的属性及描述如表 18-1 所示。

表 18-1　window 对象常用的属性及描述

属　　性	描　　述
closed	返回窗口是否已被关闭
defaultStatus	设置或返回窗口状态栏中的默认文本
document	对 Document 对象的只读引用
frames	返回窗口中所有命名的框架。该集合是 Window 对象的数组，每个 Window 对象在窗口中含有一个框架
history	对 History 对象的只读引用
innerHeight	返回窗口的文档显示区的高度
innerWidth	返回窗口的文档显示区的宽度
length	设置或返回窗口中的框架数量
location	用于窗口或框架的 Location 对象
name	设置或返回窗口的名称
navigator	对 Navigator 对象的只读引用
opener	返回对创建此窗口的引用
outerHeight	返回窗口的外部高度，包含工具条与滚动条
outerWidth	返回窗口的外部宽度，包含工具条与滚动条
pageXOffset	设置或返回当前页面相对于窗口显示区左上角的 X 位置
pageYOffset	设置或返回当前页面相对于窗口显示区左上角的 Y 位置
parent	返回父窗口
screen	对 Screen 对象的只读引用
screenLeft	返回相对于屏幕窗口的 x 坐标
screenTop	返回相对于屏幕窗口的 y 坐标
screenX	返回相对于屏幕窗口的 x 坐标
screenY	返回相对于屏幕窗口的 y 坐标
self	返回对当前窗口的引用。等价于 window 属性
status	设置窗口状态栏的文本
top	返回最顶层的父窗口

熟悉并了解 window 对象的各种属性，将有助于一个 Web 应用开发者的设计开发。

1．defaultStatus 属性

几乎所有的 Web 浏览器都有状态条（栏），如果需要打开浏览器即在其状态条显示相关信息，可以为浏览器设置默认的状态条信息，window 对象的 defaultStatus 属性可实现此功能，其语法格式如下：

```
window.defaultStatus="statusMsg";
```

其中，statusMsg 代表了需要在状态条显示的默认信息。

下面给出一个实例，在状态栏中设置一个默认文本。

【例 18-1】（实例文件：ch18\Chap18.1.html）设置状态栏默认信息。

```
<!DOCTYPE html>
<html>
<head>
<title>设置状态栏信息</title>
</head>
<body>
<script>
window.defaultStatus="本站内容更加精彩！！";        //状态栏中设置一个默认文本
</script>
<p>查看状态栏中的文本.</p>
</body>
</html>
```

相关的代码实例请参考 Chap18.1.html 文件，然后双击该文件，在 IE 浏览器中运行的结果如图 18-1 所示。

图 18-1　设置状态栏信息

注意：defaultStatus 属性在 Firefox、Chrome 或 Safari 的默认配置下是不工作的。

2．frames 属性

框架可以把浏览器窗口分成几个独立的部分，每部分显示单独的页面，页面的内容是互相联系的，框架是一种特殊的窗口，在网页设计中经常遇到。

如果当前窗口是在框架<frame>或<iframe>中，通过 window 对象的 frameElement 属性可获取当前窗口所在的框架对象，其语法格式如下：

```
var documentObj=window. frameElement;
```

其中，**frameObj** 是当前窗口所在的框架对象。使用该属性获得框架对象后，可使用框架对象的各种属性与方法，从而实现对框架对象进行各种操作。

下面给出一个实例，该实例将窗口分为两个部分的框架集，并指定名称为 mainFrame 的框架的源文件为 main.html，topFrame 的框架源文件是 top.html。当用户单击 mainFrame 框架中的"窗口框架"按钮，即可获取当前窗口所在的框架对象，同时弹出提示信息，并显示框架的名称。

【例 18-2】（实例文件：ch18\Chap18.2.html）frames 属性应用实例。

```
<!DOCTYPE html>
<html>
<head>
<title>含有窗口框架的网页</title>
</head>
<frameset rows="60,*" cols="*" frameborder="1" border="1" framespacing="1">
  <frame src="top.html " name="topFrame" scrolling="no" id="top"
```

```
        marginheight="0" marginwidth="0" noresize/>
    <frame src="main.html" name="mainFrame" scrolling="auto" id="main">
</frameset>
</html>
```

main.html 文件的具体内容如下：

```
<!DOCTYPE html>
<html>
<head>
<title>窗口框架</title>
<script language="JavaScript" type="text/javaScript">
function getFrame(){                                    //获取当前窗口所在的框架
    var frameObj = window.frameElement;
    window.alert("当前窗口所在框架的名称: " + frameObj.name);
    window.alert("当前窗口的框架数量: " + window.length);
}
function openWin(){                                     //打开一个窗口
    window.open("top.html", "_blank");
}
</script>
</head>
<body>
  <form name="frmData" method="post" action="#">
    <input type="hidden" name="hidObj" value="隐藏变量">
    <p>
        <center>
            <h1>显示框架页面的内容</h1>
        </center>
    </p>
    <p>
        <center>
            <input type="button" value="窗口框架" onclick="getFrame()">
        </center>
        <br>
        <center>
            <input type="button" value="打开窗口" onclick="openWin()">
        </center>
    </p>
  </form>
</body>
</html>
```

而 top.html 文件的具体内容如下：

```
<!DOCTYPE html>
<html>
<head>
<title>顶部框架页面</title>
</head>
<body>
    <form name="frmTop" method="post" action="#">
    <center>
```

```
        <h1>框架顶部页面</h1>
    </center>
   </form>
</body>
</html>
```

相关的代码实例请参考 Chap18.2.html 文件，然后双击该文件，在 IE 浏览器中运行的结果如图 18-2 所示，在该代码中使用了<frameset>标记及两个<frame>标记组成了一个框架页面，其中显示在框架顶部的是 top.html 文件，显示在框架边框以下的是 nain.html 文件。

单击"窗口框架"按钮，即可看到当前窗口所在框架的名称信息，如图 18-3 所示。

图 18-2　含有窗口框架的网页

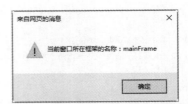

图 18-3　显示当前窗口所在框架的名称

单击"确定"按钮，即可看到打开窗口数量的提示信息，如图 18-4 所示。

如果单击"打开窗口"按钮，即可转到链接的页面中，如图 18-5 所示。

图 18-4　显示当前窗口的框架数量

图 18-5　跳转到链接页面

3．parent 属性

parent 属性返回当前窗口的父窗口。语法格式如下：

```
window.parent
```

【例 18-3】（实例文件：ch18\Chap18.3.html）parent 属性应用实例。

```
<!DOCTYPE html>
<html>
<head>
<title>parent 属性的应用</title>
</head>
<head>
<script>
function openWin(){
```

```
        window.open('','','width=200,height=100');
        alert(window.parent.location);
    }
</script>
</head>
<body>
<input type="button" value="打开窗口" onclick="openWin()">
</body>
</html>
```

相关的代码实例请参考 Chap18.3.html 文件，然后双击该文件，在 IE 浏览器中运行的结果如图 18-6 所示。
单击"打开窗口"按钮，即可打开新窗口，并在父窗口弹出警告提示框，如图 18-7 所示。

图 18-6　parent 属性的应用

图 18-7　警告提示框

4．top 属性

当页面中存在多个框架时，可以使用 window 对象的 top 属性直接获取当前浏览器窗口中各子窗口的最顶层对象。其语法格式为：

```
window.top
```

【例 18-4】（实例文件：ch18\Chap18.4.html）top 属性应用实例。

```
<!DOCTYPE html>
<html>
<head>
<title>检查当前窗口的状态</title>
<script>
function check(){
    if (window.top!=window.self) {
        document.write("<p>这个窗口不是最顶层窗口!我在一个框架?</p>")
    }
    else{
        document.write("<p>这个窗口是最顶层窗口!</p>")
    }
}
</script>
</head>
<body>
<input type="button" onclick="check()" value="检查窗口">
</body>
</html>
```

相关的代码实例请参考 Chap18.4.html 文件，然后双击该文件，在 IE 浏览器中运行的结果如图 18-8 所示。

单击"检查窗口"按钮，check()函数被调用，检查当前窗口的状态，并在网页中输入窗口的状态信息，如图 18-9 所示。

图 18-8　检查当前窗口的状态

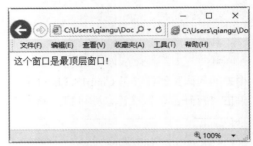

图 18-9　显示检查的结果

18.1.2　window 对象方法

除了对象属性外，window 对象还拥有很多方法。window 对象常用的方法及描述如表 18-2 所示。

表 18-2　window 对象常用的方法及描述

方　　法	描　　述
alert()	显示带有一段消息和一个确认按钮的警告框
blur()	把键盘焦点从顶层窗口移开
clearInterval()	取消由 setInterval()方法设置的 timeout
clearTimeout()	取消由 setTimeout()方法设置的 timeout
close()	关闭浏览器窗口
confirm()	显示带有一段消息以及确认按钮和取消按钮的对话框
createPopup()	创建一个 pop-up 窗口
focus()	把键盘焦点给予一个窗口
moveBy()	可相对窗口的当前坐标把它移动指定的像素
moveTo()	把窗口的左上角移动到一个指定的坐标
open()	打开一个新的浏览器窗口或查找一个已命名的窗口
print()	打印当前窗口的内容
prompt()	显示可提示用户输入的对话框
resizeBy()	按照指定的像素调整窗口的大小

续表

方　　法	描　　述
resizeTo()	把窗口的大小调整到指定的宽度和高度
scrollBy()	按照指定的像素值来滚动内容
scrollTo()	把内容滚动到指定的坐标
setInterval()	按照指定的周期（以毫秒计）来调用函数或计算表达式
setTimeout()	在指定的毫秒数后调用函数或计算表达式

18.2　打开与关闭窗口

窗口的打开与关闭主要是通过使用 open() 和 close() 方法来实现，也可以在打开窗口时指定窗口的大小及位置。本节介绍打开与关闭窗口的实现方法。

18.2.1　JavaScript 打开窗口

使用 open() 方法可以打开一个新的浏览器窗口或查找一个已命名的窗口。语法格式如下：

```
window.open(URL,name,specs,replace)
```

参数说明如下。

- URL：可选。打开指定的页面的 URL，如果没有指定 URL，打开新的空白窗口。
- name：可选。指定 target 属性或窗口的名称，支持的值如表 18-3 所示。

表 18-3　name 可选参数及说明

可 选 参 数	说　　明
_blank	URL 加载到一个新的窗口，这是默认值
_parent	URL 加载到父框架
_self	URL 替换当前页面
_top	URL 替换任何可加载的框架集
name	窗口名称

- specs：可选。一个逗号分隔的项目列表，支持的值如表 18-4 所示。

表 18-4　specs 可选参数及说明

可 选 参 数	说　　明
channelmode=yes|no|1|0	是否要在影院模式显示 window，默认是没有的。仅限 IE 浏览器
directories=yes|no|1|0	是否添加目录按钮。默认是肯定的，仅限 IE 浏览器

续表

可 选 参 数	说　明
fullscreen=yes|no|1|0	浏览器是否显示全屏模式。默认是没有的，在全屏模式下的 window，还必须在影院模式。仅限 IE 浏览器
height=pixels	窗口的高度，最小值为 100
left=pixels	该窗口的左侧位置
location=yes|no|1|0	是否显示地址字段，默认值是 yes
menubar=yes|no|1|0	是否显示菜单栏，默认值是 yes
resizable=yes|no|1|0	是否可调整窗口大小，默认值是 yes
scrollbars=yes|no|1|0	是否显示滚动条，默认值是 yes
status=yes|no|1|0	是否要添加一个状态栏，默认值是 yes
titlebar=yes|no|1|0	是否显示标题栏，被忽略，除非调用 HTML 应用程序或一个值得信赖的对话框，默认值是 yes
toolbar=yes|no|1|0	是否显示浏览器工具栏，默认值是 yes
top=pixels	窗口顶部的位置，仅限 IE 浏览器
width=pixels	窗口的宽度，最小值为 100

- replace Optional.Specifies 规定了装载到窗口的 URL 是在窗口的浏览历史中创建一个新条目，还是替换浏览历史中的当前条目，支持的值如表 18-5 所示。

表 18-5　replace 可选参数及说明

可 选 参 数	说　明
true	URL 替换浏览历史中的当前条目
false	URL 在浏览历史中创建新的条目

【例 18-5】（实例文件：ch18\Chap18.5.html）直接打开新窗口。

```
<!DOCTYPE html>
<html>
<head>
<title>直接打开新窗口</title>
<script>
    window.open('','','width=200,height=100');
</script>
</head>
<body>
<p>这是'我的新窗口'</p>
</body>
</html>
```

相关的代码实例请参考 Chap18.5.html 文件，然后双击该文件，在 IE 浏览器中运行的结果如图 18-10 所示，其中空白页就是直接打开的窗口。

图 18-10　直接打开新窗口

【例 18-6】（实例文件：ch18\Chap18.6.html）通过单击按钮打开新窗口。

```
<!DOCTYPE html>
<html>
<head>
<title>通过按钮打开新窗口</title>
<script>
function open_win() {
    window.open("http://www.baidu.com");
}
</script>
</head>
<body>
<form>
<input type="button" value="打开窗口" onclick="open_win()">
</form>
</body>
</html>
```

相关的代码实例请参考 Chap18.6.html 文件，然后双击该文件，在 IE 浏览器中运行的结果如图 18-11 所示。

图 18-11　通过单击按钮打开新窗口

单击"打开窗口"按钮，即可直接在新窗口中打开百度网站的首页，如图 18-12 所示。

注意：在使用 open()方法时，需要注意以下几点。

● 通常浏览器窗口中，总有一个文档是打开的，因为不需要为输出建立一个新文档。

● 在完成对 Web 文档的写操作后，要使用或调用 close()方法来实现对输出流的关闭。

● 在使用 open()方法打开一个新流时，可为文档指定一个有效的文档类型，有效文档类型包括 text/HTML、text/gif、text/xim 等。

图 18-12　直接在新窗口中打开页面

18.2.2　JavaScript 关闭窗口

用户可以在 JavaScript 中使用 window 对象的 close()方法关闭指定的已经打开的窗口。语法格式如下：

```
window.close()
```

例如，如果想要关闭窗口，可以使用下面任何一种语句来实现。

```
window.close()
close()
this.close()
```

下面给出一个实例，首先用户通过 Window 对象的 open()方法打开一个新窗口，然后通过按钮再关闭该窗口。

【例 18-7】 （实例文件：ch18\Chap18.7.html）关闭新窗口。

```
<!DOCTYPE html>
<html>
<head>
<title>关闭新窗口</title>
<script>
function openWin(){
    myWindow=window.open("","","width=200,height=100");
    myWindow.document.write("<p>这是'我的新窗口'</p>");
}
function closeWin(){
    myWindow.close();
}
</script>
</head>
<body>
<input type="button" value="打开我的窗口" onclick="openWin()" />
<input type="button" value="关闭我的窗口" onclick="closeWin()" />
</body>
</html>
```

相关的代码实例请参考 Chap18.7.html 文件，然后双击该文件，在 IE 浏览器中运行的结果如图 18-13 所示。

单击"打开我的窗口"按钮，即可直接在新窗口中打开我的窗口，如图 18-14 所示。

图 18-13　运行结果

图 18-14　直接在新窗口中打开我的窗口

单击"关闭我的窗口"按钮，即可关闭打开的新窗口，如图 18-15 所示。

图 18-15　关闭新窗口

提示：在 JavaScript 中使用 window.close()方法关闭当前窗口时，如果当前窗口是通过 JavaScript 打开的，则不会有提示信息。在某些浏览器中，如果打开需要关闭窗口的浏览器只有当前窗口的历史访问记录，使用 window.close()关闭窗口时，同样不会有提示信息。

18.3　操作窗口对象

通过 window 对象除了可以打开与关闭窗口外，还可以控制窗口的大小和位置，下面进行详细介绍。

18.3.1　改变窗口大小

利用 window 对象的 resizeBy()方法可以根据指定的像素来调整窗口的大小，具体语法格式如下：

```
resizeBy(width,height)
```

参数说明如下。
- width：必需。要使窗口宽度增加的像素数，可以是正、负数值。
- height：可选。要使窗口高度增加的像素数，可以是正、负数值。

注意：此方法定义指定窗口的右下角移动的像素，左上角将不会被移动（它停留在其原来的坐标）。

【例 18-8】（实例文件：ch18\Chap18.8.html）改变窗口大小。

```
<!DOCTYPE html>
<html>
<head>
```

```
<title>改变窗口大小</title>
<script>
function resizeWindow(){
    top.resizeBy(100,100);        //调整窗口的大小
}
</script>
</head>
<body>
<form>
<input type="button" onclick="resizeWindow()" value="调整窗口">
</form>
</body>
</html>
```

相关的代码实例请参考 Chap18.8.html 文件，然后双击该文件，在 IE 浏览器中运行的结果如图 18-16 所示。

单击"调整窗口"按钮，即可改变窗口的大小，如图 18-17 所示。

图 18-16　改变窗口大小

图 18-17　通过按钮调整窗口大小

18.3.2　移动窗口位置

使用 moveTo()方法可把窗口的左上角移动到一个指定的坐标。语法格式如下：

```
window.moveTo(x,y)
```

下面给出一个实例，将新窗口移动到屏幕左上角。

【例 18-9】（实例文件：ch18\Chap18.9.html）移动窗口位置。

```
<!DOCTYPE html>
<html>
<head>
<title>移动窗口位置</title>
<script>
function openWin(){
    myWindow=window.open('','','width=200,height=100');
    myWindow.document.write("<p>这是我的新窗口</p>");
}
function moveWin(){
    myWindow.moveTo(0,0);
    myWindow.focus();
}
</script>
</head>
<body>
```

```
<input type="button" value="打开窗口" onclick="openWin()" />
<br><br>
<input type="button" value="移动窗口" onclick="moveWin()" />
</body>
</html>
```

相关的代码实例请参考 Chap18.9.html 文件，然后双击该文件，在 IE 浏览器中运行的结果如图 18-18 所示。

单击"打开窗口"按钮，即可打开一个新的窗口，如图 18-19 所示。

图 18-18　移动窗口位置

图 18-19　打开新的窗口

单击"移动窗口"按钮，即可将打开的新窗口移动到桌面的左上角，如图 18-20 所示。

图 18-20　移动窗口到桌面左上角

18.4　获取窗口历史记录

利用 history 对象可以获取窗口历史记录，history 对象是一个只读 URL 字符串数组，该对象主要用来存储一个最新所访问网页的 URL 地址的列表，可通过 window.history 属性对其进行访问。

history 对象常用的属性及描述如表 18-6 所示。

表 18-6　history 对象常用的属性及描述

属　　性	描　　述
length	返回历史列表中的网址数
current	当前文档的 URL
next	历史列表的下一个 URL
previous	历史列表的前一个 URL

history 对象常用的方法及描述如表 18-7 所示。

表 18-7　history 对象常用的方法及描述

方　　法	描　　述
back()	加载 history 列表中的前一个 URL
forward()	加载 history 列表中的下一个 URL
go()	加载 history 列表中的某个具体页面

注意： 当前没有应用于 history 对象的公开标准，不过所有浏览器都支持该对象。

例如，利用 history 对象中的 back()方法和 forward()方法可以引导用户在页面中跳转，具体的代码如下：

```
<a href="javascrip:window.history.forward();">forward</a>
<a href="javascrip:window.history.back();">back</a>
```

还可以使用 history.go()方法指定要访问的历史记录，若参数为正数，则向前移动；或参数为负数，则向后移动，具体代码如下：

```
<a href="javascrip:window.history.go(-1);">向后退一次</a>
<a href="javascrip:window.history.back(2);">向后前进两次</a>
```

使用 history.Length()属性能够访问 history 数组的长度，可以很容易地转移到列表的末尾，例如：

```
<a href="javascrip:window.history.go(window.historylength-1);">末尾</a>
```

18.5　窗口定时器

用户可以设置一个窗口在某段时间后执行何种操作，这被称为窗口定时器，使用 window 对象中的 setTimeout()方法可以在指定的毫秒数后调用函数或计算表达式，用于设置窗口定时器。语法格式如下：

```
setTimeout(code, milliseconds, param1, param2, ...)
setTimeout(function, milliseconds, param1, param2, ...)
```

下面给出一个实例，单击"开始"按钮，3 秒后弹出"Hello"信息提示框。

【例 18-10】（实例文件：ch18\Chap18.10.html）3 秒后弹出"Hello"信息提示框。

```
<!DOCTYPE html>
<html>
<head>
<title>弹出"Hello"信息提示框</title>
</head>
<body>
<p>单击"开始"按钮,3 秒后会弹出"Hello"。</p>
<button onclick="myFunction()">开始</button>
<script>
var myVar;
function myFunction() {
    myVar = setTimeout(alertFunc, 3000);    //调用 setTimeout 方法指定 3 秒数后调用函数或计算表达式
}
function alertFunc() {
  alert("Hello!");
}
</script>
```

```
</body>
</html>
```

相关的代码实例请参考 Chap18.10.html 文件，然后双击该文件，在 IE 浏览器中运行的结果如图 18-21 所示。

单击"开始"按钮，3 秒后弹出"Hello"信息提示框，如图 18-22 所示。

图 18-21 网页运行结果

图 18-22 弹出信息提示框

下面再给出一个实例，单击"开始计数"按钮开始执行计数程序。输入框从 0 开始计算。单击"停止计数"按钮停止计数，当再次单击"开始计数"按钮时会重新开始计数。

【例 18-11】 （实例文件：ch18\Chap18.11.html）网页计数器。

```
<!DOCTYPE html>
<html>
<head>
<title>网页计数器</title>
</head>
<body>
<button onclick="startCount()">开始计数!</button>
<input type="text" id="txt">
<button onclick="stopCount()">停止计数!</button>
<script>
var c = 0;
var t;
var timer_is_on = 0;
function timedCount() {
    document.getElementById("txt").value = c;
    c = c + 1;
    t = setTimeout(function(){ timedCount() }, 1000);
}
function startCount() {              //定义开始计数函数
    if (!timer_is_on) {
        timer_is_on = 1;
        timedCount();
    }
}
function stopCount() {               //定义停止计数函数
    clearTimeout(t);
    timer_is_on = 0;
}
</script>
</body>
</html>
```

相关的代码实例请参考 Chap18.11.html 文件，然后双击该文件，在 IE 浏览器中运行的结果如图 18-23 所示。

单击"开始计数！"按钮，即可在文本框中显示计数信息，如图 18-24 所示。

图 18-23　网页计数器

图 18-24　在文本框中显示计数信息

单击"停止计数！"按钮，即可停止开始计数，如图 18-25 所示。

当再次单击"开始计数！"按钮，即可继续开始计数，如图 18-26 所示。

图 18-25　停止计数

图 18-26　开始计数

18.6　JavaScript 对话框

对话框是网页与浏览者进行交流的桥梁，具有提示、选择和获取信息的功能。JavaScript 提供了三个标准的对话框，分别是弹出对话框、选择对话框和输入对话框，这三个对话框都是基于 window 对象产生，即作为 window 对象的方法而使用的。

window 对象中的对话框如表 18-8 所示。

表 18-8　window 对象的对话框

对　话　框	说　　明
alert()	弹出一个只包含"确定"按钮的对话框
confirm()	弹出一个包含"确定"和"取消"按钮的对话框，要求用户做出选择。如果用户单击"确定"按钮，则返回 true 值，如果单击"取消"按钮，则返回 false 值
prompt()	弹出一个包含"确认"按钮和"取消"按钮和一个文本框的对话框，要求用户在文本框输入一些数据。如果用户单击"确认"按钮，则返回文本框里已有的内容，如果用户单击"取消"按钮，则返回 null 值。如果指定<初始值>，则文本框里会有默认值

18.7　调用对话框

使用 window 对象中的方法可以调用对话框，本节介绍调用对话框的方法。

18.7.1　采用 alert()方法调用

采用 alert()方法可以调用警告对话框或信息提示框对话框，语法格式如下：

```
alert(message)
```

其中，message 是在对话框中显示的提示信息。当使用 alert()方法打开消息框时，整个文档的加载以及所有脚本的执行等操作都会暂停，直到用户单击消息框中的"确定"按钮，所有的动作才继续进行。

【例 18-12】（实例文件：ch18\Chap18.12.html）利用 alert()方法弹出了一个含有提示信息的对话框。

```html
<!DOCTYPE HTML>
<html>
<head>
<title>Windows 提示框</title>
<script language="JavaScript" type="text/javaScript">
window.alert("提示信息");
function showMsg(msg)
{
    if(msg == "简介")  window.alert("提示信息：简介");
    window.status = "显示本站的" + msg;
    return true;
}
window.defaultStatus = "欢迎光临本网站";
</script>
</head>
<body>
  <form name="frmData" method="post" action="#">
    <table width="400" align="center" border="1" cellspacing="0">
        <thead>
          <th colspan="3">在线购物网站</th>
        </thead>
        <script>
          window.alert("加载过程中的提示信息");
          </script>
        <tr>
        <td valign="top" width="200">
            <ul>
        <li><a href="#" onmouseover="return showMsg('主页')">主页</a></li>
        <li><a href="#" onmouseover="return showMsg('简介')">简介</a></li>
      <li><a href="#" onmouseover="return showMsg('联系方式')">联系方式</a></li>
    <li><a href="#" onmouseover="return showMsg('业务介绍')">业务介绍</a></li>
            </ul>
        </td>
        <td valign="top" width="300">
            上网购物是新的一种购物理念
        </td>
        </tr>
    </table>
  </form>
</body>
</html>
```

相关的代码实例请参考 Chap18.12.html 文件，然后双击该文件，在 IE 浏览器中运行的结果如图 18-27 所示，在上面代码中加载至 JavaScript 中的第一条 window.alert()语句时，此时会弹出一个提示框。

单击"确定"按钮，页面加载至 table，此时状态条已经显示"欢迎光临本网站"的提示消息，说明设置状态条默认信息的语句已经执行，如图 18-28 所示。

图 18-27　信息提示框

图 18-28　弹出信息提示框

再次单击"确定"按钮，当鼠标指针移至超级链接"简介"时，即可看到相应的提示信息，如图 18-29 所示。

待整个页面加载完毕，状态条会显示默认的信息，如图 18-30 所示。

图 18-29　提示信息为"简介"

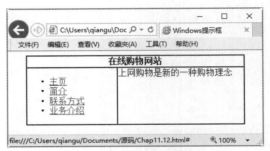

图 18-30　显示默认信息

18.7.2　采用 confirm()方法调用

采用 confirm()方法可以调用一个带有指定消息和确认及取消按钮的对话框。如果访问者单击"确定"按钮，此方法返回 true，否则返回 false。语法格式如下：

```
confirm(message)
```

【例 18-13】（实例文件：ch18\Chap18.13.html）显示一个确认框，提醒用户单击了什么内容。

```
<!DOCTYPE html>
<html>
<head>
<title>显示一个确认框</title>
</head>
<body>
<p>单击按钮,显示确认框。</p>
<button onclick="myFunction()">确认</button>
<p id="demo"></p>
<script>
function myFunction(){
    var x;
    var r=confirm("按下按钮!");
    if (r==true){
        x="你按下了"确定"按钮!";
```

```
    }
    else{
        x="你按下了"取消"按钮!";
    }
    document.getElementById("demo").innerHTML=x;
}
</script>
</body>
</html>
```

相关的代码实例请参考 Chap18.13.html 文件，然后双击该文件，在 IE 浏览器中运行的结果如图 18-31 所示。

单击"确认"按钮，弹出一个信息提示框，提示用户需要按下按钮进行选择，如图 18-32 所示。

图 18-31　显示一个确认框

图 18-32　信息提示框

单击"确定"按钮，返回到页面中，可以看到在页面中显示了用户单击了"确定"按钮，如图 18-33 所示。

如果单击了"取消"按钮，返回到页面中，可以看到在页面中显示了用户单击了"取消"按钮，如图 18-34 所示。

图 18-33　单击"确定"按钮后的提示信息

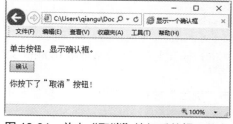

图 18-34　单击"取消"按钮后的提示信息

18.7.3　采用 prompt()方法调用

采用 prompt()方法可以在浏览器窗口中弹出一个提示框，与警告框和确认框不同，在提示框中会有一个文本框。当显示文本框时，在其中显示提示字符串，并等待用户输入，当用户在该文本框中输入文字后，并单击"确定"按钮时，返回用户输入的字符串，当单击"取消"按钮时，返回 null 值。语法格式如下：

```
prompt(msg,defaultText)
```

其中，参数 msg 为可选项，要在对话框中显示的纯文本（而不是 HTML 格式的文本）。defaultText 也为可选项，默认的输入文本。

【例 18-14】（实例文件：ch18\Chap18.14.html）显示一个提示框，并输入内容。

```
<!DOCTYPE html >
<html >
```

```
<head>
<title>显示一个提示框,并输入内容</title>
<script type="text/javascript">
<!--
function askGuru()
{
    var question = prompt("请输入数字?","")
    if (question != null)
    {
        if (question == ""){            //如果输入为空
        alert("您还没有输入数字! ");      //弹出提示
        }
        else{                          //否则
        alert("你输入的是数字哦! ");      //弹出信息框
        }
    }
}
//-->
</script>
</head>
<body>
<div align="center">
<h1>显示一个提示框,并输入内容</h1>
<hr>
<br>
<form action="#" method="get">
<!--通过onclick调用askGuru()函数-->
<input type="button" value="确定" onclick="askGuru();" >
</form>
</div>
</body>
</html>
```

相关的代码实例请参考 Chap18.14.html 文件，然后双击该文件，在 IE 浏览器中运行的结果如图 18-35 所示。

单击"确定"按钮，弹出一个信息提示框，提示用户在文本框中输入数字，这里输入"1010"，如图 18-36 所示。

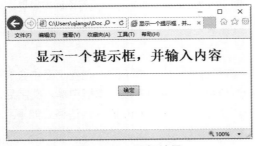

图 18-35　运行结果

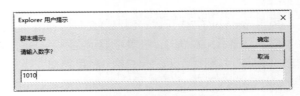

图 18-36　输入数字

单击"确定"按钮，弹出一个信息提示框，提示用户输入了数字，如图 18-37 所示。

如果没有输入数字，直接单击"确定"按钮，则在弹出的信息提示框中提示用户还没有输入数字，如图 18-38 所示。

图 18-37　提示用户输入了数字

图 18-38　提示用户还没输入数字

注意： 使用 window 对象的 alert()方法、confirm()方法、prompt()方法都会弹出一个对话框，并且在对话框弹出后，如果用户没有对其进行操作，那么当前页面及 JavaScript 会暂停执行。这是因为使用这 3 种方法弹出的对话框都是模式对话框，除非用户对对话框进行操作，否则无法进行其他应用，包括无法操作页面。

18.8　其他

Browser 对象除了包含 window 对象外，还具有其他对象，如用于统计浏览器信息的 Navigator 对象、用于统计屏幕信息的 Screen 信息等，本节就来介绍一些其他的 Browser 对象。

18.8.1　Location 对象

Location 对象是 window 对象的一部分，可通过 window.Location 属性对其进行访问。Location 对象常用的属性及描述如表 18-9 所示。

表 18-9　Location 对象常用的属性及描述

属　　性	描　　述
hash	返回一个 URL 的锚部分
host	返回一个 URL 的主机名和端口
hostname	返回 URL 的主机名
href	返回完整的 URL
pathname	返回的 URL 路径名
port	返回一个 URL 服务器使用的端口号
protocol	返回一个 URL 协议
search	返回一个 URL 的查询部分

Location 对象常用的方法及描述如表 18-10 所示。

表 18-10　Location 对象常用的方法及描述

方　　法	描　　述
assign()	载入一个新的文档
reload()	重新载入当前文档
replace()	用新的文档替换当前文档

Location 对象使用较多的是 replace()方法，使用该方法可以将当前文档替换为其他文档。

【例 18-15】（实例文件：ch18\Chap18.15.html）使用新的文档替换当前文档。

```html
<!DOCTYPE html>
<html>
<head>
<title>替换当前文档</title>
<script>
function replaceDoc(){
    window.location.replace("http://www.baidu.com")
}
</script>
</head>
<body>
<input type="button" value="载入新文档替换当前页面" onclick="replaceDoc()">
</body>
</html>
```

相关的代码实例请参考 Chap18.15.html 文件，然后双击该文件，在 IE 浏览器中运行的结果如图 18-39 所示。

单击"载入新文档替换当前页面"按钮，就可使用百度网页替换当前的页面，如图 18-40 所示。

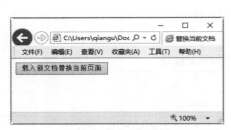

图 18-39　运行结果

图 18-40　替换了当前的页面

18.8.2　Navigator 对象

Navigator 对象包含有关浏览器的信息。Navigator 对象常用的属性及描述如表 18-11 所示。

表 18-11　Navigator 对象常用的属性及描述

属　　性	描　　述
appCodeName	返回浏览器的代码名
appName	返回浏览器的名称
appVersion	返回浏览器的平台和版本信息
cookieEnabled	返回指明浏览器中是否启用 cookie 的布尔值
platform	返回运行浏览器的操作系统平台
userAgent	返回由客户机发送服务器的 user-agent 头部的值

Navigator 对象常用的方法及描述如表 18-12 所示。

表 18-12　Navigator 对象常用的方法及描述

方　　法	描　　述
javaEnabled()	指定是否在浏览器中启用 Java
taintEnabled()	规定浏览器是否启用数据污点（data tainting）

Navigator 对象的使用可以统计当前浏览器的基本信息，如代码名、名称、版本信息等。

【例 18-16】（实例文件：ch18\Chap18.16.html）统计当前浏览器的信息。

```
<!DOCTYPE html>
<html>
<head>
<title>统计浏览器信息</title>
</head>
<body>
    <div id="example"></div>
<script>
txt = "<p>浏览器代号: " + navigator.appCodeName + "</p>";
txt+= "<p>浏览器名称: " + navigator.appName + "</p>";
txt+= "<p>浏览器版本: " + navigator.appVersion + "</p>";
txt+= "<p>启用 Cookies: " + navigator.cookieEnabled + "</p>";
txt+= "<p>硬件平台: " + navigator.platform + "</p>";
txt+= "<p>用户代理: " + navigator.userAgent + "</p>";
txt+= "<p>用户代理语言: " + navigator.systemLanguage + "</p>";
document.getElementById("example").innerHTML=txt;
</script>
</body>
</html>
```

相关的代码实例请参考 Chap18.16.html 文件，然后双击该文件，在 IE 浏览器中运行的结果如图 18-41 所示。

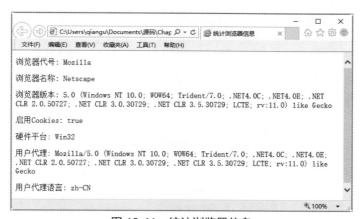

图 18-41　统计浏览器信息

18.8.3 Screen 对象

Screen 对象包含有关客户端显示屏幕的信息。Screen 对象常用的属性及描述如表 18-13 所示。

表 18-13　Screen 对象常用的属性及描述

属　　性	描　　述
availHeight	返回屏幕的高度（不包括 Windows 任务栏）
availWidth	返回屏幕的宽度（不包括 Windows 任务栏）
colorDepth	返回目标设备或缓冲器上的调色板的比特深度
height	返回屏幕的总高度
pixelDepth	返回屏幕的颜色分辨率（每像素的位数）
width	返回屏幕的总宽度

使用 Screen 对象的属性可以统计当前屏幕的基本信息，如屏幕宽度、高度等。

【例 18-17】 （实例文件：ch18\Chap18.17.html）统计当前屏幕的信息。

```html
<!DOCTYPE html>
<html>
<head>
<title>屏幕的基本信息</title>
</head>
<body>
<h3>您当前的屏幕信息:</h3>
<script>
document.write("总宽度/高度: ");
document.write(screen.width + "*" + screen.height);
document.write("<br>");
document.write("可以宽度/高度: ");
document.write(screen.availWidth + "*" + screen.availHeight);
document.write("<br>");
document.write("颜色深度: ");
document.write(screen.colorDepth);
document.write("<br>");
document.write("颜色分辨率: ");
document.write(screen.pixelDepth);
</script>
</body>
</html>
```

相关的代码实例请参考 Chap18.17.html 文件，然后双击该文件，在 IE 浏览器中运行的结果如图 18-42 所示。

图 18-42　统计当前屏幕的信息

18.8.4　cookie 对象

cookie 用于存储 Web 页面的用户信息，当 Web 服务器向浏览器发送 Web 页面时，在连接关闭后，服务端不会记录用户的信息。cookie 就是用于解决"如何记录客户端的用户信息"。

当用户访问 Web 页面时，他的名字可以记录在 cookie 中。在用户下一次访问该页面时，可以在 cookie 中读取用户访问记录。cookie 以名/值对形式存储，代码如下：

```
username=John Doe
```

当浏览器从服务器上请求 Web 页面时，属于该页面的 cookie 会被添加到该请求中。服务端通过这种方式来获取用户的信息。

1. 使用 JavaScript 创建 cookie

JavaScript 可以使用 document.cookie 属性来创建、读取、删除 cookie。JavaScript 中，创建 cookie 的代码如下：

```
document.cookie="username=John Doe";
```

用户还可以为 cookie 添加一个过期时间（以 UTC 或 GMT 时间）。默认情况下，cookie 在浏览器关闭时删除，代码如下：

```
document.cookie="username=John Doe; expires=Thu, 18 Dec 2013 12:00:00 GMT";
```

用户可以使用 path 参数告诉浏览器 cookie 的路径。默认情况下，cookie 属于当前页面，代码如下：

```
document.cookie="username=John Doe; expires=Thu, 18 Dec 2013 12:00:00 GMT; path=/";
```

2. 使用 JavaScript 读取 cookie

在 JavaScript 中，可以使用以下代码来读取 cookie：

```
var x = document.cookie;
```

注意：document.cookie 将以字符串的方式返回所有的 cookie，类型格式如下：

```
cookie1=value; cookie2=value; cookie3=value;
```

3. 使用 JavaScript 修改 cookie

在 JavaScript 中，修改 cookie 类似于创建 cookie，代码如下：

```
document.cookie="username=John Smith; expires=Thu, 18 Dec 2013 12:00:00 GMT; path=/";
```

这样，旧的 cookie 将被覆盖。

4. 使用 JavaScript 删除 cookie

删除 cookie 非常简单，用户只需要设置 expires 参数为以前的时间即可，如下所示，设置为 Thu, 01 Jan 1970 00:00:00 GMT：

```
document.cookie = "username=; expires=Thu, 01 Jan 1970 00:00:00 GMT";
```

注意：当用户删除时不必指定 cookie 的值。

5. JavaScript cookie 实例

下面给出一个实例，创建 cookie 来存储访问者名称。首先，访问者访问 Web 页面，他将被要求填写自己的名字，该名字会存储在 cookie 中。访问者下一次访问该页面时，他会看到一个欢迎的消息。具体步骤如下：

在这个实例中会创建 3 个 JavaScript 函数，第一个函数：设置 cookie 值的函数。

首先，创建一个函数用于存储访问者的名字，代码如下：

```
function setCookie(cname,cvalue,exdays)
{
    var d = new Date();
    d.setTime(d.getTime()+(exdays*24*60*60*1000));
    var expires = "expires="+d.toGMTString();
    document.cookie = cname + "=" + cvalue + "; " + expires;
}
```

在上述代码中，cookie 的名称为 cname，cookie 的值为 cvalue，并设置了 cookie 的过期时间 expires。该函数设置了 cookie 名、cookie 值、cookie 过期时间。

第二个函数：获取 cookie 值的函数。

然后，创建一个函数用户返回指定 cookie 的值，代码如下：

```
function getCookie(cname)
{
    var name = cname + "=";
    var ca = document.cookie.split(';');
    for(var i=0; i<ca.length; i++)
    {
        var c = ca[i].trim();
        if (c.indexOf(name)==0) return c.substring(name.length,c.length);
    }
    return "";
}
```

在上述代码中，cookie 名的参数为 cname。创建一个文本变量用于检索指定 cookie :cname + "="。使用分号来分割 document.cookie 字符串，并将分割后的字符串数组赋值给 ca(ca = document.cookie.split(';'))。循环 ca 数组 (i=0;i<ca.length;i++)，然后读取数组中的每个值，并去除前后空格 (c=ca[i].trim())。如果找到 cookie (c.indexOf (name)==0)，就返回 cookie 的值(c.substring(name.length,c.length))。如果没有找到 cookie，则返回""。

第三个函数：检测 cookie 值的函数。

最后，可以创建一个检测 cookie 是否创建的函数。如果设置了 cookie，将显示一个问候信息。如果没有设置 cookie，将会显示一个弹窗用于询问访问者的名字，并调用 setCookie 函数将访问者的名字存储 365 天，具体代码如下：

```
function checkCookie()                        //创建检测 cookie 的函数
{
    var username=getCookie("username");
    if (username!="")
    {
        alert("Welcome again " + username);
    }
    else
    {
        username = prompt("Please enter your name:","");
        if (username!="" && username!=null)
        {
            setCookie("username",username,365);   //调用 setCookie 函数将访问者的名字存储 365 天
        }
    }
}
```

【例 18-18】（实例文件：ch18\Chap18.18.html）Cookie 应用实例。

```html
<!DOCTYPE html>
<html>
<head>
<title>Cookie 应用</title>
</head>
<head>
<script>
//设置 cookie 值的函数,创建一个函数用于存储访问者的名字
function setCookie(cname,cvalue,exdays){
    var d = new Date();                                    //获取本地时间
    d.setTime(d.getTime()+(exdays*24*60*60*1000));         //设置过期时间
    var expires = "expires="+d.toGMTString();
    document.cookie = cname+"="+cvalue+"; "+expires;
}
function getCookie(cname){                                  //获取 cookie 值的函数
    var name = cname + "=";               //创建一个用于检索指定 cookie:username+"="的变量 value
    var ca = document.cookie.split(';');
    for(var i=0; i<ca.length; i++) {
        var c = ca[i].trim();

        if (c.indexOf(name)==0) {                           //找到 cookie 值
            return c.substring(name.length,c.length);       //返回 cookie 值
        }
    }
    return "";                                              //如果没有找到 cookie, 返回""
}
function checkCookie(){                                      //检查是否有 cookie 值
    var user=getCookie("username");
    if (user!=""){
        alert("再次欢迎您: " + user);
    }
    else {                                                   //如果 user 为空的情况
        user = prompt("请输入您的姓名:","");
        if (user!="" && user!=null){
        setCookie("username",user,30);  //调用上面 setCookie()函数,传入"users",user 参数,创建 cookie
    }
    }
}
</script>
</head>
<body onload="checkCookie()"></body>
</html>
```

相关的代码实例请参考 Chap18.18.html 文件，然后双击该文件，在 IE 浏览器中运行的结果如图 18-43所示。

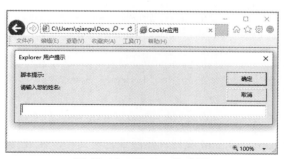

图 18-43 Cookie 的应用

在弹出的信息提示框中输入您的姓名，这里输入"张子寒"，如图 18-44 所示。

单击"确定"按钮，即可返回到原文档界面，再次运行 Chap18.18.html 文件，这时会弹出一个信息提示框，这里的提示信息就是存储在文本中的 Cookie 信息，如图 18-45 所示。

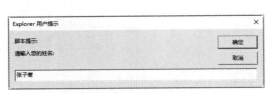

图 18-44　输入用户姓名

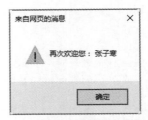

图 18-45　信息提示框

18.9　制作询问式对话框

制作一个音乐网页，当访问该网页时，弹出一个询问式对话框，让用户自己选择。

步骤 1：设计 HTML 框架，具体代码如下：

```
<!DOCTYPE html>
<head>
<title>音乐网_歌曲大全</title>
<body>
<ul>
<li><a href="/player/6c/player_45142.html" class="songTitle">梦里水乡</li>
<li><a href="/player/6c/player_45142.html" class="songTitle">偏偏喜欢你</li>
<li><a href="/player/37/player_231495.html" class="songTitle">一剪梅</li>
<li><a href="/player/1f/player_191568.html" class="songTitle" >我的未来不是梦</li>
<li><a href="/player/18/player_333628.html" class="songTitle" >美丽的草原我的家</li>
<li><a href="/player/1c/player_354761.html" class="songTitle" >真的好想你</li>
<li><a href="/player/33/player_280793.html" class="songTitle">无言的结局</li>
<li><a href="/player/65/player_1188359.html" class="songTitle">一带一路过我家</li>
<li><a href="/player/65/player_1188407.html" class="songTitle">做个磨人的小妖精</li>
<li><a href="/player/c7/player_161257.html" class="songTitle" >万水千山总是情</li>
<li><a href="/player/d8/player_53004.html" class="songTitle">花儿为什么这样红</li>
<li><a href="/player/3c/player_216341.html" class="songTitle" >康定情歌</li>
<li><a href="/player/65/player_118402.html" class="songTitle">不要再来伤害我</li>
<li><a href="/player/d3/player_1066957.html" class="ChangTitle" >小苹果</li>
<li><a href="/player/65/player_1188322.html" class="songTitle">浪子心声 </li>
<li><a href="/player/65/player_1188400.html" class="songTitle">笑笑</li>
<li><a href="/player/65/player_1188417.html" class="songTitle">真的爱你</li>
<li><a href="/player/17/player_433403.html" class="songTitle">永远有个你</li>
<li><a href="/player/65/player_1188354.html" class="songTitle">命若琴弦</li>
<li><a href="/player/65/player_1188360.html" class="songTitle" >使者</li>
</ul>
</body>
</html>
```

相关的代码实例请参考 Chap18.19.html 文件，然后双击该文件，在 IE 浏览器中运行的结果如图 18-46 所示。

图 18-46　运行结果

步骤 2：在页面中添加 JavaScript 代码，弹出询问式对话框，具体代码如下：

```javascript
<script language="javascript">
    var bool = window.confirm("你是音乐爱好者吗？");
    if(bool == true){                       //如果用户单击了确定按钮
        alert("欢迎您来听音乐！");
    }else{
        alert("再见,欢迎下次光临！");
    }
</script>
```

相关的代码实例请参考 Chap18.19.html 文件，然后双击该文件，在 IE 浏览器中运行的结果如图 18-47 所示，这里弹出一个询问式对话框，询问用户是不是音乐爱好者。

图 18-47　询问式对话框

单击"确定"按钮，弹出"欢迎您来听音乐"，如图 18-48 所示。

图 18-48　欢迎信息提示框

如果单击"取消"按钮，将弹出"再见，欢迎下次光临！"信息提示框，如图 18-49 所示。

图 18-49　再见信息提示框

18.10　就业面试技巧与解析

18.10.1　面试技巧与解析（一）

面试官：你欣赏哪种性格的人？

应聘者：我比较欣赏诚实、不死板而且容易相处、有"实际行动"的人。

18.10.2　面试技巧与解析（二）

面试官：你通常如何处理别人的批评？

应聘者：沉默是金，不必说什么，否则情况更糟，不过我会接受建设性的批评；而且我会等大家冷静下来再讨论。

第 4 篇

高级应用

在本篇中，将详细介绍 JavaScript 的高级运用。通过本篇的学习，读者将学会文档对象（Document）与对象（DOM）模型，JavaScript 的事件机制、客户端开发技术、服务器端开发技术、安全策略以及错误和异常处理等。学好本篇可以极大地提升 JavaScript 编程能力。

- 第 19 章　文档对象与对象模型
- 第 20 章　JavaScript 事件机制
- 第 21 章　JavaScript 客户端开发技术
- 第 22 章　JavaScript 服务器端开发技术
- 第 23 章　JavaScript 的安全策略及安全区域的使用
- 第 24 章　JavaScript 中的错误和异常处理

第 19 章

文档对象与对象模型

 学习指引

文档对象（Document）代表浏览器窗口中的文档，多数用来获取 HTML 页面中某个元素。DOM（Document Object Model）模型，即文档对象模型，是面向 HTML 和 XML 的应用程序接口。本章将详细介绍文档对象与对象模型的应用，主要内容包括使用文档对象、DOM 模型中节点、操作 DOM 模型中的节点等。

 重点导读

- 掌握文档对象的属性与方法。
- 掌握使用文档对象的方法。
- 掌握 DOM 技术的简单应用。
- 掌握 DOM 模型中节点的应用。
- 操作 DOM 中的节点。
- 掌握 DOM 与 CSS 的结合应用。

19.1 熟悉文档对象

当浏览器载入 HTML 文档，它就会成为 Document 对象，Document 对象使用户可以从脚本中对 HTML 页面中的所有元素进行访问。Document 对象是 Window 对象的一部分，可通过 window.document 属性对其进行访问。

19.1.1 文档对象属性

window 对象具有 Document 属性，该属性表示在窗口中显示 HTML 文件的 Document 对象。客户端 JavaScript 可以把静态 HTML 文档转换成交互式的程序，因为 Document 对象提供交互访问静态文档内容的功能。除了提供文档整体信息的属性外，Document 对象还有很多的重要属性，这些属性提供文档内容的信息。Document 对象常用的属性及描述如表 19-1 所示。

表 19-1　Document 对象常用的属性及描述

属　　　　性	描　　　　述
document.alinkColor	链接文字的颜色，对应于\<body\>标签中的 alink 属性
document.vlinkColor	表示已访问的链接文字的颜色，对应于\<body\>标签中的 vlink 属性
document.linkColor	未被访问的链接文字的颜色，对应于\<body\>标签中的 link 属性
document.bgColor	文档的背景色，对应于 HTML 文档中\<body\>标记的 bgcolor 属性
document.fgColor	文档的文本颜色（不包含超链接的文字），对应于 HTML 文档中\<body\>标记的 text 属性
document.fileSize	当前文件的大小
document.fileModifiedDate	文档最后修改的日期
document.fileCreatedDate	文档创建的日期
document.activeElement	返回当前获取的焦点元素
document.adoptNode(node)	从另外一个文档返回 adapded 节点到当前文档
document.anchors	返回对文档中所有 Anchor 对象的引用
document.applets	返回对文档中所有 Applet 对象的引用
document.baseURI	返回文档的绝对基础 URI
document.body	返回文档的 body 元素
document.cookie	设置或返回与当前文档有关的所有 cookie
document.doctype	返回与文档相关的文档类型声明（DTD）
document.documentElement	返回文档的根节点
document.documentMode	返回用于通过浏览器渲染文档的模式
document.documentURI	设置或返回文档的位置
document.domain	返回当前文档的域名
document.domConfig	返回 normalizeDocument()被调用时所使用的配置
document.embeds	返回文档中所有嵌入的内容（embed）集合
document.forms	返回对文档中所有 Form 对象引用
document.images	返回对文档中所有 Image 对象引用
document.implementation	返回处理该文档的 DOMImplementation 对象
document.inputEncoding	返回用于文档的编码方式（在解析时）
document.lastModified	返回文档被最后修改的日期和时间
document.links	返回对文档中所有 Area 和 Link 对象引用
document.readyState	返回文档状态（载入中……）
document.referrer	返回载入当前文档的 URL
document.scripts	返回页面中所有脚本的集合

续表

属　　性	描　　述
document.strictErrorChecking	设置或返回是否强制进行错误检查
document.title	返回当前文档的标题
document.URL	返回文档完整的 URL

Document 对象提供了一系列属性，可以对页面元素进行各种属性设置。下面介绍常用属性的应用。

1．anchors 属性

anchors 属性用于返回当前页面的所有超级链接数组。语法格式如下：

```
document.anchors[].property
```

【例 19-1】（实例文件：ch19\Chap19.1.html）返回文档的链接数。

```
<!DOCTYPE html>
<html>
<head>
<title>返回文档的链接数</title>
</head>
<body>
<a name="html">HTML 教程</a><br>
<a name="css">CSS 教程</a><br>
<a name="xml">XML 教程</a><br>
<a name ="js">JavaScript 教程</a>
<p>锚的数量：
<script>
document.write(document.anchors.length);     //返回文档的链接数
</script>
</p>
</body>
</html>
```

相关的代码实例请参考 Chap19.1.html 文件，然后双击该文件，在 IE 浏览器中运行的结果如图 19-1 所示。

图 19-1　返回文档的链接数

【例 19-2】（实例文件：ch19\Chap19.2.html）返回文档中第一个超级链接的锚文本。

```
<!DOCTYPE html>
<html>
<head>
<title>返回文档中第一个超级链接的锚文本</title>
</head>
<body>
```

```
<a name="html">HTML 教程</a><br>
<a name="css">CSS 教程</a><br>
<a name="xml">XML 教程</a><br>
<a name ="js">JavaScript 教程</a>
<p>文档中第一个锚：
<script>
document.write(document.anchors[0].innerHTML);      //返回文档第一个链接的锚文本
</script>
</p>
</body>
</html>
```

相关的代码实例请参考 Chap19.2.html 文件，然后双击该文件，在 IE 浏览器中运行的结果如图 19-2 所示。

图 19-2　返回文档中第一个超链接的锚文本

2．lastModified 属性

lastModified 属性用于返回文档最后被修改的日期和时间。语法格式如下：

```
document.lastModified
```

【例 19-3】（实例文件：ch19\Chap19.3.html）返回文档最后修改的日期和时间。

```
<!DOCTYPE html>
<html>
<head>
<title>文档最后修改日期和时间</title>
</head>
<body>
文档最后修改的日期和时间：
<script>
document.write(document.lastModified);
</script>
</body>
</html>
```

相关的代码实例请参考 Chap19.3.html 文件，然后双击该文件，在 IE 浏览器中运行的结果如图 19-3 所示。

图 19-3　返回文档最后修改的日期和时间

3．forms 属性

forms 属性返回当前页面所有表单的数组集合，语法格式如下：

```
document.forms[].property
```

【例 19-4】（实例文件：ch19\Chap19.4.html）返回文档中表单数量。

```
<!DOCTYPE html>
<html>
<head>
<title>表单的数目</title>
</head>
<body>
<form name="Form1"></form>
<form name="Form2"></form>
<form name="Form3"></form>
<form name="Form4"></form>
<form></form>
<p>表单数目：
<script>
document.write(document.forms.length);
</script></p>
</body>
</html>
```

相关的代码实例请参考 Chap19.4.html 文件，然后双击该文件，在 IE 浏览器中运行的结果如图 19-4 所示。

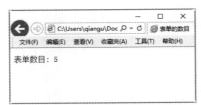

图 19-4　返回文档中表单数量

【例 19-5】（实例文件：ch19\Chap19.5.html）返回文档中第一个表单的名称。

```
<!DOCTYPE html>
<html>
<head>
<title>第一个表单的名称</title>
</head>
<body>
<form name="Form1"></form>
<form name="Form2"></form>
<form name="Form3"></form>
<form name="Form4"></form>
<form></form>
<p>第一个表单的名称为：
<script>
document.write(document.forms[0].name);
</script></p>
</body>
</html>
```

相关的代码实例请参考 Chap19.5.html 文件，然后双击该文件，在 IE 浏览器中运行的结果如图 19-5 所示。

图 19-5　返回文档中第一个表单的名称

19.1.2　文档对象方法

Document 对象有很多方法，其中包括以前程序中经常看到的 document.write()方法，Document 对象常用的方法及描述如表 19-2 所示。

表 19-2　Document 对象常用的方法及描述

方　　法	描　　述
document.addEventListener()	向文档添加句柄
document.close()	关闭用 document.open()方法打开的输出流，并显示选定的数据
document.open()	打开一个流，以收集来自任何 document.write()或 document.writeln()方法的输出
document.createAttribute()	创建一个属性节点
document.createComment()	createComment()方法可创建注释节点
document.createDocumentFragment()	创建空的 DocumentFragment 对象，并返回此对象
document.createElement()	创建元素节点
document.createTextNode()	创建文本节点
document.getElementsByClassName()	返回文档中所有指定类名的元素集合，作为 NodeList 对象
document.getElementById()	返回对拥有指定 id 的第一个对象的引用
document.getElementsByName()	返回带有指定名称的对象集合
document.getElementsByTagName()	返回带有指定标签名的对象集合
document.importNode()	把一个节点从另一个文档复制到该文档以便应用
document.normalize()	删除空文本节点，并连接相邻节点
document.normalizeDocument()	删除空文本节点，并连接相邻节点的文档
document.querySelector()	返回文档中匹配指定的 CSS 选择器的第一元素
document.querySelectorAll()	document.querySelectorAll()是 HTML 5 中引入的新方法，返回文档中匹配的 CSS 选择器的所有元素节点列表
document.removeEventListener()	移除文档中的事件句柄（由 addEventListener()方法添加）
document.renameNode()	重命名元素或者属性节点
document.write()	向文档写 HTML 表达式或 JavaScript 代码
document.writeln()	等同于 write()方法，不同的是在每个表达式之后写一个换行符

Document 对象提供的属性和方法主要用于设置浏览器当前载入文档的相关信息、管理页面中已存在的标记元素对象、往目标文档中添加新文本内容、产生并操作新的元素等方面。下面介绍常用方法的应用。

1. createElement()方法

使用 createElement()方法可以动态添加一个 HTML 标记，该方法可以根据一个指定的类型来创建一个 HTML 标记，语法格式如下：

```
document.createElement(nodename)
```

【例 19-6】（实例文件：ch19\Chap19.6.html）动态添加一个文本框。通过单击"动态添加文本"按钮，在页面中添加一个文本框。

```html
<!DOCTYPE html>
<head>
<title>动态添加一个文本框</title>
<script>
    <!--
        function addText()
        {
          var txt=document.createElement("input");
          txt.type="text";
          txt.name="txt";
          txt.value="动态添加的文本框";
          document.fm1 .appendChild(txt);
        }
    -->
</script>
</head>
<body>
<form name="fm1">
<input type="button" name="btn1" value="动态添加文本框" onclick="addText();" />
</form>
</body>
</html>
```

相关的代码实例请参考 Chap19.6.html 文件，然后双击该文件，在 IE 浏览器中运行的结果如图 19-6 所示。单击"动态添加文本框"按钮，即可在页面中添加一个文本框，如图 19-7 所示。

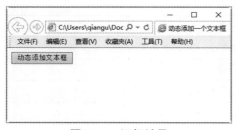

图 19-6 运行结果

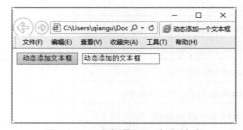

图 19-7 动态添加一个文档库

通过修改 createElement()方法中的属性值，还可以创建其他对象，如这里创建一个带有文字信息的按钮。

【例 19-7】（实例文件：ch19\Chap19.7.html）动态添加一个按钮。通过单击"动态添加的按钮"按钮，在页面中添加一个按钮。

```html
<!DOCTYPE html>
<html>
```

```
<head>
<title>动态添加按钮</title>
</head>
<body>
<p id="demo">单击按钮创建有文字信息的按钮</p>
<button onclick="myFunction()">添加按钮</button>
<script>
function myFunction(){
    var btn=document.createElement("BUTTON");
    var t=document.createTextNode("动态添加的按钮");
    btn.appendChild(t);
    document.body.appendChild(btn);
};
</script>
</body>
</html>
```

相关的代码实例请参考 Chap19.7.html 文件，然后双击该文件，在 IE 浏览器中运行的结果如图 19-8 所示。单击"添加按钮"按钮，即可在页面中添加一个按钮，如图 19-9 所示。

图 19-8　运行结果

图 19-9　动态添加的按钮

2. getElementById()方法

使用 getElementById()方法可以获取文本框并修改其内容，该方法可以通过指定的 id 来获取 HTML 标记，并将其返回，语法格式如下：

```
document.getElementById(elementID)
```

下面给出一个实例，在页面加载后的文本框中将会显示"初始文本内容"，单击"更改文本内容"按钮后将会改变文本框中的内容。

【例 19-8】（实例文件：ch19\Chap19.8.html）修改文本框的内容。

```
<!DOCTYPE html>
<html>
<head>
<title>改变文本内容</title>
</head>
<body>
<p id="demo">单击按钮来改变这一段中的文本.</p>
<button onclick="myFunction()">修改文本</button>
<script>
function myFunction(){
    document.getElementById("demo").innerHTML="Hello JavaScript";
};
</script>
</body>
</html>
```

相关的代码实例请参考 Chap19.8.html 文件，然后双击该文件，在 IE 浏览器中运行的结果如图 19-10 所示。

单击"修改文本"按钮，即可修改页面中的文本信息，如图 19-11 所示。

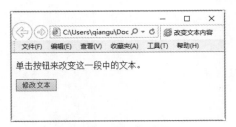

图 19-10　运行结果

图 19-11　修改文本框的内容

3. addEventListener()方法

document.addEventListener()方法用于向文档添加事件句柄。语法格式如下：

```
document.addEventListener(event, function, useCapture)
```

下面给出一个实例，在页面加载后通过单击向文档添加两个事件。

【例 19-9】 （实例文件：ch19\Chap19.9.html）在文档中添加两个单击事件。

```
<!DOCTYPE html>
<html>
<head>
<title>添加两个单击事件</title>
</head>
<body>
<p>使用 addEventListener()方法来向文档添加单击事件。</p>
<p>单击文档任意处。</p>
<script>
document.addEventListener("click", myFunction);
document.addEventListener("click", someOtherFunction);
function myFunction() {
    alert ("Hello World!")
}
function someOtherFunction() {
    alert ("Hello JavaScript!")
}
</script>
</body>
</html>
```

相关的代码实例请参考 Chap19.9.html 文件，然后双击该文件，在 IE 浏览器中运行的结果如图 19-12 所示。

图 19-12　在文档中添加两个单击事件

单击文档的任意位置，弹出一个信息提示框，即可完成第一次单击事件的操作，如图 19-13 所示。
再次单击文档的任意位置，弹出一个信息提示框，即可完成第二次单击事件的操作，如图 19-14 所示。

图 19-13　信息提示框

图 19-14　弹出另一个信息提示框

注意： Internet Explorer 8 及更早 IE 版本不支持 addEventListener()方法，Opera 7.0 及 Opera 更早版本也不支持。但是，对于这类浏览器版本可以使用 attachEvent()方法来添加事件句柄。

19.2　使用文档对象

文档对象的属性与方法有很多，下面通过几个实例来学习如何使用文档对象。

19.2.1　文档标题

使用 title 属性可以设置文档的动态标题栏，还可以用来获取和设置文档的标题，语法格式如下：

```
document.title
```

【例 19-10】（实例文件：ch19\Chap19.10.html）获取文档的标题。

```
<!DOCTYPE html>
<html>
<head>
<title>个人主页</title>
</head>
<body>
文档的标题为：
<script>
document.write(document.title);
</script>
</body>
</html>
```

相关的代码实例请参考 Chap19.10.html 文件，然后双击该文件，在 IE 浏览器中运行的结果如图 19-15 所示。

图 19-15　获取文档的标题

通过修改 title 属性的变量值，可以制作动态标题栏，如标题栏中的信息不断闪烁或变换。

【例 19-11】（实例文件：ch19\Chap19.11.html）制作动态标题栏。

```
<!DOCTYPE HTML>
<html>
<head>
<title>动态标题栏</title>
</head>
<body>
<img src="02.jpg" >
<script language="JavaScript">
var n=0;
function title(){
    n++;
    if (n==3) {n=1}
    if (n==1) {document.title='☆★美丽风光★☆'}
    if (n==2) {document.title='★☆个人主页☆★'}
    setTimeout("title()",1000);        //设置 1 秒后执行 title ( )
}
title();
</script>
</body>
</html>
```

相关的代码实例请参考 Chap19.11.html 文件，然后双击该文件，在 IE 浏览器中运行的结果如图 19-16 所示。

稍等片刻，可以看到标题栏中的文字不断地变化，从"个人主页"变换到"美丽风光"，如图 19-17 所示。

图 19-16　运行结果

图 19-17　动态变换网页标题栏信息

19.2.2　文档信息

一个文档的信息包括很多种，如当前文档的域名、文档对象的当前状态、当前文档有关的所有 cookie 信息等，具体的语法如下：

```
document.domain
document.readyState
document.cookie
```

【例 19-12】（实例文件：ch19\Chap19.12.html）获取文档信息。

```html
<!DOCTYPE HTML>
<html>
<head>
<title>获取文档信息</title>
</head>
<body>
<input name="t1" type="text">
<script language="javascript">
document.write("<br><b>当前文本框的状态: </b>"+t1.readyState+"<br>");
document.write("<b>当前文档的状态: </b>"+document.readyState+"<br>");
</script>
</body>
</html>
```

相关的代码实例请参考 Chap19.12.html 文件，然后双击该文件，在 IE 浏览器中运行的结果如图 19-18 所示。

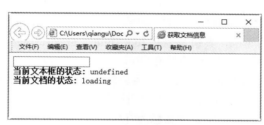

图 19-18　获取文档信息

19.2.3　文档地址

使用 URL 属性可以获取并设置当前文档的 URL 地址。语法格式如下：

```
document.URL
```

下面给出一个实例，在页面中显示了当前文档的 URL。

【例 19-13】（实例文件：ch19\Chap19.13.html）获取当前文档的 URL 地址。

```html
<!DOCTYPE html>
<html>
<head>
<title>获取当前文档的 URL</title>
</head>
<body>
  <script language="javascript">
      document.write("<b>当前页面的 URL: </b>"+document.URL);
   </script>
</body>
</html>
```

相关的代码实例请参考 Chap19.13.html 文件，然后双击该文件，在 IE 浏览器中运行的结果如图 19-19 所示。

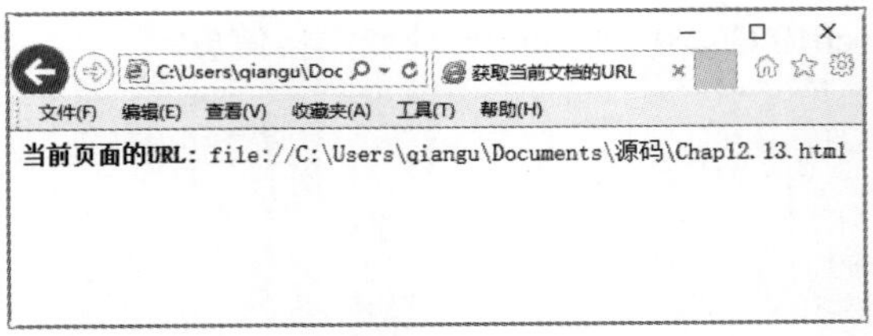

图 19-19　获取当前文档的 URL 地址

19.2.4　颜色属性

Document 对象提供了 alinkColor、bgColor、fgColor 等几个颜色属性，来设置 Web 页面的显示颜色，一般定义在<body>标记中，在文档布局确定之前完成设置。

1. alinkColor 属性

使用 Document 的 alinkColor 属性，可以自己定义活动链接的颜色，而活动链接是指用户正在使用的超级链接，即用户将鼠标指针移动到某个链接上并按下鼠标按键，此链接就是活动链接。其语法格式为：

```
document.alinkColor= "colorValue";
```

其中，colorValue 是用户指定的颜色，其值可以是 red、blue、green、black、gray 等颜色名称，也可以是十六进制 RGB，如白色对应十六进制 RGB 值是#FFFF。

在 IE 浏览器中，活动链接的默认颜色为蓝色，用颜色表示就是 blue 或#0000FF。用户设定活动链接的颜色时，需要在页面的<script>标记中添加指定活动链接颜色的语句。

例如，需要指定用户单击链接时，链接的颜色为红色，其语法格式如下：

```
<Script language="JavaScript" type="text/javascript">
document.alinkColor="red";
</Script>
```

也可以在<body>标记的 onload 事件中添加，其语法格式如下：

```
<body onload="document.alinkColor='red';">
```

提示：使用基于 RGB 的 16 位色时，需要注意在值前面加上"#"号，同时颜色值不区分大小写，red 与 Red、RED 的效果相同，#ff0000 与#FF0000 的效果相同。

2. bgColor 属性

bgColor 表示文档的背景颜色，通过 Document 对象的 bgColor 属性获取或更改。语法格式如下：

```
var colorStr=document.bgColor;
```

其中，colorStr 是当前文档的背景色的值。使用 Document 对象的 bgColor 属性时，需要注意由于 JavaScript 区分大小写，因此必须严格按照背景色的属性名 bgColor 来对文档的背景色进行操作。使用 bgColor 属性获取的文档的背景色是以"#"号开头的基于 RGB 的十六进制颜色字符串。在设置背景色时，可以使用颜色字符串 red、green 和 blue 等。

3. fgColor 属性

使用 Document 对象的 fgColor 属性可以修改文档中的文字颜色，即设置文档的前景色。语法格式如下：

```
var fgColorObj=document.fgColor;
```

其中，fgColorObj 表示当前文档的前景色的。获取与设置文档前景色的方法与操作文档背景色的方法相似。

4. linkColor 属性

使用 Document 对象的 linkColor 属性可以设置文档中未访问链接的颜色。其属性值与 **alinkColor** 类似，可以使用十六进制 RGB 颜色字符串表示。语法格式如下：

```
var colorVal=document.linkColor;        //获取当前文档中链接的颜色
document.linkColor="colorValue";        //设置当前文档链接的颜色
```

其中，获取链接颜色的 **colorVal** 是获取的当前文档的链接颜色字符串，其值与获取文档背景色的值相似，都是十六进制 RGB 颜色字符串。而 **colorValue** 是需要给链接设置的颜色值。由于 JavaScript 区分大小写，因此使用此属性时仍然要注意大小写，否则在 JavaScript 中，无法通过 linkColor 属性获取或修改文档未访问链接的颜色。

用户设定文档链接的颜色时，需要在页面的<script>标记中添加指定文档未访问链接颜色的语句。如需要指定文档未访问链接的颜色为红色，其语法格式如下：

```
< Script language ="JavaScript" type="text/javascript">
<!--
document.linkColor="red";
//-->
</Script>
```

与设定活动链接的颜色相同，设置文档链接的颜色也可以在<body>标记的 onload 事件中添加，其语法格式如下：

```
<body onload="document.linkColor='red';">
```

5. vlinkColor 属性

使用 Document 对象的 vlinkColor 属性可以设置文档中用户已访问链接的颜色。语法格式如下：

```
var colorStr=document.vlinkColor;       //获取用户已观察过的文档链接的颜色
document.vlinkColor="colorStr";         //设置用户已观察过的文档链接的颜色
```

Document 对象的 vlinkColor 属性的使用方法与使用 alinkColor 属性相似。在 IE 浏览器中，默认的用户已观察过的文档链接的颜色为紫色。用户在设置已访问链接的颜色时，需要在页面的<script>标记中添加指定已访问链接颜色的语句。例如，需要指定用户已观察过的链接的颜色为绿色，其方法如下：

```
< Script language ="JavaScript" type="text/javascript">
<!--
document.vlinkColor="green";
//-->
</Script>
```

也可以在<body>标记的 onload 时间中添加，其语法格式如下：

```
<body onload="document.vlinkColor='green';">
```

下面的 HTML 文档中包含有上面各个颜色属性，其作用是动态改变页面的背景颜色和查看已访问链接的颜色。

【例 19-14】（实例文件：ch19\Chap19.14.html）颜色属性的设置。

```
<!DOCTYPE HTML>
<html>
<head>
<title>颜色属性</title>
<script language="JavaScript" type="text/javascript">
//设置文档的颜色显示
```

```
function SetColor()
{
    document.bgColor="yellow";
    document.fgColor="green";
    document.linkColor="red";
    document.alinkColor="blue";
    document.vlinkColor="purple";
}
//改变文档的背景色为海蓝色
function ChangeColorOver()
{
    document.bgColor="navy";
    return;
}
//改变文档的背景色为黄色
function ChangeColorOut()
{
    document.bgColor="yellow";
    return;
}
//-->
</script>
</head>
<body onload="SetColor()">
<center>
<br>
<p>设置颜色</p>
<a href="个人主页.html">链接颜色</a>
<form name="MyForm3">
  <input type="submit" name="MySure" value="动态背景色"
 onmouseover="ChangeColorOver()" onmouseOut="ChangeColorOut()">
</form>
<center>
</body>
</html>
```

相关的代码实例请参考 Chap19.14.html 文件，然后双击该文件，在 IE 浏览器中运行的结果如图 19-20 所示。

移动鼠标指针到"动态背景色"按钮上时即可触发 onmouseOver()事件，调用 ChangeColorOver()函数来动态改变文档的背景颜色为海蓝色；当鼠标指针移离"动态背景色"按钮时，即可触发 onmouseOut()事件，调用 ChangeColorOut()函数将页面背景颜色恢复为黄色，如图 19-21 所示。

图 19-20　运行结果

图 19-21　动态变换背景色

单击"链接颜色"链接可以查看设置的已访问链接的颜色，这里设置的是"蓝色"，如图 19-22 所示。

图 19-22 设置访问过的链接颜色

19.2.5 输出数据

使用文档对象可以输出数据，根据输出方式的不同，输出数据分为两种情况，一种是在文档中输出数据，另一种是在新窗口中输出数据。

1. 在文档中输出数据

使用 document.write()方法和 document.writeln()方法可以在文档中输出数据，其中 document.write()方法用来向 HTML 文档中输出数据，其数据包括字符串、数字和 HTML 标记等，语法格式如下：

```
document.write(exp1,exp2,exp3,...)
```

document.writeln()方法与 document.write()方法的作用相同，唯一不同的在于 writeln()方法在所输出的内容后，添加了一个回车换行符，但回车换行符只有在 HTML 文档中<pre></pre>标记内才能被识别。语法格式如下：

```
document.writeln(exp1,exp2,exp3,...)
```

下面介绍一个实例，该实例使用 document.writeln()方法与 document.write()方法在页面中输出几段文字，从而区别两种方法的不同。

【例 19-15】（实例文件：ch19\Chap19.15.html）在文档中输出数据。

```
<!DOCTYPE html>
<html>
<head>
<title>在文档中输出数据</title>
</head>
<body>
<p>注意 write()方法不会在每个语句后面新增一行：</p>
<pre>
<script>
document.write("<h1>Hello World! </h1>");
document.write("<h1>Have a nice day! </h1>");
</script>
</pre>
<p>注意 writeln()方法在每个语句后面新增一行：</p>
<pre>
<script>
document.writeln("<h1>Hello World! </h1>");
document.writeln("<h1>Have a nice day! </h1>");
</script>
</pre>
```

```
</body>
</html>
```

相关的代码实例请参考 **Chap19.15.html** 文件，然后双击该文件，在 IE 浏览器中运行的结果如图 19-23 所示。

图 19-23　在文档中输出数据

2. 在新窗口中输出数据

使用 document.open()与 document.close()方法可以在打开的新窗口中输出数据，其中 document.open()方法用来打开文档输出流，并接受 writeln()方法与 write()方法的输出，此方法可以不指定参数，语法格式如下：

```
document.open(MIMEtype,replace)
```

document.close()方法用于关闭文档的输出流，语法格式如下：

```
document.close()
```

下面给出一个实例，通过单击页面中的按钮，打开一个新窗口，并在新窗口中输出新的内容。

【例 19-16】（实例文件：ch19\Chap19.16.html）在新窗口中输出数据。

```
<!DOCTYPE html>
<html>
<head>
<title>在新窗口中输出数据</title>
<script>
function createDoc(){
    var w=window.open();
    w.document.open();
    w.document.write("<h1>Hello JavaScript!</h1>");
    w.document.close();
}
</script>
</head>
<body>
<input type="button" value="新窗口的新文档" onclick="createDoc()">
</body>
</html>
```

相关的代码实例请参考 **Chap19.16.html** 文件，然后双击该文件，在 IE 浏览器中运行的结果如图 19-24 所示。

单击"新窗口的新文档"按钮，即可在新的窗口中输出新数据内容，如图 19-25 所示。

图 19-24　在新窗口中输出数据

图 19-25　在新窗口中输出新数据

19.3　DOM 及 DOM 技术简介

文档对象模型（DOM）是表示文档（例如 HTML 和 XML）和访问、操作构成文档的各种元素的应用程序接口（API），支持 JavaScript 的所有浏览器都支持 DOM。

19.3.1　DOM 简介

DOM 将整个 HTML 页面文档规划成由多个相互连接的节点级构成的文档，文档中的每个部分都可以看作是一个节点的集合，这个节点集合可以看作是一个节点树（Tree），通过这个文档树，开发者可以通过 DOM 对文档的内容和结构进行十分全面的遍历、添加、删除、修改和替换节点操作。如图 19-26 所示为 DOM 模型被构造为对象的树。

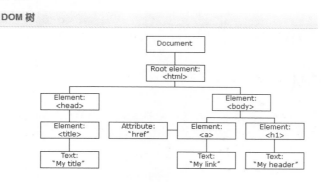

图 19-26　DOM 模型数结构

通过可编程的对象模型，JavaScript 获得了足够的能力来创建动态的 HTML，可以改变页面中的所有 HTML 元素、CSS 样式、HTML 属性以及可以对页面中的所有事件做出反应。可以说，DOM 是一种与浏览器、平台、语言无关的接口。

另外，通过 DOM 可以很好地解决 Netscape 的 JavaScript 和 Microsoft 的 Jscript 之间的冲突，给予 Web 设计师和开发者一个标准的方法，可以方便地访问站点中的数据、脚本和表现层对象。

19.3.2　DOM 技术的简单应用

下面给出一个简单的实例，该实例主要是利用 JavaScript 中的 document.body.bgColor 来修改 body 的背景颜色。

【例 19-17】（实例文件：ch19\Chap19.17.html）修改背景颜色。

```
<!DOCTYPE html>
<html>
<head>
<title>修改背景颜色</title>
<script type="text/javascript">
function ChangeBackgroundColor()
{
    document.body.bgColor="green";          //修改背景色
}
</script>
</head>
<body onclick="ChangeBackgroundColor()">
单击改变背景颜色!
</body>
</html>
```

相关的代码实例请参考 Chap19.17.html 文件，然后双击该文件，在 IE 浏览器中运行的结果如图 19-27 所示。

在页面中单击，即可改变页面的背景颜色，如图 19-28 所示。

图 19-27　修改背景颜色

图 19-28　修改背景颜色为绿色

19.3.3　基本的 DOM 方法

DOM 方法很多，这里只介绍一些基本的方法，包括直接引用节点、间接引用节点、获取节点信息、处理节点信息、处理文本节点及改变文档层次结构等。

1. 直接引用节点

有两种方式可以直接引用节点：

（1）document.getElementById(id)方法：在文档里通过 id 来找节点，返回时找到的节点对象只有一个。

（2）document.getElementsByTagName(tagName)方法：通过 HTML 的标记名称在文档里面查找，返回的满足条件的数组对象。

【例 19-18】（实例文件：ch19\Chap19.18.html）获取节点信息。

```
<!DOCTYPE html>
<html>
<head>
<title>获取节点信息</title>
 <script>
    function start() {
        //1. 获得所有的 body 元素列表（此处只有一个）
        myDocumentElements=document.getElementsByTagName("body");
```

```
        //2. body 元素是这个列表的第一个元素
        myBody=myDocumentElements.item(0);
            //3. 获得 body 的子元素中所有的 p 元素
        myBodymyBodyElements=myBody.getElementsByTagName("p");
            //4. 获得这个列表中的第二个单元元素
        myP=myBodyElements.item(1);
        }
</script>
</head>
<body onload="start()">
<p>你好! </p>
<p>欢迎光临! </p>
</body>
</html>
```

相关的代码实例请参考 Chap19.18.html 文件，然后双击该文件，在 IE 浏览器中运行的结果如图 19-29 所示。

在上述代码中，设置变量 myP 指向 DOM 对象 body 中的第二个 p 元素。首先，使用下面的代码获得所有的 body 元素的列表，因为在任何合法的 HTML 文档中都只有一个 body 元素，所以这个列表是只包含一个单元的。

图 19-29　获取节点信息

```
document.getElementsByTagName("body");
```

下一步，取得列表的第一个元素，它本身就是 body 元素对象。

```
myBody=myDocumentElements.item(0);
```

然后，通过下面代码获得 body 的子元素中所有的 p 元素。

```
myBodyElements=myBody.getElementsByTagName("p");
```

最后，从列表中取第二个单元元素。

```
myP=myBodyElements.item(1);
```

2. 间接引用节点

间接引用节点，主要包括对节点的子节点、父节点以及兄弟节点的访问。

（1）element.parentNode 属性：引用父节点。

（2）element.childNodes 属性：返回所有的子节点的数组。

（3）element.nextSibling 属性和 element.nextPreviousSibling 属性分别是对下一个兄弟节点和上一个兄弟节点的引用。

3. 获取节点信息

获取节点信息主要包括获取节点名称、节点类型、节点值。

（1）nodeName 属性：获得节点名称。

（2）nodeType 属性：获得节点类型。

（3）nodeValue 属性：获得节点的值。

（4）hasChildNodes()：判断是否有子节点。

（5）tagName 属性：获得标记名称。

4. 处理节点信息

除了通过"元素节点.属性名称"的方式访问外，还可以通过 setAttribute()和 getAttribute()方法设置和获取节点属性。

（1）elementNode.setAttribute(attributeName,attributeValue)：设置元素节点的属性。

（2）elementNode.getAttribute(attributeName)：获取属性值。

5. 处理文本节点

主要有 innerHTML 和 innerText 两个属性。

（1）innerHTML 属性：设置或返回节点开始和结束标签之间的 HTML。

（2）innerText 属性：设置或返回节点开始和结束标签之间的文本，不包括 HTML 标签。

6. 改变文档层次结构

（1）document.createElement()方法：创建元素节点。

（2）document.createTextNode()方法：创建文本节点。

（3）appendChild(childElement)方法：添加子节点。

（4）insertBefore(newNode,refNode)：插入子节点，newNode 为插入的节点，refNode 为将插入的节点插入这之前。

（5）replaceChild(newNode,oldNode)方法：取代子节点，oldNode 必须是 parentNode 的子节点。

（6）cloneNode(includeChildren) 方法：复制节点，includeChildren 为 bool，表示是否复制其子节点。

（7）removeChild(childNode)方法：删除子节点。

下面给出一个实例，用于演示创建节点、创建文本节点并添加到其他节点的过程。

【例 19-19】（实例文件：ch19\Chap19.19.html）创建节点、创建文本节点并添加。

```html
<!DOCTYPE html>
<html>
<head>
<title>创建节点实例</title>
<script type="text/javascript">
    function createMessage() {
        var oP = document.createElement("p");
        var oText = document.createTextNode("HelloJavaScript!");
        oP.appendChild(oText);
        document.body.appendChild(oP);
    }
</script>
</head>
<body onload="createMessage()">
</body>
</html>
```

相关的代码实例请参考 Chap19.19.html 文件，然后双击该文件，在 IE 浏览器中运行的结果如图 19-30 所示。

图 19-30　创建节点

运行上述代码并页面载入后，创建节点 oP，并创建一个文本节点 oText，oText 通过 appendChild 方法附加在 oP 节点上，为了实际显示出来，将 oP 节点通过 appendChild 方法附加在 body 节点上，此例子将显示 Hello JavaScript!。

19.3.4 网页中的 DOM 框架

为了便于理解网页中的 DOM 模型框架，下面以一个简单的 HTML 页面为例展开介绍。

【例 19-20】（实例文件：ch19\Chap19.20.html）创建网页中的 DOM 模型框架。

```
<!DOCTYPE html>
<html>
<head>
<title>DOM 模型实例</title>
</head>
<body>
<h1>我的标题</h1>
<a href="#">我的链接</a>
</body>
</html>
```

相关的代码实例请参考 Chap19.20.html 文件，然后双击该文件，在 IE 浏览器中运行的结果如图 19-31 所示。

图 19-31　创建网页中的 DOM 模型框架

上述实例对应的 DOM 节点层次模型如图 19-32 所示。

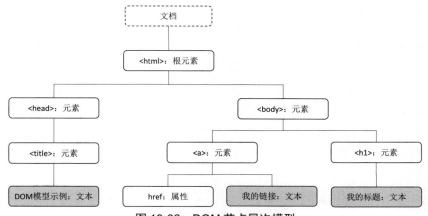

图 19-32　DOM 节点层次模型

在这个树状图中，每一个对象都可以称为一个节点，下面介绍几种节点的概念。

（1）根节点：在最顶层的<html>节点，称为根节点。

419

（2）父节点：一个节点之上的节点是该节点的父节点，如<html>就是<head>和<body>的父节点，<head>是<title>的父节点。

（3）子节点：位于一个节点之下的节点就是该节点的子节点，如<head>和<body>就是<html>的子节点，<title>是<head>的子节点。

（4）兄弟节点：如果多个节点在同一个层次，并拥有相同的父节点，这个节点就是兄弟节点，如<head>和<body>就是兄弟节点。

（5）后代节点：一个节点的子节点的结合可以称为该节点的后代，如<head>和<body>就是<html>的后代。

（6）叶子节点：在树形结构最低层的节点称为叶子节点，如"我的标题""我的链接"，以及自己的属性都属于叶子节点。

19.4　DOM 模型中的节点

在 DOM 模型中有三种节点，它们分别是元素节点、文本节点和属性节点，下面分别进行介绍。

19.4.1　元素节点

可以说整个DOM模型都是由元素节点构成的。元素节点可以包含其他的元素，例如<li>可以包含在<ul>中，唯一没有被包含的就只有根元素 HTML。

【例 19-21】　（实例文件：ch19\Chap19.21.html）元素节点实例。

```
<!DOCTYPE html>
<html>
<head>
<title>元素节点实例</title>
<script type="text/javascript">
function getNodeProperty()
{
    var d = document.getElementById("Will");
    alert(d.nodeType);
    alert(d.nodeName);
    alert(d.nodeValue);
}
</script>
</head>
<body>
<table border=1>
<tr>
<td id="Will" name="myname">Will</td>
<td id="smith">Smith</td>
</tr>
</table>
<br />
<input type="button" onclick="getNodeProperty()" value="点击获取元素节点属性值" />
</body>
</html>
```

相关的代码实例请参考 Chap19.21.html 文件，然后双击该文件，在 IE 浏览器中运行的结果如图 19-33 所示。

单击"点击获取元素节点属性值"按钮，即可弹出一个信息提示框，显示运行的结果如图 19-34 所示。再连续两次单击"确定"按钮，将弹出另外两个信息提示框，显示运行的结果如图 19-35 所示。

图 19-33　元素节点实例

图 19-34　信息提示框

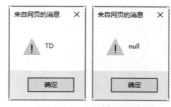

图 19-35　运行结果

提示：运行结果对应的结果为：

- nodeType：1，是 ELEMENT_NODE；
- nodeName：TD，元素标记名；
- nodeValue：null。

19.4.2　文本节点

在 HTML 中，文本节点是向用户展示内容，例如下面一段代码：

```
<a href="http://www.hao123.com" title="我的主页">我的主页</a>
```

其中，"我的主页"就是一个文本节点。

【例 19-22】（实例文件：ch19\Chap19.22.html）文本节点实例。

```
<!DOCTYPE html>
<html>
<head>
<title>文本节点实例</title>
<script type="text/javascript">
function getNodeProperty()
{
    var d = document.getElementsByTagName("td")[0].firstChild;
    alert(d.nodeType);
    alert(d.nodeName);
    alert(d.nodeValue);
}
</script>
</head>
<body>
<table border=1>
<tr>
<td id="Will" name="myname">Will</td>
<td id="smith">Smith</td>
</tr>
</table>
<br />
<input type="button" onclick="getNodeProperty()" value="点击获取文本节点属性值" />
</body>
</html>
```

相关的代码实例请参考 Chap19.22.html 文件，然后双击该文件，在 IE 浏览器中运行的结果如图 19-36 所示。

单击"点击获取文本节点属性值"按钮，即可弹出一个信息提示框，显示运行的结果如图 19-37 所示。

再连续两次单击"确定"按钮，将弹出另外两个信息提示框，显示运行的结果如图 19-38 所示。

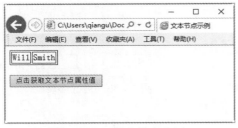

图 19-36　文本节点实例

图 19-37　信息提示框

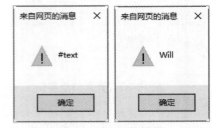

图 19-38　运行结果

提示：运行结果，其三个属性的值分别为：

- nodeType：3，TEXT_NODE；
- nodeName：#text；
- nodeValue：Will，文本内容。

19.4.3　属性节点

页面中的元素，或多或少都会有一些属性，例如，几乎所有的元素都有 title 属性。可以利用这些属性，对包含在元素里的对象做出更准确的描述。例如下面一段代码：

```
<a href="http://www.hao123.com" title="我的主页"> 我的主页</a>
```

其中，href="http://www.hao123.com"和 title="我的主页"就分别是两个属性节点。

【例 19-23】（实例文件：ch19\Chap19.23.html）属性节点实例。

```
<!DOCTYPE html>
<html>
<head>
<title>属性节点实例</title>
<script type="text/javascript">
function getNodeProperty()
{
    var d = document.getElementById("Will").getAttributeNode("name");
    alert(d.nodeType);
    alert(d.nodeName);
    alert(d.nodeValue);
}
</script>
</head>
<body>
<table border=1>
<tr>
<td id="Will" name="myname">Will</td>
<td id="smith">Smith</td>
</tr>
</table>
```

```
<br />
<input type="button" onclick="getNodeProperty()" value="点击获取属性节点属性值" />
</body>
</html>
```

相关的代码实例请参考 Chap19.23.html 文件，然后双击该文件，在 IE 浏览器中运行的结果如图 19-39 所示。

单击"点击获取属性节点属性值"按钮，即可弹出一个信息提示框，显示运行的结果如图 19-40 所示。

再连续两次单击"确定"按钮，将弹出另外两个信息提示框，显示运行的结果如图 19-41 所示。

图 19-39　属性节点实例

图 19-40　信息提示框

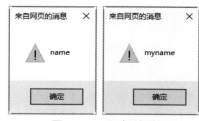

图 19-41　运行结果

提示：运行结果，其三个属性的值分别为：
- nodeType：2，ATTRIBUTE_NODE；
- nodeName：name，属性名；
- nodeValue：myname，属性值。

19.5　操作 DOM 中的节点

在 DOM 中通过使用节点属性与方法可以操作 DOM 中的节点，如访问节点、创建节点、插入节点等。

19.5.1　访问节点

使用 getElementById()方法可以访问指定 id 的节点，并用 nodeName 属性、nodeType 属性和 nodeValue 属性来显示出该节点的名称、类型和值。

下面给出一个实例，该实例在页面弹出的提示框中，显示了指定节点的名称、类型和值。

【**例 19-24**】（实例文件：ch19\Chap19.24.html）访问节点实例。

```
<!DOCTYPE html>
<html>
<head>
<title>访问指定节点</title>
</head>
<body id="b1">
<h3 >个人主页</h3>
<b>我的小店</b>
<script language="javascript">
    var by=document.getElementById("b1");
    var str;
    str="节点名称:"+by.nodeName+"\n";
```

```
        str+="节点类型:"+by.nodeType+"\n";
        str+="节点值:"+by.nodeValue+"\n";
        alert(str);
</script>
</body>
</html>
```

相关的代码实例请参考 Chap19.24.html 文件，然后双击该文件，在 IE 浏览器中运行的结果如图 19-42 所示。

图 19-42　访问指定节点

19.5.2　创建节点

创建新的节点首先需要通过使用文档对象中的 createElement()方法和 createTextNode()方法，生成一个新元素，并生成文本节点，再通过使用 appendChild()方法将创建的新节点添加到当前节点的末尾处，appendChild()方法将新的子节点添加到当前节点末尾处的语法格式如下：

```
node.appendChild(node)
```

【例 19-25】（实例文件：ch19\Chap19.25.html）创建节点实例。

```
<!DOCTYPE html>
<html>
<head>
<title>创建节点</title>
</head>
<body>
<ul id="myList"><li>咖啡</li><li>红茶</li></ul>
<p id="demo">单击按钮将项目添加到列表中,从而创建一个节点</p>
<button onclick="myFunction()">创建节点</button>
<script>
function myFunction(){
    var node=document.createElement("LI");
    var textnode=document.createTextNode("开水");
    node.appendChild(textnode);
    document.getElementById("myList").appendChild(node);
}
</script>
<p><strong>注意:</strong><br>首先创建一个节点,<br>然后创建一个文本节点,<br>然后将文本节点添加到 LI 节点上.<br>最后将节点添加到列表中。</p>
</body>
</html>
```

相关的代码实例请参考 Chap19.25.html 文件，然后双击该文件，在 IE 浏览器中运行的结果如图 19-43 所示。

单击"创建节点"按钮，即可在列表中添加项目，从而创建一个节点，如图 19-44 所示。

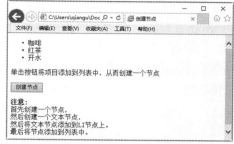

图 19-43 创建节点

图 19-44 添加项目并创建节点

19.5.3 插入节点

通过使用 insertBefore()方法可在已有的子节点前插入一个新的子节点。语法格式如下：

```
node.insertBefore(newnode,existingnode)
```

【例 19-26】（实例文件：ch19\Chap19.26.html）插入节点实例。

```
<!DOCTYPE html>
<html>
<head>
<title>插入节点</title>
</head>
<body>
<ul id="myList1"><li>咖啡</li><li>红茶</li></ul>
<ul id="myList2"><li>开水</li><li>牛奶</li></ul>
<p id="demo">单击该按钮将一个项目从一个列表移动到另一个列表,从而完成插入节点的操作</p>
<button onclick="myFunction()">插入节点</button>
<script>
function myFunction(){
    var node=document.getElementById("myList2").lastChild;
    var list=document.getElementById("myList1");
    list.insertBefore(node,list.childNodes[0]);    //把 node 插到 list 前面
}
</script>
</body>
</html>
```

相关的代码实例请参考 Chap19.26.html 文件，然后双击该文件，在 IE 浏览器中运行的结果如图 19-45 所示。

单击"插入节点"按钮，即可将一个项目从一个列表移动到另一个列表，从而插入节点，如图 19-46 所示。

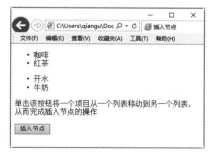

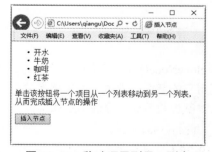

图 19-45 插入节点

图 19-46 移动项目到另一列表

19.5.4　删除节点

使用 removeChild()方法可从子节点列表中删除某个节点，如果删除成功，此方法可返回被删除的节点，如果失败，则返回 NULL。具体的语法格式如下：

```
node.removeChild(node)
```

【例 19-27】（实例文件：ch19\Chap19.27.html）删除节点实例。

```
<!DOCTYPE html>
<html>
<head>
<title>删除节点</title>
</head>
<body>
<ul id="myList"><li>咖啡</li><li>红茶</li><li>牛奶</li></ul>
<p id="demo">单击按钮移除列表的第一项，从而完成删除节点操作</p>
<button onclick="myFunction()">删除节点</button>
<script>
function myFunction(){
    var list=document.getElementById("myList");
    list.removeChild(list.childNodes[0]);    //删除第一个 li
}
</script>
</body>
</html>
```

相关的代码实例请参考 Chap19.27.html 文件，然后双击该文件，在 IE 浏览器中运行的结果如图 19-47 所示。

单击"删除节点"按钮，即可从子节点列表中删除某个节点，从而完成删除节点的操作，如图 19-48 所示。

图 19-47　删除节点

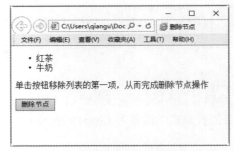

图 19-48　通过按钮删除列表第一项

19.5.5　复制节点

使用 cloneNode()方法可创建指定节点的精确副本，cloneNode()方法复制所有属性和值。该方法将复制并返回调用它的节点的副本。如果传递给它的参数是 true，它还将递归复制当前节点的所有子孙节点，否则，它只复制当前节点。语法格式如下：

```
node.cloneNode(deep)
```

【例 19-28】（实例文件：ch19\Chap19.28.html）复制节点实例。

```
<!DOCTYPE html>
<html>
<head>
<title>复制节点</title>
</head>
<body>
<ul id="myList1"><li>咖啡</li><li>红茶</li></ul>
<ul id="myList2"><li>开水</li><li>牛奶</li></ul>
<p id="demo">单击按钮将项目从一个列表复制到另一个列表中</p>
<button onclick="myFunction()">复制节点</button>
<script>
function myFunction(){
    var itm=document.getElementById("myList2").lastChild;    //获取 myList2 的最后子元素"牛奶"
    var cln=itm.cloneNode(true);
    document.getElementById("myList1").appendChild(cln);
}
</script>
</body>
</html>
```

相关的代码实例请参考 Chap19.28.html 文件，然后双击该文件，在 IE 浏览器中运行的结果如图 19-49
所示。

单击"复制节点"按钮，即可将项目从一个列表复制到另一个列表中，从而完成复制节点的操作，如
图 19-50 所示。

图 19-49　复制节点

图 19-50　复制项目到第一个列表中

19.5.6　替换节点

使用 replaceChild()方法可将某个子节点替换为另一个，这个新节点可以是文本中已存在的，或者是用
户自己新创建的。语法格式如下：

```
node.replaceChild(newnode,oldnode)
```

【例 19-29】（实例文件：ch19\Chap19.29.html）替换节点实例。

```
<!DOCTYPE html>
<html>
<head>
<title>替换节点</title>
</head>
<body>
<ul id="myList"><li>咖啡</li><li>红茶</li><li>牛奶</li></ul>
<p id="demo">单击按钮替换列表中的第一项。</p>
```

```
<button onclick="myFunction()">替换节点</button>
<script>
function myFunction(){
    var textnode=document.createTextNode("开水");
    var item=document.getElementById("myList").childNodes[0];
    item.replaceChild(textnode,item.childNodes[0]);
}
</script>
<p>首先创建一个文本节点。<br>然后替换第一个列表中的第一个子节点。</p>
</body>
</html>
```

相关的代码实例请参考 Chap19.29.html 文件，然后双击该文件，在 IE 浏览器中运行的结果如图 19-51
所示。

单击"替换节点"按钮，即可替换列表中的第一项，从而完成替换节点的操作，如图 19-52 所示。

图 19-51　替换节点

图 19-52　替换列表中的第一项

注意：这个例子只将文本节点的"咖啡"替换为"开水"，而不是整个 LI 元素，这也是替换节点的一
种方法。

19.6　使用非标准 DOM innerHTML 属性

HTML 文档中每一个元素节点都有 innerHTML 属性，通过对这个属性的访问可以获取或者设置这个元
素节点标签内的 HTML 内容。

【例 19-30】（实例文件：ch19\Chap19.30.html）innerHTML 属性使用实例。

```
<!DOCTYPE html>
<html>
<head>
<title>innerHTML 属性</title>
<script language="javascript">
function myDOMInnerHTML(){
    var myDiv=document.getElementById("myTest");
    alert(myDiv.innerHTML);        //直接显示 innerHTML 的内容
    //修改 innerHTML,可直接添加代码
    myDiv.innerHTML="<img src='02.jpg' title='美丽风光'>";
}
</script>
</head>
<body onload="myDOMInnerHTML()">
```

```
<div id="myTest">
<span>图库</span>
<p>这是一行用于测试的文字</p>
</div>
</body>
</html>
```

相关的代码实例请参考 Chap19.30.html 文件，然后双击该文件，在 IE 浏览器中运行的结果如图 19-53 所示。

单击"确定"按钮，即可在页面中显示相关效果，如图 19-54 所示。

图 19-53　信息提示框

图 19-54　显示运行结果

提示：上述代码中首先获取 myTest，然后显示出其中所有的 innerHTML，最后将 myTest 的 innerHTML 修改为图片，并显示出来。

19.7　DOM 与 CSS

DOM 允许 JavaScript 改变 HTML 元素的 CSS 样式，下面详细介绍改变 CSS 样式的方法。

19.7.1　改变 CSS

通过 JavaScript 和 HTML DOM 可以方便地改变 HTML 元素的 CSS 样式。语法如下：

```
document.getElementById(id).style.property=新样式
```

【例 19-31】（实例文件：ch19\Chap19.31.html）DOM 与 CSS 改变样式实例。

```
<!DOCTYPE html>
<html>
<head>
<title>DOMCSS 实例</title>
<script type="text/javascript">
function changeStyle()
{
    document.getElementById("p2").style.color="blue";
    document.getElementById("p2").style.fontFamily="Arial";
    document.getElementById("p2").style.fontSize="larger";
}
```

```
</script>
</head>
<body>
<p id="p1">一望二三里</p>
<p id="p2">烟村四五家</p>
<br />
<input type="button" onclick="changeStyle()" value="修改段落 2 样式" />
</body>
</html>
```

相关的代码实例请参考 Chap19.31.html 文件，然后双击该文件，在 IE 浏览器中运行的结果如图 19-55 所示。

单击"修改段落 2 样式"按钮，即可修改段落 2 "烟村四五家"的颜色、字体及字体大小，运行之后效果如图 19-56 所示。

图 19-55　DOM 与 CSS 改变样式实例

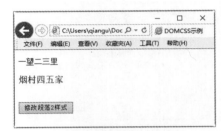

图 19-56　修改段落样式

19.7.2　"三位一体"的页面

网页的内容可以分为结构层、表现层和行为层三部分，下面分别进行介绍。

- 结构层：由 HTML 或 XHTML 之类的标记语言负责创建，元素（标签）对页面各个部分的含义做出描述，例如<ul>元素表示这是一个项目列表。
- 表现层：由 CSS 来创建，即如何显示这些内容，如采用蓝色、Arial 字体显示。
- 行为层：负责内容应该如何对事件做出反应，由 JavaScript 和 DOM 完成。

页面的表现层和行为层总是存在的，即使没有明确地给出具体的定义和指令它们依然存在。因为 Web 浏览器会把它的默认样式和默认事件加载到网页的结构层上。如浏览器会在呈现文本的地方留出页边距，会在用户把鼠标指针移动到某个元素上方时弹出 title 属性提示框，等等。

提示： 当然这三层技术也是存在重叠的，如用 DOM 来改变页面的结构层、createElement()等，CSS 中也有 hover 这样的伪属性来控制鼠标指针滑过某个元素的样式。

19.7.3　使用 className 属性

之前的 DOM 都是与结构层打交道，如查找、添加节点等，而 DOM 还有一个非常实用的 className 属性，可以修改节点的 CSS 样式。

【例 19-32】（实例文件：ch19\Chap19.32.html）className 属性实例。

```
<!DOCTYPE html>
<html>
<head>
```

```
<title>className 属性</title>
    <style type="text/css">
        .myUL1{
        Color:#0000FF;
        Font-family:Arial;
        Font-weight:bold;
        }
        .myUL2{
        Color:#FF0000;
        Font-family:Georgia, "Times New Roman"Times,serif;
        Font-size:large;
        }
    </style>
    <script language="javascript">
    function changeStyleClassName(){
        var oMy=document.getElementsByTagName("ul")[0];
        oMy.className="myUL2";
    }
    </script>
</head>
<body>
<ul class="myUL1">
    <li>旧时王谢堂前燕</li>
    <li>飞入寻常百姓家</li>
</ul>
</br>
<input type="button" onclick="changeStyleClassName();" value="修改 CSS 样式" />
</body>
</html>
```

相关的代码实例请参考 Chap19.32.html 文件，然后双击该文件，在 IE 浏览器中运行的结果如图 19-57 所示。

单击"修改 CSS 样式"按钮，即可修改文本样式，并显示修改后的效果，如图 19-58 所示。

图 19-57　ClassName 属性的应用

图 19-58　显示修改后的效果

提示：上述代码在单击列表时将<ul>标记的 className 属性进行了修改，用 myUL2 覆盖了 myUL1 的样式。

19.7.4　通过 className 添加 CSS

前面介绍了通过修改 className 属性可以替换 CSS 样式，修改 className 属性是对 CSS 样式进行替换，而不是添加，但很多时候并不希望将原有的 CSS 样式覆盖，这时完全可以采取追加方式，前提是保证追加

的 CSS 类别中的各个属性与原来的属性不重复，代码如下：

```
oMy.className+="myUL2";//追加 CSS 类
```

19.8　制作树形导航菜单

树形导航菜单是网页设计中最常用的菜单之一，下面制作一个树形菜单。

步骤 1：设计 HTML 框架，具体的代码如下：

```
<!DOCTYPE html>
<html >
<head>
<title>制作树形导航菜单</title>
</head>
<body>
<ul id="menu_zzjs_net">
 <li>
  <label><a href="javascript:;">泽惠果蔬配送中心</a></label>
  <ul class="two">
   <li>
    <label><a href="javascript:;">水果分类</a></label>
    <ul class="two">
     <li>
      <label><input type="checkbox" value="123456"><a href="javascript:;">苹果类</a></label>
     <ul class="two">
      <li><label><input type="checkbox" value="123456"><a href="javascript:;">青苹果</a></label></li>
      <li>
       <label><input type="checkbox" value="123456"><a href="javascript:;">红苹果</a></label>
       <ul class="two">
        <li>
         <label><input type="checkbox" value="123456"><a href="javascript:;">红富士苹果</a></label>
         <ul class="two">
          <li><label><input type="checkbox" value="123456"><a href="javascript:;">水晶红富士苹果
</a></label></li>
          <li><label><input type="checkbox" value="123456"><a href="javascript:;">优质红富士苹果
</a></label></li>
         </ul>
        </li>
        <li><label><input type="checkbox" value="123456"><a href="javascript:;">冰糖心苹果</a>
</label></li>
       </ul>
      </li>
     </ul>
    </li>
   </ul>
  </li>
  <li>
   <label><a href="javascript:;">蔬菜分类</a></label>
   <ul class="two">
    <li><label><input type="checkbox" value="123456"><a href="javascript:;">西红柿</a></label></li>
    <li><label><input type="checkbox" value="123456"><a href="javascript:;">西蓝花</a></label></li>
```

```
      </ul>
     </li>
    </ul>
   </li>
  </ul>
 </body>
</html>
```

相关的代码实例请参考 Chap19.33.html 文件，然后双击该文件，在 IE 浏览器中运行的结果如图 19-59 所示。

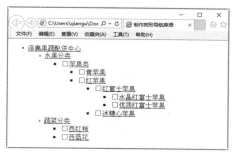

图 19-59 制作树形导航菜单框架

步骤 2：在页面中添加 JavaScript 代码，实现单击展开效果，具体代码如下：

```
<script type="text/javascript" >
 function addEvent(el,name,fn){          //绑定事件
   if(el.addEventListener) return el.addEventListener(name,fn,false);
   return el.attachEvent('on'+name,fn);
 }
 function nextnode(node){                //寻找下一个兄弟并剔除空的文本节点
   if(!node)return ;
   if(node.nodeType == 1)
   return node;
   if(node.nextSibling)
   return nextnode(node.nextSibling);
 }
 function prevnode(node){                //寻找上一个兄弟并剔除空的文本节点
   if(!node)return ;
   if(node.nodeType == 1)
   return node;
   if(node.previousSibling)
   return prevnode(node.previousSibling);
 }
 function parcheck(self,checked){   //递归寻找父亲元素,并找到input元素进行操作
   var par = prevnode(self.parentNode.parentNode.parentNode.previousSibling),parspar;
   if(par&&par.getElementsByTagName('input')[0]){
       par.getElementsByTagName('input')[0].checked = checked;
       parcheck(par.getElementsByTagName('input')[0],sibcheck(par.getElementsByTagName('input')[0]));
   }
 }
 function sibcheck(self){                //判断兄弟节点是否已经全部选中
 var sbi = self.parentNode.parentNode.parentNode.childNodes,n=0;
 for(var i=0;i<sbi.length;i++){
     if(sbi[i].nodeType != 1)            //由于孩子节点中包括空的文本节点,所以这里累计长度的时候也要算上去
```

```
        n++;
        else if(sbi[i].getElementsByTagName('input')[0].checked)
        n++;
        }
    return n==sbi.length?true:false;
    }
    addEvent(document.getElementById('menu_zzjs_net'),'click',function(e){//绑定 input 点击事件,使用
menu_zzjs_net 根元素代理
        e = e||window.event;
        var target = e.target||e.srcElement;
        var tp = nextnode(target.parentNode.nextSibling);
        switch(target.nodeName){
            case 'A'://点击 A 标签展开和收缩树形目录,并改变其样式会选中 checkbox
            if(tp&&tp.nodeName == 'UL'){
                if(tp.style.display != 'block' ){
                    tp.style.display = 'block';
                    prevnode(target.parentNode.previousSibling).className = 'ren'
                }else{
                    tp.style.display = 'none';
                    prevnode(target.parentNode.previousSibling).className = 'add'
                }
            }
            break;
            case 'SPAN'://点击图标只展开或者收缩
            var ap = nextnode(nextnode(target.nextSibling).nextSibling);
            if(ap.style.display != 'block' ){
                ap.style.display = 'block';
                target.className = 'ren'
            }else{
                ap.style.display = 'none';
                target.className = 'add'
            }
            break;
            case 'INPUT'://点击 checkbox,父亲元素选中,则孩子节点中的 checkbox 也同时选中,孩子节点取消父元素随之取消
            if(target.checked){
                if(tp){
                    var checkbox = tp.getElementsByTagName('input');
                    for(var i=0;i<checkbox.length;i++)
                    checkbox[i].checked = true;
                }
            }else{
                if(tp){
                    var checkbox = tp.getElementsByTagName('input');
                    for(var i=0;i<checkbox.length;i++)
                    checkbox[i].checked = false;
                }
            }
            parcheck(target,sibcheck(target));//当孩子节点取消选中的时候调用该方法递归其父节点的 checkbox
逐一取消选中
            break;
        }
    });
    window.onload = function(){//页面加载时给有孩子节点的元素动态添加图标
        var labels = document.getElementById('menu_zzjs_net').getElementsByTagName('label');
        for(var i=0;i<labels.length;i++){
            var span = document.createElement('span');
            span.style.cssText ='display:inline-block;height:18px;vertical-align:middle;width:16px;
cursor:pointer;';
            span.innerHTML = ' '
```

```
        span.className = 'add';
        if(nextnode(labels[i].nextSibling)&&nextnode(labels[i].nextSibling).nodeName == 'UL')
        labels[i].parentNode.insertBefore(span,labels[i]);
        else
        labels[i].className = 'rem'
    }
}
</script>
```

相关的代码实例请参考 Chap19.33.html 文件，然后双击该文件，在 IE 浏览器中运行的结果如图 19-60
所示。

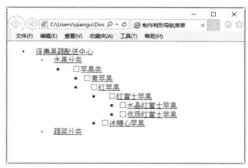

图 19-60　添加 JavaScript 代码

步骤 3：在网页中添加 CSS 代码，对菜单进行风格设置，具体代码如下：

```
<style type="text/css">
body{margin:0;padding:0;font:12px/1.5 Tahoma,Helvetica,Arial,sans-serif;}
ul,li,{margin:0;padding:0;}
ul{list-style:none;}
#menu_zzjs_net{margin:10px;width:200px;overflow:hidden;}
#menu_zzjs_net li{line-height:25px;}
#menu_zzjs_net .rem{padding-left:16px;}
#menu_zzjs_net .add{background:url(/img/tree_20110125zzjs_net.gif) -4px -31px no-repeat;}
#menu_zzjs_net .ren{background:url(/img/tree_20110125zzjs_net.gif) -4px -7px no-repeat;}
#menu_zzjs_net li a{color:#666666;padding-left:5px;outline:none;blr:expression(this.onFocus=
this.blur());}
#menu_zzjs_net li input{vertical-align:middle;margin-left:5px;}
#menu_zzjs_net .two{padding-left:20px;display:none;}
</style>
```

相关的代码实例请参考 Chap19.33.html 文件，然后双击该文件，在 IE 浏览器中运行的结果如图 19-61
所示。

图 19-61　添加 CSS 代码修改文字样式

19.9　就业面试技巧与解析

19.9.1　面试技巧与解析（一）

应聘者： 你怎样看待自己的失败？

应聘者： 我相信大部分人都不是十全十美的，如果有第二次机会，我相信我会改正错误的。

19.9.2　面试技巧与解析（二）

面试官： 在工作中什么会让你有成就感？

应聘者： 为我所在公司竭力效劳，尽我所能，成功完成一个项目。

第 20 章
JavaScript 事件机制

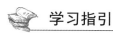
事件是文档或者浏览器窗口中发生的、特定的交互瞬间，是用户或浏览器自身执行的某种动作，如 click、load 和 mouseover 都是事件的名字，可以说事件是 JavaScript 和 DOM 之间交互的桥梁，事件发生时，调用它的处理函数执行相应的 JavaScript 代码并给出响应。本章介绍 JavaScript 的事件机制。

- 了解事件的含义。
- 掌握 JavaScript 事件的调用方法。
- 掌握 JavaScript 常用事件的使用方法。
- 掌握 JavaScript 处理事件的方式。
- 掌握操作事件对象的方法。
- 掌握事件模拟的方法。

20.1 什么是事件

JavaScript 的事件可以用于处理表单验证、用户输入、用户行为及浏览器动作，如页面加载时触发事件、页面关闭时触发事件、用户单击按钮执行动作、验证用户输入内容的合法性等。

事件将用户和 Web 页面连接在一起，使用户可以与用户进行交互，以响应用户的操作，如浏览器载入文档或用户动作诸如敲击键盘、滚动鼠标等触发，而事件处理程序则说明一个对象如何响应事件。在早期支持 JavaScript 脚本的浏览器中，事件处理程序是作为 HTML 标记的附加属性加以定义的，其形式如下：

```
<input type="button" name="MyButton" value="Test Event" onclick="MyEvent()">
```

目前，JavaScript 的大部分事件命名都是描述性的，如 click、submit、mouseover 等，通过其名称就可以知道其含义，一般情况下，在事件名称之间添加前缀，如对于 click 事件，其处理器名为 onclick。

另外，JavaScript 的事件不仅仅局限于鼠标和键盘操作，也包括浏览器状态的改变，如绝大部分浏览器支持类似 resize 和 load 这样的事件等。Load 事件在浏览器载入文档时被触发，如果某事件要在文档载入时被触发，一般应该在\<body\>标记中加入如下语句：

```
"onload="MyFunction()"";
```

事件可以发生在很多场合，包括浏览器本身的状态和页面中的按钮、链接、图片、层等。同时根据 DOM 模型，文本也可以作为对象，并响应相关的动作，如单击鼠标、文本被选择等。

20.2　JavaScript 事件的调用方式

事件通常与函数配合使用，这样就可以通过发生的事件来驱动函数执行，在 JavaScript 中，事件调用的方式有两种，下面分别进行介绍。

20.2.1　在 script 标签中调用

在 script 标签中调用事件是 JavaScript 事件调用方式当中比较常用的一种方式，在调用过程中，首先需要获取要处理对象的引用，然后将要执行的处理函数赋值给对应的事件。

【例 20-1】（实例文件：ch20\Chap20.1.html）显示系统时间实例 1。

```
<!DOCTYPE html>
<html>
<head>
<title>在 script 标签中调用</title>
</head>
<body>
<p>点击按钮执行<em>displayDate()</em>函数,显示当前时间信息</p>
<button id="myBtn">显示时间</button>
<script>
document.getElementById("myBtn").onclick=function(){displayDate()};
function displayDate(){
    document.getElementById("demo").innerHTML=Date();
}
</script>
<p id="demo"></p>
</body>
</html>
```

相关的代码实例请参考 Chap20.1.html 文件，然后双击该文件，在 IE 浏览器中运行的结果如图 20-1 所示。单击"显示时间"按钮，即可在页面中显示出当前系统的日期和时间信息，如图 20-2 所示。

图 20-1　程序运行结果

图 20-2　显示日期和时间信息

注意：在上述代码中使用了 onclick 事件，可以看到该事件处于 script 标签中。另外，在 JavaScript 中指定事件处理程序时，事件名称必须小写，才能正确响应事件。

20.2.2　在元素中调用

在 HTML 元素中调用事件处理程序时，只需要在该元素中添加响应的事件，并在其中指定要执行的代码或者函数名即可。

下面给出一个实例，也是用于显示当前系统的日期和时间的，读者可以和【例 20-1】的相关代码进行对比，虽然实现的功能一样，但是代码却是不一样的。

【例 20-2】（实例文件：ch20\Chap20.2.html）显示系统时间实例 2。

```html
<!DOCTYPE html>
<html>
<head>
<title>在元素中调用</title>
</head>
<body>
<p>点击按钮执行<em>displayDate()</em>函数,显示当前时间信息</p>
<button onclick="displayDate()">显示时间</button>
<script>
function displayDate(){
    document.getElementById("demo").innerHTML=Date();
}
</script>
<p id="demo"></p>
</body>
</html>
```

相关的代码实例请参考 Chap20.2.html 文件，然后双击该文件，在 IE 浏览器中运行的结果如图 20-3 所示。

单击"显示时间"按钮，即可在页面中显示出当前系统的日期和时间信息，如图 20-4 所示。

图 20-3　程序运行结果

图 20-4　显示日期和时间信息

注意：在上述代码中使用了 onclick 事件，可以看到该事件处于 button 元素之间，这就是向按钮元素分配了 onclick 事件。

20.3　JavaScript 常用事件

JavaScript 的常用事件有很多，如鼠标键盘事件、表单事件、网页相关事件等，下面以表格的形式对各事件进行说明，JavaScript 的相关事件如表 20-1 所示。

表 20-1　JavaScript 的相关事件

分　类	事　件	说　明
鼠标键盘事件	onkeydown	某个键盘的键被按下时触发此事件
	onkeypress	某个键盘的键被按下或按住时触发此事件
	onkeyup	某个键盘的键被松开时触发此事件
	onclick	鼠标单击某个对象时触发此事件
	ondblclick	鼠标双击某个对象时触发此事件
	onmousedown	某个鼠标按键被按下时触发此事件
	onmousemove	鼠标被移动时触发此事件
	onmouseout	鼠标从某元素移开时触发此事件
	onmouseover	鼠标被移到某元素之上时触发此事件
	onmouseup	某个鼠标按键被松开时触发此事件
	onmouseleave	当鼠标指针移出元素时触发此事件
	onmouseenter	当鼠标指针移动到元素上时触发此事件
	oncontextmenu	在用户单击鼠标右键打开上下文菜单时触发此事件
页面相关事件	onload	某个页面或图像被完成加载时触发此事件
	onabort	图像加载被中断时触发此事件
	onerror	当加载文档或图像时发生某个错误触发此事件
	onresize	当浏览器的窗口大小被改变时触发此事件
	onbeforeunload	当前页面的内容将要被改变时触发此事件
	onunload	当前页面将被改变时触发此事件
	Onhashchange	该事件在当前 URL 的锚部分发生修改时触发
	Onpageshow	该事件在用户访问页面时触发
	Onpagehide	该事件在用户离开当前网页跳转到另外一个页面时触发
	Onscroll	当文档被滚动时发生的事件
表单相关事件	onreset	当重置按钮被单击时触发此事件
	onblur	当元素失去焦点时触发此事件
	onchange	当元素失去焦点并且元素的内容发生改变时触发此事件
	onsubmit	当提交按钮被单击时触发此事件
	onfocus	当元素获得焦点时触发此事件
	onfocusin	元素即将获取焦点时触发
	onfocusout	元素即将失去焦点时触发

续表

分　类	事　件	说　明
表单相关事件	oninput	元素获取用户输入时触发
	onsearch	用户向搜索域输入文本时触发（<input="search">）
	onselect	用户选取文本时触发（<input>和<textarea>）
拖动相关事件	ondrag	该事件在元素正在拖动时触发
	ondragend	该事件在用户完成元素的拖动时触发
	ondragenter	该事件在拖动的元素进入放置目标时触发
	ondragleave	该事件在拖动元素离开放置目标时触发
	ondragover	该事件在拖动元素在放置目标上时触发
	ondragstart	该事件在用户开始拖动元素时触发
	ondrop	该事件在拖动元素放置在目标区域时触发
编辑相关事件	onselect	当文本内容被选择时触发此事件
	onselectstart	当文本内容的选择将开始发生时触发此事件
	oncopy	当页面当前的被选择内容被复制后触发此事件
	oncut	当页面当前的被选择内容被剪切时触发此事件
	onpaste	当内容被粘贴时触发此事件
打印事件	onafterprint	该事件在页面已经开始打印，或者打印窗口已经关闭时触发
	onbeforeprint	该事件在页面即将开始打印时触发

20.3.1　鼠标相关事件

鼠标事件是在页面操作中使用最频繁的操作，可以利用鼠标事件在页面中实现鼠标移动、单击时的特殊效果。

1. 鼠标单击事件

单击事件（onclick）是在鼠标单击时被触发的事件，单击是指鼠标指针停留在对象上，按下鼠标键，在没有移动鼠标指针的同时释放鼠标键的这一完整过程。

下面给出一个实例，通过单击按钮，动态变换背景颜色，当用户再次单击按钮时，页面背景将以不同的颜色进行显示。

【例 20-3】（实例文件：ch20\Chap20.3.html）动态改变背景颜色。

```
<!DOCTYPE HTML>
<html>
<head>
<title>通过按钮变换背景颜色</title>
</head>
<body>
<script language="javascript">
var Arraycolor=new Array("teal","red","blue","navy","lime","green","purple","gray","yellow","white");
```

```
var n=0;
function turncolors(){
    if (n==(Arraycolor.length-1)) n=0;
    n++;
    document.bgColor = Arraycolor[n];
}
</script>
<form name="form1" method="post" action="">
<p>
    <input type="button" name="Submit" value="变换背景颜色" onclick="turncolors()">
</p>
  <p>使用按钮动态变换背景颜色</p>
</form>
</body>
</html>
```

相关的代码实例请参考 Chap20.3.html 文件，然后双击该文件，在 IE 浏览器中运行的结果如图 20-5 所示。

单击"变换背景颜色"按钮，即可改变页面的背景颜色，图 20-6 中背景的颜色为红色。

图 20-5　程序运行结果

图 20-6　将背景的颜色改为红色

提示： 鼠标事件一般应用于 Button 对象、CheckBox 对象、Image 对象、Link 对象、Radio 对象、Reset 对象和 Submit 对象。其中，Button 对象一般只会用到 onclick 事件处理程序，因为该对象不能从用户那里得到任何信息，如果没有 onclick 事件处理程序，按钮对象将不会有任何作用。

2. 鼠标按下与松开事件

鼠标的按下事件为 onmousedown 事件，在 onmousedown 事件中，用户把鼠标指针放在对象上按下鼠标键时触发。例如在应用中，有时需要获取在某个 div 元素上鼠标按下时的鼠标位置（x、y 坐标）并设置鼠标的样式为"手型"。

鼠标的松开事件为 onmouseup 事件。在 onmouseup 事件中，用户把鼠标指针放在对象上鼠标按键被按下的情况下，放开鼠标键时触发。如果接收鼠标键按下事件的对象与鼠标键放开时的对象不是同一个对象，那么 onmouseup 事件不会触发。onmousedown 事件与 onmouseup 事件有先后顺序，在同一个对象上前者在先后者在后。onmouseup 事件通常与 onmousedown 事件共同使用控制同一对象的状态改变。

【例 20-4】（实例文件：ch20\Chap20.4.html）按下鼠标改变超链接文本颜色。

```
<!DOCTYPE html>
<html>
<head>
<title>改变超链接文本颜色</title>
<script>
function myFunction(elmnt,clr){
```

```
        elmnt.style.color=clr;
}
</script>
</head>
<body>
<p onmousedown="myFunction(this,'red')" onmouseup="myFunction(this,'green')">
<u>按下鼠标改变超链接文本颜色</u>
</p>
</body>
</html>
```

相关的代码实例请参考 Chap20.4.html 文件，然后双击该文件，在 IE 浏览器中运行的结果如图 20-7 所示。

单击网页中的文本即可改变文本的颜色，这里文本的颜色变为红色，结果如图 20-8 所示。

图 20-7　程序运行结果

图 20-8　将文本的颜色变为红色

松开鼠标后，文本的颜色将变成绿色，如图 20-9 所示。

图 20-9　将文本的颜色变成绿色

3. 鼠标移入与移出事件

鼠标的移入事件为 onmouseover 事件。onmouseover 事件在鼠标指针进入对象范围（移到对象上方）时触发。具体实例代码如下：

```
<td onmouseover="modStyle(this)" onmouseout="recoverStyle(this)">
```

当鼠标指针进入单元格时，触发 onmouseover 事件，调用名称为 omdStyle 的事件处理函数，完成对单元格样式的更改。onmouseover 事件可以应用在所有的 HTML 页面元素中，例如，鼠标指针经过文字上方时，显示效果为"鼠标曾经过上面"，鼠标指针离开后，显示效果为"鼠标没有经过上面"。其实现方法如下：

```
<font size="20" color="#FF0000"
   onmouseover="this.color='#000000';this.innerText='鼠标曾经过上面.'">
   鼠标没有经过上面.
</font>
```

鼠标的移出事件为 onmouseout 事件。onmouseout 事件中鼠标指针离开对象时触发。onmouseout 事件通常与 onmouseover 事件共同使用改变对象的状态。

例如，当鼠标指针移到一段文字上方时，文字颜色显示为红色，当鼠标指针离开文字时，文字恢复原来的黑色，其实现代码如下：

```
<font onmouseover ="this.style.color='red'" onmouseout="this.style.color="black"">文字颜色改变</font>
```

【例 20-5】（实例文件：ch20\Chap20.5.html）移动鼠标指针时改变图片大小。

```
<!DOCTYPE html>
<html>
<head>
<title>改变图片大小</title>
<script>
function bigImg(x){
    x.style.height="64px";
    x.style.width="64px";
}
function normalImg(x){
    x.style.height="32px";
    x.style.width="32px";
}
</script>
</head>
<body>
<img onmouseover="bigImg(this)" onmouseout="normalImg(this)" border="0" src="smiley.gif" alt="Smiley"
width="32" height="32">
</body>
</html>
```

相关的代码实例请参考 Chap20.5.html 文件，然后双击该文件，在 IE 浏览器中运行的结果如图 20-10 所示。

将鼠标指针移动到笑脸图片上，即可将笑脸图片变大显示，如图 20-11 所示。

图 20-10　程序运行结果

图 20-11　将笑脸图片变大显示

4. 鼠标移动事件

鼠标移动事件（onmousemove）是鼠标在页面上进行移动时触发事件处理程序，下面给出一个实例，在状态栏中显示鼠标指针在页面中的当前位置，该位置使用坐标表示。

【例 20-6】（实例文件：ch20\Chap20.6.html）显示鼠标在页面中的位置。

```
<!DOCTYPE HTML>
<html>
<head>
<title>显示鼠标指针在页面中的当前位置</title>
</head>
<body>
<script language="javascript">
```

```
var x=0,y=0;
function MousePlace()
{
    x=window.event.x;
    y=window.event.y;
    window.status="X: "+x+"  "+"Y: "+y;
}
document.onmousemove=MousePlace;
</script>
```

在状态栏中显示了鼠标指针在页面中的当前位置。

```
</body>
</html>
```

相关的代码实例请参考 Chap20.6.html 文件，然后双击该文件，在 IE 浏览器中运行的结果如图 20-12 所示。移动鼠标指针，可以看到状态栏中鼠标的坐标数值也发生了变化。

图 20-12　程序运行结果

20.3.2　键盘相关事件

键盘事件是指键盘状态的改变，常用的键盘事件有 onkeydown 按键事件、onkeypress 按下键事件和 onkeyup 放开键事件。

1. onkeydown 按键事件

onkeydown 按键事件在键盘的按键被按下时触发，onkeydown 按键事件用于接收键盘的所有按键（包括功能键）被按下时的事件。onkeydown 按键事件与 onkeypress 按下键事件都在按键按下时触发，但是两者是有区别的。

例如，在用户输入信息的界面中，经常会有同时输入多条信息（存在多个文本框）的情况出现。为方便用户使用，通常情况下，当用户按回车键时，光标自动跳入下一个文本框，在文本框中使用如下所示代码，即可实现回车跳入下一文本框的功能。

```
<input type="text" name="txtInfo" onkeydown="if(event.keyCode==13) event.keyCode=9">
```

【例 20-7】（实例文件：ch20\Chap20.7.html）onkeydown 事件应用实例。

```
<!DOCTYPE html>
<html>
<head>
<title>onkeydown 事件应用实例</title>
<script>
function myFunction(){
```

```
        alert("你在文本框内按下一个键");
}
</script>
</head>
<body>
<p>当你在文本框内按下一个按键时,弹出一个信息提示框</p>
<input type="text" onkeydown="myFunction()">
</body>
</html>
```

相关的代码实例请参考 Chap20.7.html 文件，然后双击该文件，在 IE 浏览器中运行的结果如图 20-13 所示。

将鼠标指针定位在页面中的文本框内，按下键盘上的空格键，将弹出一个信息提示框，如图 20-14 所示。

图 20-13　程序运行结果

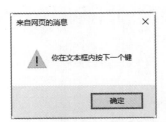

图 20-14　信息提示框

2. onkeypress 按下键事件

onkeypress 事件在键盘的按键被按下时触发。onkeypress 按下键事件与 onkeydown 事件两者有先后顺序，onkeypress 按下键事件是在 onkeydown 事件之后发生的。此外，当按下键盘上的任何一个键时，都会触发 onkeydown 事件；但是 onkeypress 按下键事件只在按下键盘的任一字符键（如 A～Z、数字键）时触发，但单独按下功能键（F1～F12）、Ctrl 键、Shift 键、Alt 键等，不会触发 onkeypress 按下键事件。

【例 20-8】（实例文件：ch20\Chap20.8.html）onkeypress 按下键事件应用实例。

```
<!DOCTYPE html>
<html>
<head>
<title>onkeypress 事件应用实例</title>
<script>
function myFunction(){
    alert("你在文本框内按下一个键");
}
</script>
</head>
<body>
<p>当你在文本框内按下一个按键时,弹出一个信息提示框</p>
<input type="text" onkeypress="myFunction()">
</body>
</html>
```

相关的代码实例请参考 Chap20.8.html 文件，然后双击该文件，在 IE 浏览器中运行的结果如图 20-15 所示。

将鼠标定位在页面中的文本框内，按下键盘上的任意字符键，这时按下 A 键，将弹出一个信息提示框，如图 20-16 所示。如果单独按下功能键，将不会弹出信息提示框。

图 20-15 程序运行结果

图 20-16 信息提示框

3. onkeyup 放开键事件

onkeyup 放开键事件中键盘的按键被按下然后放开时触发。例如，页面中要求用户输入数字信息时，使用 onkeyup 放开键事件，对用户输入的信息进行判断，具体代码如下：

```
<input type="text" name="txtNum" onkeyup="if(isNaN(value))execCommand ('undo');">。
```

【例 20-9】（实例文件：ch20\Chap20.9.html）onkeyup 放开键事件应用实例。

```
<!DOCTYPE html>
<html>
<head>
<title>onkeyup 事件应用实例</title>
<script>
function myFunction(){
    var x=document.getElementById("fname");
    x.value=x.value.toUpperCase();
}
</script>
</head>
<body>
<p>当用户在输入字段释放一个按键时触发函数,该函数将字符转换为大写。</p>
请输入你的英文名字: <input type="text" id="fname" onkeyup="myFunction()">
</body>
</html>
```

相关的代码实例请参考 Chap20.9.html 文件，然后双击该文件，在 IE 浏览器中运行的结果如图 20-17 所示。

将鼠标指针定位在页面中的文本框内，输入英文名字，这里输入 tom，然后按下空格键，即可将小写英文名字修改为大写，结果如图 20-18 所示。

图 20-17 程序运行结果

图 20-18 小写英文名字修改为大写

为了让读者更好地使用键盘事件对网页的操作进行控制，下面给出一个综合实例，即限制网页文本框的输入。

【例 20-10】（实例文件：ch20\Chap20.10.html）限制文本框的输入。

```html
<!DOCTYPE HTML>
<html>
<head>
<title>限制文本框的输入</title>
</head>
<body>
<table width="650" height="34"  border="0" align="center" cellpadding="0" cellspacing="0"
background="top_03.jpg" bgcolor="#B3CAEE">
  <tr class="font_white">
   <td height="22" align="center"><span class="style1">====== 用户注册信息  ======
</span></td>
  </tr></table>
                <td width="436" valign="top"><br>
                  <br>
                  <table width="90%" border="0" align="center" cellpadding="-2" cellspacing="-2">
                    <tr>
                      <td><form name="form1">
                      <table width="100%" border="0" align="center" cellspacing="-2" cellpadding="-2">
                        <tr>
                          <td width="18%" height="30" align="center">用户名: </td>
                          <td width="82%"><input name="UserName" type="text" id="UserName4"
maxlength="20">
                            * </td>
                        </tr>
                        <tr>
                          <td height="28" align="center">真实姓名: </td>
                          <td height="28"><input name="TrueName" type="text" id="TrueName4"
maxlength="10" onkeydown="Clavier(1)">
                            *</td>
                        </tr>
                        <tr>
                          <td height="28" align="center">年 龄: </td>
                          <td><input name="Age" type="text" id="Age" onkeydown="Clavier(0)"></td>
                        </tr>
                        <tr>
                          <td height="28" align="center">证件号码: </td>
                          <td class="word_grey"><input name="pcard" type="text" id="Tel" onkeydown=
"Clavier(0)"></td>
                        </tr>          .
                        <tr>
                          <td height="28" align="center">联系电话: </td>
                          <td><input name="tel" type="text" id="Tel"></td>
                        </tr>
                        <tr>
                          <td height="28" align="center" style="padding-left:10px">Email: </td>
                          <td class="word_grey"><input name="Email" type="text" id="PWD224" size="35">
                            </td>
```

```
                                    </tr>
                                    <tr>
                                      <td height="28" align="center">个人主页：</td>
                                      <td class="word_grey"><input name="homepage" type="text" id="homepage"
size="35"></td>
                                    </tr>
                                    <tr>
                                      <td height="34"> </td>
                                      <td class="word_grey"><input name="Button" type="button" class="btn_grey"
value="确定保存">
                                        <input name="Submit2" type="reset" class="btn_grey" value="重新填
写"></td>
                                    </tr>
                                  </table>
                              </form>
      <script language="javascript">
      var T=true;
      function Clavier(n)
      {
          var k=window.event.keyCode;
          if (n==1)
          {
              if (k>=65 && k<=90)
                 T=true;
              else
                 T=false;
          }
          else if (n==0)
          {
              if ((k>=48 && k<=57)||(k>=96 && k<=105))
              {
                 T=true;
                 if (k&&window.event.shiftKey)
                     T=false;
              }
              else
                 T=false;
          }
          if ((k==37)||(k==39)||(k==8)||(k==46))
              T=true;
          if (T==false)
              return window.event.returnValue=T;
      }
      </script>
      </body>
      </html>
```

　　相关的代码实例请参考 Chap20.10.html 文件，然后双击该文件，在 IE 浏览器中运行的结果如图 20-19
所示。

　　根据提示，可以在用户注册信息页面输入注册信息，并可以在文本框中使用键盘来移动或删除注册信
息，如图 20-20 所示。

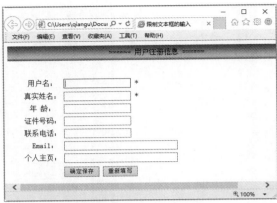
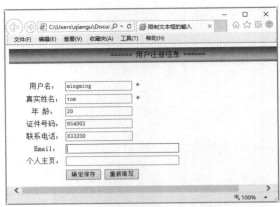

图 20-19　程序运行结果　　　　　　　　图 20-20　使用键盘来移动或删除注册信息

20.3.3　表单相关事件

表单事件实际上就是对元素获得或失去焦点的动作进行控制，可以利用表单事件来改变获得或失去焦点的元素样式，这里的元素既可以是同一类型元素，也可以是多种不同的类型元素。

1. 获得焦点与失去焦点事件

onfocus 获得焦点事件是当某个元素获得焦点时触发事件处理程序，onblur 失去焦点事件是当前元素失去焦点时触发事件处理程序，一般情况下，onfocus 事件与 onblur 事件结合使用，例如可以结合使用 onfocus 事件与 onblur 事件控制文本框中获得焦点时改变样式，失去焦点时恢复原来样式。

下面给出一个实例，设置文本框的背景颜色。本实例是用户在选择页面的文本框时，文本框的背景颜色发生变化，如果选择其他文本框，原来选择的文本框的颜色恢复为原始状态。

【例 20-11】（实例文件：ch20\Chap20.11.html）设置文本框的背景颜色。

```
<!DOCTYPE HTML>
<html>
<head>
<title>设置文本框的背景颜色</title>
</head>
<script language="javascript">
function txtfocus(event){
    var e=window.event;
    var obj=e.srcElement;
    obj.style.background="#F00066";
}
function txtblur(event){
    var e=window.event;
    var obj=e.srcElement;
    obj.style.background="FFFFF0";
}
</script>
<body>
<table align="center" width="360" height="228" border="0">
  <tr>
    <td width="188">登录名:</td>
```

```
    <td width="226"><form name="form1" method="post" action="">
    <input type="text" name="textfield" onfocus="txtfocus()" onblur="txtblur()">
    </form></td>
</tr>
<tr>
    <td>密码:</td>
    <td><form name="form2" method="post" action="">
    <input type="text" name="textfield2" onfocus="txtfocus()" onblur="txtblur()">
    </form></td>
</tr>
<tr>
    <td>姓名:</td>
    <td><form name="form3" method="post" action="">
    <input type="text" name="textfield3" onfocus="txtfocus()" onblur="txtblur()">
    </form></td>
</tr>
<tr>
    <td>性别:</td>
    <td><form name="form4" method="post" action="">
    <input type="text" name="textfield5" onfocus="txtfocus()" onblur="txtblur()">
    </form></td>
</tr>
<tr>
    <td>联系方式: </td>
    <td><form name="form5" method="post" action="">
    <input type="text" name="textfield4" onfocus="txtfocus()" onblur="txtblur()">
    </form></td>
</tr>
</table>
</body>
</html>
```

相关的代码实例请参考 Chap20.11.html 文件，然后双击该文件，在 IE 浏览器中运行的结果如图 20-21 所示。

选择文本框输入内容时，即可发现文本框的背景色发生了变化，本实例主要是通过获得焦点事件（onfocus）和失去焦点事件（onblur）来完成。其中，onfocus 事件是当某个元素获得焦点时发生的事件；onblur 是当前元素失去焦点时发生的事件，如图 20-22 所示。

图 20-21　程序运行结果

图 20-22　文本框的背景色发生了变化

2. 失去焦点修改事件

onchange 失去焦点修改事件只在事件对象的值发生改变并且事件对象失去焦点时触发。该事件一般应用在下拉文本框中。

【例 20-12】（实例文件：ch20\Chap20.12.html）使用下拉列表框改变字体颜色。

```
<!DOCTYPE HTML>
<html>
<head>
<title>用下拉列表框改变字体颜色</title>
</head>
<body>
<form name="form1" method="post" action="">
  <input name="textfield" type="text" value="请选择字体颜色">
  <select name="menu1" onChange="Fcolor()">
    <option value="black">黑</option>
    <option value="yellow">黄</option>
    <option value="blue">蓝</option>
    <option value="green">绿</option>
    <option value="red">红</option>
    <option value="purple">紫</option>
  </select>
</form>
<script language="javascript">
function Fcolor()
{
    var e=window.event;
    var obj=e.srcElement;
    form1.textfield.style.color=obj.options[obj.selectedIndex].value;
}
</script>
</body>
</html>
```

相关的代码实例请参考 Chap20.12.html 文件，然后双击该文件，在 IE 浏览器中运行的结果如图 20-23 所示。

单击颜色"黑"右侧的下拉按钮，在弹出的下拉列表中选择文本的颜色，如图 20-24 所示。

图 20-23　程序运行结果

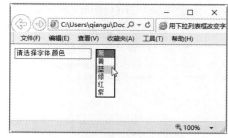

图 20-24　选择文本的颜色

3. 表单提交与重置事件

onsubmit 事件在表单提交时触发，该事件可以用来验证表单输入项的正确性；onreset 事件在表单被重置后触发，一般用于清空表单中的文本框。

【例 20-13】（实例文件：ch20\Chap20.13.html）表单提交的验证。

```
<!DOCTYPE HTML>
<html>
```

```
      <head>
      <title>表单提交的验证</title>
      </head>
      <body style="font-size:12px">
      <table width="486" height="333" border="0" align="center" cellpadding="0" cellspacing="0">
        <tr>
          <td align="center" valign="top"><br>
            <br>
            <br>
            <br> <br> <table width="86%" border="0" align="center" cellpadding="2" cellspacing="1"
bgcolor="#6699CC">
            <form name="form1" onReset="return AllReset()" onsubmit="return AllSubmit()">
              <tr bgcolor="#FFFFFF">
                <td height="22" align="right">所属类别:</td>
                <td height="22" align="left">
                  <select name="txt1" id="txt1">
                    <option value="蔬菜水果">蔬菜水果</option>
                    <option value="干果礼盒">干果礼盒</option>
                    <option value="礼品工艺">礼品工艺</option>
                  </select>
                  <select name="txt2" id="txt2">
                    <option value="西红柿">西红柿</option>
                    <option value="红富士">红富士</option>
                  </select></td>
              </tr>
              <tr bgcolor="#FFFFFF">
                <td height="22" align="right">商品名称:</td>
                <td height="22" align="left"><input name="txt3" type="text" id="txt3" size="30"
maxlength="50"></td>
              </tr>
              <tr bgcolor="#FFFFFF">
                <td height="22" align="right">会员价:</td>
                <td height="22" align="left"><input name="txt4" type="text" id="txt4" size="10"></td>
              </tr>
              <tr bgcolor="#FFFFFF">
                <td height="22" align="right">提供厂商:</td>
                <td height="22" align="left"><input name="txt5" type="text" id="txt5" size="30"
maxlength="50"></td>
              </tr>
              <tr bgcolor="#FFFFFF">
                <td height="22" align="right">商品简介:</td>
                <td height="22" align="left"><textarea name="txt6" cols="35" rows="4" id="txt6">
</textarea></td>
              </tr>
              <tr bgcolor="#FFFFFF">
                <td height="22" align="right">商品数量:</td>
                <td height="22" align="left"><input name="txt7" type="text" id="txt7" size="10"></td>
              </tr>
              <tr bgcolor="#FFFFFF">
                <td height="22" colspan="2" align="center"><input name="sub" type="submit" id="sub2"
value="提交">
     
                <input type="reset" name="Submit2" value="重 置"> </td>
              </tr>
```

```
    </form>
  </table></td>
 </tr>
</table>
<script language="javascript">
function AllReset()
{
    if (window.confirm("是否进行重置？"))
        return true;
    else
        return false;
}
function AllSubmit()
{
    var T=true;
    var e=window.event;
    var obj=e.srcElement;
    for (var i=1;i<=7;i++)
    {
        if (eval("obj."+"txt"+i).value=="")
        {
            T=false;
            break;
        }
    }
    if (!T)
    {
        alert("提交信息不允许为空");
    }
    return T;
}
</script>
</body>
</html>
```

　　相关的代码实例请参考 Chap20.13.html 文件，然后双击该文件，在 IE 浏览器中运行的结果如图 20-25 所示。

　　在"商品名称"文本框中输入名称，然后单击"提交"按钮，将会弹出一个信息提示框，提示用户提交的信息不允许为空，结果如图 20-26 所示。

图 20-25　程序运行结果

图 20-26　信息提示框

如果信息输入有误，单击"重置"按钮，将弹出一个信息提示框，提示用户是否进行重置，结果如图 20-27 所示。

图 20-27　重置信息提示框

20.3.4　文本编辑事件

文本编辑事件是在浏览器中的内容被修改时所执行的相关事件，主要包括对浏览器中被选择的内容进行复制、剪切、粘贴时的触发事件。

1．复制事件

复制事件是在浏览器中复制被选中的部分或全部内容时触发事件处理程序，oncopy 事件在用户复制元素上的内容时触发。

【例 20-14】（实例文件：ch20\Chap20.14.html）复制事件的应用实例。

```
<!DOCTYPE html>
<html>
<head>
<title>oncopy 事件应用实例</title>
</head>
<body>
<p oncopy="myFunction()">oncopy 复制事件的应用</p>
<script>
function myFunction() {
    alert("你复制了文本！");
}
</script>
</body>
</html>
```

相关的代码实例请参考 Chap20.14.html 文件，然后双击该文件，在 IE 浏览器中运行的结果如图 20-28 所示。

选中网页中的文本进行复制，即可弹出一个信息提示框，提示用户复制了文本内容，如图 20-29 所示。

2．剪切事件

剪切事件是在浏览器中剪切被选中的内容时触发事件处理程序，oncut 事件在用户剪切元素的内容时触发。

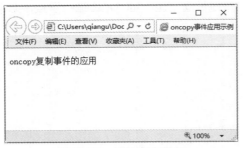

图 20-28　程序运行结果

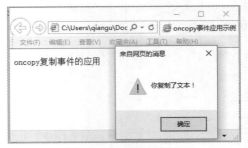
图 20-29　信息提示框

【例 20-15】（实例文件：ch20\Chap20.15.html）剪切事件的应用实例。

```
<!DOCTYPE html>
<html>
<head>
<title>oncut 事件应用实例</title>
</head>
<body>
<p contenteditable="true" oncut="myFunction()">oncut 剪切事件的应用</p>
<script>
function myFunction() {
    alert("你剪切了文本!");
}
</script>
</body>
</html>
```

相关的代码实例请参考 Chap20.15.html 文件，然后双击该文件，在 IE 浏览器中运行的结果如图 20-30 所示。

选中网页中的文本进行剪切，即可弹出一个信息提示框，提示用户剪切了文本内容，如图 20-31 所示。

图 20-30　程序运行结果

图 20-31　信息提示框

3. 粘贴事件

onpaste 事件在用户向元素中粘贴文本时触发。

【例 20-16】（实例文件：ch20\Chap20.16.html）粘贴事件的应用实例。

```
<!DOCTYPE html>
<html>
<head>
<title>onpaste 事件应用实例</title>
</head>
```

```
<body>
<input type="text" onpaste="myFunction()" value="尝试在此处粘贴文本" size="40">
<p id="demo"></p>
<script>
function myFunction() {
    document.getElementById("demo").innerHTML = "你粘贴了文本!";
}
</script>
</body>
</html>
```

相关的代码实例请参考 Chap20.16.html 文件，然后双击该文件，在 IE 浏览器中运行的结果如图 20-32 所示。

将光标定位在网页中的文本框，然后粘贴文本内容到文本框中，这时会在文本框的下方显示你粘贴了文本信息，如图 20-33 所示。

图 20-32　程序运行结果

图 20-33　粘贴了文本信息

4. 选择事件

onselect 事件是当文本内容被选择时触发事件处理程序，当使用本事件时，只能在相应的文本中选择一个字符或是一个汉字后触发本事件，并不是用鼠标选择文本后，松开鼠标时触发。

【例 20-17】（实例文件：ch20\Chap20.17.html）显示选择的文本。

```
<!DOCTYPE html>
<html>
<head>
<title>显示选择的文本</title>
<script>
function myFunction(){
    alert("你选中了一些文本");
}
</script>
</head>
<body>
一些文本: <input type="text" value="Hello JavaScript!" onselect="myFunction()">
</body>
</html>
```

相关的代码实例请参考 Chap20.17.html 文件，然后双击该文件，在 IE 浏览器中运行的结果如图 20-34 所示。

在网页文本框中选择需要的文本，这时会弹出一个信息提示框，提示用户选中了一些文本内容，如图 20-35 所示。

图 20-34　程序运行结果

图 20-35　信息提示框

20.3.5　页面相关事件

页面事件是在页面加载或改变浏览器大小、位置，以及对页面中的滚动条进行操作时，所触发的事件处理程序。

1. 页面加载事件

onload 事件会在页面或图像加载完成后触发相应的事件处理程序，具体来讲，使用 onload 事件可以在页面加载完成后对网页中的表格样式、字体、背景颜色等进行设置。

【例 20-18】（实例文件：ch20\Chap20.18.html）页面加载时缩小图片。

```
<!DOCTYPE HTML>
<html>
<head>
<title>网页加载时缩小图片</title>
</head>
<body onunload="pclose()">
<img src="01.jpg" name="img1" onload="blowup(this)" onmouseout="blowup()" onmouseover=
"reduce()">
<script language="javascript">
var h=img1.height;
var w=img1.width;
function blowup()
{
    if (img1.height>=h)
    {
        img1.height=h-100;
        img1.width=w-100;
    }
}
function reduce()
{
    if (img1.height<h)
    {
        img1.height=h;
        img1.width=w;
    }
}
</script>
</body>
</html>
```

相关的代码实例请参考 Chap20.18.html 文件，然后双击该文件，在 IE 浏览器中运行的结果如图 20-36 所示，图片以缩小方式显示。

移动鼠标指针到图片上，图片以原始大小显示，如图 20-37 所示。

图 20-36　程序运行结果

图 20-37　图片以原始大小显示

2. 页面大小事件

onresize 事件是页面大小事件，该事件是用户改变浏览器的大小时触发事件处理程序，主要用于固定浏览器的窗口大小。

【例 20-19】（实例文件：ch20\Chap20.19.html）固定浏览器窗口大小。

```html
<!DOCTYPE HTML>
<html>
<head>
<title>固定浏览器的大小</title>
</head>
<body>
<center><img src="01.jpg" width="544" height="327"></center>
<script language="JavaScript">
function fastness(){
    window.resizeTo(600,450);
}
document.body.onresize=fastness;
document.body.onload=fastness;
</script>
</body>
</html>
```

相关的代码实例请参考 Chap20.19.html 文件，然后双击该文件，在 IE 浏览器中运行的结果如图 20-38 所示，浏览器窗口以固定大小方式显示。

3. 页面关闭事件

onbeforeunload 事件在即将离开当前页面（刷新或关闭）时触发。该事件可用于弹出对话框，提示用户是继续浏览页面还是离开当前页面。对话框默认的提示信息根据不同的浏览器有所不同，标准的信息类似"确定要离开此页吗？"该信息不能删除，但用户可以自定义一些消息提示与标准信息一起显示在对话框中。

图 20-38　程序运行结果

【例 20-20】（实例文件：ch20\Chap20.20.html）关闭页面弹出提示框。

```
<!DOCTYPE html>
<html>
<head>
<title>关闭页面弹出提示框</title>
</head>
<body onbeforeunload="return myFunction()">
<p>关闭当前窗口,触发 onbeforeunload 事件。</p>
<script>
function myFunction() {
    return "我在这写点东西...";
}
</script>
</body>
</html>
```

相关的代码实例请参考 Chap20.20.html 文件，然后双击该文件，在 IE 浏览器中运行的结果如图 20-39 所示。

关闭当前窗口，弹出一个信息提示框，如图 20-40 所示。

图 20-39　程序运行结果

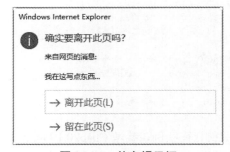

图 20-40　信息提示框

20.3.6　拖动相关事件

JavaScript 为用户提供的拖放事件有两类，一类是拖放对象事件，另一类是放置目标事件。

1. 拖放对象事件

拖放对象事件包括 ondragstart 事件、ondrag 事件、ondragend 事件。

- ondragstart 事件：用户开始拖动元素时触发。
- ondrag 事件：元素正在拖动时触发。
- ondragend 事件：用户完成元素拖动后触发。

注意：在对对象进行拖动时，一般要使用 ondragend 事件，用来结束对象的拖动操作。

2. 放置目标事件

放置目标事件包括 ondragenter 事件、ondragover 事件、ondragleave 事件和 ondrop 事件。

- ondragenter 事件：当被鼠标指针拖动的对象进入其容器范围内时触发此事件。
- ondragover 事件：当某被拖动的对象在另一对象容器范围内拖动时触发此事件。
- ondragleave 事件：当被鼠标指针拖动的对象离开其容器范围时触发此事件。
- ondrop 事件：在一个拖动过程中，释放鼠标键时触发此事件。

注意：在拖动元素时，每隔 350 毫秒会触发 ondrag 事件。

【例 20-21】（实例文件：ch20\Chap20.21.html）来回拖动文本。

```html
<!DOCTYPE HTML>
<html>
<head>
<title>来回拖动文本</title>
<style>
.droptarget {
    float: left;
    width: 100px;
    height: 35px;
    margin: 15px;
    padding: 10px;
    border: 1px solid #aaaaaa;
}
</style>
</head>
<body>
<p>在两个矩形框中来回拖动文本：</p>
<div class="droptarget">
    <p draggable="true" id="dragtarget">拖动我!</p>
</div>
<div class="droptarget"></div>
<p style="clear:both;">
<p id="demo"></p>
<script>
/*拖动时触发*/
document.addEventListener("dragstart", function(event) {
    //dataTransfer.setData()方法设置数据类型和拖动的数据
    event.dataTransfer.setData("Text", event.target.id);
    //拖动 p 元素时输出一些文本
    document.getElementById("demo").innerHTML = "开始拖动文本";
    //修改拖动元素的透明度
    event.target.style.opacity = "0.4";
});
//在拖动 p 元素的同时,改变输出文本的颜色
document.addEventListener("drag", function(event) {
    document.getElementById("demo").style.color = "red";
});
```

```
//当拖完 p 元素输出一些文本元素和重置透明度
document.addEventListener("dragend", function(event) {
    document.getElementById("demo").innerHTML = "完成文本的拖动";
    event.target.style.opacity = "1";
});
/*拖动完成后触发*/
//当 p 元素完成拖动进入 droptarget,改变 div 的边框样式
document.addEventListener("dragenter", function(event) {
    if ( event.target.className == "droptarget" ) {
        event.target.style.border = "3px dotted red";
    }
});
//默认情况下,数据/元素不能在其他元素中被拖放。对于 drop 必须防止元素的默认处理
document.addEventListener("dragover", function(event) {
    event.preventDefault();
});
//当可拖放的 p 元素离开 droptarget,重置 div 的边框样式
document.addEventListener("dragleave", function(event) {
    if ( event.target.className == "droptarget" ) {
        event.target.style.border = "";
    }
});
/*对于 drop,防止浏览器的默认处理数据(在 drop 中链接是默认打开)
复位输出文本的颜色和 DIV 的边框颜色
利用 dataTransfer.getData()方法获得拖放数据
拖拽的数据元素 id("drag1")
拖拽元素附加到 drop 元素*/
document.addEventListener("drop", function(event) {
    event.preventDefault();
    if ( event.target.className == "droptarget" ) {
        document.getElementById("demo").style.color = "";
        event.target.style.border = "";
        var data = event.dataTransfer.getData("Text");
        event.target.appendChild(document.getElementById(data));
    }
});
</script>
</body>
</html>
```

相关的代码实例请参考 Chap20.21.html 文件，然后双击该文件，在 IE 浏览器中运行的结果如图 20-41
所示。

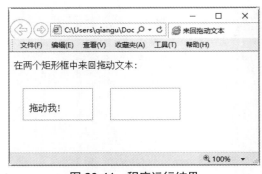

图 20-41　程序运行结果

选中第一个矩形框中的文本，按下鼠标左键不放进行拖动，这时会在页面中显示"开始拖动文本"的信息提示，结果如图 20-42 所示。

拖动完成后，松开鼠标左键，页面中提示信息为"完成文本的拖动"，如图 20-43 所示。

图 20-42　显示"开始拖动文本"的信息提示

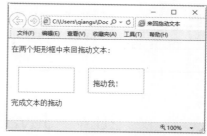

图 20-43　提示信息为"完成文本的拖动"

20.3.7　多媒体相关事件

JavaScript 多媒体事件主要是在视频/音频（audio/video）播放的过程中触发事件程序，如在视频/音频（audio/video）终止加载时触发、在开始播放时触发等，JavaScript 的多媒体事件如表 20-2 所示。

表 20-2　JavaScript 的多媒体（Media）事件

事　件	说　明
onabort	事件在视频/音频（audio/video）终止加载时触发
oncanplay	事件在用户可以开始播放视频/音频（audio/video）时触发
oncanplaythrough	事件在视频/音频（audio/video）可以正常播放且无须停顿和缓冲时触发
ondurationchange	事件在视频/音频（audio/video）的时长发生变化时触发
onemptied	当期播放列表为空时触发
onended	事件在视频/音频（audio/video）播放结束时触发
onerror	事件在视频/音频（audio/video）数据加载期间发生错误时触发
onloadeddata	事件在浏览器加载视频/音频（audio/video）当前帧时触发
onloadedmetadata	事件在指定视频/音频（audio/video）的元数据加载后触发
onloadstart	事件在浏览器开始寻找指定视频/音频（audio/video）时触发
onpause	事件在视频/音频（audio/video）暂停时触发
onplay	事件在视频/音频（audio/video）开始播放时触发
onplaying	事件在视频/音频（audio/video）暂停或者在缓冲后准备重新开始播放时触发
onprogress	事件在浏览器下载指定的视频/音频（audio/video）时触发
onratechange	事件在视频/音频（audio/video）的播放速度发送改变时触发
onseeked	事件在用户重新定位视频/音频（audio/video）的播放位置后触发
onseeking	事件在用户开始重新定位视频/音频（audio/video）时触发
onstalled	事件在浏览器获取媒体数据，但媒体数据不可用时触发

事　　件	说　　明
onsuspend	事件在浏览器读取媒体数据中止时触发
ontimeupdate	事件在当前的播放位置发送改变时触发
onvolumechange	事件在音量发生改变时触发
onwaiting	事件在视频由于要播放下一帧而需要缓冲时触发

20.4　JavaScript 处理事件的方式

　　JavaScript 处理事件的常用方式包括通过匿名函数方式、通过显式声明方式、通过手工触发方法等，下面分别进行详细介绍。

20.4.1　通过匿名函数处理

　　匿名函数的方式是通过 Function 对象构造匿名函数，并将其方法复制给事件，此时匿名函数就成为该事件的事件处理器。

　　【例 20-22】（实例文件：ch20\Chap20.22.html）通过匿名函数处理实例。

```
<!DOCTYPE HTML>
<html>
<head>
<title>通过匿名函数处理事件</title>
</head>
<body>
<center>
<br>
<p>通过匿名函数处理事件</p>
<form name=MyForm id=MyForm>
    <input type=button name=MyButton id=MyButton value="测试">
</form>
<script language="JavaScript" type="text/javascript">
document.MyForm.MyButton.onclick=new Function()
{
    alert("已经单击该按钮!");
}
</script>
</center>
</body>
</html>
```

在上面的代码中包含一个匿名函数，其具体内容如下：

```
document.MyForm.MyButton.onclick=new Function()
{
    alert("已经单击该按钮!");
}
```

　　相关的代码实例请参考 Chap20.22.html 文件，然后双击该文件，在 IE 浏览器中运行的结果如图 20-44 所示。

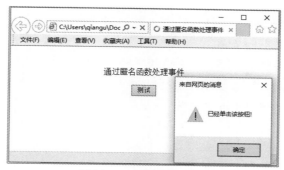

图 20-44 程序运行结果

上述代码的作用是将名为 MyButton 的 button 元素的 click 动作的事件处理器设置为新生成的 Function 对象的匿名实例，即匿名函数。

20.4.2 通过显式声明处理

在设置时间处理器时，也可以不使用匿名函数，而将该事件的处理器设置为已经存在的函数。例如：当鼠标指针移出图片区域时，可以实现图片的转换，从而扩展为多幅图片定式轮番播放的广告模式，首先在<head>和</head>标签对之间嵌套 JavaScript 脚本定义两个函数：

```
function MyImageA()
{
  document.all.MyPic.src="fengjing1.jpg";
}
function MyImageB()
{
  document.all.MyPic.src="fengjing2.jpg";
}
```

再通过 JavaScript 脚本代码将<img>标记元素的 mouseover 事件的处理器设置为已定义的函数 MyImageA()，mouseout 事件的处理器设置为已定义的函数 MyImageB()：

```
document.all.MyPic.onmouseover=MyImageA;
document.all.MyPic.onmouseout=MyImageB;
```

【例 20-23】（实例文件：ch20\Chap20.23.html）通过使用鼠标变换图片。

```
<!DOCTYPE HTML>
<html>
<head>
<title>通过使用鼠标变换图片</title>
<script language="JavaScript" type="text/javascript">
function MyImageA()
{
  document.all.MyPic.src="01.jpg";
}
function MyImageB()
{
  document.all.MyPic.src="02.jpg";
}
</script>
</head>
```

```
<body>
<center>
<p>在图片内外移动鼠标指针,图片轮换</p>
<img name="MyPic" id="MyPic" src="01.jpg" width=300 height=200></img>
<script language="JavaScript" type="text/javascript">
document.all.MyPic.onmouseover=MyImageA;
document.all.MyPic.onmouseout=MyImageB;
</script>
</center>
</body>
</html>
```

相关的代码实例请参考 Chap20.23.html 文件，然后双击该文件，在 IE 浏览器中运行的结果如图 20-45 所示。

当鼠标指针移动在图片区域时，图片就会发生变化，如图 20-46 所示。

图 20-45　程序运行结果

图 20-46　通过使用鼠标变换图片

提示： 不难看出，通过显式声明的方式定义事件的处理器则代码紧凑、可读性强，其对显式声明的函数没有任何限制，还可以将该函数作为其他事件的处理器。

20.4.3　通过手工触发处理

手工触发处理事件的元素很简单，即通过其他元素的方法来触发一个事件而不需要通过用户的动作来触发该事件。如果某个对象的事件有其默认的处理器，此时再设置该事件的处理器时，就将可能出现意外的情况。

【例 20-24】（实例文件：ch20\Chap20.24.html）使用手工触发方式处理事件。

```
<! DOCTYPE HTML >
<html>
<head>
<title>使用手工触发的方式处理事件</title>
<script language="JavaScript" type="text/javascript">
function MyTest()
{
var msg="通过不同的方式返回不同的结果: \n\n";
msg+="单击"测试"按钮,即可直接提交表单\n";
msg+="单击"确定"按钮,即可触发 onsubmit()方法,然后才提交表单\n";
    alert(msg);
}
</script>
</head>
<body>
```

```
<br>
<center>
<form name=MyForm1 id=MyForm1 onsubmit ="MyTest()" method=post action="haapyt.asp">
  <input type=button value="测试" onclick="document.all.MyForm1.submit();">
  <input type=submit value="确定">
</center>
</body>
</html>
```

相关的代码实例请参考 Chap20.24.html 文件，然后双击该文件，在 IE 浏览器中运行的结果如图 20-47 所示。

单击"测试"按钮，即可触发表单的提交事件，并且直接将表单提交给目标页面 haapyt.asp；如果单击默认触发提交事件的"确定"按钮，则弹出的信息框如图 20-48 所示。

图 20-47　程序运行结果

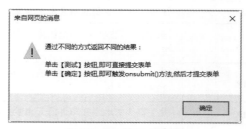

图 20-48　提示信息框

此时单击"确定"按钮，即可将表单提交给目标页面 haapyt.asp，所以当事件在事实上已包含导致事件发生的方法时，该方法不会调用有问题的事件处理器，而会导致与该方法对应的行为发生。

20.5　事件对象 Event

JavaScript 的 Event 对象用来描述 JavaScript 的事件，Event 代表事件状态，如事件发生的元素、键盘状态、鼠标位置和鼠标按钮状态。一旦事件发生，便会生成 Event 对象，如单击一个按钮，浏览器的内存中就产生相应的 Event 对象。

20.5.1　在 IE 中引用 Event 对象

在 IE 4 以上版本中，Event 对象作为 window 属性访问，具体格式如下：

```
window.event
```

其中，引用的 window 部分是可选的，因此脚本就像全局引用一样来对待 Event 对象，具体格式如下：

```
event.propertyName
```

20.5.2　事件对象 Event 的属性

Event 是 JavaScript 中的重要事件，Event 代表事件的状态，专门负责对事件的处理，其属性能帮助用户完成很多和用户交互的操作，下面介绍 Event 对象的主要属性，如表 20-3 所示。

表 20-3　JavaScript 中 Event 事件对象的主要属性

属　　性	描　　述
type	返回当前 Event 对象表示的事件的名称
altLeft	该属性设置或获取左 Alt 键的状态，检索左 Alt 键的当前状态，返回值为 true 时，表示关闭，返回值为 false 时，表示不关闭
ctrlLeft	该属性设置或获取左 Ctrl 键的状态，检索左 Ctrl 键的当前状态，返回值为 true 时，表示关闭，返回值为 false 时，表示不关闭
shiftLeft	该属性设置或获取左 Shift 键的状态，检索左 Shift 键的当前状态，返回值为 true 时，表示关闭，返回值为 false 时，表示不关闭
srcElement	该属性设置或获取触发事件的对象
button	该属性设置或获取事件发生时用户所按的鼠标键
clientX	该属性获取鼠标在浏览器窗口中的 x 坐标，它是一个只读属性，即只能获取鼠标的当前位置，不能改变鼠标的位置
clientY	该属性获取鼠标在浏览器窗口中的 y 坐标，它是一个只读属性，即只能获取鼠标的当前位置，不能改变鼠标的位置
offsetX	发生事件的地点在事件源元素的坐标系统中的 x 坐标
offsetY	发生事件的地点在事件源元素的坐标系统中的 y 坐标
altKey	返回当事件被触发时，Alt 键是否被按下，返回的值是一个布尔值
ctrlKey	返回当事件被触发时，Ctrl 键是否被按下，返回的值是一个布尔值
shiftKey	返回当事件被触发时，Shift 键是否被按下，返回的值是一个布尔值
cancelBubble	该属性检测是否接受上层元素的事件的控制，如果该属性的值为 false，则允许被上层元素的事件控制，否则值为 true，则不被上层元素的事件控制
Bubbles	返回布尔值，指示事件是不是起泡事件类型
Cancelable	返回布尔值，指示事件是否可拥有取消的默认动作
currentTarget	返回其事件监听器触发该事件的元素
eventPhase	返回事件传播的当前阶段
target	返回触发此事件的元素（事件的目标节点）
timestamp	返回事件生成的日期和时间
Location	返回按键在设备上的位置
charCode	返回 onkeypress 事件触发键值的字母代码
key	在按下按键时返回按键的标识符
keyCode	返回 onkeypress 事件触发的键的值的字符代码，或者 onkeydown 或 onkeyup 事件的键的代码
Which	返回 onkeypress 事件触发的键的值的字符代码，或者 onkeydown 或 onkeyup 事件的键的代码
metaKey	返回当事件被触发时，"meta" 键是否被按下
relatedTarget	返回与事件的目标节点相关的节点

针对事件对象的属性，下面给出一个具体实例，即网页中的图片跟随鼠标指针移动而移动。

【例 20-25】（实例文件：ch20\Chap20.25.html）随鼠标指针移动的图片。

```html
<!DOCTYPE html>
<html >
<head>
<title>随鼠标移动的图片</title>
</head>
<body>
<script type="text/javascript">
function badAD(html){
    var ad=document.body.appendChild(document.createElement('div'));
    ad.style.cssText="border:1px solid #000;background:#FFF;position:absolute;padding:4px 4px
4px 4px;font: 12px/1.5 verdana;";
    ad.innerHTML=html||'This is bad idea!';
    var c=ad.appendChild(document.createElement('span'));
    c.innerHTML="×";
    c.style.cssText="position:absolute;right:4px;top:2px;cursor:pointer";
    c.onclick=function (){
        document.onmousemove=null;
        this.parentNode.style.left='-99999px'
    };
    document.onmousemove=function (e){
        e=e||window.event;
        var x=e.clientX,y=e.clientY;
        setTimeout(function() {
            if(ad.hover)return;
            ad.style.left=x+5+'px';
            ad.style.top=y+5+'px';
        },120)
    }
    ad.onmouseover=function (){
        this.hover=true
    };
    ad.onmouseout=function (){
        this.hover=false
    }
}
badAD('<img src="smiley.gif">')
</script>
</body>
</html>
```

相关的代码实例请参考 Chap20.25.html 文件，然后双击该文件，在 IE 浏览器中运行的结果如图 20-49
所示，网页中的图片跟随鼠标指针移动而移动，在上述代码中应用了 Event 对象中的 clientX 和 clientY 属
性获取鼠标指针在当前工作区中的位置。

图 20-49   程序运行结果

20.5.3   事件对象 Event 的方法

事件对象的方法主要用于创建新的事件对象、初始化新创建对象属性等，下面介绍 Event 事件对象的主要方法，如表 20-4 所示。

表 20-4   JavaScript 中 Event 事件对象的主要方法

方 法	描 述
createEvent()	创建新的事件对象
initEvent()	初始化新创建的 Event 对象的属性
preventDefault()	通知浏览器不要执行与事件关联的默认动作
stopPropagation()	不再派发事件
addEventListener()	允许在目标事件中注册监听事件
dispatchEvent()	允许发送事件到监听器上
removeEventListener()	运行一次注册在事件目标上的监听事件
handleEvent()	把任意对象注册为事件处理程序
initMouseEvent()	初始化鼠标事件对象的值
initKeyboardEvent()	初始化键盘事件对象的值

20.6   事件模拟

事件通常是在用户和浏览器进行交互时被触发的，其实不然，通过 JavaScript 可以在任何时间触发特定的事件。这就意味着会有适当的事件冒泡，并且浏览器会执行分配的事件处理程序。这种能力在测试 Web 应用程序时非常有用，因此，在 DOM 3 级规范中提供了一些方法来模拟特定的事件。

20.6.1   Dom 事件模拟

可以通过 Document 上的 createEvent()方法，在任何时候创建事件对象，此方法只接受一个参数，即要创建事件对象的事件字符串，在 DOM 2 级规范上所有的字符串都是复数形式，在 DOM 3 级事件上所有的字符串都采用单数形式，所有的字符串如下：

- UIEvents：通用的 UI 事件，鼠标事件、键盘事件都继承自 UI 事件，在 DOM 3 级上使用的是 UIEvent。
- MouseEvents：通用的鼠标事件，在 DOM 3 级上使用的是 MouseEvent。
- MutationEvents：通用的突变事件，在 DOM 3 级上使用的是 MutationEvent。
- HTMLEvents：通用的 HTML 事件，在 DOM 3 级上还没有等效的。

注意：IE 9 是唯一支持 DOM 3 级键盘事件的浏览器，但其他浏览器也提供了其他可用的方法来模拟键盘事件。

一旦创建了一个事件对象，就要初始化这个事件的相关信息，每一种类型的事件都有特定的方法来初始化，在创建完事件对象之后，通过 dispatchEvent() 方法来将事件应用到特定的 dom 节点上，以便其支持该事件。这个 dispatchEvent() 事件，支持一个参数，就是用户创建的 Event 对象。

20.6.2　鼠标事件模拟

鼠标事件可以通过创建一个鼠标事件对象来模拟（mouse event object），并且授予它一些相关信息，创建一个鼠标事件通过传给 createEvent() 方法一个字符串 "MouseEvents"，来创建鼠标事件对象，之后通过 iniMouseEvent() 方法来初始化返回的事件对象，iniMouseEvent() 方法接受以下 15 种参数：

- type string 类型：要触发的事件类型，例如 "click"。
- bubbles Boolean 类型：表示事件是否应该冒泡，针对鼠标事件模拟，该值应该被设置为 true。
- cancelable bool 类型：表示该事件是否能够被取消，针对鼠标事件模拟，该值应该被设置为 true。
- view 抽象视图：事件授予的视图，这个值几乎全是 document.defaultView。
- detail int 类型：附加的事件信息，这个初始化时一般应该默认为 0。
- screenX int 类型：事件距离屏幕左边的 x 坐标。
- screenY int 类型：事件距离屏幕上边的 y 坐标。
- clientX int 类型：事件距离可视区域左边的 x 坐标。
- clientY int 类型：事件距离可视区域上边的 y 坐标。
- ctrlKey Boolean 类型：代表 Ctrl 键是否被按下，默认为 false。
- altKey Boolean 类型：代表 Alt 键是否被按下，默认为 false。
- shiftKey Boolean 类型：代表 Shift 键是否被按下，默认为 false。
- metaKey Boolean 类型：代表 meta key 是否被按下，默认是 false。
- button int 类型：表示被按下的鼠标键，默认是零。
- relatedTarget (object)：事件的关联对象，只有在模拟 mouseover 和 mouseout 时用到。

值得注意的是，initMouseEvent() 的参数直接与 Event 对象相映射，其中前四个参数是由浏览器用到，只有事件处理函数用到其他的参数，当事件对象作为参数传给 dispatch() 方式，target 属性将会自动被赋值。下面是具体定义的相关代码实例：

```
var btn = document.getElementById("myBtn");
var event = document.createEvent("MouseEvents");
event.initMouseEvent("click", true, true, document.defaultView, 0, 0, 0, 0, 0,false, false, false,
false, 0, null);
btn.dispatchEvent(event);
```

在 DOM 实现的浏览器中，所有其他的事件都包括 dbclick，都可以通过相同的方式来实现。

20.6.3　键盘事件模拟

在 DOM 3 级事件中创建一个键盘事件对象，该对象是通过 createEvent()方法，并传入 KeyBoardEvent 字符串作为参数，对返回的 Event 对象，调用 initKeyBoadEvent()方法初始化，初始化键盘事件的参数有以下几个。

- type (string)：要触发的事件类型，例如 keydown。
- bubbles (Boolean)：代表事件是否应该冒泡。
- cancelable (Boolean)：代表事件是否可以被取消。
- view (AbstractView)：被授予事件的是图，通常值为 document.defaultView。
- key (string)：按下的键对应的 code。
- location (integer)：按下键所在的位置。0：默认键盘，1：左侧位置，2：右侧位置，3：数字键盘区，4：虚拟键盘区，5：游戏手柄。
- modifiers (string)：一个由空格分开的修饰符列表。
- repeat (integer)：一行中某个键被按下的次数。

需要注意的是，在 DOM 3 事件中，废掉了 keypress 事件，因此按照下面的方式，用户只能模拟键盘上的 keydown 和 keyup 事件。

```
var textbox = document.getElementById("myTextbox"),event;
if (document.implementation.hasFeature("KeyboardEvents", "3.0")){
event = document.createEvent("KeyboardEvent");
event.initKeyboardEvent("keydown", true, true, document.defaultView, "a",0, "Shift", 0);
}
textbox.dispatchEvent(event);
```

20.6.4　模拟其他事件

鼠标事件和键盘事件是在浏览器中最常被模拟的事件，但是某些时候同样需要模拟突变事件和 HTML 事件。这时可以用 createEvent('MutationEvents')来创建一个突变事件对象，可以采用 initMutationEvent()来初始化这个事件对象，参数包括 type、bubbles、cancelable、relatedNode、prevValue、newValue、attrName 和 attrChange。

用户可以采用下面的方式来模拟一个突变事件：

```
var event = document.createEvent('MutationEvents');
event.initMutationEvent("DOMNodeInserted", true, false, someNode, "","","",0);
target.dispatchEvent(event);
```

对于 HTML 事件，直接采用下面的代码。

```
var event = document.createEvent("HTMLEvents");
event.initEvent("focus", true, false);
target.dispatchEvent(event);
```

对于突变事件和 HTML 事件很少在浏览器中用到，因为它们受应用程序的限制。

20.6.5　IE 中的事件模拟

从 IE 8，以及更早版本的 IE，都在模仿 DOM 模拟事件的方式，首先创建事件对象，然后初始化事件信息，最后触发事件。

不过，IE 在完成这几个步骤的过程是不同的，首先不同于 DOM 中创建 Event 对象的方法，IE 采用 document.createEventObject()方法，并且没有参数，返回一个通用的事件对象。

其次，要对返回的 Event 对象赋值，此时 IE 并没有提供初始化函数，用户只能采用物理方法一个一个地赋值，最后在目标元素上调用 fireEvent()方法，参数为两个：事件处理的名称和创建的事件对象。当 fireEvent 方法被调用的时候，Event 对象的 srcElement 和 type 属性将会被自动赋值，其他将需要手动赋值。具体代码如下：

```
var btn = document.getElementById("myBtn");
var event = document.createEventObject();
event.screenX = 100;
event.screenY = 0;
event.clientX = 0;
event.clientY = 0;
event.ctrlKey = false;
event.altKey = false;
event.shiftKey = false;
event.button = 0;
btn.fireEvent("onclick", event);
```

上述实例中创建了一个事件对象，之后通过一些信息初始化该事件对象，注意事件属性的赋值是无序的，对于事件对象来说这些属性值不是很重要，因为只有事件句柄对应的处理函数（event handler）会用到它们。对于创建鼠标事件、键盘事件还是其他事件的对象之间是没有区别的，因为一个通用的事件对象，可以被任何类型的事件触发。

值得注意的是，在 DOM 的键盘事件模拟中，对于一个 keypress 模拟事件的结果不会作为字符出现在 textbox 中，即使对应的事件处理函数已经触发。

20.7　制作可关闭的窗体对象

很多 DOM 对象都有原生的事件支持，例如 DIV 中就有 click、mouseover 等事件，事件机制可以为类的设计带来很大的灵活性。不过，随着 Web 技术的发展，使用 JavaScript 自定义对象愈发频繁，让自己创建的对象也有事件机制，通过事件对外通信，能够极大提高开发效率。下面制作一个可关闭窗体对象，来学习事件的综合应用

步骤 1：设计 HTML 框架，具体的代码如下：

```
<!DOCTYPE html>
<html>
<head>
<title>创建可关闭的窗体对象</title>
</head>
<body>
    <div id="pageCover" class="pageCover"></div>
    <input type="button" value="窗体对象" onclick="openDialog();"/>
    <div id="dlgTest" class="dialog">
        <img class="close" alt="" src="close.png">
        <div class="title">窗体对象</div>
        <div class="content">
        </div>
    </div>
```

```
</body>
<html>
```

相关的代码实例请参考 Chap20.26.html 文件，然后双击该文件，在 IE 浏览器中运行的结果如图 20-50
所示。

图 20-50　程序运行结果

步骤 2：在页面中添加 CSS 代码，定义网页的样式，具体代码如下：

```
<style type="text/css" >
html,body{
    height:100%;
    width:100%;
    padding:0;
    margin:0;
}
.dialog{
    position:fixed;
    width:300px;
    height:300px;
    top:50%;
    left:50%;
    margin-top:-200px;
    margin-left:-200px;
    box-shadow:2px 2px 4px #ccc;
    background-color:#f1f1f1;
    z-index:30;
    display:none;
}
.dialog .title{
    font-size:16px;
    font-weight:bold;
    color:#fff;
    padding:4px;
    background-color:#404040;
}
.dialog .close{
    width:20px;
    height:20px;
    margin:3px;
    float:right;
    cursor:pointer;
}
.pageCover{
    width:100%;
    height:100%;
```

```
    position:absolute;
    z-index:10;
    background-color:#666;
    opacity:0.5;
    display:none;
}
</style>
```

相关的代码实例请参考 Chap20.26.html 文件，然后双击该文件，在 IE 浏览器中运行的结果如图 20-51 所示。

图 20-51　程序运行结果

步骤 3：在页面中添加 JavaScript 代码，实现窗体的打开与关闭，具体代码如下：

```
<script type="text/javascript">
    function EventTarget(){
        this.handlers={};
    }
    EventTarget.prototype={
        constructor:EventTarget,
        addHandler:function(type,handler){
            if(typeof this.handlers[type]=='undefined'){
                this.handlers[type]=new Array();
            }
            this.handlers[type].push(handler);
        },
        removeHandler:function(type,handler){
            if(this.handlers[type] instanceof Array){
                var handlers=this.handlers[type];
                for(var i=0,len=handlers.length;i<len;i++){
                    if(handler[i]==handler){
                        handlers.splice(i,1);
                        break;
                    }
                }
            }
        },
        trigger:function(event){
            if(!event.target){
                event.target=this;
            }
            if(this.handlers[event.type] instanceof Array){
                var handlers=this.handlers[event.type];
                for(var i=0,len=handlers.length;i<len;i++){
                    handlers[i](event);
                }
            }
```

```
        }
    }
    function extend(subType,superType){
        var prototype=Object(superType.prototype);
        prototype.constructor=subType;
        subType.prototype=prototype;
    }
    function Dialog(id){
        EventTarget.call(this)
        this.id=id;
        var that=this;
        document.getElementById(id).children[0].onclick=function(){
            that.close();
        }
    }
    extend(Dialog,EventTarget);
    Dialog.prototype.show=function(){
        var dlg=document.getElementById(this.id);
        dlg.style.display='block';
        dlg=null;
    }
    Dialog.prototype.close=function(){
        var dlg=document.getElementById(this.id);
        dlg.style.display='none';
        dlg=null;
        this.trigger({type:'close'});
    }
    function openDialog(){
        var dlg=new Dialog('dlgTest');
        dlg.addHandler('close',function(){
            document.getElementById('pageCover').style.display='none';
        });
        document.getElementById('pageCover').style.display='block';
        dlg.show();
    }
</script>
```

相关的代码实例请参考 Chap20.26.html 文件，然后双击该文件，在 IE 浏览器中运行的结果如图 20-52 所示。

图 20-52　程序运行结果

单击"窗体对象"按钮，即可在页面中打开一个窗体对象，单击窗体对象上的"关闭"按钮，即可关闭窗体对象，结果如图 20-53 所示。

图 20-53　关闭窗体对象

20.8　就业面试技巧与解析

20.8.1　面试技巧与解析（一）

面试官：谈谈你的家庭情况吧。

应聘者：我很爱我的家庭，我的家庭一向很和睦，虽然我的父亲和母亲都是普通人，但是从小，我就看到我父亲起早贪黑，每天工作特别辛劳，他的行动无形中培养了我认真负责的态度和勤劳的精神。我母亲为人善良，对人热情，特别乐于助人，所以在单位人缘很好，她的一言一行也一直在教导我做人的道理。

20.8.2　面试技巧与解析（二）

面试官：你想要申请这个职位，你认为你除了具备相关专业知识外，还欠缺什么？

应聘者：对于这个职位和我的能力来说，我相信自己是可以胜任的，只是缺乏经验，这个问题我想我可以进入公司以后以最短的时间来解决，我的学习能力很强，我相信可以很快融入公司的企业文化，进入工作状态。

第 21 章

JavaScript 客户端开发技术

 学习指引

目前，绝大多数浏览器中都嵌入了某个版本的 JavaScript 解释器，当 JavaScript 被嵌入客户端浏览器后，就形成了客户端的 JavaScript。大多数人提到 JavaScript 时，通常指的是客户端的 JavaScript。本章介绍 JavaScript 客户端开发的相关技术。

 重点导读

- 了解客户端 JavaScript 的重要性。
- 掌握在 HTML 中调入 JavaScript 的 5 种方法。
- 掌握 JavaScript 的线程模型技术的应用方法。
- 掌握客户端 JavaScript 的应用案例中的技术。

21.1　客户端 JavaScript 的重要性

在大多数用户看来，JavaScript 的应用环境是 Web 浏览器，这也的确是该语言最早的设计目标。然而从很早开始，JavaScript 语言就已经在其他的复杂应用环境中使用，并受这些应用环境的影响而发展出新的语言特性了。本节介绍客户端 JavaScript 的重要性。

21.1.1　JavaScript 应用环境的组成

JavaScript 的应用环境，主要由宿主环境和运行期环境构成。其中，宿主环境是指外壳程序（Shell）和 Web 浏览器等，而运行期环境则是由 JavaScript 引擎内建的环境。

宿主环境一般由外壳程序创建和维护，它不仅仅为 JavaScript 语言提供服务，而且往往一个宿主环境中可能运行很多种脚本语言。宿主环境一般会创建一套公共对象系统，这套对象系统对所有脚本语言开放，并允许它们自由访问。同时，宿主环境还会提供公共接口，用来装载不同的脚本语言引擎。这样我们可以在同一个宿主环境中装载不同的脚本引擎，并允许它们共享宿主对象。

执行期环境是由宿主环境通过脚本引擎创建的，实际上就是由 JavaScript 引擎创建的一个代码解析初始化环境。初始化内容主要包括如下几点。

- 一套与宿主环境相联系的规则。
- JavaScript 引擎内核（基本语法规范、逻辑、命令和算法）。
- 一组内置对象和 API。

当然，不同的 JavaScript 引擎定义的初始化环境是不同的，这就形成了所谓的浏览器兼容问题，因为不同的浏览器使用不同的 JavaScript 引擎。不同 JavaScript 引擎在解析相同的 JavaScript 代码时，实现的逻辑和算法可能存在分歧，当然运行的结果也会迥异。

21.1.2　客户端 JavaScript 主要作用

提起客户端那么就一定有相应的服务器端，而 JavaScript 主要是应用在客户端，JavaScript 服务器端最早实现动态网页的技术是 CGI Common Gateway Interface（通用网关接口）技术，它可根据用户的 HTTP 请求数据的动态从 Web 服务器返回请求的页面。

当用户从 Web 页面提交 HTML 请求数据后，Web 浏览器发送用户的请求到 Web 服务器上，服务器运行 CGI 程序，后者提取 HTTP 请求数据中的内容初始化设置，同时交互服务器端的数据库，然后将运行结果返回 Web 服务器端，Web 服务器根据用户请求的地址将结果返回该地址的浏览器。从整个过程来讲，CGI 程序运行在服务器端，同时需要与数据库交换数据，这需要开发者拥有相当的技巧，同时拥有服务器端网站开发工具，程序的编写、调试和维护过程十分复杂。

同时，由于整个处理过程全部在服务器端处理，无疑是服务器处理能力的一大硬伤，而且客户端页面的反应速度不容乐观。基于此，客户端脚本语言应运而生，它可直接嵌入 HTML 页面中，及时响应用户的事件，大大提高页面反应速度。

脚本分为客户端脚本和服务器端脚本，其主要区别如表 21-1 所示。

表 21-1　客户端脚本与服务器端脚本的区别

脚 本 类 型	运 行 环 境	优 缺 点	主 要 语 言
客户端脚本	客户端浏览器	当用户通过客户端浏览器发送 HTTP 请求时，Web 服务器将 HTML 文档部分和脚本部分返回客户端浏览器，在客户端浏览器中解释执行并及时更新页面，脚本处理工作全部在客户端浏览器完成，减轻服务器负荷，同时增加页面的反应速度，但浏览器差异性导致的页面差异问题不容忽视	JavaScript、JScript、VBScript 等
服务器端脚本	Web 服务器	当用户通过客户端浏览器发送 HTTP 请求时，Web 服务器运行脚本，并将运行结果与 Web 页面的 HTML 部分结合返回至客户端浏览器，脚本处理工作全部在服务器端完成，增加了服务器的负荷，同时客户端反应速度慢，但减少了由于浏览器差异带来的运行结果差异，提高了页面的稳定性	PHP、JSP、ASP、Perl、LiveWire 等

客户端脚本与服务器端脚本各有其优缺点，在不同需求层次上得到了广泛的应用。JavaScript 作为一种客户端脚本，在页面反应速度、减轻服务器负荷等方面效果非常明显，但由于浏览器对其支持的程度不同导致的页面差异性问题也不容小觑。

21.1.3　其他环境中的 JavaScript

除了 Web 应用的相关领域之外，JavaScript 还能够在多种不同的环境中运行。在较早一些的时候，Microsoft 已经在 Windows 系统中支持一种 HTA 应用，这可以看作是由 JavaScript +HTML 编写的类似 GUI 的应用程序，类似这样的情况还有很多，这里不再详述。

21.1.4　客户端的 JavaScript：网页中的可执行内容

当一个 Web 浏览器嵌入了 JavaScript 解释器时，它就允许可执行的内容以 JavaScript 的形式在用户客户端浏览器中运行。

JavaScript 当然不仅仅是用来简单地向 HTML 文档输出文本内容的，事实上它可以控制大部分浏览器相关的对象，浏览器为 JavaScript 提供了强大的控制能力，使得它不仅能够控制 HTML 文档的内容，而且能够控制这些文档元素的行为。

21.2　HTML 与 JavaScript

创建好 JavaScript 脚本后，还需要结合 HTML 代码，才能发挥 JavaScript 的强大编码功能，下面就来介绍如何在 HTML 中使用 JavaScript 脚本。

21.2.1　在 HTML 头部嵌入 JavaScript 代码

如果不是通过 JavaScript 脚本生成 HTML 网页的内容，JavaScript 脚本一般放在 HTML 网页的头部的 `<head>` 与 `</head>` 标签对之间。这样，不会因为 JavaScript 影响整个网页的显示结果。

【例 21-1】（实例文件：ch21\Chap21.1.html）在 HTML 头部嵌入 JavaScript 代码。

```
<!DOCTYPE html>
<html>
<head>
  <script language = "javascript">
    document.write("欢迎来到 JavaScript 动态世界");
  </script>
</head>
<body>
  <p>学习 JavaScript！！
</body>
</html>
```

相关的代码实例请参考 Chap21.1.html 文件，然后双击该文件，在 IE 浏览器中运行的结果如图 21-1 所示，可以看到网页输出了两句话，其中第一句就是 JavaScript 中的输出语句。

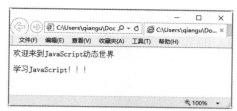

图 21-1　程序运行结果

21.2.2　在网页中嵌入 JavaScript 代码

当需要使用 JavaScript 脚本生成 HTML 网页内容时，如某些 JavaScript 实现的动态树，就需要把 JavaScript 放在 HTML 网页主题部分的 <body> 与 </body> 标签对中。

【例 21-2】（实例文件：ch21\Chap21.2.html）在 HTML 网页中嵌入 JavaScript 代码。

```html
<!DOCTYPE html>
<html>
<head>
</head>
<body>
  <p>学习 JavaScript ! ! ! </p>
  <script language = "javascript">
    document.write("欢迎来到 JavaScript 动态世界");
  </script>
</body>
</html>
```

相关的代码实例请参考 Chap21.2.html 文件，然后双击该文件，在 IE 浏览器中运行的结果如图 21-2 所示，可以看到网页输出了两句话，其中第二句就是 JavaScript 中的输出语句。

图 21-2　程序运行结果

21.2.3　在元素事件中嵌入 JavaScript 代码

当需要对 HTML 网页中的元素进行事件处理时（验证用户输入的值是否有效），如果事件处理的 JavaScript 代码量较少，就可以直接在对应的 HTML 网页的元素事件中嵌入 JavaScript 代码。

【例 21-3】（实例文件：ch21\Chap21.3.html）在网页元素事件中嵌入 JavaScript 代码。

```html
<!DOCTYPE html>
<html>
<head>
<title>判断文本框是否为空</title>
<script language="JavaScript">
function validate()
{
```

```
    var _txtNameObj = document.all.txtName;
    var _txtNameValue = _txtNameObj.value;
    if((_txtNameValue == null) || (_txtNameValue.length < 1))
    {
        window.alert("文本框内容为空,请输入内容");
        _txtNameObj.focus();
        return;
    }
}
</script>
</head>
<body>
<form method=post action="#">
<input type="text" name="txtName">
<input type="button" value="确定" onclick="validate()">
</form>
</body>
</html>
```

相关的代码实例请参考 Chap21.3.html 文件，然后双击该文件，在 IE 浏览器中运行的结果如图 21-3 所示。

如果不在文本框中输入任何内容，直接单击"确定"按钮，即可看到"文本框内容为空，请输入内容"的提示信息，如图 21-4 所示。

图 21-3　程序运行结果

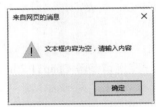

图 21-4　程序运行结果

21.2.4　调用已经存在的 JavaScript 文件

如果 JavaScript 的内容较多，或者多个 HTML 网页中都调用相同的 JavaScript 程序，可以将较长的 JavaScript 或者通用的 JavaScript 写成独立的.js 文件，直接在 HTML 网页中调用。

【例 21-4】（实例文件：ch21\Chap21.4.html）调用已经存在的 JavaScript 文件。

```
<!DOCTYPE html>
<html>
<head>
<title>使用外部文件</title>
<script src = "hello.js"></script>
</head>
<body>
<p>此处引用了一个 JavaScript 文件
</body>
</html>
```

hello.js 文件的内容如下

```
alert("欢迎大家学习 JavaScript");
```

相关的代码实例请参考 Chap21.4.html 文件，然后双击该文件，在 IE 浏览器中运行的结果如图 21-5 所示。

图 21-5　程序运行结果

21.2.5　使用伪 URL 地址引入 JavaScript 脚本代码

在多数支持 JavaScript 脚本的浏览器中，可以通过 JavaScript 伪 URL 地址调用语句来引入 JavaScript 脚本代码。伪 URL 地址的一般格式如下：

```
JavaScript:alert("已点击文本框！")
```

由上可知，伪 URL 地址语句一般以 JavaScript 开始，后面就是要执行的操作。

【例 21-5】（实例文件：ch21\Chap21.5.html）使用 URL 地址引入 JavaScript 脚本代码。

```
<!DOCTYPE html>
<html>
<head>
<title>伪 URL 地址引入 JavaScript 脚本代码</title>
</head>
<body>
<center>
<p>使用伪 URL 地址引入 JavaScript 脚本代码</p>
<form name="Form1">
  <input type=text name="Text1" value="单击"
        onclick="JavaScript:alert('已经用鼠标单击文本框!')">
</form>
</center>
</body>
</html>
```

相关的代码实例请参考 Chap21.5.html 文件，然后双击该文件，在 IE 浏览器里面运行，用鼠标单击其中的文本框，就会看到"已经用鼠标点击文本框!"的提示信息，其显示结果如图 21-6 所示。

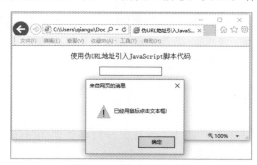

图 21-6　程序运行结果

21.3　JavaScript 的线程模型技术

客户端 JavaScript 采用单线程模型技术。所谓单线程模型是指 JavaScript 只在一个线程上运行。也就是说，JavaScript 同时只能执行一个任务，其他任务都必须在后面排队等待。

21.3.1　单线程模型技术

JavaScript 只在一个线程上运行，不代表 JavaScript 引擎只有一个线程。事实上，JavaScript 引擎有多个线程，单个脚本只能在一个线程上运行，其他线程都是在后台配合。JavaScript 采用单线程，而不是多线程，跟历史有关系。

JavaScript 从诞生起就是单线程，原因是不想让浏览器变得太复杂，因为多线程需要共享资源，且有可能修改彼此的运行结果，对于一种网页脚本语言来说，这就太复杂了。例如，假定 JavaScript 同时有两个线程，一个线程在某个 DOM 节点上添加内容，另一个线程删除了这个节点，这时浏览器应该以哪个线程为准？所以，为了避免复杂性，从一诞生，JavaScript 就是单线程，这已经成了这门语言的核心特征，将来应该也不会改变。

为了利用多核 CPU 的计算能力，HTML 5 提出 Web Worker 标准，允许 JavaScript 脚本创建多个线程，但是子线程完全受主线程控制，且不得操作 DOM。所以，这个新标准并没有改变 JavaScript 单线程的本质。

不过，单线程模型也给用户带来了一些问题，主要是新的任务被加在队列的尾部，只有前面的所有任务运行结束，才会轮到它执行。如果有一个任务特别耗时，后面的任务都会停在那里等待，造成浏览器失去响应，又称"假死"。为了避免"假死"，当某个操作在一定时间后仍无法结束，浏览器就会跳出提示框，询问用户是否要强行停止脚本运行。

21.3.2　消息队列运行方式

JavaScript 运行时，除了一个运行线程，引擎还提供一个消息队列（message queue），里面是各种需要当前程序处理的消息。新的消息进入队列的时候，会自动排在队列的尾端运行线程，只要发现消息队列不为空，就会取出排在第一位的那个消息，执行它对应的回调函数。等到执行完，再取出排在第二位的消息，不断循环，直到消息队列变空为止。

每条消息与一个回调函数相联系，也就是说，程序只要收到这条消息，就会执行对应的函数。另外，进入消息队列的消息，必须有对应的回调函数。否则这个消息就会遗失，不会进入消息队列。例如，鼠标单击就会产生一条消息，报告 click 事件发生了。如果没有回调函数，这个消息就会遗失。如果有回调函数，这个消息进入消息队列，等到程序收到这个消息，就会执行 click 事件的回调函数。

还有一种情况是 setTimeout 会在指定时间向消息队列添加一条消息。如果消息队列之中，此时没有其他消息，这条消息会立即得到处理；否则，这条消息不得不等到其他消息处理完，才能得到处理。因此，setTimeout 指定的执行时间，只是一个最早可能发生的时间，并不能保证会在那个时间发生。

21.3.3　Event Loop 机制

Event Loop 机制指的是一种内部循环，用来一轮又一轮地处理消息队列之中的消息，即执行对应的回调函数。下面是一些常见的 JavaScript 任务。

- 执行 JavaScript 代码。
- 对用户的输入（包含鼠标单击、键盘输入等）做出反应。
- 处理异步的网络请求。

所有任务可以分成两种，一种是同步任务（synchronous），另一种是异步任务（asynchronous）。

同步任务，是指在 JavaScript 执行进程上排队执行的任务，只有前一个任务执行完毕，才能执行后一个任务；异步任务，是指不进入 JavaScript 执行进程，而进入"任务队列"（task queue）的任务，只有"任务队列"通知主进程，某个异步任务可以执行了，该任务（采用回调函数的形式）才会进入 JavaScript 进程执行。

也就是说，虽然 JavaScript 只有一个进程用来执行，但是并行的还有其他进程（例如，处理定时器的进程、处理用户输入的进程、处理网络通信的进程等）。这些进程通过向任务队列添加任务，实现与 JavaScript 进程通信。

21.4　客户端 JavaScript 的简单应用

本例是一个简单的 JavaScript 程序，主要实现的功能为：当页面打开时，显示"尊敬的客户，欢迎您光临本网站"窗口，关闭页面时弹出窗口"欢迎下次光临！"。

【例 21-6】（实例文件：ch21\Chap21.6.html）客户端 JavaScript 的简单应用。

步骤 1：设计 HTML 框架，具体的代码如下：

```
<!DOCTYPE html>
<html>
<head>
<title>客户端 JavaScript 的简单应用</title>
</head>
<body>
</body>
</html>
```

相关的代码实例请参考 Chap21.6.html 文件，然后双击该文件，在 IE 浏览器中运行显示的结果如图 21-7 所示。

图 21-7　程序运行结果

步骤 2：在页面头部添加 JavaScript 代码，实现网页交互功能，具体代码如下：

```
<script>
<script>
    //页面加载时执行的函数
    function showEnter(){
```

```
        alert("尊敬的客户,欢迎您光临本网站");
    }
    //页面关闭时执行的函数
    function showLeave(){
        alert("欢迎下次光临！");
    }
    //页面加载事件触发时调用函数
    window.onload=showEnter;
    //页面关闭加载事件触发时调用函数
    window.onbeforeunload=showLeave;
</script>
```

相关的代码实例请参考 Chap21.6.html 文件，然后双击该文件，在 IE 浏览器中运行显示的结果如图 21-8 所示。

关闭网页窗口时，会弹出一个信息提示框，提示用户"欢迎下次光临！"，如图 21-9 所示。

图 21-8　程序运行结果

图 21-9　程序运行结果

21.5　就业面试技巧与解析

21.5.1　面试技巧与解析（一）

面试官：你希望与什么样的上级共事？

应聘者：作为一名刚步入社会的新人，我应该多要求自己尽快熟悉环境、适应环境，而不应该对环境提出什么要求，只要能发挥我的专长就可以了。

21.5.2　面试技巧与解析（二）

面试官：你工作经验欠缺，如何能胜任这项工作？

应聘者：作为应届毕业生，在工作经验方面的确会有所欠缺，因此在读书期间我一直利用各种机会在这个行业里做兼职。我也发现，实际工作远比书本知识丰富、复杂。但我有较强的责任心、适应能力和学习能力，而且比较勤奋，所以在兼职中均能圆满完成各项工作，从中获取的经验也令我受益匪浅。请贵公司放心，学校所学及兼职的工作经验使我一定能胜任这个职位。

第 22 章

JavaScript 服务器端开发技术

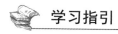

学习指引

  JavaScript 本身是一门脚本语言，脚本语言通常用来调用接口和功能，本身也具有高级语言的特性，所以可以在服务器端使用。本章介绍 JavaScript 服务器端的相关开发技术与知识。

重点导读

- 了解服务器端 JavaScript 的应用技术。
- 理解浏览器端和服务器端技术的不同。
- 掌握 JavaScript 与数据库连接的方法。
- 掌握 JavaScript 时钟的实例。

22.1　认识服务器端 JavaScript

本节开始学习服务器端 JavaScript 的基本概念。

22.1.1　服务器端 JavaScript 的由来

  目前，几乎所有的主流浏览器都将 JavaScript 作为标准语言，可以说 JavaScript 成了世界上最受欢迎的编程语言。它是网页的通用语言，虽然网页开发师有各自喜好和首选的动态语言，但回到浏览器端，大家会不约而同地选择 JavaScript。

  既然能在浏览器中使用 JavaScript，为什么不能在服务器里呢？单种语言贯穿全线减少了既要编写服务器端脚本又要编写客户端脚本的工程师的烦恼。为此，1996 年，在发布了首个版本的浏览器两年之后，网景（NetScape）公司推出了服务器端 JavaScript，不过，当时它的影响力远不及客户端 JavaScript，于是这个概念很快隐退，JavaScript 便主要应用在浏览器上。

  现在，随着浏览器之间的激烈竞争，JavaScript 的性能快速提升，除浏览器以外的应用，服务器端 JavaScript

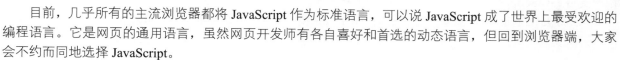

是最吸引人的选择。服务器端 JavaScript 可以同 NoSQL 数据库进行良好契合，这些数据库倾向于使用 HTTP 进行通信，在某些情况下采用 JSON（JavaScript Object Notation）作为消息格式，JavaScript 库包括对此类交互形式的支持，一些 NoSQL 系统超越了数据存续的层面，进入了成熟的 JavaScript 应用环境。

22.1.2 运行服务器端 JavaScript 的方法

运行服务器端 JavaScript 最简单的办法是将 JavaScript 引擎植入网页服务器中。有许多开源项目可选，由于不同项目所采用的编程语言不同，因此影响到它可以运行的环境，以及常见的性能和支持方面的问题。例如，许多 JavaScript 平台运行在 Rhino 引擎上，而 Rhino 构建于 Java，这意味着它们更容易同 Java 部件集成。因而，用户可以在 JavaScript 中构建完整的用户界面，包括在服务器之上的用户界面层，而且还可以由常见的企业级 Java 栈做支撑。

一旦在网页服务器中装上 JavaScript 引擎，就可以像使用其他语言一样，撰写简单的 CGI 脚本来读取请求、回写响应。在实际应用中，还需要有良好的库支持。某些环境默认带库，这时用户可以利用为浏览器端 JavaScript 而开发的库。

22.1.3 服务器端 JavaScript 的运行环境

服务器端 JavaScript 的运行环境是 Node.js。简单地说，Node.js 就是运行在服务端的 JavaScript，既是一个基于 Chrome JavaScript 运行时建立的平台，还是一个事件驱动 I/O 服务端 JavaScript 运行环境。该环境基于 Google 的 V8 引擎，V8 引擎执行 JavaScript 的速度非常快，性能非常好，由于 Node.js 的非阻塞与支持高并发的特性已经被广泛应用在服务器端了。

22.1.4 JavaScript 在网站开发中的作用

JavaScript 在网站开发中的主要作用之一就是特效制作。例如，在网页中鼠标放到链接上，然后单击一下就出现一个登录框，还有就是验证文本框中有没有输入内容等，这都是由 JavaScript 来实现的。

JavaScript 对于程序员来说可以使用它减轻后台处理逻辑的负担，对于使用者来说可以增强使用体验。要想使网页具有交互性，包含更多活跃的元素，就有必要在网页中嵌入其他的技术。如：JavaScript、VBScript、DOM、Layers 和 CSS 等。

在 HTML 基础上，使用 JavaScript 可以开发交互式 Web 网页。JavaScript 的出现使得网页和用户之间实现了一种实时性的、动态的、交互性的关系，使网页包含更多活跃的元素和更加精彩的内容。运用 JavaScript 编写的程序需要能支持 JavaScript 语言的浏览器。Netscape 公司 Navigator 3.0 以上版本的浏览器都能支持 JavaScript 程序，微软公司 Internet Explorer 3.0 以上版本的浏览器基本上支持 JavaScript。

总之，JavaScript 可以使网页增加互动性，JavaScript 使有规律的重复的 HTML 代码简化，减少下载时间，还能及时响应用户的操作，对提交表单做即时的检查，无须浪费时间交由 CGI 验证。

22.2 浏览器端与服务器端

通过在服务器端应用 JavaScript，可以使用户在浏览器端查看具体的用户体现。下面介绍浏览器端与服务器端的相关技术与特点。

1. 什么是 B/S 技术

B/S 是 Browser/Server（浏览器/服务器）的缩写，客户机上只要安装一个浏览器（Browser），如 Netscape Navigator 或 Internet Explorer，服务器安装 Oracle、Sybase、Informix 或 SQL Server 等数据库。在这种结构下，用户界面完全通过 WWW 浏览器实现，一部分事务逻辑在前端实现，但是主要事务逻辑在服务器端实现，浏览器通过 Web Server 同数据库进行数据交互。

2. B/S 技术特点

B/S 最大的技术特点就是可以在任何地方进行操作而不用安装专门的软件，只要有一台能上网的计算机就能使用，客户端零安装、零维护。系统的扩展非常容易。B/S 结构的使用越来越多，特别是推动了 AJAX 技术的发展，它的程序也能在客户端计算机上进行部分处理，从而大大地减轻了服务器的负担；并增强了交互性，能进行局部实时刷新。

22.3　JavaScript 与数据库的连接

JavaScript 可以与数据库连接。下面以 JavaScript 中 Node.js 库文件连接 MySQL 数据库为例介绍连接数据库的方法，连接好数据库后，还可以操作数据库，如查询数据、插入数据、更新数据、删除数据等。

22.3.1　JavaScript 连接数据库

在进行连接数据库操作前，用户需要将 SQL 文件 websites.sql 导入你的 MySQL 数据库中。这里连接的 MySQL 用户名为 root，密码为 123456，数据库为 test，不过，这可以根据自己的配置情况进行修改。连接数据库的具体代码如下：

```
var mysql= require('mysql');
var connection = mysql.createConnection({
    host : 'localhost',
    user : 'root',
    password : '123456',
    database : 'test'
});
connection.connect();
connection.query('SELECT 1 + 1 AS solution', function (error, results, fields) {
    if (error) throw error;
    console.log('The solution is: ', results[0].solution);
});
```

执行上述代码，输出的结果为：

```
$ node test.js
The solution is: 2
```

22.3.2　查询数据库数据

查询数据的具体代码如下：

```
var mysql  = require('mysql');
var connection = mysql.createConnection({
```

489

```
    host    : 'localhost',
    user    : 'root',
    password : '123456',
    port: '3306',
    database: 'test',
});
connection.connect();
var  sql = 'SELECT * FROM websites';
//查
connection.query(sql,function (err, result) {
    if(err){
        console.log('[SELECT ERROR] - ',err.message);
        return;
    }
    console.log('--------------------------SELECT----------------------------');
    console.log(result);
    console.log('----------------------------------------------------------\n\n');
});
connection.end();
```

执行上述代码，输出的结果为：

```
$ node test.js
--------------------------SELECT----------------------------
[ RowDataPacket {
    id: 1,
    name: 'Google',
    url: 'https://www.google.cm/',
    alexa: 1,
    country: 'USA' },
  RowDataPacket {
    id: 2,
    name: '淘宝',
    url: 'https://www.taobao.com/',
    alexa: 13,
    country: 'CN' },
  RowDataPacket {
    id: 3,
    name: '菜鸟教程',
    url: 'http://www.runoob.com/',
    alexa: 4689,
    country: 'CN' },
  RowDataPacket {
    id: 4,
    name: '微博',
    url: 'http://weibo.com/',
    alexa: 20,
    country: 'CN' },
  RowDataPacket {
    id: 5,
    name: 'Facebook',
    url: 'https://www.facebook.com/',
    alexa: 3,
    country: 'USA' } ]
----------------------------------------------------------
```

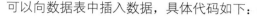

22.3.3　插入数据库数据

可以向数据表中插入数据，具体代码如下：

```
var mysql  = require('mysql');
var connection = mysql.createConnection({
    host     : 'localhost',
    user     : 'root',
    password : '123456',
    port: '3306',
    database: 'test',
});
connection.connect();
var  addSql = 'INSERT INTO websites(Id,name,url,alexa,country) VALUES(0,?,?,?,?)';
var  addSqlParams = ['菜鸟工具', 'https://c.runoob.com','23453', 'CN'];
//增
connection.query(addSql,addSqlParams,function (err, result) {
    if(err){
        console.log('[INSERT ERROR] - ',err.message);
        return;
    }
    console.log('-----------------------INSERT----------------------------');
    //console.log('INSERT ID:',result.insertId);
    console.log('INSERT ID:',result);
    console.log('-----------------------------------------------------\n\n');
});
connection.end();
```

执行上述代码，输出的结果为：

```
$ node test.js
-----------------------INSERT----------------------------
INSERT ID: OkPacket {
    fieldCount: 0,
    affectedRows: 1,
    insertId: 6,
    serverStatus: 2,
    warningCount: 0,
    message: '',
    protocol41: true,
    changedRows: 0 }
----------------------
```

22.3.4　更新数据库数据

也可以对数据库中的数据进行修改与更新，具体代码如下：

```
var mysql  = require('mysql');
var connection = mysql.createConnection({
    host     : 'localhost',
    user     : 'root',
    password : '123456',
    port: '3306',
    database: 'test',
});
connection.connect();
```

```
var modSql = 'UPDATE websites SET name = ?,url = ? WHERE Id = ?';
var modSqlParams = ['菜鸟移动站', 'https://m.runoob.com',6];
//改
connection.query(modSql,modSqlParams,function (err, result) {
    if(err){
        console.log('[UPDATE ERROR] - ',err.message);
        return;
    }
    console.log('-----------------------------UPDATE----------------------------');
    console.log('UPDATE affectedRows',result.affectedRows);
    console.log('----------------------------------------------------------------\n\n');
});
connection.end();
```

执行上述代码，输出的结果为：

```
-----------------------------UPDATE----------------------------
UPDATE affectedRows 1
----------------------------------------------------------------
```

22.3.5　删除数据库数据

删除数据之前，需要设置数据的 id 数，这里来删除 id 为 6 的数据，具体代码如下：

```
var mysql  = require('mysql');

var connection = mysql.createConnection({
    host     : 'localhost',
    user     : 'root',
    password : '123456',
    port: '3306',
    database: 'test',
});
connection.connect();
var delSql = 'DELETE FROM websites where id=6';
//删
connection.query(delSql,function (err, result) {
    if(err){
        console.log('[DELETE ERROR] - ',err.message);
        return;
    }

    console.log('-----------------------------DELETE----------------------------');
    console.log('DELETE affectedRows',result.affectedRows);
    console.log('----------------------------------------------------------------\n\n');
});

connection.end();
```

执行上述代码，输出的结果为：

```
-----------------------------DELETE----------------------------
DELETE affectedRows 1
----------------------------------------------------------------
```

22.4　制作网页版时钟

使用 JavaScript 的技术和 HTML 5 中新增的画布 canvas 可以轻松制作网页版时钟特效。在画布上绘制时钟，需要绘制表盘、时针、分针、秒针和中心圆等图形，然后将这几个图形组合起来，构成一个时钟界面，最后使用 JS 代码，根据时间确定秒针、分针和时针。具体步骤如下：

步骤 1：创建 HTML 页面。

```
<!DOCTYPE html>
<html>
<head>
<title>制作网页版时钟</title>
</head>
<body>
<canvas id="canvas" width="200" height="200" style="border:1px solid #000;">您的浏览器不支持
Canvas.</canvas>
</body>
</html>
```

相关的代码实例请参考制作网页版时钟.html 文件，然后双击该文件，在 IE 浏览器中运行的结果如图 22-1 所示。

图 22-1　程序运行结果

步骤 2：添加 JavaScript，绘制时钟特效。

```
<script type="text/javascript" language="javascript" charset="utf-8">
var canvas = document.getElementById('canvas');
var ctx = canvas.getContext('2d');
if(ctx){
    var timerId;
    var frameRate = 60;
    function canvObject(){
        this.x = 0;
        this.y = 0;
        this.rotation = 0;
        this.borderWidth = 2;
        this.borderColor = '#000000';
        this.fill = false;
        this.fillColor = '#ff0000';
        this.update = function(){
            if(!this.ctx)throw new Error('你没有指定ctx对象.');
            var ctx = this.ctx
            ctx.save();
            ctx.lineWidth = this.borderWidth;
            ctx.strokeStyle = this.borderColor;
            ctx.fillStyle = this.fillColor;
            ctx.translate(this.x, this.y);
            if(this.rotation)ctx.rotate(this.rotation * Math.PI/180);
```

```
            if(this.draw)this.draw(ctx);
            if(this.fill)ctx.fill();
            ctx.stroke();
            ctx.restore();
        }
};
function Line(){};
Line.prototype = new canvObject();
Line.prototype.fill = false;
Line.prototype.start = [0,0];
Line.prototype.end = [5,5];
Line.prototype.draw = function(ctx){
    ctx.beginPath();
    ctx.moveTo.apply(ctx,this.start);
    ctx.lineTo.apply(ctx,this.end);
    ctx.closePath();
};

function Circle(){};
Circle.prototype = new canvObject();
Circle.prototype.draw = function(ctx){
    ctx.beginPath();
    ctx.arc(0, 0, this.radius, 0, 2 * Math.PI, true);
    ctx.closePath();
};

var circle = new Circle();
circle.ctx = ctx;
circle.x = 100;
circle.y = 100;
circle.radius = 90;
circle.fill = true;
circle.borderWidth = 6;
circle.fillColor = '#ffffff';

var hour = new Line();
hour.ctx = ctx;
hour.x = 100;
hour.y = 100;
hour.borderColor = "#000000";
hour.borderWidth = 10;
hour.rotation = 0;
hour.start = [0,20];
hour.end = [0,-50];

var minute = new Line();
minute.ctx = ctx;
minute.x = 100;
minute.y = 100;
minute.borderColor = "#333333";
minute.borderWidth = 7;
minute.rotation = 0;
minute.start = [0,20];
minute.end = [0,-70];
```

```
    var seconds = new Line();
    seconds.ctx = ctx;
    seconds.x = 100;
    seconds.y = 100;
    seconds.borderColor = "#ff0000";
    seconds.borderWidth = 4;
    seconds.rotation = 0;
    seconds.start = [0,20];
    seconds.end = [0,-80];

    var center = new Circle();
    center.ctx = ctx;
    center.x = 100;
    center.y = 100;
    center.radius = 5;
    center.fill = true;
    center.borderColor = ' green ';

    for(var i=0,ls=[],cache;i<12;i++){
        cache = ls[i] = new Line();
        cache.ctx = ctx;
        cache.x = 100;
        cache.y = 100;
        cache.borderColor = " green ";
        cache.borderWidth = 2;
        cache.rotation = i * 30;
        cache.start = [0,-70];
        cache.end = [0,-80];
    }

    timerId = setInterval(function(){
        //清除画布
        ctx.clearRect(0,0,200,200);
        //填充背景色
        ctx.fillStyle = 'green';
        ctx.fillRect(0,0,200,200);
        //表盘
        circle.update();
        //刻度
        for(var i=0;cache=ls[i++];)cache.update();
        //时针
        hour.rotation = (new Date()).getHours() * 30;
        hour.update();
        //分针
        minute.rotation = (new Date()).getMinutes() * 6;
        minute.update();
        //秒针
        seconds.rotation = (new Date()).getSeconds() * 6;
        seconds.update();
        //中心圆
        center.update();
    },(1000/frameRate)|0);
}else{
    alert('您的浏览器不支持 Canvas 无法预览时钟！');
```

```
        }
    </script>
```

相关的代码实例请参考制作网页版时钟.html 文件，然后双击该文件，在 IE 浏览器中运行的结果如图 22-2 所示，可以看到页面中出现了一个时钟，其秒针在不停地移动。

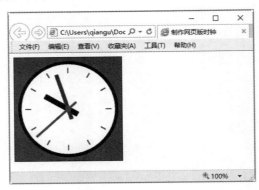

图 22-2　程序运行结果

22.5　就业面试技巧与解析

22.5.1　面试技巧与解析（一）

面试官：你认为面试中，最重要的是什么？

应聘者：我认为面试中最重要的就是守时。守时是职业道德的一个基本要求，提前 10～15 分钟到达面试地点，可熟悉一下环境，稳定一下心神。提前半小时以上会被面试官认为没有时间观念，而面试时迟到或是匆匆忙忙赶到更是致命的，这会被面试官认为应聘者缺乏自我管理和约束能力，即缺乏职业能力。不管什么理由，迟到会影响自身的形象，这是一个对人、对自己尊重的问题。

22.5.2　面试技巧与解析（二）

面试官：在面试的过程中，如果有人给你打电话，你该怎么办？

应聘者：对于我个人来说，这种情况是不可能出现的，我会在进入面试前，把手机关机或调成静音，这是对面试官的尊重，也会避免面试时造成尴尬局面。

第 23 章
JavaScript 的安全策略及安全区域的使用

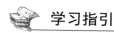 **学习指引**

为提高 JavaScript 的安全性，JavaScript 为用户提供了多种方法，例如，从 JavaScript 本身角度考虑，设置了同源策略，即不允许用户从同源的窗口进行相互访问；从浏览器角度考虑，设置了一套结构化安全规则。本章介绍 JavaScript 的安全策略。

重点导读

- 了解安全策略的类别。
- 掌握使用 Internet Explorer 安全区域的方法。
- 掌握 JavaScript 常用安全策略代码的应用。
- 掌握 JavaScript 加密和解密的方法。

23.1 安全策略

在 JavaScript 中，同源策略是 JavaScript 的主要安全策略之一，本节就来学习 JavaScript 中的安全策略。

23.1.1 JavaScript 的同源策略

同源策略是 JavaScript 的重要安全度量标准，它可以防止从一个站点载入的脚本获取或设置另一个站点的文档的属性。例如在一个浏览器中，打开一个银行网站和一个恶意网站，如果没有同源策略，这个恶意网站就有可能获取另一个浏览器窗口中的银行信息，这是很危险的。那么如何判断两个 URL 是否属于同一个源呢？下面给出三个条件。

- 协议相同。
- 端口相同。
- 域名相同。

当两个 URL 以上 3 个条件都满足时，才属于同一源，才能进行相互访问，如果这 3 个条件中有任何一个条件不满足，就不允许两个脚本进行交互，可以认为这两个 URL 不同源。

另外，针对浏览器的同源策略，它限制了来自不同源的脚本信息，在浏览器中，\<script\>、\<img\>、\<iframe\>、\<link\>等标签都可以加载跨域资源，同源策略只对网页的 HTML 文档做了限制，对加载的其他静态资源如 JavaScript、css、图片等仍然认为属于同源。

23.1.2　实现跨域请求的方法

有时候在自己的网站需要去别人的网站请求数据，这个时候就需要跨域正常请求。能够实现跨域请求的方法有多种，下面介绍几种常用的方法。

1. 跨域资源共享（CORS）

很多天气、IP 地址查询的网站就采用了这样的方法，允许其他网站对其请求数据，例如 IP location，可以在自己网站的 JavaScript 代码里面向它发一个 get 请求，具体代码如下：

```
var url = "https://ipinfo.io/54.169.237.109/json?token=iplocation.net";
document.cookie = "version=1;";
$.ajax({ url: url })
```

运行该段后，就会返回 ip 地址信息，同时不会被浏览器拦截。在浏览器的调试工具窗口中可以发现头部添加了一个字段：Access-Control-Allow-Origin，这个字段就是所谓的资源共享了，它的值表示允许任意网站向这个接口请求数据，也可以设置成指定的域名，如：

```
response.writeHead(200, { "Access-Control-Allow-Origin": "http://yoursite.com"});
```

添加指定域名后，只有 http://yoursite.com 能够正常地进行跨域请求，其他则不能。

2. JSONP 方法

JSONP 方法的原理是客户端告诉服务一个回调函数的名称，服务在返回的\<scritp\> \</scritp\>里面调用这个回调函数，同时传进客户端需要的数据，这样返回的代码就在浏览器上执行了。

例如 800 端口要向 900 端口请求数据，在 800 端口的页面文件中定义一个回调函数 writeDate，将 writeDate 写在 script 的 src 的参数里，这个 script 标签向 900 端口发出请求，具体代码如下：

```
<script>
function writeDate(_date){
    document.write(_date);
}
</script>
<script src="http://192.168.0.103:900/getDate?callback=writeDate"></script>
```

服务端返回一个脚本，在这个脚本里面执行 writeDate 函数，具体代码如下：

```
function getDate(response, callback){
    response.writeHead(200, {"Content-Type": "text/javascript"});
    var data = "2016-2-19";
    response.end(callback + "('" + data + "')");
}
```

浏览器就执行了这个 script 片段，就会实现跨域效果。JSONP 方法和 CORS 方法相比较，缺点是只支持 get 类型，无法支持 post 等其他类型，而且必须完全信任提供服务的第三方，优点是兼容性较好。

3. 子域跨父域

子域跨父域是支持的，但是需要显式将子域的域名改成父域的，例如 mail.mysite.com 要请求 mysite.com 的数据，那么在 mail.mysite.com 脚本里需要执行如下代码段：

```
document.domain = "mysite.com";
```

这样，这两个文档中的脚本就可以进行交互，且不受同源策略的约束。默认情况下，domain 属性存放的是装载文档的服务器的主机名，设置这一属性时，需要使用有效的字符串，在字符串中最少需要拥有一个点符号（".."）。

23.1.3　规避浏览器安全漏洞

在计算机领域，几乎每一款产品都存在这样或那样的安全漏洞，浏览器也不例外。浏览器漏洞存在是由于编程人员的能力、经验和当时安全技术所限，在程序中难免会有不足之处。那么在使用浏览器编写与调试 JavaScript 代码的过程中，应尽量规避浏览器的安全漏洞。

针对浏览器的安全漏洞，用户可以使用浏览器修复安全工具来及时修复，常用的浏览器安全工具有 IE 浏览器修复专家、IE 修复大师等。

23.1.4　建立数据安全模型

数据是描述事物的符号记录；模型是现实世界的抽象，数据模型是数据特征的抽象。那么优秀安全的数据模型应该是怎么样的呢，优秀安全的数据模型应该满足以下 4 个基本要求。

- 能够比较真实地模拟现实事物。
- 容易为人所理解。
- 便于在计算机上实现。
- 具有高度安全的逻辑结构。

23.1.5　结构化安全规则

一些浏览器为用户提供了结构化安全规则，如 Mozilla Firefox 浏览器，该浏览器提供了先进的安全规则设置，用户可以将已命名的规则应用于 Web 站点列表。例如，可以创建一个名为 Internet 的规则，并将其应用于公司内部站点中的页面，可以创建一个包含 Web 站点列表的名为"受信站点"的规则。用于对列表中的站点赋予某些特殊权限，对于不属于这个列表的站点，将使用默认的安全规则。如下图所示为 Mozilla Firefox 浏览器的安全规则设置界面，如图 23-1 所示。

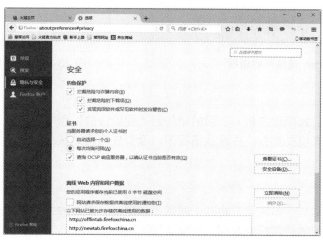

图 23-1　Mozilla Firefox 浏览器的安全规则设置界面

23.2　使用 Internet Explorer 安全区域

JavaScript 的安全问题并不限于运行时的错误，在不违反安全规则的情况下，脚本也可以通过很多途径来危害用户的运行环境，本节就来介绍如何使用 Internet Explorer 安全区域。

23.2.1　Internet Explorer 安全区域

IE 浏览器支持对不同站点设置类似的安全规则，为此，IE 浏览器从 4.0 版本以后为用户提供了 4 个安全区域，在 IE 浏览器窗口中选择"工具"→"Internet 选项"菜单命令，即可打开"Internet 选项"对话框，选择"安全"选项卡，在其中可以看到为用户提供的 4 个安全区域，下面分别进行介绍。

1. Internet 区域

该区域包括所有 Web 上的网站，默认安全级别为"中"，如图 23-2 所示。

2. 本地 Internet 区域

该区域包括所有本地服务器上的网站，默认安全级别为"中低"，如图 23-3 所示。

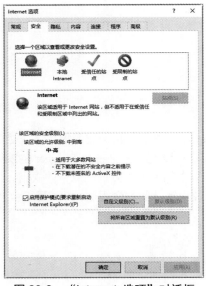

图 23-2　"Internet 选项"对话框

图 23-3　本地 Internet 区域

3. 受信任的站点区域

允许访问的安全站点。如果用户将一个网站添加到"受信任的站点"区域，则表明该网站下载或运行的文件不会损坏用户的计算机或数据。在默认情况下，没有任何网站被分配到"受信任的站点"区域，其安全级别设置为"低"。

4. 受限制的站点区域

明确指出不受信任的站点。如果用户将某个网站添加到"受限制的站点"区域，则表明该网站下载或运行的文件可能会损坏当前的计算机或数据。在默认情况下，没有任何网站被分配到"受限制的站点"区域，其安全级别设置为"高"。

图 23-4　受信任的站点区域

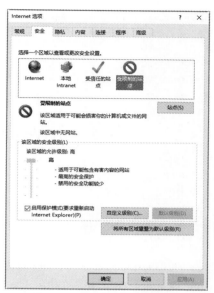

图 23-5　受限制的站点区域

23.2.2　浏览器使用 JavaScript 的安全问题

由于系统资源有限，因此，不管是有意设计，还是意外差错，都很容易写出使浏览器崩溃的 JavaScript 代码。运行下面几个例子中的任何一段代码，都可能造成浏览器甚至操作系统崩溃。

1．无线循环

下面给出一段代码，这段代码会造成死循环，当退出循环的条件永远不成立时，这个循环将会被称为死循环，死循环会造成系统资源慢慢地被浪费掉，使系统变得缓慢或崩溃。

```
<script>
while(true);
</script>
```

2．内存消耗

内存消耗殆尽会使浏览器崩溃，下面给出一段代码，会在死循环中使字符串不断地增长，系统会在几秒钟内造成崩溃。

```
<script>
var str="hello,JavaScript";
while(true);
str+=str;
</script>
```

3．使用浏览器方法

使用浏览器方法的函数进行自我调用，会无休止地循环存取文档，造成浏览器过于繁忙而无法载入显示用户界面事件，从而无法完成相应的动作。

```
<script>
```

```
function danger()
{
    alert("hello!");
    danger();
}
danger();
</script>
```

23.3　JavaScript 常用安全策略代码

在使用 JavaScript 进行开发程序时，可以使用 JavaScript 的部分属性或方法来提高安全性，下面介绍 JavaScript 常用安全策略代码。

23.3.1　屏蔽部分按键

通过使用 JavaScript 脚本中的 Event 对象的相关属性可以屏蔽网页中的部分按键，从而保护网页安全。其中 keyCode 属性表示按下按键的数字代号，下面将常用的 keyCode 属性值以表格的形式列出，如表 23-1 所示。

表 23-1　KeyCode 属性值

值	描　　述
8	退格键
13	回车键
116	F5 刷新键
37	Alt+方向键←或方向键→
78	Ctrl+N 快捷键新建 IE 窗口
121	Shift+F10 快捷键
46	删除键

【例 23-1】（实例文件：ch23\Chap23.1.html）屏蔽部分按键。

```
<!DOCTYPE HTML>
<html>
<head>
<title>屏蔽部分按键</title>
<script language=javascript>
function keydown(){
    if(event.keyCode==8){
        event.keyCode=0;
        event.returnValue=false;
        alert("当前设置不允许使用退格键");
    }if(event.keyCode==13){
        event.keyCode=0;
        event.returnValue=false;
        alert("当前设置不允许使用回车键");
```

```
    }if(event.keyCode==116){
        event.keyCode=0;
        event.returnValue=false;
        alert("当前设置不允许使用 F5 刷新键");
    }if((event.altKey)&&((window.event.keyCode==37)||(window.event.keyCode==39))){
        event.returnValue=false;
        alert("当前设置不允许使用 Alt+方向键←或方向键→");
    }if((event.shiftKey)&&(event.keyCode==121)){
        event.returnValue=false;
        alert("当前设置不允许使用 shift+F10");
    }
}
</script>
</head>
<body onkeydown="keydown()">
<img src="01.jpg" >
</body>
</html>
```

相关的代码实例请参考 Chap23.1.html 文件，在 IE 浏览器里面运行，这时按下 Enter 键，页面会给出相应的提示信息，如图 23-6 所示。

图 23-6　程序运行结果 1

23.3.2　屏蔽鼠标右键

用户在浏览网站时，可以利用鼠标右键菜单进行一些快捷操作，如查看网页源文件、图片另存为等，但是某些网站并不想让用户执行这些操作，这时就需要屏蔽鼠标的右键操作。使用 JavaScript 中的鼠标事件可以屏蔽鼠标右键。

【例 23-2】（实例文件：ch23\Chap23.2.html）屏蔽鼠标右键。

```
<!DOCTYPE html>
<head>
<title>屏蔽鼠标右键</title>
<script language=javascript>
function click() {
    event.returnValue=false;
    alert("当前设置不允许使用右键！");
}
document.oncontextmenu=click;
</script>
```

```
</head>
<body >
 <img src="01.jpg" >
</body>
</html>
```

相关的代码实例请参考 Chap23.2.html 文件，在 IE 浏览器里面运行，这时右击鼠标，页面会给出相应的提示信息，提示用户不允许使用右键菜单，如图 23-7 所示。

图 23-7　程序运行结果 2

23.3.3　禁止网页另存为

有些网站只对用户提供浏览功能，而不能进行下载或将网页另存为。使用 JavaScript 脚本中的 noscript 标记可以防止网页被另存为。

【例 23-3】（实例文件：ch23\Chap23.3.html）禁止网页被另存为。

```
<!DOCTYPE html>
<head>
<title>禁止网页另存为</title>
</head>
<body>
<a href="">欢迎光临我的站点</a><hr>
<noscript>
<iframe scr="*.htm"></iframe>
</noscript>
</body>
</html>
```

相关的代码实例请参考 Chap23.3.html 文件，在 IE 浏览器中运行的结果如图 23-8 所示。

图 23-8　程序运行结果 3

选择"文件"→"另存为"菜单命令，打开"另存为"对话框，然后单击"确定"按钮，将弹出一个提示对话框，显示"无法保存此网页"，如图 23-9 所示。

图 23-9　提示对话框

23.3.4　禁止复制网页内容

在浏览网页时，有些网页中的信息只供用户浏览，不允许进行复制或粘贴操作。使用<body>中的相关事件可以禁止用户复制网页中的信息。

【例 23-4】（实例文件：ch23\Chap23.4.html）禁止复制网页内容。

```
<!DOCTYPE html>
<head>
<title>禁止复制网页内容</title>
</head>
<body>
<a href="">欢迎光临我的站点</a><hr>
<body oncopy="alert('对不起,禁止复制! ');return false;">
</body>
</html>
```

相关的代码实例请参考 Chap23.4.html 文件，在 IE 浏览器中运行的结果如图 23-10 所示。

选中网页中的信息，然后按下 Ctrl+C 快捷键进行复制操作，这时会弹出相应的提示信息，如图 23-11 所示。

图 23-10　程序运行结果 4

图 23-11　提示信息框

23.4　JavaScript 加密与解密

对 JavaScript 进行加密与解密操作，可以保护 JavaScript 的代码安全，从而增大复制者的难度。使用 JavaScript 中的 escape()和 unescape()函数可以进行加密与解密操作。

23.4.1　JavaScript 代码加密

escape()函数可对字符串进行编码，这样就可以在所有的计算机上读取该字符串，输出的结果是加密后的代码。

【例 23-5】（实例文件：ch23\Chap23.5.html）JavaScript 代码加密。

```
<!DOCTYPE html>
<html>
<head>
<title>JavaScript 代码加密</title>
</head>
<body>
<script>
document.write(escape("Hello JavaScript!I love you!!"));
</script>
</body>
</html>
```

相关的代码实例请参考 Chap23.5.html 文件，在 IE 浏览器中运行的结果如图 23-12 所示。

图 23-12   程序运行结果 5

23.4.2   JavaScript 代码解密

使用 escape()函数加密后的代码是不能直接运行的，必须使用 unescape()函数对加密后的代码进行解密操作。

【例 23-6】（实例文件：ch23\Chap23.6.html）JavaScript 代码解密。

```
<!DOCTYPE html>
<html>
<head>
<title>JavaScript 代码解密</title>
</head>
<body>
<script>
var str="Hello JavaScript!I love you!!";
var str_esc=escape(str);
document.write(str_esc + "<br>")
document.write(unescape(str_esc))
</script>
</body>
</html>
```

相关的代码实例请参考 Chap23.6.html 文件，在 IE 浏览器中运行的结果如图 23-13 所示。

图 23-13   程序运行结果6

23.5 禁止新建 IE 窗口

有时需要使用 Ctrl+N 快捷键新建 IE 窗口，以方便浏览页面，不过有时也需要禁止新建 IE 窗口，使用 JavaScript 代码，可以轻松实现禁止新建 IE 窗口的操作。

【例 23-7】（实例文件：ch23\Chap23.7.html）禁止新建 IE 窗口。

```html
<!DOCTYPE HTML>
<html>
<head>
<title>禁止新建 IE 窗口</title>
<script language=javascript>
function keydown(){
    if((event.ctrlKey)&&(event.keyCode==78)){
        event.returnValue=false;
        alert("当前设置不允许使用 Ctrl+n 新建 IE 窗口");
    }
}
</script>
</head>
<body onkeydown="keydown()">
 <img src="01.jpg" >
</body>
</html>
```

相关的代码实例请参考 Chap23.7.html 文件，在 IE 浏览器里面，然后按下 Ctrl+N 快捷键，即可弹出一个信息提示框，提示用户当前不允许使用 Ctrl+N 快捷键新建 IE 窗口，运行结果如图 23-14 所示。

图 23-14 程序运行结果7

23.6 就业面试技巧与解析

23.6.1 面试技巧与解析（一）

面试官： 假如你晚上要去送一个出国的同学去机场，可单位临时有事非你办不可，你怎么办？

应聘者： 我觉得工作是第一位的，但朋友间的情谊也是很重要的，这个问题我觉得要根据当时具体的情况来决定。①如果我的朋友晚上 9 点的飞机，而我的加班 8 点就能够完成，那就最理想了，干完工作去机场，皆大欢喜。②如果说工作不是很紧急，加班仅仅是为了明天上班的时候能把报告交到办公室，那完全可以跟领导打声招呼，先去机场然后回来加班，晚点睡就是了。③如果工作很紧急，两者不可能兼顾的情况下，我觉得可以有两种选择：一种情况是如果不是全单位都加班，是不是可以要其他同事来代替一下工作，自己去机场，哪怕就是代替你离开的那一会儿。另一种情况是如果连这一点都做不到，那只好忠义不能两全了，打电话给朋友解释一下，相信他会理解，毕竟工作做完了就完了，朋友还是可以再见面的。

23.6.2　面试技巧与解析（二）

　　面试官：为什么我们要在众多的面试者中选择你？

　　应聘者：根据我对贵公司的了解，以及我在这份工作上所累积的专业、经验及人脉，相信正是贵公司所找寻的人才。而我在工作态度上，也有圆融、成熟的一面，相信可以和主管、同事都能合作愉快。

第 24 章
JavaScript 中的错误和异常处理

 学习指引

JavaScript 是一种编译语言，在使用的过程中，总会出现一些令人困惑的错误信息，为了避免类似的问题，从 JavaScript 3.0 版本以后，就添加了异常处理机制。用户可以采用从 Java 语言中移植过来的模型，使用 try…catch 等关键字处理代码中的异常，也可以使用 onerror 事件处理异常的产生。本章介绍 JavaScript 中的错误与异常处理，以及如何优化 JavaScript 代码。

 重点导读

- 了解 JavaScript 常见的错误和异常。
- 掌握常见错误和异常处理的方法。
- 掌握使用浏览器调试器的方法。
- 掌握 JavaScript 优化的方法。

24.1　常见的错误和异常

错误和异常是编写程序中经常出现的问题，一般来讲，错误在编译的时候就可以发现，而异常是在执行过程中发生的意外，通常是由潜在的错误概率导致的。本节就来介绍在编写 JavaScript 程序时常见的一些错误和异常。

24.1.1　拼写错误

拼写错误是编码人员非常容易也经常犯的错误，例如编写代码时容易把 getElementById() 写成 getElementByID()，这种错误比较不容易发现。因此，避免这种错误就需要开发者在编码时非常细心，并且出现这种错误时一定要耐心地去检查。

另外，还有一些大小写的问题，也一定要注意，例如将 if 写成了 If，将 Array 写成了 array，这些都会导致语法错误。

24.1.2　访问不存在的变量

在 JavaScript 中，通常变量都需要先声明再使用，并且声明变量时需要指定变量的类型，且需要在变量前使用关键字 var。不过，因为 JavaScript 对变量类型的约束比较弱，所以它也允许省略关键字直接定义变量，但是，在实际操作的过程中，不提倡这样做，因为这种做法会在无形中给错误检查增加麻烦。

另外，声明一个变量后，在引用该变量时一定要注意前后的一致性，也就是说在引用时不要把变量的名字拼写错误，从而导致出现访问不存在的变量这样的错误。代码如下：

```
var usrname = "天天";
document.write("用户名为: "+username);
```

这样就会出现 username 变量没有定义这样的错误，因为前面声明的变量名是 usrname，而后面调用的却是 username。

24.1.3　括号不匹配

括号不匹配也是编程中常出现的一个错误。经常会在嵌套语句比较多的时候出现大括号"{"和"}"个数不匹配，或者"("、")"个数不匹配，这些错误最容易在修改或删除了括号里面的代码后出现，所以除了要养成良好的编程习惯外，在输入括号时先输入一对括号然后再在括号里书写其他内容也是一个好的方法。

另外，编写代码有时需要输入中文字符，编程人员容易在输完中文字符后忘记切换输入法，从而导致输入的小括号、分号或者引号等出现错误。如下一段代码，出现的括号就不一致，前面是英文状态下的括号，后面是中文状态下的括号。

```
alert("用户名为: " + user + "密码为: " + psw）
```

24.1.4　字符串和变量连接错误

在 JavaScript 中，当想要一次输出多个字符串和变量时，需要使用加号和引号来连接这些字符串和变量。字符串和变量相连时要注意字符串需要加双引号，而变量不需要加引号。代码如下：

```
var user = document.getElementById ("txt1").text;
var psw = document.getElementById ("txt2").text;
alert("用户名为: " + user + "密码为: " + psw);
```

在这种情况下，由于引号、加号、冒号比较多，所以很容易出错，例如将 alert 语句写成：

```
alert("用户名为: " + user + "密码为: + psw);
```

又或者写成：

```
alert("用户名为: " + user  "密码为: " + psw);
```

第一种错误写法是在写连接第二个字符串"密码为："时少了后引号，第二种错误写法是在第一个变量 user 连接第二个字符串"密码为："时没有用加号连接。

24.1.5　等号与赋值混淆

等号与赋值符号混淆的错误一般较常出现在 if 语句中，而且这种错误在 JavaScript 中不会产生错误信

510

息，所以在查找错误时往往不容易被发现。例如：

```
if(s = 0)
    alert("没有找到相关信息");
```

上面的代码在逻辑上是没有问题的，它的运行结果是将 0 赋值给了 s，如果成功则弹出对话框，而不是对 s 和 0 进行比较，这不符合开发者的本意。

24.2　错误和异常处理

如果是一小段代码，用户可以通过仔细检查来排除错误，但如果程序稍微复杂点，调试 JavaScript 就变得困难了。在 JavaScript 中，有提供一些能够帮助编程人员解决部分错误的方法。

24.2.1　用 alert()和 document.write()方法监视变量值

在 JavaScript 调试错误的方法中，alert()和 document.write 是比较常用并且简单有效的方法。alert()方法在弹出对话框显示变量值的同时，会停止代码的继续运行，直到用户单击"确定"按钮。一般如果要中断代码的运行，监视变量的值，则使用 alert()方法。

document.write()方法是在输出值后还会继续运行代码，当需要查看的值很多时，则使用 document.write()方法，这样能够避免反复单击"确定"按钮。如在下面的代码中：

```
<script type="text/javascript">
var a=["bag","bad","egg"];
function show(){
    var b=new Array("");
    for(var i=0;i<a.length;i++){
        if(a[i].indexOf("b")!=0){
            b.push(a[i]);
        }
    }
}
</script>
```

上面的代码是要将数组 a 中的以 "b" 开头的字符串添加到数组 b 中。要想检测添加到数组 b 中的值的话，可以在 if 语句中根据加入数组中值的多少来选择 alert()语句或 document.write()语句。

【例 24-1】（实例文件：ch24\Chap24.1.html）用 document.write()方法监视变量值。

```
<!DOCTYPE html>
<head>
<title>alert 和 document.write 方法监视变量值</title>
<script type="text/javascript">
var a=["bag","bird","egg","bit","cake"];
function show(){
    var b=new Array("");
    for(var i=0;i<a.length;i++){
        if(a[i].indexOf("b")==0)
        document.write(a[i]+" ");
        b.push(a[i]);
    }
```

```
    }
</script>
</head>
<body>
<input type="button" value="检测数据" onclick="show()"/>
</body>
</html>
```

相关的代码实例请参考 Chap24.1.html 文件，然后双击该文件，在 IE 浏览器中运行的结果如图 24-1 所示。

单击"检测数据"按钮，即可在页面中显示检测结果，如图 24-2 所示。

图 24-1　程序运行结果1

图 24-2　检测结果

24.2.2　用 onerror 事件找到错误

当在 JavaScript 中产生异常时就会在 window 对象上触发 onerror 事件，如果需要利用 onerror 事件，就必须创建一个处理错误的函数，该处理函数提供了三个参数来确认错误信息。

【例 24-2】（实例文件：ch24\Chap24.2.html）使用 onerror 事件处理错误。

```
<!DOCTYPE html>
<head>
<title>使用 onerror 事件处理错误</title>
<script language="javascript">
window.onerror = function(sMessage,sUrl,sLine){
    alert("出错了! \n" + sMessage + "\nUrl: " + sUrl + "\n 出错行: " + sLine);
    return true;    //屏蔽系统事件
}
</script>
</head>
<body onload="aa();">
</body>
</html>
```

相关的代码实例请参考 Chap24.2.html 文件，然后双击该文件，在 IE 浏览器中运行的结果如图 24-3 所示。

单击"否"按钮，弹出一个信息提示框，提示用户出错了！如图 24-4 所示。从代码中可以看到，body 的 onload 事件调用了一个未声明的方法 aa()，导致页面出现错误，从而会触发 onerror 事件显示出错误信息。

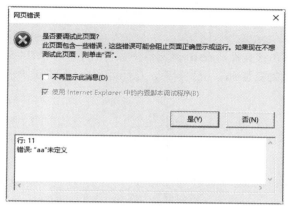

图 24-3 程序运行结果 2

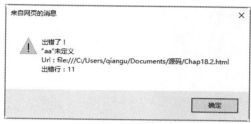

图 24-4 显示出错信息

24.2.3 用 try…catch 语句找到错误、处理异常

在 JavaScript 中，try…catch 语句可以用来捕获程序中某个代码块中的错误，同时不影响代码的运行。该语句首先运行 try 里面的代码，代码中任何一个语句发生异常 try 代码块就结束运行，此时 catch 代码块开始运行，如果最后还有 finally 语句块，那么无论 try 代码块是否有异常，该代码块都会被执行。该语句的语法如下：

```
try {
    tryStatements
}
catch(exception){
    catchStatements
}
finally {
    finallyStatements
}
```

其中，catch 语句中的参数是一个局部变量，用来指向 Error 对象或其他抛出错误的对象。另外，在一个 try 语句块之后，可以有多个 catch 语句块来处理不同的错误对象。

【例 24-3】（实例文件：ch24\Chap24.3.html）用 try…catch 语句找到错误、处理异常。

```
<!DOCTYPE html>
<head>
<title>try...catch 语句</title>
<script language="javascript">
try{
    document.write(str);
}catch(e){
    var myError = "";
    for(var i in e){
        myError += i + ":" + e[i] + "\n";
    }
    alert(myError);
}
</script>
</head>
```

```
<body>
</body>
</html>
```

相关的代码实例请参考 Chap24.3.html 文件，然后双击该文件，在 IE 浏览器中运行的结果如图 24-5 所示。从代码中可以看到，在 try 语句块中输出一个未定义的变量 str，引发异常，从而运行 catch 语句块来显示错误信息。

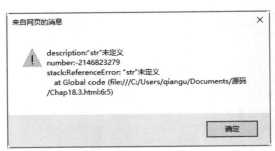

图 24-5　显示出错信息

24.3　使用浏览器调试器

尽管在 JavaScript 中，可以编写简单的代码脚本来处理一些错误，但是对于复杂的程序脚本，就需要借助一些调试工具。虽然 JavaScript 没有自带调试的功能，但是在 Firefox 和 Internet 浏览器中，可以使用相关的调试器对 JavaScript 程序进行调试。

1. Firefox 浏览器调试

在 Firefox 中可以使用自带的 JavaScript 调试器，即控制台，来对 JavaScript 程序进行调试，选择"工具"→"Web 控制台"菜单命令，如图 24-6 所示。

图 24-6　选择"Web 控制台"菜单命令

打开 Firefox 的控制台，在其中可以看出，控制台中能够显示所有在浏览器中运行过的程序出现的错误和警告，并且点击相应的错误或警告链接可以打开相应的代码，如图 24-7 所示。

图 24-7　Firefox 控制台

2. 360 安全浏览器调试

360 安全浏览器自带有开发人员工具功能，使用该功能可以对 JavaScript 代码进行调试，在浏览器窗口中选择"打开菜单"→"工具"→"开发人员工具"菜单命令，如图 24-8 所示。

打开 360 安全浏览器的调试窗口，在其中可以对代码进行调试，如图 24-9 所示。

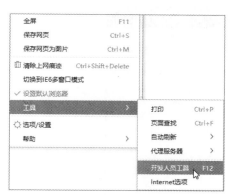

图 24-8　选择"开发人员工具"菜单命令

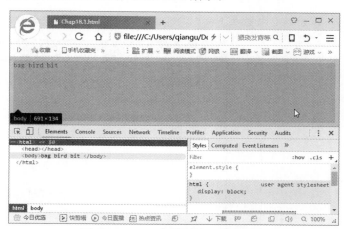

图 24-9　360 安全浏览器调试窗口

3. Internet Explorer 浏览器调试

在 IE 浏览器中，可以使用自带的调试器来对 JavaScript 程序进行调试。打开方法为：打开 IE 浏览器，然后选择"Internet 选项"→"高级"选项卡，在打开的列表框中撤销"禁用脚本调试（Internet Explorer）"复选框的选中状态，如图 24-10 所示。

例如对下面这段代码进行调试：

```
<script language="javascript">
window.onload=function(){
    alert(str);
}
</script>
```

可以看到程序中使用了一个未声明的变量 str，在 IE 浏览器中运行上面的这段程序，会弹出一个对话框，如图 24-11 所示。

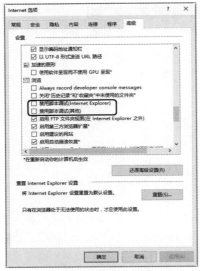

图 24-10　撤销复选框的选中状态

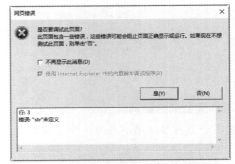

图 24-11　"网页错误"对话框

在对话框中单击"是"按钮，IE 浏览器的调试工具就会指出并定位错误，如图 24-12 所示。

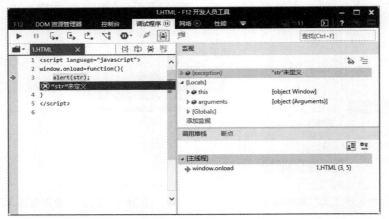

图 24-12　指出并定位错误

另外，在调试复杂的程序脚本时，往往需要设置断点来发现解决错误，在 IE 浏览器的调试工具中可以按 F9 键来设置断点，并且还可以逐语句、逐过程地去运行调试程序。

4. Console.log()方法

对于 JavaScript 程序的调试，console.log()是一种很好的方式，原因在于 console.log()仅在控制台中打印相关信息，而不会阻断 JavaScript 程序的执行，从而造成副作用。

在具备调试功能的浏览器上，window 对象中会注册一个名为 console 的成员变量，指代调试工具中的控制台。通过调用该 console 对象的 log()函数，可以在控制台中打印信息。例如，以下代码将在控制台中打印"Sample log"，代码如下：

```
window.console.log("Sample log");
```

上述代码可以忽略 window 对象而直接简写为：

```
console.log("Sample log");
```

console.log()可以接受任何字符串、数字和 JavaScript 对象。与 alert()函数类似，console.log()也可以接受换行符\n 以及制表符\t。console.log()语句所打印的调试信息可以在浏览器的调试控制台中看到，不同的浏览器中 console.log()行为可能会有所不同，下面给出一个具体实例，代码如下：

```
<script type="text/javascript">
var a=6;
a*=5;
console.log(a);              //在控制台输出 a
</script>
```

使用 Firefox 浏览器运行上述代码，可以得到如图 24-13 所示的结果。

图 24-13　程序运行结果 3

5. debugger 关键字的使用

debugger 关键字一般是用来设置断点，即停止执行 JavaScript，调用调试函数。debugger 关键字与在调试工具中设置断点的效果是一样。这种方法很简单，只需要在进行调试的地方加入 debugger 关键字，然后当浏览器运行到这个关键字的时候，就会提示是否打开调试，如图 24-14 所示，选择"是"即可。

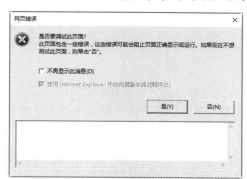

图 24-14　提示是否打开调试

下面给出一个具体实例，代码如下：

```
<script type="text/javascript">
var a=6;
a*=5;
debugger;
console.log(a);
</script>
```

24.4　JavaScript 优化

JavaScript 主要优化的是脚本程序代码的下载时间和执行效率，因为 JavaScript 运行前不需要进行编译而直接在客户端运行，所以代码的下载时间和执行效率直接决定了网页的打开速度，从而影响着客户端的用户体验效果。本节主要介绍了 JavaScript 优化的一些原则方法。

1. 尽量简化代码

给 JavaScript 代码进行"减肥"是简化代码的一个非常重要的原则。给代码"减肥"就是在将工程上传到服务器前，尽量缩短代码的长度，去除不必要的字符，包括注释、不必要的空格、换行等。如下面的代码：

```
function getUsersMessage(){
    for(var i=0;i<10;i++){
        if(i%2==0){
            document.write(i+" ");
        }
    }
}
```

对于上面的代码可以优化为如下所示的代码：

```
function getUsersMessage(){for(var i=0;i<10;i++){if(i%2==0){document.write(i+" ");}}}
```

此外，在使用布尔值 true 和 false 时，可以分别用 1 和 0 来替换；在一些条件非语句中，可以使用逻辑非操作符"！"来替换；定义数组时使用的 new array() 可以用"[]"替换；等等。这样都可以节省不少空间。如下面的代码：

```
if(str != null){//}
var myarray=new Array(1,2);
```

对上面的代码可以使用如下代码替换：

```
if(!str){//}
var myarray=[1,2];
```

2. 合理声明变量

在 JavaScript 中，变量的声明方式可分为显式声明和隐式声明，使用 var 关键字进行声明的就是显式声明，而没有使用 var 关键字的就是隐式声明。在函数中显式申明的变量为局部变量，隐式声明的变量为全局变量。如下面的代码：

```
function test1(){
    var a=0;
    b=1;
}
```

变量 a 声明时使用了 var 关键字，为显式声明，所以 a 为局部变量；而声明变量 b 时没有使用 var 关键字，为隐式声明，所以 b 为全局变量。

在 JavaScript 中，局部变量只在其所在函数执行时生成的调用对象中存在，当其所在函数执行完毕时局部变量就立即被销毁了，而全局变量在整个程序的执行过程中都存在，直到浏览器关闭后才被销毁。如在上面的函数执行完毕后，再分别执行函数 test2() 和 test3()：

```
function test2(){
    alert(a);
}
function test3(){
    alert(b);
}
```

这时会发现 test2()函数运行时会报错，浏览器会提示变量 a 未声明，而 test3()函数可以顺利地执行。说明在执行了 test1()函数后，局部变量 a 立即被销毁了，而全局变量 b 还存在。所以为了节省系统资源，当不需要全局变量时，在函数体中都要使用 var 关键字来声明变量。

3. 尽量使用内置函数

与 C、java 等语言一样，JavaScript 也有自己的函数库，函数库里有很多内置函数，用户可以直接调用这些函数。当然，开发人员也可以自己去写那些函数，但是 JavaScript 中的内置函数的属性方法都是经过 C、C++之类的语言编译的，而开发者自己编写的函数在运行前还要进行编译，所以在运行速度上 JavaScript 的内置函数要比自己编写的函数快很多。

4. 合理书写 if 语句

在编写大的程序时几乎都要用到 if 语句，为了提高代码的执行速度，在写 if 语句和 else 语句时可以把各种情况按其可能性从高到低排列，这样就可以在运行时相对地减少判断的次数。

5. 最小化语句数量

最小化语句数量的一个最典型例子就是当在一个页面中需要声明多个变量时，就可以使用一次 var 关键字来定义这些变量。如下面的代码：

```
var name = "zhangsan"
var age = 22;
var sex = "男";
var myDate = new Date();
```

上面的代码使用了四次 var 关键字声明了四个变量，浪费了系统资源。可以将这段代码用如下代码替换：

```
var name = "zhangsan", age = 22, sex = "男", myDate = new Date();
```

24.5 加载图像时的错误提示

有时在打开网页时，会弹出一个提示框，提示用户图像加载错误，这是因为在网页中定义了一个图像，如果没有被定义是图像的源文件所引起的。

【例 24-4】（实例文件：ch24\Chap24.4.html）加载图像时的错误提示。

```
<!DOCTYPE html>
<html>
<head>
<title>加载图像时的错误提示</title>
<script language="javascript">
function ImgLoad(){
    document.images[0].onerror=function(){
        alert("您调用的图像并不存在\n");
    };
    document.images[0].src="test.gif";
}
</script>
</head>
<body onload="ImgLoad()">
<img/>
```

```
</body>
</html>
```

相关的代码实例请参考 Chap24.4.html 文件，然后双击该文件，在 IE 浏览器中运行的结果如图 23-15 所示。

图 24-15　程序运行结果 4

24.6　就业面试技巧与解析

24.6.1　面试技巧与解析（一）

面试官：您在前一家公司的离职原因是什么？

应聘者：我离职是因为这家公司倒闭了；我在公司工作了三年多，与公司有较深的感情；从去年开始，由于市场形势突变，公司的局面急转直下；到眼下这一步我觉得很遗憾，但还要面对现实，重新寻找能发挥我能力的舞台。

24.6.2　面试技巧与解析（二）

面试官：如果你在这次面试中没有被录用，你怎么打算？

应聘者：现在的社会是一个竞争的社会，从这次面试中也可看出这一点，有竞争就必然有优劣，有成功必定就会有失败。成功的背后往往有许多的困难和挫折，如果这次失败了也仅仅是一次而已，只有经过经验经历的积累才能塑造出一个完全的成功者。我会从以下几个方面来正确看待这次失败：

（1）要敢于面对，面对这次失败不气馁，接受已经失去了这次机会就不会回头这个现实，从心理意志和精神上体现出对这次失败的抵抗力。要有自信，相信自己经历了这次之后经过努力一定能行，能够超越自我。

（2）善于反思，对于这次面试经验要认真总结，思考剖析，能够从自身的角度找差距。正确对待自己，实事求是地评价自己，辩证地看待自己的长短得失，做一个明白人。

（3）走出阴影，要克服这一次失败带给自己的心理压力，时刻牢记自己的弱点，防患于未然，加强学习，提高自身素质。

第5篇

行业应用

在本篇中，将贯通前面所学的各项知识和技能来学会 JavaScript 在不同行业开发中的应用技能。通过本篇的学习，读者将具备 JavaScript 在金融理财、移动互联网、电子商务等行业开发的应用能力。另外补充了软件工程师必备素养与技能，为日后进行软件开发积累下行业开发经验。

- 第 25 章　JavaScript 在金融理财行业开发中的应用
- 第 26 章　JavaScript 在移动互联网行业开发中的应用
- 第 27 章　JavaScript 在电子商务行业开发中的应用
- 第 28 章　软件工程师必备素养与技能

第 25 章

JavaScript 在金融理财行业开发中的应用

 学习指引

    JavaScript 在金融理财行业也被广泛地应用，如常见的理财产品购买、查询等系统都是通过 JavaScript 来实现具体功能的。本章以一个简单的金融理财购买系统为例，介绍 JavaScript 在金融理财行业开发中的应用。

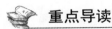 重点导读

- 了解系统功能描述。
- 掌握系统功能分析及实现方法。

25.1　系统功能描述

    该案例介绍一款基于 JavaScript 中的 jQuery 技术开发的网页版金融理财平台系统，通过模拟用户、购买产品等功能实现理财平台数据的动态展示及数据的增加修改。

    程序入口为用户登录界面：数据文件中一共设置了三个账户，两个个人账户一个企业账户，用户需要输入正确的用户名、密码方可登录，如图 25-1 所示。

图 25-1　理财平台登录页面

　　用户登录成功后进入理财平台主界面，有购买理财产品、查询我的理财、在线风险评估三块功能，如图 25-2 所示。

图 25-2　理财平台主界面

25.2　系统功能分析及实现

　　一个简单的金融理财产品系统，包括登录页面、产品信息页面、购买产品页面等。本节就来分析金融理财系统的功能以及实现方法。

25.2.1　功能分析

　　设计理财平台主要的就是理财产品列表以及购买、查看个人持有产品、风险评估三个方面，在购买的过程中需要校验的内容有很多，包括校验风险等级、校验账户类型、校验余额信息、校验认购上限、校验起购金额、校验产品余额、校验登录密码、执行交易并进行缓存数据修改等。

25.2.2　功能实现

　　首先开发的是登录功能，由于是纯前端项目，就不涉及数据库等其他元素，所以设计过程中打算运用浏览器的缓存机制将提前写好的 json 数据文件读取到并放入缓存中，个人信息及理财产品信息两块。

　　用户信息代码如下：

```
{
  "users": [
    {
      "name": "zhangsan",
      "id": "10001",
      "pwd": "a12345",
      "balance": "1000000",
      "riskLevel": "1",
      "tran_pwd":"111111",
      "haveFinances":null,
      "personalOrCompany":"0",
      "sex":"b"
    },
    {
```

　　理财产品信息代码如下：

```
"finances": [
```

523

```
    {
        "prd_name": "稳赚一号",
        "prd_code": "9856",
        "prd_qgje": "50000",
        "prd_yqnhsyl": "5.70%",
        "prd_riskLevel": "1",
        "prd_kssj": "2017-10-10",
        "prd_sqsyl": "5.00%",
        "prd_qmgmrs": "560",
        "prd_tzlb": "个人投资/企业投资",
        "prd_bz": "人民币",
        "prd_tzqx": "一年",
        "prd_rgsx": "250000",
        "prd_AMT":"2000000",
        "prd_jssj":"2018-10-10"
    },
```

json 数据字段描述代码如下：

```
"users": [                              //包含所有用户
{
    "name": "zhangsan",                 //用户名
    "id": "10001",                      //用户 id 唯一性
    "pwd": "a12345",                    //用户登录密码
    "balance": "1000000",               //用户余额
    "riskLevel": "1",                   //风险等级：1 稳健型,2 平衡型,3 增长型
    "tran_pwd":"111111",                //交易密码
    "haveFinances":null,                //包含用户所有持有的产品
    "personalOrCompany":"0",            //账户类别：0 个人,1 企业
    "sex":"b"                           //性别：b 男,g 女
},
"finances": [                           //包含所有产品
{
    "prd_name": "稳赚一号",             //产品名称
    "prd_code": "9856",                 //产品代码 唯一性
    "prd_qgje": "50000",                //起购金额
    "prd_yqnhsyl": "5.70%",             //预期年化收益率
    "prd_riskLevel": "1",               //产品风险等级
    "prd_kssj": "2017-10-10",           //开始日期
    "prd_sqsyl": "5.00%",               //上期收益率
    "prd_qmgmrs": "560",                //目前购买人数
    "prd_tzlb": "个人投资/企业投资",    //投资类别
    "prd_bz": "人民币",                 //币种
    "prd_tzqx": "一年",                 //投资期限
    "prd_rgsx": "250000",               //认购上限
    "prd_AMT":"2000000",                //产品余额
    "prd_jssj":"2018-10-10"             //结束时间
},
```

开发的第二部即是登录之后的三大块理财功能主菜单页面，并在每一个菜单按钮加上点击事件跳转至相应功能。具体代码如下：

```
<script>
    function showFinanceList(){
        window.location.href = "financeList.html";
```

```
    }
    function showMyFinanceList(){
        window.location.href = "myFinance.html";
    }
    function showRiskAssessment(){
        window.location.href = "riskAssessment.html";
    }
</script>
```

理财列表页面展示，表头主要展示几个主要属性，通过单击购买跳转至购买页面。具体代码如下：

```
<script>
    /*
    * 页面初始化 加载所有产品的列表
    * */
    $(document).ready(function(){
        var sessionData = strToJson(window.localStorage.getItem("sessionData"));
        var str = "";
        var riskType = ""
        $.each(sessionData.finances, function (i, value) {
            if (value.prd_riskLevel == "1") {
                riskType = '<td>稳健型</td>'
            } else if (value.prd_riskLevel == "2") {
                riskType = '<td>平衡型</td>'
            } else if (value.prd_riskLevel == "3") {
                riskType = '<td>增长型</td>'
            } else {
                riskType = '<td>无</td>'
            }
            str += '<tr>' +
                    '<td>' + value.prd_name + '</td>' +
                    '<td>' + value.prd_yqnhsyl + '</td>' +
                    '<td>' + fmtMoney(value.prd_qgje) + '</td>' +
                    riskType +
                    '<td>'+value.prd_kssj+'</td>' +
                    '<td><a style="color: blue" onclick="qeuryFinanceDetail('+value.prd_code+')">
点我购买</a></td>'+
                    '</tr>'
        });
        $("#financeList").append(str);
    });
    /*
    * 点击 "点我购买" 跳转至下一个页面
    * */
    function qeuryFinanceDetail(val){
        window.localStorage.setItem("prd_code",val);
        window.location.href = "financeDetail.html";
    }
</script>
```

理财购买校验，校验风险等级、校验账户类型、校验余额信息、校验认购上限、校验起购金额、校验产品余额、校验登录密码、执行交易并进行缓存数据修改，具体代码如下：

```
if (checkRiskLevel()) {
    if (checkAccountType(accountType)) {
        if (checkSelfMoney(buyNUm)) {
            if (checkRGXE(buyNUm)) {
                if (checkQGJE(buyNUm)) {
```

```
                  if (checkPrdBalance(buyNUm)) {
                      if (checkTranPwd(tranPwd)) {
                          doTran(buyNUm);
                      } else {
                          alert("交易密码错误,请重新输入");
                      }
                  } else {
                      alert("该产品所剩额度已不足,请适当减少购买份额！");
                  }
              } else {
                  alert("个人/企业账户单次购买金额不能低于起购金额,请重新输入购买份额！")
              }
          } else {
              alert("个人/企业账户持有份额总数不能超过认购限额,请重新输入购买份额！")
          }
      } else {
          alert("您的余额不足,请重新输入购买份额！")
      }
  } else {
      alert("该产品不支持当前账户类型！");
  }
}
else {
    alert("您的风险等级低于该产品风险等级,请进入风险评估功能重新评估!")
}
}
```

具体方法可参照源文件中的 coreSystemCheck.js 文件。

持有理财产品列表展示购买过的理财产品，具体代码如下：

```
$(document).ready(function () {
        var idcard = window.localStorage.getItem("id_card");
        var sessionData = strToJson(window.localStorage.getItem("sessionData"));
        var str = "";
        var detailArr = new Array();
        $("#form").empty();
        $.each(sessionData.users, function (i, value) {
            console.log("id  " + value.id)
            console.log("idcard   " + idcard)
            if (idcard == value.id) {
                if (sessionData.users[i].haveFinances != null) {
                    $.each(sessionData.users[i].haveFinances, function (i1, value1) {
                        $.each(sessionData.finances, function (i2, value2) {
                            if (value1.finance.prd_code == value2.prd_code) {
                                detailArr[0] = value2.prd_name;
                                detailArr[1] = value2.prd_code;
                                detailArr[2] = value1.finance.hasNum;
                                detailArr[3] = value2.prd_AMT;
                                detailArr[4] = value2.prd_jssj;
                                str += '<div class="border" onclick="showMyfinanceDetail(\'' +
value2.prd_code + '\',\'' + detailArr + '\')">' +
                                    '<div class="inline">' +
                                    '<div>' + value2.prd_name + '</div>' +
                                    '<div>' +
                                    '<label>预期年利率:</label>' +
```

```
                              '<span>' + value2.prd_yqnhsyl + '</span>' +
                              '</div>' +
                              '<div>' +
                              '<label>持有份额:</label>' +
                              '<span>' + value1.finance.hasNum + '</span>' +
                              '</div>' +
                              '</div>' +
                              '<div class="arrow-right"></div>' +
                              '</div>'
                    }
              });
        });
```

说明：通过用户 id 找到该用户，并找到该用户持有的产品进行遍历展示。

风险评估的具体代码如下：

```
function getRiskRes(obj){
    var cfg = $(obj).closest("body").find(".checked");
    var score=null;
    $.each(cfg,function(i,dom){
        var a = $(dom).attr("data-value");
        console.log($(dom).attr("data-value"));
        score = parseInt(a) + score;
        if(cfg.length-1 == i){
            if(score>15){
                $.each(sessionData.users, function (i, value) {
                    if(idcard==value.id){
                        console.log("本次评级分数为: "+score);
                        sessionData.users[i].riskLevel="3";
                        var b = confirm("风险评估成功,您的风险等级为三级增长型,是否重新进行评估？")
                        if(b==true){
                            window.location.href = "riskAssessment.html";
                        }else{
                            window.location.href = "menuMain.html";
                        }
                    }
                })
            }
            if(10<score && score<=15){
                $.each(sessionData.users, function (i, value) {
                    if(idcard==value.id){
                        console.log("本次评级分数为: "+score);
                        sessionData.users[i].riskLevel="2";
                        var b = confirm("风险评估成功,您的风险等级为二级平衡型,是否重新进行评估？");
                        if(b==true){
                            window.location.href = "riskAssessment.html";
                        }else{
                            window.location.href = "menuMain.html";
                        }
                    }
                })
            }
            if(score<=10){
                $.each(sessionData.users, function (i, value) {
                    if(idcard==value.id){
                        console.log("本次评级分数为: "+score);
```

```
                    sessionData.users[i].riskLevel="1";
                    var b = confirm("风险评估成功,您的风险等级为一级稳健型,是否重新进行评估? ");
                    if(b==true){
                        window.location.href = "riskAssessment.html";
                    }else{
                        window.location.href = "menuMain.html";
                    }
                }
            })
        }
    }
  })
}
```

说明：通过对所有包含 checked 的类进行遍历，来获取每个选项对应的分数求和。从而获取评估后所对应的风险等级，最后通过用户 id 找到用户的风险等级字段名并修改其风险等级。

25.2.3 程序运行

（1）进入购买理财产品功能。

单击进入购买理财产品页面会显示理财列表，各理财产品展示在页面上，如图 25-3 所示。

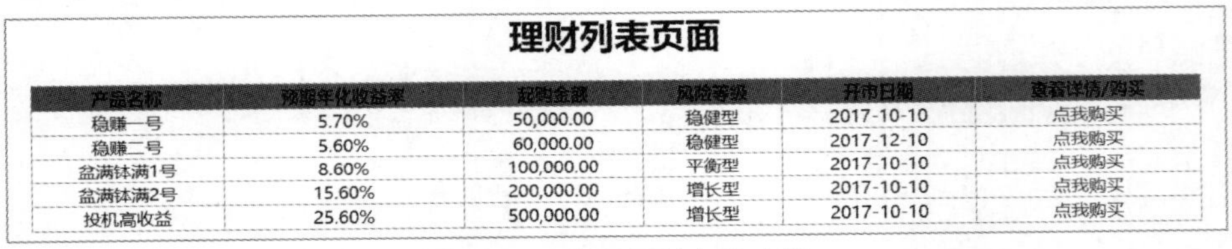

理财列表页面

产品名称	预期年化收益率	起购金额	风险等级	开市日期	查看详情/购买
稳赚一号	5.70%	50,000.00	稳健型	2017-10-10	点我购买
稳赚二号	5.60%	60,000.00	稳健型	2017-12-10	点我购买
盆满钵满1号	8.60%	100,000.00	平衡型	2017-10-10	点我购买
盆满钵满2号	15.60%	200,000.00	增长型	2017-10-10	点我购买
投机高收益	25.60%	500,000.00	增长型	2017-10-10	点我购买

图 25-3　购买理财产品功能

单击某一商品进行购买则跳转至该产品的详情页面，并展示近六月内实际收益率和预期收益率的折线图（静态数据），如图 25-4 所示。

理财产品详情

产品名称	稳赚一号	产品代码	9856
预期年化收益率	5.70%	上期收益率	5.00%
起购金额	50,000.00	目前购买人数	560
开市时间	2017-10-10	风险评级	稳健型
投资类别	个人投资/企业投资	币种	人民币
投资期限	一年	认购上限	250,000.00
剩余额度	2,000,000.00	募集期结束时间	2018-10-10

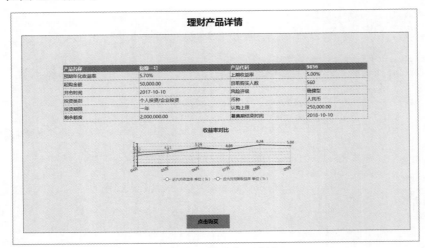

图 25-4　理财产品详情

单击购买后进入购买页面，轮播显示用户个人信息，下方填写购买份额及交易密码，输入正确后确认购买即可成功，如图 25-5 所示。

图 25-5　购买理财产品

单击"确认购买"按钮,即可弹出一个信息提示框,单击"确定"按钮,即可继续产品的购买操作,如图 25-6 所示。

图 25-6　信息提示框

(2)进入我的理财产品功能。

进入我的理财页面,则刚刚购买的产品会出现在持有理财列表内,如图 25-7 所示。

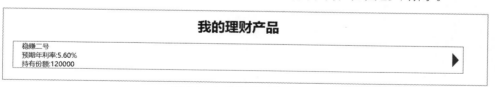

图 25-7　我的理财产品功能

这时可以单击某一个持有的理财产品,进入详情页面,如图 25-8 所示。

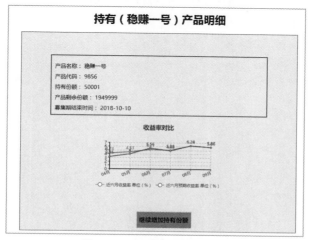

图 25-8　理财产品详情页面

单击"继续增加持有份额"按钮，可以对该产品继续进行购买，如图 25-9 所示。

图 25-9　再次购买理财产品

（3）进入在线风险评估页面。

直接可以进行选择选项，然后提交评分，如图 25-10 所示。

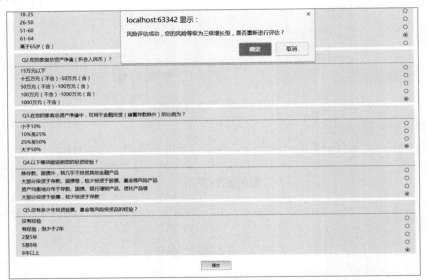

图 25-10　在线风险评估页面

第 26 章

JavaScript 在移动互联网行业开发中的应用

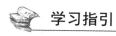 学习指引

移动互联网是移动和互联网融合的产物，它继承了移动随时随地和互联网分享、开放、互动的优势，是整合二者优势的"升级版本"。目前，随着移动互联网技术的发展，各种新技术不断涌现，JavaScript 也不例外。本章以一个简单的手机网页为例，介绍 JavaScript 技术在移动互联网行业开发中的应用。

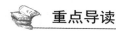 重点导读

• 了解系统功能描述。
• 掌握系统功能分析及实现方法。

26.1　系统功能描述

本系统是一个手机版网页系统，包括首页、次页等页面，通过手指点按相应的文字，即可进入此页面，操作非常简单。

26.2　系统功能分析及实现

一个简单的手机网页系统，需要加入 JavaScript 的不同库，才能使手机版网页系统运行正常。本节就来分析手机网页系统的功能及实现方法。

26.2.1　功能分析

本手机版网页系统主要由两部分组成，分别介绍如下：

（1）jQuery Mobile 库：jQuery Mobile 是用于创建移动 Web 应用的前端开发框架，结合 HTML 5 和 CSS 3，

可以开发与移动互联网技术相关的技术，如手机版网页、手机 App 程序等。

（2）index.html：它是本案例的入口，只需要通过手机浏览器打开此文件就可以预览网页效果。

26.2.2　功能实现

下面给出实现本系统功能的主要代码，HTML 的结构代码如下：

```html
<!DOCTYPE html>
<html>
  <head>
    <title>我的菜谱</title>
  </head>
  <body>
    <div data-role="page" id="home">
      <div data-role="header" data-position="fixed">
        <h1>好逗菜谱</h1>
      </div>
      <div data-role="content">
        <img src="piece.jpg" width="100%">
        <a href="#story" data-rel="dialog" data-role="button" data-icon="arrow-r">川味菜系</a>
        <a href="#role" data-role="button" data-icon="arrow-r">家常菜系</a>
        <a href="#jiangnan" data-rel="external" data-role="button" data-icon="arrow-r">江南风味</a>
      </div>

    </div>

    <div data-role="page" id="story">
      <div data-role="header">
        <h1>菜系介绍</h1>
      </div>
      <div data-role="content">
        <p>川菜作为中国汉族传统的四大菜系之一、中国八大菜系之一,取材广泛,调味多变,菜式多样,口味清鲜醇浓并重,
以善用麻辣调味著称。</p>
      </div>
    </div>

    <div data-role="page" id="role">
      <div data-role="header">
        <h1>菜谱介绍</h1>
      </div>
      <div data-role="content">
        <img id="roleimg" src="piece1.jpg" width="100%">
        <p id="rolemsg">西红柿炒鸡蛋——又名番茄炒蛋,是许多百姓家庭中一道普通的大众菜肴。烹调方法简单易学,
营养搭配合理。</p>
      </div>
      <div data-role="footer" data-position="fixed">
        <div data-role="navbar">
          <ul>
            <li><a href="#home" class="ui-btn-active ui-state-persist">回首页</a></li>
            <li><a href="javascript:prev();">上一个</a></li>
            <li><a href="javascript:next();">下一个</a></li>
          </ul>
        </div>
```

```
        </div>
      </div>
    </body>
</html>
```

js 控制代码如下：

```
<link rel="stylesheet" href="http://code.jquery.com/mobile/1.4.5/jquery.mobile-1.4.5.min.css" />
<script src="http://code.jquery.com/jquery-1.11.2.min.js"></script>
<script src="http://code.jquery.com/mobile/1.4.5/jquery.mobile-1.4.5.min.js"></script>
<meta name="viewport" content="width=device-width, initial-scale=1">
<script>
    var i = 0;
    var img = new Array("piece1.jpg", "piece2.jpg", "piece3.jpg");
    var msg = new Array("""西红柿炒鸡蛋"—又名番茄炒蛋,是许多百姓家庭中一道普通的大众菜肴。烹调方法简单易学,
营养搭配合理。", ""酸辣土豆丝"—是一道人见人爱的家常菜,制作原料有土豆、辣椒、白醋等。", ""红烧狮子头"—汉族特色名
菜,是中国逢年过节常吃的一道菜,也称四喜丸子。");
    function prev(){
        i--;
        if (i < 0) {i = 2;}
        $("#roleimg").attr("src", img[i]);
        $("#rolemsg").text(msg[i]);
    }
    function next(){
        i++;
        if (i > 2) {i = 0;}
        $("#roleimg").attr("src", img[i]);
        $("#rolemsg").text(msg[i]);
    }
</script>
```

26.2.3   程序运行

手机版网页系统开发完成后，在手机浏览器打开主文件 index.html，即可打开首页，如图 26-1 所示。
点击"川味菜系"按钮，即可进入次页面，如图 26-2 所示。

图 26-1   首页

图 26-2   子页面 1

在首页中点击"家常菜系"按钮，即可进入次页面，如图 26-3 所示。

点击"下一个"按钮，即可进入下一个页面，如图 26-4 所示。在该页面中还存有"回首页"和"上一个"按钮等，用户可以在手机中随意翻阅页面，并查看相关信息。

图 26-3　子页面 2

图 26-4　下一个页面

第 27 章

JavaScript 在电子商务行业开发中的应用

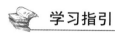 学习指引

电子商务的兴起，带动了越来越多的商家将传统的销售渠道转向网络营销，大型 B2C 模式的电子商务网站也越来越多。通常来说，网站用户体验效果直接关系到网站的访问量、点击率、回头率等技术指标，对电子商务网站来说网站的用户流量与订单量有密切关系。本章以一个电子商务网站为例，介绍 JavaScript 在电子商务行业开发中的应用。

重点导读

- 了解系统功能描述。
- 掌握系统功能分析及实现方法。

27.1 系统功能描述

京东商城（http://www.jd.com）是中国 B2C 市场较大的综合型网购商城，是中国电子商务领域具有影响力的电子商务网站之一，无论在访问量、点击率、销售量及行业影响力上，均在国内 B2C 网购平台中首屈一指，下面就以京东网站为例，来介绍 JavaScript 在电子商务行业开发中的应用。

27.2 系统功能分析及实现

京东商城的网站设计充分体现了"以用户为中心"的设计理念，前台网站的用户体验设计非常经典，用户界面表现重点突出，布局合理。

27.2.1　功能分析

从京东网的导航结构来看，京东网栏目设计包括秒杀、优惠券、闪购、拍卖、京东服饰、京东超市、生鲜、全球购、京东金融等，如图 27-1 所示。

| 秒杀 | 优惠券 | 闪购 | 拍卖 | 京东服饰 | 京东超市 | 生鲜 | 全球购 | 京东金融 |

图 27-1　京东网站的导航结构

从京东网的网站功能来看，京东网站可以分为商品内容展示区与用户会员中心两部分。在对京东网站进行分析时，这里以网站首页布局为例来对京东网站进行分析。从京东网站首页重点展示的内容来划分，可以将首页布局分为以下几部分。

第一部分作为首页的核心展示区，采用目前比较流行的左、中、右结构设计，依次为商品分类导航区、网站导航及核心广告区、网站公告区，如图 27-2 所示。

图 27-2　首页的核心展示区

第二部分是京东秒杀促销商品展示区，采用左、右设计模式。左边突出位置重点展示每日精选的性价比优良的促销商品，右边设计为首发产品和团购产品的推广区，如图 27-3 所示。

图 27-3　京东秒杀促销商品展示区

第三部分是分类商品展示区，京东首页商品分类展示采用通栏设计模式，突出分类的商品特点。这种通栏布局的表现效果能更清晰地划分每一层的内容。以"计算机数码"为例来说明这部分 UI 设计的特点。通过红色分隔线使该层次区域内形成了一个内部导航效果，小导航的左下方是"计算机数码"商品二级分类，中间部分是促销商品展示区，小导航的右下方是该分类下商品品牌展示区，如图 27-4 所示。

图 27-4 分类商品展示区

27.2.2 功能实现

京东网站界面整体风格朴素、简洁，表现重点突出，技术上通过 JavaScript 特效更好地表现突出展示部分，吸引用户眼球。关键的功能分析如下。

1. 商品分类菜单

jQuery 实现仿京东网商品分类菜单功能，该功能通常应用于购物网站实现商品分类的功能。jQuery 代码如下：

```
<script src="script/jquery1.4.2.min.js" type="text/javascript"></script>
<link href="css/category.css" rel="stylesheet" type="text/css" />
<script type="text/javascript"/>
   $(document).ready(function(){
      $(".h2_cat").mousemove(function(){
         $(this).addClass("h2_cat active_cat");
      }).mouseout(function(){
         $(this).removeClass("active_cat");
      });
   });
</script>
```

页面 HTML 代码如下：

```
<div class="my_left_category">
<h1>全部分类</h1>
<div class="my_left_cat_list">
<h2><a href="#">图书、音像</a></h2>
<div class="h2_cat">
<h3><a href="#">人文社科</a></h3>
```

```
<div class="h3_cat">
<div class="shadow">
<div class="shadow_border">
<ul>
<li><a href="#">历史</a></li>
<li><a href="#">心理学</a></li>
<li><a href="#">政治</a></li>
<li><a href="#">军事</a></li>
<li><a href="#">社会科学</a></li>
</ul>
</div>
</div>
</div>
<div class="h2_cat">
<h3><a href="#">管理励志</a></h3>
略……
```

2. 首页或二级频道界面幻灯图片切换

jQuery 实现幻灯图片切换。该功能通常应用于网站首页界面或二级频道界面来表现焦点广告，如图 27-5 所示。

图 27-5　jQuery 实现幻灯图片切换

jQuery 代码如下：

```
<script type="text/javascript" src="http://ajax.googleapis.com/ajax/libs/jquery/1.9.1/jquery.min.js">
</script>
<script type="text/javascript" src="script/jquery.sudoSlider.min.js"> </script>
<script type="text/javascript">
$(document).ready(function(){
    var sudoSlider = $("#slider").sudoSlider({
        numeric: true,
        continuous:true,
        auto:true
    });
});
</script>
```

HTML 代码：

```
<body>
<div id="container">
    <div style="position:relative;">
        <div id="slider">
        <ul>
                <li data-effect="boxRainGrow" data-speed="1000"><img src="images/slider01.jpg"
alt="image description"/></li>
                略……
        </div>
    </div>
</body>
```

3. 单排图文上下间歇滚动

jQuery 实现单排图文上下间歇滚动效果。该功能在网站中通常应用在需要表现内容较多，但希望应用版面较小的板块内容。

```
<!DOCTYPE html>
<html>
<head>
<meta http-equiv="Content-Type" content="text/html; charset=utf-8" />
<title>jquery单排文字上下间歇滚动</title>
<script type="text/javascript" src="script/jquery1.4.2.min.js"></script>
</head>
<body>
<div class="headeline"></div>
<!--演示内容开始-->
<style type="text/css">
*{margin:0;padding:0;list-style-type:none;}
a,img{border:0;}
body{font:12px/180% Arial,Lucida,Verdana,"宋体",Helvetica,sans-serif;color:#333;background:#fff;}
.scrolltext{width:230px;height:287px;overflow:hidden;background:url(images/bground-scroll.pn
g) no-repeat;margin:20px auto;}
#quotation{width:190px;height:227px;overflow:hidden;margin:44px auto 0 auto;}
#quotation li{line-height:28px;padding-bottom:35px;}
#quotation li .a-r{text-align:right;}
#quotation li span{color:#999;margin:0 0 0 10px;}
</style>
<div class="scrolltext">
    <div id="quotation">
        <ul>
        <li>
        <p>百度搜索,百度一下,你就知道...</p>
        <p class="a-r"><a href="http://www.baidu.com/" class="stress">百度介绍</a><span>2013-
01-10</span></p>
        </li>
        <li>
```

```
        <p><img src='http://misc.360buyimg.com/lib/img/e/logo-2013.png' width="100" height=
'50'/>jd 购物商城,...</p>
            <p class="a-r"><a href="http://www.jd.com/" class="stress">jd 购物商城</a><span>2013-
03-09</span></p>
            </li>
            <li>
            <p><img src='http://script.suning.cn/images/logo/snlogo.png' width="100" height=
'50'/>苏宁 e 购,苏宁云商...</p>
            <p class="a-r"><a href="http://www.suning.com/" class="stress">苏宁 e 购</a><span>2013-
04-10</span></p>
            </li>
            <li>
            <p><img src='http://img01.taobaocdn.com/tps/i1/T1Kz0pXzJdXXXIdnjb-146-58.png' width=
"100" height='50'/>淘宝...</p>
            <p class="a-r"><a href="http://www.taobao.com/" class="stress">taobao.com</a><span>2013-
04-09</span></p>
            </li>
        </ul>
    </div>
</div>
<script type="text/javascript">
$(function(){
    var scrtime;
    $("#quotation").hover(function(){
        clearInterval(scrtime);
    },function(){
        scrtime = setInterval(function(){
            var $ul = $("#quotation ul");
            var liHeight = $ul.find("li:last").height();
            $ul.animate({marginTop : liHeight + 35 + "px"},1000,function(){
            $ul.find("li:last").prependTo($ul)
            $ul.find("li:first").hide();
            $ul.css({marginTop:0});
            $ul.find("li:first").fadeIn(1000);
        });
    },4000);
    }).trigger("mouseleave");
});
</script>
<!--演示内容结束-->
</body>
</html>
```

 ### 27.2.3 程序运行

这里以浏览京东商城网站为例，来介绍程序完成后的程序运行。在 IE 浏览器的地址栏中输入京东商城的网址 https://www.jd.com，即可打开京东网首页，如图 27-6 所示。

图 27-6　京东网站首页

第28章
软件工程师必备素养与技能

 学习指引

在现代软件企业中，软件工程师的主要职责是帮助企业或个人用户应用计算机实现各种功能，满足用户的各种需求。要想成为一名合格的软件工程师，需要具备基本的素养和技能。本章介绍软件工程师必备的一些素养和技能。

 重点导读

- 熟悉软件工程师的基本素养。
- 熟悉个人素质必修课程。

28.1 软件工程师的基本素养

如何成为一名合格的软件工程师？软件工程师的发展前景在哪里？在信息技术飞速发展的今天，一名优秀的软件工程师不仅要具备一定的软件编写能力，而且要经常问自己未来的方向，这样才能不断补充新的知识体系，应对即将到来的各种挑战。如果用一句话总结软件工程师的基本状态，那恐怕就是"学习学习再学习"。但是除了不断学习外，具备一些基本的专业素养是成为一个软件工程师的前提，如图 28-1 所示。下面介绍几种基本的素养。

1. 计算机基础能力

计算机基础能力包括熟悉计算机软件工作的基本原理，并具有过硬的计算机操作能力。

了解计算机操作系统的工作过程，知道计算机操作系统是如何分配内存资源、调度作业、控制输入输出设备等；熟悉计算机程序的工作过程，知道计算机程序怎么告诉计算机要做哪些事，按什么步骤去做。

具有过硬的计算机操作能力是软件工程师的基本功，例如对计算机的相关知识有基本的了解，包括软硬件、操作系统、常用键的功能等。

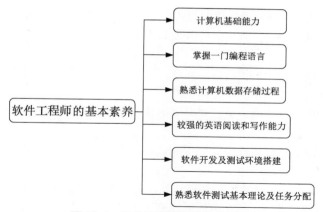

图 28-1　软件工程师的基本专业素养

具体来讲，如对 Windows、Linux、UNIX 等大型主流操作系统的使用和应用开发的熟练掌握；对操作系统中常用命令（如 Ping 等）的使用；对 Office 或 WPS 等办公软件的应用能力；对常用办公设备要熟悉，如打印机、复印机、传真机的使用等。

2. 掌握一门编程语言

软件工程师的一个重要职责是把用户的需求功能用某种计算机语言予以实现，因此编码能力直接决定了项目开发的效率。这就要求软件工程师至少掌握一门编程语言，如 PC 端常用的 C/C++、C#和 Java、PHP 语言及移动端常用的 Object C、HTML 5，并熟悉其基本语法、作业调度过程、资源分配过程，这是成为一个软件工程师的前提和要求。通俗地讲，计算机好比一块农田，软件工程师就是农夫，要使用一定的编程语言这个工具才能生产出我们的软件作品，熟练掌握一门编程语言是顺利生产软件作品的基石。

3. 熟悉计算机数据存储过程

在软件工作的过程中，要产生一定的数据输出，如何管理这些数据也是软件工程师必须掌握的知识。数据输出可以是一个文本文件也可以是 Excel 文件，也可以是其他存储格式。通常我们都要通过数据库软件去管理这些输出的数据，因此与数据库的交互在所有软件中都是必不可少的，了解数据库操作和编程是软件工程师需要具备的基本素质之一。

4. 较强的英语阅读和写作能力

程序世界的主导语言是英文，编写程序开发文档和开发工具帮助文件离不开英文，了解业界的最新动向、阅读技术文章离不开英文，就是与世界各地编程高手交流、发布帮助请求同样离不开英文。作为软件工程师，具有一定的英语基础对于提升自身的学习和工作能力极有帮助。

5. 软件开发及测试环境搭建

搭建良好的软件开发与测试环境是软件工程师需要具备的专业技能，也是完成开发与测试任务的保证。测试环境大体可分为硬件环境和软件环境。硬件环境包括必需的 PC 机、服务器、设备、网线、分配器等设备；软件环境包括数据库、操作系统、被测试软件、共存软件等；特殊条件下还要考虑网络环境，例如网络带宽、IP 地址设置等。

搭建软件开发与测试环境前后要注意以下几点。

（1）搭建软件开发与测试环境前，确定软件开发与测试目的。软件开发与测试目的的不同，在搭建环境时也会有所不同。

（2）软件开发与测试环境尽可能地模拟真实环境。通过对技术支持人员和销售人员的了解，尽可能地模拟用户使用环境，选用合适的操作系统和软件平台。

（3）确保软件开发与测试环境无毒。通过对环境的杀毒，以及安全的设置，可以很好地防止病毒感染测试环境，确保环境无毒。

（4）营造独立的测试环境。测试过程中要确保测试环境的独立，避免测试环境被占用，影响测试进度及测试结果。

（5）构建可复用的测试环境。当搭建好测试环境后，对操作系统及测试环境进行备份是必要的。这样，在下轮测试时可以直接恢复测试环境，避免重新搭建测试环境花费时间；当测试环境遭到破坏时，可以恢复测试环境，避免测试数据丢失。

6. 熟悉软件测试基本理论及任务分配

在软件投入生产前，必须经过测试过程，只要有开发，就会有测试。软件工程师不一定要做程序测试，但要熟悉软件测试过程，要能了解到测试工程师测试 bug 准确定位程序问题所在，这就注定了软件测试在软件开发过程中是不可或缺的，因此精通软件测试的基本理论以及工作任务是软件工程师必备的基本素养和技能。常用的软件测试技术包括黑盒测试、白色测试等。

28.2　个人素质必修课程

作为一名优秀的软件工程师，首先要对工作有兴趣，软件开发与测试等工作很多时候都显得有些枯燥，因此热爱软件开发或测试工作，才更容易做好这类工作。因此，除了具有专业技能和行业知识外，还应具备一些基本的个人素质，如图 28-2 所示。

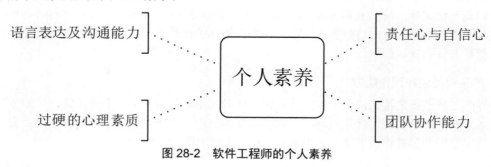

图 28-2　软件工程师的个人素养

1. 语言表达及沟通能力

良好的语言表达能力和沟通能力是软件工程师应该具备的一个很重要的素质。在公司内部，团队要经常讨论解决问题，对外通过沟通分析客户合理需求，否则软件输出错误，会给公司和客户都造成不必要的损失。

2. 过硬的心理素质

开发软件本身就是一项艰苦的脑力和体力劳动，软件工程师开发完成一个软件，要经过反复修改，花费大量的时间和精力，这些都要求软件工程师有较好的心理承受能力，以及过硬的心理素质。

3. 责任心与自信心

责任心是做好工作的必备素质之一，软件工程师更应该将其发扬光大。如果工作中没有尽到责任，甚至敷衍了事，这将会把工作交给后面的工作人员甚至用户来完成，这很可能引起非常严重的后果。

自信心是现在多数软件工程师都缺少的一项素质，尤其在面对需要编写测试代码等工作时，往往认为自己做不到。因此，要想获得更好的职业发展，软件工程师应该努力学习，建立能"解决一切问题"的信心。

4. 团队协作能力

团队协作贯穿软件开发的整个过程，从项目立项、项目需求分析、项目概要设计、数据库设计、功能模块编码、测试整个软件开发过程，可以说软件开发离不开团队协作，如果没有良好的团队协作能力，软件开发过程只能事倍功半。

28.3　项目开发流程

具备了个人素质和基础的编程知识，作为一名优秀的开发人员还要熟悉一个软件项目怎么开展工作，这个就是项目开发流程，如图 28-3 所示。

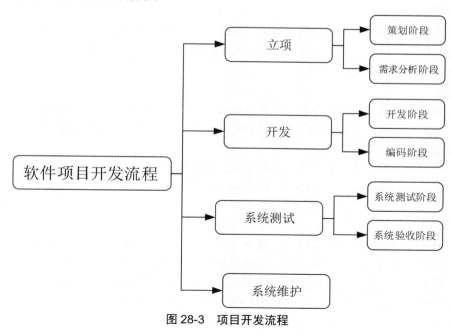

图 28-3　项目开发流程

1. 策划阶段

软件项目策划阶段是项目的开始形成过程，解决了软件项目要干什么的问题。一个成功的软件项目通常都是策划阶段做的踏实有效的项目。在这个阶段要由专业的行业人员分析市场情况，确定项目的可行性、先进性及项目解决实际问题所带来的投入产出问题，形成项目策划报告书。一般可以按照如下程序进行输出。

1）项目策划草案

项目策划草案应包括产品简介、产品目标及功能说明、开发所需的资源、开发时间等。

2）风险管理计划

也就是把有可能出错或现在还不能确定的东西列出来，并制订出相应的解决方案。风险发现得越早对项目越有利。

3）软件开发计划

软件开发计划的目的是收集控制项目时所需的所有信息，项目经理根据项目策划来安排资源需求，并根据时间表跟踪项目进度。项目团队成员则根据项目策划，了解自己的工作任务、工作时间以及所要依赖的其他活动。

除此之外，软件开发计划还应包括项目的应收标准及应收任务（包括确定需要制定的测试用例）。

4）人员组织结构定义及配备

常见的人员组织结构有垂直方案、水平方案和混合方案 3 种。垂直方案中每个成员会充当多重角色，而水平方案中每个成员会充当一至两个角色，混合方案则包括经验丰富的人员与新手的相互融合。具体方案应根据公司人员的实际技能情况进行选择。

5）过程控制计划

过程控制计划的目的是收集项目计划正常执行所需的所有信息，用来指导项目进度的监控、计划的调整，以确保项目能按时完成。

2. 需求分析阶段

软件需求分析是策划报告的细致挖掘，解决了软件项目如何干的问题。需求分析准确与否最后直接影响到项目的输出，所以在这个过程需要专业的行业人员与软件工程师进行不断的沟通确定需求，形成项目需求分析报告书。可以分为以下两个阶段。

1）需求获取

需求获取，是指开发人员与用户多次沟通并达成协议，对项目所要实现的功能进行的详细说明。需求获取过程是进行需求分析过程的基础和前提，其目的在于产生正确的用户需求说明书，从而保证需求分析过程产生正确的软件需求规格说明书。

需求获取工作做得不好，会导致需求的频繁变更，影响项目的开发周期，严重的可导致整个项目的失败。开发人员应首先制订访谈计划，然后准备提问单进行用户访谈，获取需求，并记录访谈内容以形成用户需求说明书。

2）需求分析

需求分析过程主要是对所获取的需求信息进行分析，及时排除错误和弥补不足，确保需求文档正确地反映用户的真实意图，最终将用户的需求转化为软件需求，形成软件需求规格说明书。同时针对软件需求规格说明书中的界面需求以及功能需求，制作界面原型。所形成的界面原型，可以有 3 种表示方法：图纸（以书面形式）、位图（以图片形式）和可执行文件（交互式）。在进行设计之前，应当对开发人员进行培训，以使开发人员能更好地理解用户的业务流程和产品的需求。

3. 开发阶段

开发阶段是项目需求与软件工程相结合的一个阶段，解决了具体项目软件如何实现的问题。通常可分为以下两个阶段。

　1）软件概要设计

设计人员在软件需求规格说明书的指导下，需完成以下任务。

（1）通过软件需求规格说明书，对软件功能需求进行体系结构设计，确定软件结构及组成部分，编写《体系结构设计报告》。

（2）进行内部接口和数据结构设计，编写《数据库设计报告》。

（3）编写《软件概要设计说明书》。

　2）软件详细设计

软件详细设计阶段的任务如下。

（1）通过《软件概要设计说明书》，了解软件的结构。

（2）确定软件部分各组成单元，进行详细的模块接口设计。

（3）进行模块内部数据结构设计。

（4）进行模块内部算法设计，例如可采用流程图、伪代码等方式详细描述每一步的具体加工要求及种种实现细节，编写《软件详细设计说明书》。

4. 编码阶段

编码阶段是针对软件详细设计的具体实现，把问题解决程序化。这个过程主要解决以下问题。

　1）编写代码

开发人员通过《软件详细设计说明书》，对软件结构及模块内部数据结构和算法进行代码编写，并保证编译通过。

　2）单元测试

代码编写完成可对代码进行单元测试、集成测试，记录、发现并修改软件中的问题。

5. 系统测试阶段

系统测试阶段主要验证输入是否按照预定结果进行输出的问题。发现软件输出与实际生产、系统定义不符合或与其矛盾的地方。系统测试过程一般包括制订系统测试计划，进行测试方案设计、测试用例开发，进行测试，最后要对测试活动和结果进行评估。

6. 系统验收阶段

系统验收环节主要是与客户确认软件输出与项目需求的吻合度，确定是否项目完结、项目下一步计划等，最后形成项目验收报告书。

7. 系统维护阶段

任何一个软件项目在投入生产过程中或多或少都会存在这样那样的问题，在系统维护阶段根据软件运行的情况，对软件进行适当的修改，以适应新的要求，以及纠正运行中发现的错误等。同时，还需要编写软件问题报告和软件修改报告。

28.4　项目开发团队

在个人素养中我们看到团队协作的重要性和关键性，那么一个良好稳定运行的软件开发团队要怎么构建和满足项目要求呢？如图 28-4 所示。

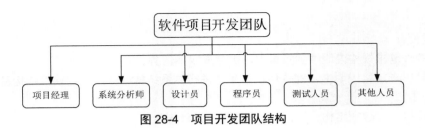

图 28-4　项目开发团队结构

1. 项目团队构建

项目团队解决由哪些人去实现一个软件项目的问题，一般由以下几个角色进行构建。

1）项目经理

项目经理要具有领导才能，主要负责团队的管理，对出现的问题能正确而迅速地做出决定，能充分利用各种渠道和方法来解决问题，能跟踪任务，有很好的日程观念，能在压力下工作。

2）系统分析师

主要负责系统分析，了解用户需求，写出《软件需求规格说明书》，建立用户界面原型等。担任系统分析师的人员应该善于协调，并且具有良好的沟通技巧。在担任此角色的人员中，必须要具备业务和技术领域的知识。

3）设计员

主要负责系统的概要设计、详细设计和数据库设计。要求熟悉分析与设计技术，熟悉系统的架构。

4）程序员

负责按项目的要求进行编码和单元测试，要求有良好的编程和测试技术。

5）测试人员

负责进行测试，描述测试结果，提出问题解决方案。要求了解要测试的系统，具备诊断和解决问题的技能。

6）其他人员

一个成功的项目团队是一个高效、协作的团队。除具有一些软件开发人员外，还需要一些其他人员，如美工、文档管理人员等角色。

在小规模企业中可能一个人具有多个角色，例如开发人员与测试人员是同一个人。在复杂的项目中，项目角色不限于以上角色，又可以进一步进行分配，比如同样的功能在不同设备上进行实现可以分为 PC端开发工程师和移动端开发工程师。

2. 项目团队要求

一个高效的软件开发团队是建立在合理的开发流程及团队成员密切合作的基础之上的。每一个成员共同迎接挑战，有效地计划、协调和管理各自的工作以完成明确的目标。高效的开发团队具有以下几个特征。

1）具有明确且有挑战性的共同目标

一个具有明确且有挑战性共同目标的团队，其工作效率会很高。因为通常情况下，技术人员往往会为完成了某个具有挑战性的任务而感到自豪，而反过来技术人员为了获得这种自豪的感觉，会更加积极地工作，从而带来团队开发的高效率。

2）团队具有很强的凝聚力

在一个高效的软件开发团队中，成员的凝聚力表现为相互支持、相互交流和相互尊重，而不是相互推卸责任、保守、指责。例如，某个成员明明知道另外的模块中需要用到一段与自己已经编写完成且有些难度的程序代码，但他就是不愿拿出来给其他成员共享，也不愿与系统设计人员交流，这样就会为项目的顺利开展带来不良的影响。

3）具有融洽的交流环境

在一个开发团队中，每个开发小组人员行使各自的职责，例如系统设计人员做系统概要设计和详细设计，需求分析人员制定需求规格说明，项目经理配置项目开发环境并且制订项目计划等。但是由于种种原因，每个组员的工作不可能一次性做到位，如系统概要设计的文档可能有个别地方会词不达意，这样在做详细设计的时候就有可能造成误解。因此高效的软件开发团队是具有融洽的交流环境的，而不是那种简单的命令执行式的。

4）具有共同的工作规范和框架

高效软件开发团队具有工作的规范性及共同框架，对于项目管理具有规范的项目开发计划，对于分析设计具有规范和统一框架的文档及审评标准，对于代码具有程序规范条例，对于测试有规范且可推理的测试计划及测试报告，等等。

5）采用合理的开发过程

软件项目的开发不同于一般商品的研发和生产，开发过程中面临着各种难以预测的风险，例如客户需求的变化、人员的流失、技术的瓶颈、同行的竞争等。高效的软件开发团队往往会采用合理的开发过程去控制其中的风险，提高软件的质量，降低开发的费用，等等。

28.5 项目的实际开发过程

项目开发流程解决了软件怎么开展的问题，那么项目实际运作解决了软件项目风险控制问题。科学的项目运作过程可以及时修正项目的偏离，确保项目的产出有效。项目的实际开发过程如图 28-5 所示。

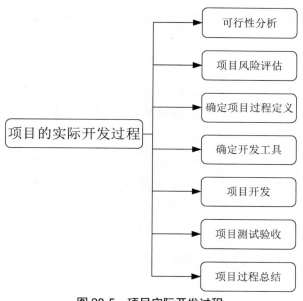

图 28-5 项目实际开发过程

1．可行性分析

做可行性分析，从而确定项目目标和范围，开发一个新项目或新版本时，首先是和用户一起确认需求，进行项目的范围规划。当用户对项目进度的要求和优先级高的时候，往往要缩小项目范围，对用户需求进行优先级排序，排除优先级低的需求。

另外，做项目范围规划的一个重要依据就是开发者的经验和对项目特征的清楚认识。项目范围规划初期需要进行一个宏观的估算，否则很难判断清楚，或对用户承诺在现有资源情况下需要多长时间完成需求。

2．项目风险评估

风险管理是项目管理的一个重要知识领域，整个项目管理的过程就是不断地去分析、跟踪和减轻项目风险的过程。风险分析的一个重要内容就是评估风险的根源，然后根据根源去制定专门的应对措施。风险管理贯穿整个项目管理过程，需要定期对风险进行跟踪和重新评估，对于转变成了问题的风险还需要事先制订相关的应急计划。

3．确定过程定义

项目的目标和范围确定后，接下来开始确定项目的过程，如项目整个过程中采用何种生命周期模型，项目过程是否需要对组织级定义的标准过程进行裁剪等。项目过程定义是进行 WBS（Work Breakdown Structure，工作分解结构）分解前必须确定的一个环节。WBS 就是把一个项目按一定的原则分解成任务，任务再分解成一项项工作，再把一项项工作分配到每个人的日常活动中，直到分解不下去为止。

4．确定开发工具

确定项目开发过程中需要使用的方法、技术和工具。一个项目中除了使用到常用的开发工具外，还会使用到需求管理、设计建模、配置管理、变更管理、IM 沟通（及时沟通）等诸多工具，使用到面向对象分析和设计，开发语言、数据库、测试等多种技术，在这里都需要分析和定义清楚，这将成为后续技能评估和培训的一个重要依据。

5．项目开发

根据开发计划进度进行开发，项目经理跟进开发进度，严格控制项目需求变动的情况。项目开发过程中不可避免地会出现需求变动的情况，在需求发生变更时，可根据实际情况实施严格的需求变更管理。

6．项目测试验收

测试验收阶段主要是在项目投入使用前查找项目中的运行错误。在需求文档基础之上核实每个模块能否正常运行，核实需求是否被正确实施。根据测试计划，由项目经理安排测试人员，根据项目开展计划分配进行项目的测试工作。通过测试，确保项目的质量。

7．项目过程总结

测试验收完成紧接着应开展项目过程的总结，主要是对项目开发过程的工作成果进行总结，以及进行相关文件的归档、备份等。

28.6　项目规划常见问题及解决

项目的开发并不是一两天就可以做好的。对于一个复杂的项目来说，其开发过程更是充满了曲折和艰辛，可能会出现这样那样的问题。

1. 如何满足客户需求

满足客户的需求也就是在项目开发流程中所提到的需求分析。如果一个项目经过大量的人力、物力、财力和时间的投入后，所开发出的软件没人要，这种遭遇是很让人痛心疾首的。

需求分析之所以重要，是因为它具有决策性、方向性和策略性的作用，它在软件开发的过程中占据着举足轻重的地位。在一个大型软件系统的开发中，它的作用要远远大于程序设计。那么，如何做才能满足客户的需求呢？

1）了解客户业务目标

只有在需求分析时更好地了解客户的业务目标，才能使产品更好地满足需求。充分了解客户业务目标将有助于程序开发人员设计出真正满足客户需要并达到期望的优质软件。

2）撰写高质量的需求分析报告

需求分析报告是分析人员对从客户那里获得的所有信息进行整理，它主要用以区分业务需求及规范、功能需求、质量目标、解决方法和其他信息，它使程序开发人员和客户之间针对要开发的产品内容达成了共识和协议。

需求分析报告应以一种客户认为易于翻阅和理解的方式组织编写，同时程序分析师可能会采用多种图表作为文字性需求分析报告的补充说明，虽然这些图表很容易让客户理解，但是客户可能对此并不熟悉，因此，对需求分析报告中的图表进行详细的解释说明也是很有必要的。

3）使用符合客户语言习惯的表达方式

在与客户进行需求交流时，要尽量站在客户的角度使用术语，而客户却不需要懂得计算机行业方面的术语。

4）尊重客户的意见

客户与程序开发人员，偶尔也会碰到一些难以沟通的问题。如果客户与开发人员之间产生了不能相互理解的问题，要尽量多听听客户方的意见，能满足客户的需求时，就要尽可能地满足客户的需求，如果实在是因为某些技术方面的原因而无法实现，应当合理地向客户说明。

5）划分需求的优先级

绝大多数项目没有足够的时间或资源实现功能性上的每一个细节。如果需要对哪些特性是必要的，哪些是重要的等问题做出决定，那么最好询问一下客户所设定的需求优先级。程序开发人员不可以猜测客户的观点，然后去决定需求的优先级。

2. 如何控制项目进度

大量的软件错误通常只有到了项目后期，在进行系统测试时才会被发现，解决问题所花的时间也是很难预料的，经常导致项目进度无法控制。同时在整个软件开发的过程中，项目管理人员由于缺乏对软件质量状况的了解和控制，也加大了项目管理的难度。

　　面对这种情况，较好的解决方法是尽早进行测试，当软件的第一个过程结束后，测试人员要马上基于它进行测试脚本的实现，按项目计划中的测试目的执行测试用例，对测试结果做出评估报告。这样，就可以通过各种测试指标实时监控项目质量状况，提高对整个项目的控制和管理能力。

3. 如何控制项目预算

　　在整个项目开发的过程中，错误发现得越晚，单位错误修复成本就会越高，错误的延迟解决必然会导致整个项目成本的急剧增加。

　　解决这个问题的较好方法是采取多种测试手段，尽早发现潜在的问题。

第6篇

项目实践

在本篇中，将综合前面所学的各种知识技能以及高级开发技巧来开发项目，其中包括企业门户网站、游戏大厅网站、便捷计算器 App 等。通过本篇的学习，读者将对 Web 网页编程在项目开发中的实际应用拥有切身的体会，为日后进行前端开发积累下项目管理及实践开发经验。

- **第 29 章** 项目实践初级阶段——制作企业门户网站
- **第 30 章** 项目实践提高阶段——制作游戏大厅网站
- **第 31 章** 项目实践高级阶段——开发便捷计算器 App

第 29 章

项目实践初级阶段——制作企业门户网站

 学习指引

　　该项目是制作一个企业门户网站，包括网站首页、公司简介、产品中心、新闻中心、联系我们等企业模板页面，本章介绍制作企业门户网站。

 重点导读

- 了解项目代码结构。
- 掌握项目代码实现。
- 熟悉项目总结的方法。

29.1　项目代码结构

　　本项目是基于 HTML 5、CSS 3、JavaScript 的案例程序，案例主要通过 HTML 5 确定框架、CSS 3 确定样式、JavaScript 来完成调度，通过三者合作来实现网页的动态化，案例所用的图片全部保存在 images 文件夹中。

　　本案例的代码清单包括 html.js.css 三个部分。

　　（1）html 部分：本案例包括多个 html 文件，主要文件为 index.html、about.html、news.html、products.html、contact.html。它们分别是首页页面、公司简介页面、新闻中心页面、产品分类页面、联系我们页面等。

　　（2）js 部分：本案例一共有三个 js 代码，分别为 main.js、jquery.min.js、bootstrap.min.js。

　　（3）css 部分：本案例一共有两个 css 代码，分别为 main.css、bootstrap.min.css。

29.2　项目代码实现

　　下面来介绍企业门户网站各个页面的实现过程及相关代码。

29.2.1 设计企业门户网站首页

企业门户网站的首页用于展示企业的基本信息，包括企业介绍、产品分类、产品介绍等，实现首页的主要代码如下：

```html
<!DOCTYPE HTML>
<html lang="zh-cn">
    <head>
        <title></title>
        <meta charset="utf-8" />
        <meta name="viewport" content="width=device-width, initial-scale=1">
        <link rel="stylesheet" type="text/css" href="static/css/bootstrap.min.css" />
        <link rel="stylesheet" type="text/css" href="static/css/main.css" />
    </head>

    <body class="bodypg">
        <div class="top-intr">
            <div class="container">
                <p class="pull-left">
                        昆玉化工有限公司
                </p>
                <p class="pull-right">
                    <a><i class="glyphicon glyphicon-earphone"></i>联系电话：021-12345678 </a>
                </p>
            </div>
        </div>
        <nav class="navbar-default">
            <div class="container">
                <div class="navbar-header">
                    <!--<button type="button" class="navbar-toggle" data-toggle="collapse" data-target="#bs-example-navbar-collapse">
                        <span class="sr-only">Toggle navigation</span>
                        <span class="icon-bar"></span>
                        <span class="icon-bar"></span>
                        <span class="icon-bar"></span>
                    </button>-->
                    <a href="index.html">
                        <h1>昆玉化工</h1>
                        <p>KUN YU CO.,LTD.</p>
                    </a>
                </div>
                <div class="pull-left search">
                    <input type="text" placeholder="输入搜索的内容"/>
                    <a><i class="glyphicon glyphicon-search"></i>搜索</a>
                </div>
                <div class="nav-list"><!--class="collapse navbar-collapse" id="bs-example-navbar-collapse"-->
                    <ul class="nav navbar-nav">
                        <li class="active hidden-xs">
                            <a href="index.html">网站首页</a>
                        </li>
                        <li>
                            <a href="about.html">关于昆玉</a>
                        </li>
                        <li>
                            <a href="products.html">产品介绍</a>
                        </li>
                        <li>
```

```
                    <a href="news.html">新闻中心</a>
                </li>
                <li>
                    <a href="contact.html">联系我们</a>
                </li>
            </ul>
        </div>
    </div>
</nav>
<div class="fl hidden-lg hidden-md hidden-sm">
    <ul>
        <li>
            <a href="index.html">
                <p><i class="glyphicon glyphicon-home"></i>
                网站首页</p>
            </a>
        </li>
        <li>
            <a href="tel:18112651385" >
                <p><i class="glyphicon glyphicon-earphone"></i>
                拨号联系</p>
            </a>
        </li>
        <li>
            <a href="contact.html#message">
                <p><i class="glyphicon glyphicon-comment"></i>
                在线留言</p>
            </a>
        </li>
    </ul>
</div>
<!--banner-->
<div id="carousel-example-generic" class="carousel slide " data-ride="carousel">
    <!-- Indicators -->
    <ol class="carousel-indicators">
        <li data-target="#carousel-example-generic" data-slide-to="0" class="active"></li>
        <li data-target="#carousel-example-generic" data-slide-to="1"></li>
        <li data-target="#carousel-example-generic" data-slide-to="2"></li>
    </ol>

    <!-- Wrapper for slides -->
    <div class="carousel-inner" role="listbox">
        <div class="item active">
            <img src="static/images/banner/banner2.jpg">
        </div>
        <div class="item">
            <img src="static/images/banner/banner3.jpg">
        </div>
        <div class="item">
            <img src="static/images/banner/banner1.jpg">
        </div>
    </div>

    <!-- Controls -->
    <a class="left carousel-control" href="#carousel-example-generic" role="button" data-slide="prev">
        <span class="glyphicon glyphicon-chevron-left" aria-hidden="true"></span>
        <span class="sr-only">Previous</span>
    </a>
    <a class="right carousel-control" href="#carousel-example-generic" role="button" data-
```

```
slide="next">
                    <span class="glyphicon glyphicon-chevron-right" aria-hidden="true"></span>
                    <span class="sr-only">Next</span>
            </a>
        </div>
        <!--main-->
        <div class="main container">
            <div class="row">
                <div class="col-sm-3 col-xs-12">
                    <div class="pro-list">
                        <div class="list-head">
                            <h2>产品分类</h2>
                            <a href="products.html">更多+</a>
                        </div>
                        <dl>
                            <dt>净洗剂</dt>
                            <dd><a href="products-detail.html">6501</a></dd>
                            <dt>酸度调节剂</dt>
                            <dd><a href="products-detail1.html">一水柠檬酸/无水柠檬酸</a></dd>
                            <dt>防腐剂</dt>
                            <dd><a href="products-detail2.html">苯甲酸钠</a></dd>
                            <dt>磷酸盐</dt>
                            <dd><a href="products-detail3.html">96%/98%磷酸三钠</a></dd>
                            <dd><a href="products-detail4.html">三聚磷酸钠</a></dd>
                            <dt>其他醚</dt>
                            <dd><a href="products-detail5.html">二乙二醇己醚</a></dd>
                            <dd><a href="products-detail6.html">二丙二醇丙醚</a></dd>
                            <dd><a href="products-detail7.html">三丙二醇甲醚</a></dd>
                        </dl>
                    </div>

                </div>
                <div class="col-sm-9 col-xs-12">
                    <div class="about-list row">
                        <div class="col-md-9 col-sm-12">
                            <div class="about">
                                <div class="list-head">
                                    <h2>公司简介</h2>
                                    <a href="about.html">更多+</a>
                                </div>
                                <div class=" about-con row">
                                    <div class="col-sm-6 col-xs-12">
                                        <img src="static/images/ab.jpg"/>
                                    </div>
                                    <div class="col-sm-6 col-xs-12">
                                        <h3>昆玉化工有限公司</h3>
                                        <p>
                                                经销批发的丙二醇、乙二醇、甘油、油酸、胺类、硬脂酸畅销消费
者市场,在消费者当中享有较高的地位,公司与多家零售商和代理商建立了长期稳定的合作关系.
                                        </p>
                                    </div>
                                </div>
                            </div>
                        </div>
                        <div class="col-md-3 col-sm-12">
                            <div class="con-list">
                                <div class="list-head">
```

```
                            <h2>联系我们</h2>
                        </div>
                        <div class="con-det">
                            <a href="contact.html"><img src="static/images/listcon.jpg"/>
</a>
                            <ul>
                                <li>公司地址：江苏省上海市昆玉区产业园</li>
                                <li>固定电话：<br/>021-12345678</li>
                                <li>联系邮箱：Kunyu@job.com</li>
                            </ul>
                        </div>
                    </div>
                </div>
            </div>
            <div class="pro-show">
                <div class="list-head">
                    <h2>产品展示</h2>
                    <a href="products.html">更多+</a>
                </div>
                <ul class="row">
                    <li class="col-sm-3 col-xs-6">
                        <a href="products-detail.html">
                            <img src="static/images/products/pro1.jpg"/>
                            <p>6501</p>
                        </a>
                    </li>
                    <li class="col-sm-3 col-xs-6">
                        <a href="products-detail1.html">
                            <img src="static/images/products/pro2.jpg"/>
                            <p>一水柠檬酸/无水柠檬酸</p>
                        </a>
                    </li>
                    <li class="col-sm-3 col-xs-6">
                        <a href="products-detail2.html">
                            <img src="static/images/products/pro3.jpg"/>
                            <p>苯甲酸钠</p>
                        </a>
                    </li>
                    <li class="col-sm-3 col-xs-6">
                        <a href="products-detail3.html">
                            <img src="static/images/products/pro4.jpg"/>
                            <p>96%/98%磷酸三钠</p>
                        </a>
                    </li>
                    <li class="col-sm-3 col-xs-6">
                        <a href="products-detail4.html">
                            <img src="static/images/products/pro5.jpg"/>
                            <p>三聚磷酸钠</p>
                        </a>
                    </li>
                    <li class="col-sm-3 col-xs-6">
                        <a href="products-detail5.html">
                            <img src="static/images/products/pro6.jpg"/>
                            <p>二乙二醇己醚</p>
                        </a>
                    </li>
                    <li class="col-sm-3 col-xs-6">
                        <a href="products-detail6.html">
                            <img src="static/images/products/pro7.jpg"/>
```

```
                                <p>二丙二醇丙醚</p>
                            </a>
                        </li>
                        <li class="col-sm-3 col-xs-6">
                            <a href="products-detail7.html">
                                <img src="static/images/products/pro8.jpg"/>
                                <p>三丙二醇甲醚</p>
                            </a>
                        </li>
                    </ul>
                </div>
            </div>
        </div>
        <a class="move-top">
            <p><i class="glyphicon glyphicon-chevron-up"></i></p>
        </a>
        <footer>
            <div class="footer02">
                <div class="container">
                    <div class="col-sm-4 col-xs-12 footer-address">
                        <h4>昆玉化工有限公司</h4>
                        <ul>
                            <li><i class="glyphicon glyphicon-home"></i>公司地址：上海市昆玉区产业
园1号</li>
                            <li><i class="glyphicon glyphicon-phone-alt"></i>固定电话：021-12345678
</li>
                            <li><i class="glyphicon glyphicon-phone"></i>移动电话：13021210000</li>
                            <li><i class="glyphicon glyphicon-envelope"></i>联系邮箱：Kunyu@job.
com</li>
                        </ul>
                    </div>
                    <ul class="footerlink col-sm-4 hidden-xs">
                        <li>
                            <a href="about.html">关于我们</a>
                        </li>
                        <li>
                            <a href="products.html">产品介绍</a>
                        </li>
                        <li>
                            <a href="news.html">新闻中心</a>
                        </li>
                        <li>
                            <a href="contact.html">联系我们</a>
                        </li>
                    </ul>
                    <div class="gw col-sm-4 col-xs-12">
                        <p>关注我们：</p>
                        <img src="static/images/wx.jpg"/>
                        <p>客服热线：Kunyu@job.com</p>
                    </div>
                </div>
                <div class="copyright text-center">
                    <span>copyright © 2018 </span>
                    <span>昆玉化工有限公司 </span>
                </div>
            </div>
        </footer>
```

```
        <script src="static/js/jquery.min.js" type="text/javascript" charset="utf-8"></script>
        <script src="static/js/bootstrap.min.js" type="text/javascript" charset="utf-8"></script>
        <script src="static/js/main.js" type="text/javascript" charset="utf-8"></script>
    </body>
</html>
```

运行本案例的主页 index.html 文件，即可预览首页效果。图 29-1 为首页的顶部模块，包括网页菜单、Banner 等；图 29-2 为首页的中间模块，包括产品分类、公司简介、联系我们、产品展示等模块；图 29-3 为首页的底部模块，包括联系方式和一个微信图片。

图 29-1　首页顶部模块

图 29-2　首页中间模块

图 29-3　首页顶部模块

29.2.2　设计 Banner 动态效果

网站页面中的 Banner 图片一般是自动滑动运行，用户可以使用 JavaScript 代码来实现自动滑动运行效果，用于控制整个网站首页 Banner 图片自动运行动态效果的 JavaScript 代码如下：

```
$(function(){
    $(".move-top").click(function () {
        var speed=200;//滑动的速度
        $('body,html').animate({ scrollTop: 0 }, speed);
        return false;
    });
})
```

运行之后，网站首页 Banner 以 200ms 的速度滑动，图 29-4 为 Banner 的第一张图片；图 29-5 为 Banner 的第二张图片；图 29-6 为 Banner 的第三张图片。

图 29-4 Banner 的第一张图片

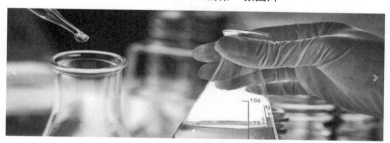

图 29-5 Banner 的第二张图片

图 29-6 Banner 的第三张图片

29.2.3 设计公司简介页面

公司简介页面用于介绍公司的基本情况，包括经营状况、产品内容等，实现页面功能的主要代码如下：

```
<!DOCTYPE HTML>
<html lang="zh-cn">
    <head>
        <title></title>
```

```
        <meta charset="utf-8" />
        <meta name="viewport" content="width=device-width, initial-scale=1">
        <link rel="stylesheet" type="text/css" href="static/css/bootstrap.min.css" />
        <link rel="stylesheet" type="text/css" href="static/css/main.css" />
    </head>

    <body>
        <div class="top-intr">
            <div class="container">
                <p class="pull-left">
                    昆玉化工有限公司
                </p>
                <p class="pull-right">
                    <a><i class="glyphicon glyphicon-earphone"></i>联系电话：021-12345678</a>
                </p>
            </div>
        </div>
        <nav class="navbar-default">
            <div class="container">
                <div class="navbar-header">
                    <!--<button type="button" class="navbar-toggle" data-toggle="collapse" data-
target="#bs-example-navbar-collapse">
                        <span class="sr-only">Toggle navigation</span>
                        <span class="icon-bar"></span>
                        <span class="icon-bar"></span>
                        <span class="icon-bar"></span>
                    </button>-->
                    <a href="index.html">
                        <h1>昆玉化工</h1>
                        <p>KUN YU CO.,LTD.</p>
                    </a>
                </div>
                <div class="pull-left search">
                    <input type="text" placeholder="输入搜索的内容"/>
                        <a><i class="glyphicon glyphicon-search"></i>搜索</a>
                </div>
                <div class="nav-list"><!--class="collapse navbar-collapse" id="bs-example-navbar-
collapse"-->

                    <ul class="nav navbar-nav">
                        <li class=" hidden-xs">
                            <a href="index.html">网站首页</a>
                        </li>
                        <li class="active">
                            <a href="about.html">关于昆玉</a>
                        </li>
                        <li>
                            <a href="products.html">产品介绍</a>
                        </li>
                        <li>
                            <a href="news.html">新闻中心</a>
                        </li>
                        <li>
                            <a href="contact.html">联系我们</a>
                        </li>
                    </ul>
                </div>
```

```
            </div>
        </nav>
        <div class="fl hidden-lg hidden-md hidden-sm">
          <ul>
              <li>
                  <a href="index.html">
                      <p><i class="glyphicon glyphicon-home"></i>
                        网站首页</p>
                  </a>
              </li>
              <li>
                  <a href="tel:0512-57995109" >
                      <p><i class="glyphicon glyphicon-earphone"></i>
                        拨号联系</p>
                  </a>
              </li>
              <li>
                  <a href="contact.html#message">
                      <p><i class="glyphicon glyphicon-comment"></i>
                        在线留言</p>
                  </a>
              </li>
          </ul>
        </div>
        <!--banner-->
        <div id="carousel-example-generic" class="carousel slide " data-ride="carousel">
          <!-- Indicators -->
          <ol class="carousel-indicators">
              <li data-target="#carousel-example-generic" data-slide-to="0" class="active"></li>
              <li data-target="#carousel-example-generic" data-slide-to="1"></li>
              <li data-target="#carousel-example-generic" data-slide-to="2"></li>
          </ol>

          <!-- Wrapper for slides -->
          <div class="carousel-inner" role="listbox">
              <div class="item active">
                  <img src="static/images/banner/banner2.jpg">
              </div>
              <div class="item">
                  <img src="static/images/banner/banner3.jpg">
              </div>
              <div class="item">
                  <img src="static/images/banner/banner1.jpg">
              </div>
          </div>

          <!-- Controls -->
          <a class="left carousel-control" href="#carousel-example-generic" role="button" data-
slide="prev">
              <span class="glyphicon glyphicon-chevron-left" aria-hidden="true"></span>
              <span class="sr-only">Previous</span>
          </a>
          <a class="right carousel-control" href="#carousel-example-generic" role="button" data-
slide="next">
              <span class="glyphicon glyphicon-chevron-right" aria-hidden="true"></span>
              <span class="sr-only">Next</span>
          </a>
```

```
        </div>
        <!--main-->

        <div class="abpg container">
          <div class="">
              <!--<div class="col-md-3">
                  <div class="model-title theme">
                        关于我们
                  </div>
                  <div class="model-list">
                      <ul class="list-group">
                          <li class="list-group-item ">
                              <a href="about.html">关于昆玉</a>
                          </li>
                      </ul>
                  </div>
              </div>-->
              <div class="col-md-12 serli">
                  <ol class="breadcrumb">
                      <li><i class="glyphicon glyphicon-home"></i><a href="index.html">主页
</a></li>
                      <li class="active">关于昆玉</li>
                  </ol>
                  <div class="abdetail">
                      <img src="static/images/ab.jpg"/>
                      <p>
                            昆玉化工有限公司 经销批发的丙二醇、乙二醇、甘油、油酸、胺类、硬脂酸畅销消费者市
场,在消费者当中享有较高的地位,公司与多家零售商和代理商建立了长期稳定的合作关系。昆玉化工有限公司经销的丙二醇、乙二醇、
甘油、油酸、胺类品种齐全、价格合理。昆玉化工有限公司实力雄厚,重信用、守合同、保证产品质量,以多品种经营特色和薄利多销
的原则,赢得了广大客户的信任。
                      </p>
                  </div>
                  <ul class="rec clearfix">
                      <li>
                          <a href="contact.html" class="btn btn-danger">联系我们</a>
                      </li>
                  </ul>
              </div>
          </div>
        </div>
        <a class="move-top">
          <p><i class="glyphicon glyphicon-chevron-up"></i></p>
        </a>
        <footer>
          <div class="footer02">
              <div class="container">
                  <div class="col-sm-4 col-xs-12 footer-address">
                      <h4>昆玉化工有限公司</h4>
                      <ul>
                          <li><i class="glyphicon glyphicon-home"></i>公司地址: 上海市昆玉区产业
园 1 号</li>
                          <li><i class="glyphicon glyphicon-phone-alt"></i>固定电话: 021-12345678</li>
                          <li><i class="glyphicon glyphicon-phone"></i>移动电话: 13021210000</li>
                          <li><i class="glyphicon glyphicon-envelope"></i>联系邮箱: Kunyu@job.
com</li>
                      </ul>
```

```
                    </div>
                    <ul class="footerlink col-sm-4 hidden-xs">
                        <li>
                            <a href="about.html">关于我们</a>
                        </li>
                        <li>
                            <a href="products.html">产品介绍</a>
                        </li>
                        <li>
                            <a href="news.html">新闻中心</a>
                        </li>
                        <li>
                            <a href="contact.html">联系我们</a>
                        </li>
                    </ul>
                    <div class="gw col-sm-4 col-xs-12">
                        <p>关注我们：</p>
                        <img src="static/images/wx.jpg"/>
                        <p>客服热线：021-12345678</p>
                    </div>
                </div>
                <div class="copyright text-center">
                    <span>copyright © 2017 </span>
                    <span>昆玉化工有限公司 </span>
                </div>
            </div>
        </footer>
        <script src="static/js/jquery.min.js" type="text/javascript" charset="utf-8"></script>
        <script src="static/js/bootstrap.min.js" type="text/javascript" charset="utf-8"></script>
        <script src="static/js/main.js" type="text/javascript" charset="utf-8"></script>
    </body>
</html>
```

运行本案例的主页 index.html 文件，然后单击首页中的"关于昆玉"超链接，即可进入关于昆玉页面，如图 29-7 所示。

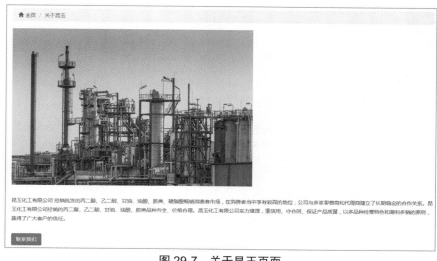

图 29-7　关于昆玉页面

29.2.4 设计产品介绍页面

产品介绍页面中的主要内容包括产品分类、产品图片等，当单击某个产品图片时，可以进入下一级页面，在打开的页面中查看具体的产品介绍信息。下面给出产品介绍页面的主要代码：

```html
<!DOCTYPE HTML>
<html lang="zh-cn">
    <head>
        <title></title>
        <meta charset="utf-8" />
        <meta name="viewport" content="width=device-width, initial-scale=1">
        <link rel="stylesheet" type="text/css" href="static/css/bootstrap.min.css" />
        <link rel="stylesheet" type="text/css" href="static/css/main.css" />
    </head>
    <body>
        <div class="top-intr">
            <div class="container">
                <p class="pull-left">
                    昆玉化工有限公司
                </p>
                <p class="pull-right">
                    <a><i class="glyphicon glyphicon-earphone"></i>联系电话：021-12345678</a>
                </p>
            </div>
        </div>
        <nav class="navbar-default">
            <div class="container">
                <div class="navbar-header">
                    <!--<button type="button" class="navbar-toggle" data-toggle="collapse" data-
target="#bs-example-navbar-collapse">
                        <span class="sr-only">Toggle navigation</span>
                        <span class="icon-bar"></span>
                        <span class="icon-bar"></span>
                        <span class="icon-bar"></span>
                    </button>-->
                    <a href="index.html">
                        <h1>昆玉化工</h1>
                        <p>KUN YU CO.,LTD.</p>
                    </a>
                </div>
                <div class="pull-left search">
                    <input type="text" placeholder="输入搜索的内容"/>
                    <a><i class="glyphicon glyphicon-search"></i>搜索</a>
                </div>
                <div class="nav-list"><!--class="collapse navbar-collapse" id="bs-example-navbar-
collapse"-->
                    <ul class="nav navbar-nav">
                        <li class=" hidden-xs">
                            <a href="index.html">网站首页</a>
                        </li>
                        <li>
                            <a href="about.html">关于昆玉</a>
                        </li>
                        <li class="active">
```

```
                        <a href="products.html">产品介绍</a>
                    </li>
                    <li>
                        <a href="news.html">新闻中心</a>
                    </li>
                    <li>
                        <a href="contact.html">联系我们</a>
                    </li>
                </ul>
            </div>
        </div>
    </nav>
    <div class="fl hidden-lg hidden-md hidden-sm">
        <ul>
            <li>
                <a href="index.html">
                    <p><i class="glyphicon glyphicon-home"></i>
                    网站首页</p>
                </a>
            </li>
            <li>
                <a href="tel:0512-57995109" >
                    <p><i class="glyphicon glyphicon-earphone"></i>
                    拨号联系</p>
                </a>
            </li>
            <li>
                <a href="contact.html#message">
                    <p><i class="glyphicon glyphicon-comment"></i>
                    在线留言</p>
                </a>
            </li>
        </ul>
    </div>
    <!--banner-->
    <div id="carousel-example-generic" class="carousel slide " data-ride="carousel">
        <!-- Indicators -->
        <ol class="carousel-indicators">
            <li data-target="#carousel-example-generic" data-slide-to="0" class="active"></li>
            <li data-target="#carousel-example-generic" data-slide-to="1"></li>
            <li data-target="#carousel-example-generic" data-slide-to="2"></li>
        </ol>

        <!-- Wrapper for slides -->
        <div class="carousel-inner" role="listbox">
            <div class="item active">
                <img src="static/images/banner/banner2.jpg">
            </div>
            <div class="item">
                <img src="static/images/banner/banner3.jpg">
            </div>
            <div class="item">
                <img src="static/images/banner/banner1.jpg">
            </div>
        </div>
```

```
                    <!-- Controls -->
                    <a class="left carousel-control" href="#carousel-example-generic" role="button" data-
slide="prev">
                            <span class="glyphicon glyphicon-chevron-left" aria-hidden="true"></span>
                            <span class="sr-only">Previous</span>
                    </a>
                    <a class="right carousel-control" href="#carousel-example-generic" role="button" data-
slide="next">
                            <span class="glyphicon glyphicon-chevron-right" aria-hidden="true"></span>
                            <span class="sr-only">Next</span>
                    </a>
            </div>
            <!--main-->

            <div class="abpg container">
                <div class="">
                    <!--<div class="col-md-3">
                            <div class="model-title theme">
                                产品介绍
                            </div>
                            <div class="model-list">
                                <ul class="list-group">
                                    <li class="list-group-item ">
                                        <a href="about.html">产品介绍</a>
                                    </li>
                                </ul>
                            </div>
                    </div>-->
                    <div class="serli ">
                        <ol class="breadcrumb">
                            <li><i class="glyphicon glyphicon-home"></i>
                                <a href="index.html">主页</a>
                            </li>
                            <li class="active"><a href="products.html">产品介绍</a></li>
                        </ol>
                        <div class="caseMenu clearfix">
                            <ul class=" caseList">
                                <li class=" col-sm-2 col-xs-6 active">
                                    <div>
                                        <a href="products.html">全部</a>
                                    </div>
                                </li>

                                <li class=" col-sm-2 col-xs-6">
                                    <div>
                                        <a href="products.html">净洗剂(1)</a>
                                    </div>
                                </li>
                                <li class=" col-sm-2 col-xs-6">
                                    <div>
                                        <a href="products.html">酸度调节剂(1)</a>
                                    </div>
                                </li>
```

```html
<li class=" col-sm-2 col-xs-6">
    <div>
        <a href="products.html">防腐剂(1)</a>
    </div>
</li>
<li class=" col-sm-2 col-xs-6">
    <div>
        <a href="products.html">磷酸盐(2)</a>
    </div>
</li>
<li class=" col-sm-2 col-xs-6">
    <div>
        <a href="products.html">其他醚(3)</a>
    </div>
</li>
<li class=" col-sm-2 col-xs-6">
    <div>
        <a href="products.html">环氧树脂(1)</a>
    </div>
</li>
<li class=" col-sm-2 col-xs-6">
    <div>
        <a href="products.html">氯化物(1)</a>
    </div>
</li>
<li class=" col-sm-2 col-xs-6">
    <div>
        <a href="products.html">亚硫酸盐(1)</a>
    </div>
</li>
<li class=" col-sm-2 col-xs-6">
    <div>
        <a href="products.html">其他羧酸(1)</a>
    </div>
</li>
<li class=" col-sm-2 col-xs-6">
    <div>
        <a href="products.html">碳酸盐(1)</a>
    </div>
</li>
<li class=" col-sm-2 col-xs-6">
    <div>
        <a href="products.html">三元醇(2)</a>
    </div>
</li>
<li class=" col-sm-2 col-xs-6">
    <div>
        <a href="products.html">一元醇(1)</a>
    </div>
</li>
<li class=" col-sm-2 col-xs-6">
    <div>
        <a href="products.html">壬二酸(1)</a>
    </div>
```

```
        </li>
        <li class=" col-sm-2 col-xs-6">
            <div>
                <a href="products.html">油酸(1)</a>
            </div>
        </li>
        <li class=" col-sm-2 col-xs-6">
            <div>
                <a href="products.html">硬脂酸(1)</a>
            </div>
        </li>

        <li class=" col-sm-2 col-xs-6">
            <div>
                <a href="products.html">二元醇(7)</a>
            </div>
        </li>
        <li class=" col-sm-2 col-xs-6">
            <div>
                <a href="products.html">羧酸盐(1)</a>
            </div>
        </li>
        <li class=" col-sm-2 col-xs-6">
            <div>
                <a href="products.html">硫代硫酸盐(1)</a>
            </div>
        </li>
        <li class=" col-sm-2 col-xs-6">
            <div>
                <a href="products.html">其他醇类(1)</a>
            </div>
        </li>
        <li class=" col-sm-2 col-xs-6">
            <div>
                <a href="products.html">己酸(1)</a>
            </div>
        </li>
        <li class=" col-sm-2 col-xs-6">
            <div>
                <a href="products.html">丁醚(1)</a>
            </div>
        </li>
    </ul>
</div>
<div class="pro-det clearfix">
    <ul>
        <li class="col-sm-3 col-xs-6">
            <div>
                <a href="products-detail.html">
                    <img src="static/images/products/pro1.jpg"/>
                    <p>6501</p>
                </a>
            </div>
        </li>
```

```
<li class="col-sm-3 col-xs-6">
    <div>
        <a href="products-detail1.html">
            <img src="static/images/products/pro2.jpg"/>
            <p>一水柠檬酸/无水柠檬酸</p>
        </a>
    </div>
</li>
<li class="col-sm-3 col-xs-6">
    <div>
        <a href="products-detail2.html">
            <img src="static/images/products/pro3.jpg"/>
            <p>苯甲酸钠</p>
        </a>
    </div>
</li>
<li class="col-sm-3 col-xs-6">
    <div>
        <a href="products-detail3.html">
            <img src="static/images/products/pro4.jpg"/>
            <p>96%/98%磷酸三钠</p>
        </a>
    </div>
</li>
<li class="col-sm-3 col-xs-6">
    <div>
        <a href="products-detail4.html">
            <img src="static/images/products/pro5.jpg"/>
            <p>三聚磷酸钠</p>
        </a>
    </div>
</li>
<li class="col-sm-3 col-xs-6">
    <div>
        <a href="products-detail5.html">
            <img src="static/images/products/pro6.jpg"/>
            <p>二丙二醇丙醚</p>
        </a>
    </div>
</li>
<li class="col-sm-3 col-xs-6">
    <div>
        <a href="products-detail6.html">
            <img src="static/images/products/pro7.jpg"/>
            <p>三丙二醇甲醚</p>
        </a>
    </div>
</li>
<li class="col-sm-3 col-xs-6">
    <div>
        <a href="products-detail7.html">
            <img src="static/images/products/pro8.jpg"/>
            <p>二丙二醇丙醚</p>
        </a>
```

```
                        </div>
                    </li>
                </ul>
            </div>
            <nav aria-label="Page navigation" class=" text-center">
                <ul class="pagination ">
                    <li>
                        <a href="#" aria-label="Previous">
                            <span aria-hidden="true">«</span>
                        </a>
                    </li>
                    <li>
                        <a href="#">1</a>
                    </li>
                    <li>
                        <a href="#">2</a>
                    </li>
                    <li>
                        <a href="#">3</a>
                    </li>
                    <li>
                        <a href="#">4</a>
                    </li>
                    <li>
                        <a href="#">5</a>
                    </li>
                    <li>
                        <a href="#" aria-label="Next">
                            <span aria-hidden="true">»</span>
                        </a>
                    </li>
                </ul>
            </nav>
        </div>
    </div>
</div>
<a class="move-top">
  <p><i class="glyphicon glyphicon-chevron-up"></i></p>
</a>
<footer>
  <div class="footer02">
      <div class="container">
          <div class="col-sm-4 col-xs-12 footer-address">
              <h4>昆玉化工有限公司</h4>
              <ul>
                  <li><i class="glyphicon glyphicon-home"></i>公司地址：上海市昆玉区产业园
1号 </li>
                  <li><i class="glyphicon glyphicon-phone-alt"></i>固定电话：021-12345678
</li>
                  <li><i class="glyphicon glyphicon-phone"></i>移动电话：13021210000</li>
                  <li><i class="glyphicon glyphicon-envelope"></i>联系邮箱：Kunyu@job.
com</li>
              </ul>
          </div>
          <ul class="footerlink col-sm-4 hidden-xs">
```

```
        <li>
            <a href="about.html">关于我们</a>
        </li>
        <li>
            <a href="products.html">产品介绍</a>
        </li>
        <li>
            <a href="news.html">新闻中心</a>
        </li>
        <li>
            <a href="contact.html">联系我们</a>
        </li>
    </ul>
    <div class="gw col-sm-4 col-xs-12">
        <p>关注我们: </p>
        <img src="static/images/wx.jpg"/>
        <p>客服热线: 021-12345678</p>
    </div>
</div>
<div class="copyright text-center">
    <span>copyright © 2018 </span>
    <span>昆玉化工有限公司 </span>
</div>
</div>
</footer>
<script src="static/js/jquery.min.js" type="text/javascript" charset="utf-8"></script>
<script src="static/js/bootstrap.min.js" type="text/javascript" charset="utf-8"></script>
<script src="static/js/main.js" type="text/javascript" charset="utf-8"></script>
</body>
</html>
```

运行本案例的主页 index.html 文件，然后单击首页中的"产品介绍"超链接，即可进入产品介绍页面，如图 29-8 所示。

图 29-8　产品介绍页面

29.2.5 设计新闻中心页面

一个企业门户网站需要有一个新闻中心页面，在该页面中可以查看有关企业的最新信息，以及一些和本企业经营相关的政策和新闻等，下面给出企业门户网站有关新闻中心页面代码：

```html
<!DOCTYPE HTML>
<html lang="zh-cn">

    <head>
        <title></title>
        <meta charset="utf-8" />
        <meta name="viewport" content="width=device-width, initial-scale=1">
        <link rel="stylesheet" type="text/css" href="static/css/bootstrap.min.css" />
        <link rel="stylesheet" type="text/css" href="static/css/main.css" />
    </head>

    <body>
        <div class="top-intr">
            <div class="container">
                <p class="pull-left">
                        昆玉化工有限公司
                </p>
                <p class="pull-right">
                        <a><i class="glyphicon glyphicon-earphone"></i>联系电话: 021-12345678</a>
                </p>
            </div>
        </div>
        <nav class="navbar-default">
            <div class="container">
                <div class="navbar-header">
                    <!--<button type="button" class="navbar-toggle" data-toggle="collapse" data-
target="#bs-example-navbar-collapse">
                        <span class="sr-only">Toggle navigation</span>
                        <span class="icon-bar"></span>
                        <span class="icon-bar"></span>
                        <span class="icon-bar"></span>
                    </button>-->
                    <a href="index.html">
                        <h1>昆玉化工</h1>
                        <p>KUN YU CO.,LTD.</p>
                    </a>
                </div>
                <div class="pull-left search">
                    <input type="text" placeholder="输入搜索的内容"/>
                        <a><i class="glyphicon glyphicon-search"></i>搜索</a>
                </div>
                <div class="nav-list"><!--class="collapse navbar-collapse" id="bs-example-navbar-
collapse"-->
                        <ul class="nav navbar-nav">
                        <li class=" hidden-xs">
                            <a href="index.html">网站首页</a>
                        </li>
                        <li>
                            <a href="about.html">关于昆玉</a>
```

```html
                </li>
                <li>
                    <a href="products.html">产品介绍</a>
                </li>
                <li class="active">
                    <a href="news.html">新闻中心</a>
                </li>
                <li>
                    <a href="contact.html">联系我们</a>
                </li>
            </ul>
        </div>
    </div>
</nav>
<div class="fl hidden-lg hidden-md hidden-sm">
    <ul>
        <li>
            <a href="index.html">
                <p><i class="glyphicon glyphicon-home"></i>
                网站首页</p>
            </a>
        </li>
        <li>
            <a href="tel:021-12345678" >
                <p><i class="glyphicon glyphicon-earphone"></i>
                拨号联系</p>
            </a>
        </li>
        <li>
            <a href="contact.html#message">
                <p><i class="glyphicon glyphicon-comment"></i>
                在线留言</p>
            </a>
        </li>
    </ul>
</div>
<!--banner-->
<div id="carousel-example-generic" class="carousel slide " data-ride="carousel">
    <!-- Indicators -->
    <ol class="carousel-indicators">
        <li data-target="#carousel-example-generic" data-slide-to="0" class="active"></li>
        <li data-target="#carousel-example-generic" data-slide-to="1"></li>
        <li data-target="#carousel-example-generic" data-slide-to="2"></li>
    </ol>

    <!-- Wrapper for slides -->
    <div class="carousel-inner" role="listbox">
        <div class="item active">
            <img src="static/images/banner/banner2.jpg">
        </div>
        <div class="item">
            <img src="static/images/banner/banner3.jpg">
        </div>
        <div class="item">
            <img src="static/images/banner/banner1.jpg">
```

```
            </div>
        </div>

        <!-- Controls -->
        <a class="left carousel-control" href="#carousel-example-generic" role="button" data-
slide="prev">
            <span class="glyphicon glyphicon-chevron-left" aria-hidden="true"></span>
            <span class="sr-only">Previous</span>
        </a>
        <a class="right carousel-control" href="#carousel-example-generic" role="button" data-
slide="next">
            <span class="glyphicon glyphicon-chevron-right" aria-hidden="true"></span>
            <span class="sr-only">Next</span>
        </a>
    </div>
    <!--main-->

    <div class="abpg container">
        <div>
            <!--<div class="col-md-3">
                <div class="model-title theme">
                        关于我们
                </div>
                <div class="model-list">
                    <ul class="list-group">
                        <li class="list-group-item ">
                            <a href="about.html">关于昆玉</a>
                        </li>
                    </ul>
                </div>
            </div>-->
            <div class="serli">
                <ol class="breadcrumb">
                    <li><i class="glyphicon glyphicon-home"></i>
                        <a href="index.html">主页</a>
                    </li>
                    <li class="active">新闻中心</li>
                </ol>
                <div class="news-liebiao clearfix news-list-xiug">
                    <div class="row clearfix news-xq">
                        <div class="col-md-2 new-time">
                            <span class="glyphicon glyphicon-time timetubiao"></span>
                            <span class="nqldDay">2</span>
                            <div class="shuzitime">
                                <div>Jun</div>
                                <div>2017</div>
                            </div>
                        </div>
                        <div class="col-md-10 clearfix">
                            <div class="col-md-3">
                                <img src="static/images/news/news1.jpg" class="new-img">
                            </div>
                            <div class="col-md-9">
                                <h4
                            <a href="news-detail.html">炼化业创新技术应对产业变革</a>
```

```
                                            </h4>
                                <p>中化新网讯 6月15~16日,由中国石化联合会主办的2017亚洲炼油和石
化科技大会在京举行。会议指出,在全球油气行业阶段性动荡和变革、国内成品油需求结构明显改变的形势下,传统炼化行业正在通过
创新技术探寻发展机遇。</p>
                                    </div>
                                </div>
                            </div>
                            <div class="row clearfix news-xq">
                                <div class="col-md-2 new-time">
                                    <span class="glyphicon glyphicon-time timetubiao"></span>
                                    <span class="nqldDay">5</span>
                                    <div class="shuzitime">
                                        <div>Jun</div>
                                        <div>2017</div>
                                    </div>
                                </div>
                                <div class="col-md-10 clearfix">
                                    <div class="col-md-3">
                                        <img src="static/images/news/news2.jpg" class="new-img">
                                    </div>
                                    <div class="col-md-9">
                                        <h4>
                                            <a href="news-detail1.html">氯碱行业直面三大挑战</a>
                                        </h4>
                                <p>今年以来,随着开工率不断提升,氯碱企业效益稳步增长。但与此同时,行业
面临着新建产能受控、汞污染防治压力大以及下游市场将缩减等新挑战,只有提升创新能力,提高节能环保水平,才能保持行业持续健
康稳定发展。</p>
                                    </div>
                                </div>
                            </div>
                            <div class="row clearfix news-xq">
                                <div class="col-md-2 new-time">
                                    <span class="glyphicon glyphicon-time timetubiao"></span>
                                    <span class="nqldDay">7</span>
                                    <div class="shuzitime">
                                        <div>Jun</div>
                                        <div>2017</div>
                                    </div>
                                </div>
                                <div class="col-md-10 clearfix">
                                    <div class="col-md-3">
                                        <img src="static/images/news/news3.jpg" class="new-img">
                                    </div>
                                    <div class="col-md-9">
                                        <h4>
                                            <a href="news-detail2.html">二氯甲烷竟"逃过"联合国监管</a>
                                        </h4>
                                <p>中化新网讯 英国《自然·通讯》杂志 27 日发表的一项环境科学研究表明,
一种此前"被忽视的化学物质"——二氯甲烷可能正在推动臭氧层的消耗。根据二氯甲烷排放情形来看,近年来它的增加可能使南极臭
氧层的恢复进程放缓 5 年至 30 年</p>
                                    </div>
                                </div>
                            </div>
                            <div class="row clearfix news-xq">
```

```
                    <div class="col-md-2 new-time">
                        <span class="glyphicon glyphicon-time timetubiao"></span>
                        <span class="nqldDay">11</span>
                        <div class="shuzitime">
                            <div>Jun</div>
                            <div>2017</div>
                        </div>
                    </div>
                    <div class="col-md-10 clearfix">
                        <div class="col-md-3">
                            <img src="static/images/news/news4.jpg" class="new-img">
                        </div>
                        <div class="col-md-9">
                            <h4>
                                <a href="news-detail3.html">国内首个风电制氢工业应用项目制
氢站开工</a>
                            </h4>
                            <p>中化新网讯 近日,国内首个风电制氢工业应用项目沽源风电制氢项目制氢
站开工建设。沽源风电制氢项目由河北建投集团投资建设,制氢站规划建设容量为 10MW 电解水制氢系统及氢气综合利用系统。项目
建成后,可实现年产纯度为 99.999%的氢气 700.8 万立方米。</p>
                        </div>
                    </div>
                </div>

            </div>
            <nav class=" text-center">
                <ul class="pagination ">
                    <li>
                        <a href="#" aria-label="Previous">
                            <span aria-hidden="true">«</span>
                        </a>
                    </li>
                    <li>
                        <a href="#">1</a>
                    </li>
                    <li>
                        <a href="#">2</a>
                    </li>
                    <li>
                        <a href="#">3</a>
                    </li>
                    <li>
                        <a href="#">4</a>
                    </li>
                    <li>
                        <a href="#">5</a>
                    </li>
                    <li>
                        <a href="#" aria-label="Next">
                            <span aria-hidden="true">»</span>
                        </a>
                    </li>
                </ul>
            </nav>
        </div>
```

```
              </div>
          </div>
          <a class="move-top">
              <p><i class="glyphicon glyphicon-chevron-up"></i></p>
          </a>
          <footer>
              <div class="footer02">
                  <div class="container">
                      <div class="col-sm-4 col-xs-12 footer-address">
                          <h4>昆玉化工有限公司</h4>
                          <ul>
                              <li><i class="glyphicon glyphicon-home"></i>公司地址：上海市昆玉区产业
园 1 号</li>
                              <li><i class="glyphicon glyphicon-phone-alt"></i>固定电话：021-12345678
</li>
                              <li><i class="glyphicon glyphicon-phone"></i>移动电话：13021210000</li>
                              <li><i class="glyphicon glyphicon-envelope"></i>联系邮箱：Kunyu@job.
com</li>
                          </ul>
                      </div>
                      <ul class="footerlink col-sm-4 hidden-xs">
                          <li>
                              <a href="about.html">关于我们</a>
                          </li>
                          <li>
                              <a href="products.html">产品介绍</a>
                          </li>
                          <li>
                              <a href="news.html">新闻中心</a>
                          </li>
                          <li>
                              <a href="contact.html">联系我们</a>
                          </li>
                      </ul>
                      <div class="gw col-sm-4 col-xs-12">
                          <p>关注我们：</p>
                          <img src="static/images/wx.jpg"/>
                          <p>客服热线：021-12345678</p>
                      </div>
                  </div>
                  <div class="copyright text-center">
                      <span>copyright © 2018 </span>
                      <span>昆玉化工有限公司 </span>
                  </div>
              </div>
          </footer>
          <script src="static/js/jquery.min.js" type="text/javascript" charset="utf-8"></script>
          <script src="static/js/bootstrap.min.js" type="text/javascript" charset="utf-8"></script>
          <script src="static/js/main.js" type="text/javascript" charset="utf-8"></script>
      </body>

</html>
```

运行本案例的主页 index.html 文件，然后单击首页中的"新闻中心"超链接，即可进入新闻中心页面，如图 29-9 所示。

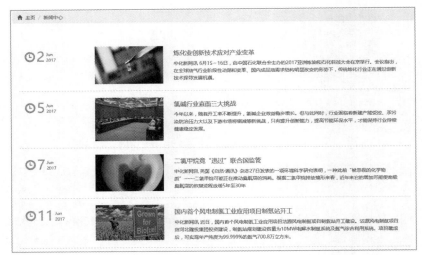

图 29-9　新闻中心页面

29.2.6　设计联系我们页面

几乎每个企业都会在网站的首页中添加自己的联系方式，以方便客户查询。下面给出联系我们页面的代码：

```html
<!DOCTYPE HTML>
<html lang="zh-cn">
    <head>
        <title></title>
        <meta charset="utf-8" />
        <meta name="viewport" content="width=device-width, initial-scale=1">
        <link rel="stylesheet" type="text/css" href="static/css/bootstrap.min.css" />
        <link rel="stylesheet" type="text/css" href="static/css/main.css" />
    </head>

    <body>
        <div class="top-intr">
            <div class="container">
                <p class="pull-left">
                    昆玉化工有限公司
                </p>
                <p class="pull-right">
                    <a><i class="glyphicon glyphicon-earphone"></i>联系电话：021-12345678</a>
                </p>
            </div>
        </div>
        <nav class="navbar-default">
            <div class="container">
                <div class="navbar-header">
                    <!--<button type="button" class="navbar-toggle" data-toggle="collapse" data-target="#bs-example-navbar-collapse">
                        <span class="sr-only">Toggle navigation</span>
                        <span class="icon-bar"></span>
                        <span class="icon-bar"></span>
```

```html
                        <span class="icon-bar"></span>
                </button>-->
                <a href="index.html">
                        <h1>昆玉化工</h1>
                        <p>KUN YU CO.,LTD.</p>
                </a>
        </div>
        <div class="pull-left search">
                <input type="text" placeholder="输入搜索的内容"/>
                        <a><i class="glyphicon glyphicon-search"></i>搜索</a>
                </div>
        <div class="nav-list"><!--class="collapse navbar-collapse" id="bs-example-navbar-
collapse"-->
                <ul class="nav navbar-nav">
                        <li class=" hidden-xs">
                                <a href="index.html">网站首页</a>
                        </li>
                        <li>
                                <a href="about.html">关于昆玉</a>
                        </li>
                        <li>
                                <a href="products.html">产品介绍</a>
                        </li>
                        <li>
                                <a href="news.html">新闻中心</a>
                        </li>
                        <li class="active">
                                <a href="contact.html">联系我们</a>
                        </li>
                </ul>
        </div>
    </div>
</nav>
<div class="fl hidden-lg hidden-md hidden-sm">
    <ul>
        <li>
                <a href="index.html">
                        <p><i class="glyphicon glyphicon-home"></i>
                        网站首页</p>
                </a>
        </li>
        <li>
                <a href="tel:0512-57995109" >
                        <p><i class="glyphicon glyphicon-earphone"></i>
                        拨号联系</p>
                </a>
        </li>
        <li>
                <a href="contact.html#message">
                        <p><i class="glyphicon glyphicon-comment"></i>
                        在线留言</p>
                </a>
        </li>
    </ul>
```

```
        </div>
        <!--banner-->
        <div id="carousel-example-generic" class="carousel slide " data-ride="carousel">
            <!-- Indicators -->
            <ol class="carousel-indicators">
                <li data-target="#carousel-example-generic" data-slide-to="0" class="active"></li>
                <li data-target="#carousel-example-generic" data-slide-to="1"></li>
                <li data-target="#carousel-example-generic" data-slide-to="2"></li>
            </ol>

            <!-- Wrapper for slides -->
            <div class="carousel-inner" role="listbox">
                <div class="item active">
                    <img src="static/images/banner/banner2.jpg">
                </div>
                <div class="item">
                    <img src="static/images/banner/banner3.jpg">
                </div>
                <div class="item">
                    <img src="static/images/banner/banner1.jpg">
                </div>
            </div>

            <!-- Controls -->
            <a class="left carousel-control" href="#carousel-example-generic" role="button" data-slide="prev">
                <span class="glyphicon glyphicon-chevron-left" aria-hidden="true"></span>
                <span class="sr-only">Previous</span>
            </a>
            <a class="right carousel-control" href="#carousel-example-generic" role="button" data-slide="next">
                <span class="glyphicon glyphicon-chevron-right" aria-hidden="true"></span>
                <span class="sr-only">Next</span>
            </a>
        </div>
        <!--main-->

        <div class="abpg container">
            <div class="">
                <!--<div class="col-md-3">
                    <div class="model-title theme">
                        关于我们
                    </div>
                    <div class="model-list">
                        <ul class="list-group">
                            <li class="list-group-item ">
                                <a href="about.html">关于昆玉</a>
                            </li>
                        </ul>
                    </div>
                </div>-->
                <div class="col-md-12 serli">
                    <ol class="breadcrumb">
                        <li><i class="glyphicon glyphicon-home"></i>
                            <a href="index.html">主页</a>
```

```
                </li>
                <li class="active">联系我们</li>
            </ol>
            <div class="row mes">
                <div class="address col-sm-6 col-xs-12">
                    <ul>
                        <li>公司地址：上海市昆玉区产业园 1 号</li>
                        <li>固定电话：021-12345678</li>
                        <li>移动电话：13021210000</li>
                        <li>联系邮箱：Kunyu@job.com</li>
                    </ul>
                    <img src="static/images/c.jpg"/>
                </div>
                <div class="letter col-sm-6 col-xs-12">
                    <form id="message">
                        <input type="text" placeholder="姓名"/>
                        <input type="text" placeholder="联系电话"/>
                        <textarea rows="6" placeholder="消息"></textarea>
                    </form>
                    <a class="btn btn-primary">发送</a>
                </div>
            </div>
        </div>
    </div>
</div>
<a class="move-top">
    <p><i class="glyphicon glyphicon-chevron-up"></i></p>
</a>
<footer>
    <div class="footer02">
        <div class="container">
            <div class="col-sm-4 col-xs-12 footer-address">
                <h4>昆玉化工有限公司</h4>
                <ul>
                    <li><i class="glyphicon glyphicon-home"></i>公司地址：上海市昆玉区产业
园 1 号</li>
                    <li><i class="glyphicon glyphicon-phone-alt"></i>固定电话：021-12345678
</li>
                    <li><i class="glyphicon glyphicon-phone"></i>移动电话：13021210000</li>
                    <li><i class="glyphicon glyphicon-envelope"></i>联系邮箱：Kunyu@job.
com</li>
                </ul>
            </div>
            <ul class="footerlink col-sm-4 hidden-xs">
                <li>
                    <a href="about.html">关于我们</a>
                </li>
                <li>
                    <a href="products.html">产品介绍</a>
                </li>
                <li>
                    <a href="news.html">新闻中心</a>
                </li>
                <li>
```

```
                    <a href="contact.html">联系我们</a>
                </li>
            </ul>
            <div class="gw col-sm-4 col-xs-12">
                <p>关注我们: </p>
                <img src="static/images/wx.jpg"/>
                <p>客服热线: 021-12345678</p>
            </div>
        </div>
        <div class="copyright text-center">
            <span>copyright © 2018</span>
            <span>昆玉化工有限公司 </span>
        </div>
    </div>
</footer>
<script src="static/js/jquery.min.js" type="text/javascript" charset="utf-8"></script>
<script src="static/js/bootstrap.min.js" type="text/javascript" charset="utf-8"></script>
<script src="static/js/main.js" type="text/javascript" charset="utf-8"></script>
</body>
</html>
```

运行本案例的主页 index.html 文件，然后单击首页中的"联系我们"超链接，即可进入"联系我们"页面，在其中查看公司地址、联系方式以及邮箱地址等信息，如图 29-10 所示。

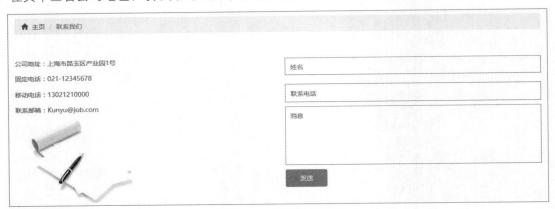

图 29-10　联系我们页面

29.3　项目总结

本实例是模拟制作一个化工企业的门户网站，该网站的主体颜色为蓝色，给人一种明快的感觉，网站包括首页、公司介绍、产品介绍、新闻中心以及联系我们等超链接，这些功能可以使用 HTML 5 来实现。

对于首页中的 banner 图片以及左侧的产品分类模块，均使用 JavaScript 来实现简单的动态消息，图 29-11 为左侧的产品分类模块，当鼠标指针放置在某个产品信息上时，该文字会向右移动一个字节，鼠标以手型样式显示，如图 29-12 所示。

图 29-11 产品分类模块

图 29-12 动态显示产品分类

第30章

项目实践提高阶段——制作游戏大厅网站

 学习指引

　　该项目是制作一个游戏大厅专题网站，包括首页、下载中心、账号充值、新闻动态、道具商城等游戏主题页面，本章就来介绍制作游戏大厅网站。

 重点导读

- 了解项目代码结构。
- 掌握项目代码实现。
- 熟悉项目总结的方法。

30.1　项目代码结构

　　本项目是基于 HTML 5、CSS 3、JavaScript 的案例程序，案例主要通过 HTML 5 确定框架、CSS 3 确定样式、JavaScript 来完成调度，三者合作来实现网页的动态化，案例所用的图片全部保存在 images 文件夹中。

　　本案例的代码清单包括 html、js、css 三个部分。

　　（1）html 部分：本案例有多个 html 文件，分别为 index.html、Down.html、Mall.html、news.html、Pay.html、Register.html 等，它们分别是官网首页、下载中心页面、道具商城页面、新闻中心页面、账户充值页面、用户注册页面等，如图 30-1 所示。

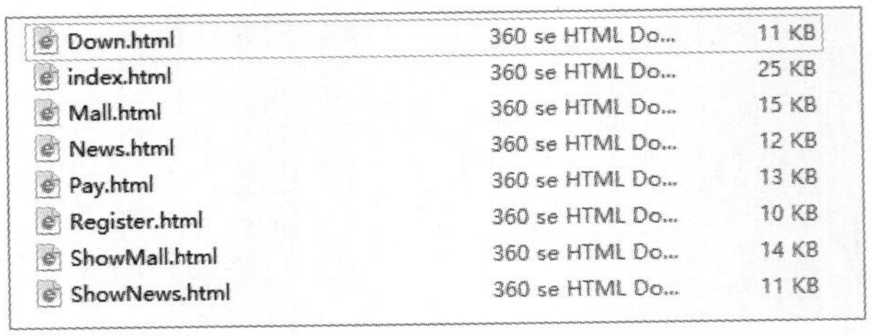

Down.html	360 se HTML Do...	11 KB
index.html	360 se HTML Do...	25 KB
Mall.html	360 se HTML Do...	15 KB
News.html	360 se HTML Do...	12 KB
Pay.html	360 se HTML Do...	13 KB
Register.html	360 se HTML Do...	10 KB
ShowMall.html	360 se HTML Do...	14 KB
ShowNews.html	360 se HTML Do...	11 KB

图 30-1　html 文件列表

（2）js 部分：本案例一共有 5 个 js 代码，分别为 FastReg.js、HtmlValidateImg.js、jquery.js、lrtk.js 和 public.js，如图 30-2 所示。

名称	类型	大小
FastReg.js	JavaScript 文件	3 KB
HtmlValidateImg.js	JavaScript 文件	20 KB
jquery.js	JavaScript 文件	50 KB
lrtk.js	JavaScript 文件	2 KB
public.js	JavaScript 文件	48 KB

图 30-2　js 文件列表

（3）css 部分：本案例一共有 2 个 css 代码，分别为 lrtk.css、layout.css，如图 30-3 所示。

lrtk.css	层叠样式表文档	2 KB
layout.css	层叠样式表文档	36 KB

图 30-3　css 文件列表

30.2　项目代码实现

下面来分析游戏大厅网站各个页面的代码是如何实现的。

30.2.1　设计游戏大厅首页

游戏大厅网站的首页用于展示网游的基本信息，以及其他小网游的基本情况，还需要包括用户注册内容，只有注册了会员的用户才能下载并开始玩游戏，实现首页的主要代码如下：

```
<!DOCTYPE html PUBLIC "-//W3C//DTD XHTML 1.0 Transitional//EN" "http://www.w3.org/TR/xhtml1/DTD/
xhtml1-transitional.dtd">
<html xmlns="http://www.w3.org/1999/xhtml">
<head>
<meta http-equiv="Content-Type" content="text/html; charset=utf-8" />
<!-- 样式 -->
<link href="Css/layout.css" type="text/css" rel="stylesheet" />
<link type="text/css" href="Css/lrtk.css" rel="stylesheet" />
<script type="text/javascript" src="Js/jquery.js"></script>
<script type="text/javascript" src="Js/lrtk.js"></script>
<!--[if IE 6]>
<script src="js/DD_belatedPNG_0.0.8a.js" type="text/javascript" ></script>
<script type="text/javascript">
DD_belatedPNG.fix(' ');
</script>
<![endif]-->
<!-- banner -->
<style type="text/css">
.nav_bg .nav ul li .i_home{ color:#b5954d;}
</style>
<meta name="Keywords" />
<meta name="Description" />
<title>紫金游</title>
```

```
</head>
<body>
<!-- warp start -->
<div class="warp">
  <!-- top -->
  <!-- top -->
  <div class="top_bg" id="topLoginIn">
    <div class="top">您好,欢迎光临紫金游 <a href="#">请登录</a> | <a href="Register.html">注册</a></div>
  </div>
  <div class="top_bg" id="topLoginOut">
    <div class="top">欢迎您, , "<a href="#">个人中心</a>" "<a href="#">退出</a>"</div>
  </div>
  <script type="text/javascript">
var nameuser = ''
if (nameuser == "") {
    $("#topLoginOut").hide();
    $("#topLoginIn").show();
} else {
    $("#topLoginOut").show();
    $("#topLoginIn").hide();
}
</script>
  <!-- nav -->
  <!-- nav -->
  <div class="nav_bg">
    <div class="nav">
     <ul>
       <li><a href="index.html" class="i_home">官网首页</a><br />
         <span>HOME</span></li>
       <li><a href="Down.html" >下载中心</a><br />
         <span>DOWNLOAD</span></li>
       <li><a href="Pay.html" >账号充值</a><br />
         <span>ACCOUNT SERVICES</span></li>
       <li class="nav_logo">紫金游</li>
       <li><a href="News.html" >新闻动态</a><br />
         <span>NEWS</span></li>
       <li><a href="Mall.html" >道具商城</a><br />
         <span>ITEM SHOP</span></li>
       <li><a href="Mall.html">奖品乐园</a><br />
         <span>PRIZES PARADISE</span></li>
     </ul>
     <p class="clear"></p>
    </div>
    <div class="logo"><a href="/"><img src="images/logo.png" /></a></div>
  </div>
  <script type="text/javascript">
$(function () {
    if (index) {
        $(".nav ul a").removeClass().parent().eq(index - 1).find("a").addClass("i_home");
    }
})
</script>
  <!-- main -->
```

```
<div class="main_bg">
  <div class="main">
    <div class="m_lf">
      <div class="m_download"> <a href="#"> <img src="images/down_load.jpg" width="248"
height="109" alt="游戏下载" /> </a> </div>
      <div class="m_reg"> <a href="Register.html">快速注册</a> </div>
      <div class="fast_track">
       <h2>快速通道</h2>
       <ul>
        <li><a href="#">个人中心</a></li>
        <li><a href="/Popularize.aspx">推广赚金</a></li>
        <li><a href="/Members/Security.aspx">密码保护</a></li>
        <li><a href="/TabooUser.aspx">封号名单</a></li>
        <li><a href="/GetPassword.aspx">找回密码</a></li>
        <li><a href="/Members/SetPassword.aspx">修改密码</a></li>
        <li><a href="/Faq.aspx">帮助中心</a></li>
        <li><a href="/Guardian/">家长监护</a></li>
        <li><a href="/Match/BattleDefault.aspx">比赛专区</a></li>
       </ul>
       <p class="clear"></p>
      </div>
      <!--左侧排行榜,长乐宫业务,按玩家所有乐豆排行-->
      <div class="m_ranking">
       <table width="248" border="0" cellspacing="0" cellpadding="0" id="tbRanking">
        <tr>
         <td height="30" align="center"><strong>名次</strong></td>
         <td align="center"><strong>昵称</strong></td>
         <td align="center"><strong>乐豆</strong></td>
        </tr>
        <tr>
         <td height="33" align="center"> 1 </td>
         <td align="center"> 空间环境 </td>
         <td align="center"> 1462568172 </td>
        </tr>
        <tr>
         <td height="33" align="center"> 2 </td>
         <td align="center"> 小猴子 </td>
         <td align="center"> 1434454755 </td>
        </tr>
        <tr>
         <td height="33" align="center"> 3 </td>
         <td align="center"> 那家店 </td>
         <td align="center"> 1144007429 </td>
        </tr>
        <tr>
         <td height="33" align="center"> 4 </td>
         <td align="center"> 小星星 </td>
         <td align="center"> 1016712964 </td>
        </tr>
        <tr>
         <td height="33" align="center"> 5 </td>
         <td align="center"> QQ </td>
         <td align="center"> 1012062566 </td>
```

```
            </tr>
            <tr>
              <td height="33" align="center"> 6 </td>
              <td align="center"> 中国英航 </td>
              <td align="center"> 916027824 </td>
            </tr>
          </table>
          <script type="text/javascript">
    $(function(){
        $("#tbRanking").css("font-size", "12px");
        $("#tbRanking tr:even").css("background-color", "#a3c0ab");
        $("#tbRanking tr:odd").css("background-color", "#c0d4c4");
        $("#tbRanking tr").eq(0).find("td").css("background-color", "#0C5F67");
        if ($("#tbRanking tr").length>2) {
            $("#tbRanking tr").eq(1).find("td").eq(0).html("<img src='images/icon1.jpg' width='16'
height='16' />").siblings().css("color", "#D52B2B");
            $("#tbRanking tr").eq(2).find("td").eq(0).html("<img src='images/icon2.jpg' width='16'
height='16' />").siblings().css("color", "#F57316");
            $("#tbRanking tr").eq(3).find("td").eq(0).html("<img src='images/icon3.jpg' width='16'
height='16' />").siblings().css("color", "#2B92D5");
        }
    })
    </script>
        </div>
        <div class="m_ad"><img src="images/lf_1.jpg" width="248" height="96" /></div>
        <div class="m_service">
          <dl>
            <dt>游戏客服</dt>
            <dd class="m_service_tel">客服电话：010-12345678<br />
                例行维护：每周二 7:00-9:30 </dd>
            <dd>        <a        href="http://wpa.qq.com/msgrd?v=3&uin=00000000000&site=qq&menu=yes"
target="_blank" class="m_service_online">在线咨询</a> </dd>
          </dl>
        </div>
      </div>
      <script type="text/javascript">
    var index = 1;
    </script>
        <div class="m_rg">
          <!-- 代码 开始 -->
          <div id="zSlider">
            <div id="picshow">
              <div id="picshow_img">
                <ul>
                  <li><a href='' target='_blank'><img src='images/256.jpg' alt='紫金游欢迎您的体验' />
</a></li>
                  <li><a href='#' target='_blank'><img src='images/270.jpg' alt='大圣闹海之龙王现世' />
</a></li>
                  <li><a href='#' target='_blank'><img src='images/269.jpg' alt='李逵劈鱼 捕鱼' />
</a></li>
                  <li><a href='#' target='_blank'><img src='images/272.jpg' alt='金鲨银鲨' /></a>
</li>
                  <li><a href='#' target='_blank'><img src='images/271.jpg' alt='安全性高、转化率高、
```

```
用户体验强' /></a></li>
                    </ul>
                </div>
                <div id="picshow_tx">
                  <ul>
                    <li>
                      <p>紫金游欢迎您的体验</p>
                    </li>
                    <li>
                      <p>大圣闹海之龙王现世</p>
                    </li>
                    <li>
                      <p>李逵劈鱼,惊喜预售</p>
                    </li>
                    <li>
                      <p>金鲨银鲨 大奖开不停</p>
                    </li>
                    <li>
                      <p>安全性高、转化率高</p>
                    </li>
                  </ul>
                </div>
              </div>
              <div id="select_btn">
                <ul>
                  <li><a href="javascript:void(0)">紫金游欢迎您的体验</a></li>
                  <li><a href="javascript:void(0)">大圣闹海之龙王现世</a></li>
                  <li><a href="javascript:void(0)">李逵劈鱼,惊喜预售</a></li>
                  <li><a href="javascript:void(0)">金鲨银鲨 大奖开不停</a></li>
                  <li><a href="javascript:void(0)">安全性高、转化率高</a></li>
                </ul>
              </div>
            </div>
            <!-- 代码 结束 -->
            <!-- news -->
            <DIV id="news_tags">
              <div id="tags">
                <UL>
                  <LI class=selectTag><A onClick="selectTag('tagContent0',this)" href="javascript:
void(0)">最新</A></LI>
                  <LI><A onClick="selectTag('tagContent1',this)" href="javascript:void(0)">新闻</A>
</LI>
                  <LI><A onClick="selectTag('tagContent2',this)" href="javascript:void(0)">公告</A>
</LI>
                  <LI><A onClick="selectTag('tagContent3',this)" href="javascript:void(0)">活动</A>
</LI>
                </UL>
                <div class="tags_more"><a href="/News/">更多>></a></div>
                <p class="clear"></p>
              </div>
              <div id=tagContent>
                <div class="tagContent selectTag" id=tagContent0>
                  <dl>
```

```
                <dt> <img src='images/267.jpg' width='155' height='80' /> </dt>
                <dd>
                    <p><strong><a href='/News/ShowNews.aspx?params=1188' target='_blank'>紫金游全新
版本正式发布</a></strong></p>
                    <p>紫金游团队致力于打造最专业的棋牌游戏平台,我们将根据产品现状及市场动态定期对版本进行迭代
升级。本次版本涉及更新内容如下: </p>
                </dd>
            </dl>
            <p class="clear"></p>
            <div class="news_list">
              <ul class="news_list_lf">
                <li> <strong>[最新]<a href="/News/ShowNews.aspx?params=1184" target="_blank">
每日免费充值卡赠送</a></strong> <span>04-03</span> </li>
                <li> <strong>[最新]<a href="/News/ShowNews.aspx?params=1183" target="_blank">
紫金游演示平台玩家 QQ 群</a></strong> <span>03-01</span> </li>
                <li> <strong>[最新]<a href="/News/ShowNews.aspx?params=1182" target="_blank">
游戏建议征集(大厅右上角)</a></strong> <span>02-07</span> </li>
                <li> <strong>[最新]<a href="/News/ShowNews.aspx?params=1181" target="_blank">
新年行大运,紫金游上拜财神</a></strong> <span>01-26</span> </li>
              </ul>
              <ul class="news_list_rg">
                <li> <strong>[最新]<a href="/News/ShowNews.aspx?params=1180" target="_blank">
金鲨银鲨火爆上线</a></strong> <span>01-12</span> </li>
                <li> <strong>[最新]<a href="/News/ShowNews.aspx?params=1179" target="_blank">
新增游戏 ATT 连环炮、大圣闹海</a></strong> <span>01-12</span> </li>
                <li> <strong>[最新]<a href="/News/ShowNews.aspx?params=1177" target="_blank">
头奖 500W! 幸运扑克系统即将上线</a></strong> <span>10-23</span> </li>
                <li> <strong>[最新]<a href="/News/ShowNews.aspx?params=1176" target="_blank">
紫金游 1.5 版本更新至 1.6</a></strong> <span>10-23</span> </li>
              </ul>
              <p class="clear"></p>
            </div>
          </div>
          <div class=tagContent id=tagContent1>
            <dl>
              <dt> <img src='images/268.jpg' width='155' height='80' /> </dt>
              <dd>
                  <p><strong><a href='/News/ShowNews.aspx?params=1161' target='_blank'>紫金游平台
8 招打造最稳定棋牌投资项目</a></strong></p>
                  <p>紫金游的游戏平台,以稳定的运营性能、丰富的盈利点赢得了棋牌投资者的关注。与其他常见的棋牌产
品相比,紫金游这款专门为地方棋牌运营商打造的运营级产品拥有 8 大优势</p>
              </dd>
            </dl>
            <p class="clear"></p>
            <div class="news_list">
              <ul class="news_list_lf">
                <li> <strong>[新闻]<a href="/News/ShowNews.aspx?params=1161" target="_blank">
紫金游平台 8 招打造最稳定棋牌投资项...</a></strong> <span>08-29</span> </li>
                <li> <strong>[新闻]<a href="/News/ShowNews.aspx?params=1174" target="_blank">
像做团购一样推广棋牌游戏</a></strong> <span>10-10</span> </li>
                <li> <strong>[新闻]<a href="/News/ShowNews.aspx?params=1173" target="_blank">
游戏推广三大法宝: 视频、新闻、病毒营...</a></strong> <span>10-10</span> </li>
```

```
                <li> <strong>[新闻]<a href="/News/ShowNews.aspx?params=1172" target="_blank">5
个小技巧让你的新游戏避免失败</a></strong> <span>10-10</span> </li>
                </ul>
                <ul class="news_list_rg">
                <li> <strong>[新闻]<a href="/News/ShowNews.aspx?params=1168" target="_blank">
游戏盈利的关键：如何促进虚拟游戏币的...</a></strong> <span>09-24</span> </li>
                <li> <strong>[新闻]<a href="/News/ShowNews.aspx?params=1166" target="_blank">
网络游戏推广：得屌丝者得天下</a></strong> <span>09-24</span> </li>
                <li> <strong>[新闻]<a href="/News/ShowNews.aspx?params=1160" target="_blank">
在当前市场环境下,棋牌游戏运营还有机...</a></strong> <span>08-29</span> </li>
                <li> <strong>[新闻]<a href="/News/ShowNews.aspx?params=1159" target="_blank">
一个棋牌创业者的自述</a></strong> <span>08-29</span> </li>
                </ul>
                <p class="clear"></p>
              </div>
            </div>
            <div class=tagContent id=tagContent2>
            <dl>
            <dt> <img src='images/267.jpg' width='155' height='80' /> </dt>
            <dd>
              <p><strong><a href='/News/ShowNews.aspx?params=1188' target='_blank'>紫金游全新
版本正式发布</a></strong></p>
                <p>紫金游团队致力于打造最专业的棋牌游戏平台,我们将根据产品现状及市场动态定期对版本进行迭代
升级.本次版本涉及更新内容如下：</p>
            </dd>
            </dl>
            <p class="clear"></p>
            <div class="news_list">
              <ul class="news_list_lf">
                <li> <strong>[公告]<a href="/News/ShowNews.aspx?params=1188" target="_blank">
紫金游全新版本正式发布</a></strong> <span>07-02</span> </li>
                <li> <strong>[公告]<a href="/News/ShowNews.aspx?params=1176" target="_blank">
紫金游1.5版本更新至1.6</a></strong> <span>10-23</span> </li>
                <li> <strong>[公告]<a href="/News/ShowNews.aspx?params=1175" target="_blank">
紫金游1.4版本更新至1.5</a></strong> <span>10-14</span> </li>
                <li> <strong>[公告]<a href="/News/ShowNews.aspx?params=1171" target="_blank">
紫金游演示平台免责公告</a></strong> <span>10-04</span> </li>
                </ul>
                <ul class="news_list_rg">
                <li> <strong>[公告]<a href="/News/ShowNews.aspx?params=1170" target="_blank">
紫金游1.3版本更新至1.4</a></strong> <span>09-27</span> </li>
                <li> <strong>[公告]<a href="/News/ShowNews.aspx?params=1165" target="_blank">
紫金游1.2版本更新至1.3</a></strong> <span>09-17</span> </li>
                <li> <strong>[公告]<a href="/News/ShowNews.aspx?params=1164" target="_blank">
棋牌游戏推广：掌握网民上网规律和时段</a></strong> <span>09-13</span> </li>
                <li> <strong>[公告]<a href="/News/ShowNews.aspx?params=1163" target="_blank">
最省钱的棋牌推广方法——SEO</a></strong> <span>09-13</span> </li>
                </ul>
                <p class="clear"></p>
              </div>
            </div>
            <div class=tagContent id=tagContent3>
```

```
            <dl>
                <dt> <img src='images/266.jpg' width='155' height='80' /> </dt>
                <dd>
                    <p><strong><a href='/News/ShowNews.aspx?params=1187' target='_blank'>紫金游平台
8 招打造最稳定棋牌投资项目</a></strong></p>
                    <p>紫金游面世不久,便已名声大噪,紫金游的第二家运营商—"紫金阁"首日上线就有千元充值。快速的盈
利能力可以让运营商看到希望,加快资金流转,帮助运营商走得更稳更远。</p>
                </dd>
            </dl>
            <p class="clear"></p>
            <div class="news_list">
                <ul class="news_list_lf">
                    <li> <strong>[活动]<a href="/News/ShowNews.aspx?params=1187" target="_blank">
紫金游平台 8 招打造最稳定棋牌投资项...</a></strong> <span>07-01</span> </li>
                    <li> <strong>[活动]<a href="/News/ShowNews.aspx?params=1184" target="_blank">
每日免费充值卡赠送</a></strong> <span>04-03</span> </li>
                    <li> <strong>[活动]<a href="/News/ShowNews.aspx?params=1183" target="_blank">
紫金游演示平台玩家 QQ 群</a></strong> <span>03-01</span> </li>
                    <li> <strong>[活动]<a href="/News/ShowNews.aspx?params=1182" target="_blank">
游戏建议征集(大厅右上角)</a></strong> <span>02-07</span> </li>
                </ul>
                <ul class="news_list_rg">
                    <li> <strong>[活动]<a href="/News/ShowNews.aspx?params=1181" target="_blank">
新年行大运,紫金游上拜财神</a></strong> <span>01-26</span> </li>
                    <li> <strong>[活动]<a href="/News/ShowNews.aspx?params=1180" target="_blank">
金鲨银鲨火爆上线</a></strong> <span>01-12</span> </li>
                    <li> <strong>[活动]<a href="/News/ShowNews.aspx?params=1179" target="_blank">
新增游戏 ATT 连环炮、大圣闹海</a></strong> <span>01-12</span> </li>
                    <li> <strong>[活动]<a href="/News/ShowNews.aspx?params=1177" target="_blank">
头奖 500W! 幸运扑克系统即将上线</a></strong> <span>10-23</span> </li>
                </ul>
                <p class="clear"></p>
            </div>
          </div>
        </DIV>
      </DIV>
      <script type="text/javascript">
function selectTag(showContent, selfObj) {
//操作标签
var tag = document.getElementById("tags").getElementsByTagName("li");
var taglength = tag.length;
for (i = 0; i < taglength; i++) {
tag[i].className = "";
}
selfObj.parentNode.className = "selectTag";
//操作内容
for (i = 0; j = document.getElementById("tagContent" + i); i++) {
j.style.display = "none";
}
document.getElementById(showContent).style.display = "block";
}
</script>
        <!-- products -->
```

```
        <div class="product">
          <h2><span>精品游戏推荐</span></h2>
          <ul>
            <li> <a href="/Game/?params=10003300" title="斗地主" target="_blank"> <img src="images/
260.png" width="212" height="116" alt="斗地主"/> </a> </li>
            <li> <a href="/Game/?params=10900500" title="斗牛" target="_blank"> <img src="images/
130.png" width="212" height="116" alt="斗牛"/> </a> </li>
            <li> <a href="/Game/?params=10306600" title="智勇三张" target="_blank"> <img src=
"images/258.png" width="212" height="116" alt="智勇三张"/> </a> </li>
          </ul>
          <p class="clear"></p>
        </div>
        <!-- prize -->
        <div class="prize">
          <h2><span>热门兑换奖品</span></h2>
          <dl>
            <dt> <a href="#/ProductDetail.aspx?params=132" title="泰迪熊毛绒玩具" target="_blank">
<img src='images/PictureHandler.jpg' alt="泰迪熊毛绒玩具" width="170" height="142" /> </a> </dt>
            <dd> <a href="#/ProductDetail.aspx?params=132" title="泰迪熊毛绒玩具"> 泰迪熊毛绒玩具
</a> </dd>
          </dl>
          <dl>
            <dt> <a href="#/ProductDetail.aspx?params=129" title="泰迪熊毛绒玩具" target="_blank">
<img src='images/PictureHandler.jpg' alt="泰迪熊毛绒玩具" width="170" height="142" /> </a> </dt>
            <dd> <a href="#/ProductDetail.aspx?params=129" title="泰迪熊毛绒玩具"> 泰迪熊毛绒玩具
</a> </dd>
          </dl>
          <dl>
            <dt> <a href="#/ProductDetail.aspx?params=127" title="泰迪熊毛绒玩具" target="_blank">
<img src='images/PictureHandler.jpg' alt="泰迪熊毛绒玩具" width="170" height="142" /> </a> </dt>
            <dd> <a href="#/ProductDetail.aspx?params=127" title="泰迪熊毛绒玩具"> 泰迪熊毛绒玩具
</a> </dd>
          </dl>
          <dl>
            <dt> <a href="#/ProductDetail.aspx?params=126" title="泰迪熊毛绒玩具" target="_blank">
<img src='images/PictureHandler.jpg' alt="泰迪熊毛绒玩具" width="170" height="142" /> </a> </dt>
            <dd> <a href="#/ProductDetail.aspx?params=126" title="泰迪熊毛绒玩具"> 泰迪熊毛绒玩具
</a> </dd>
          </dl>
          <p class="clear"></p>
        </div>
      </div>
      <p class="clear"></p>
    </div>
    <!-- footer -->
    <!-- footer -->
    <div class="footer">
      <p> <a href="#">  网 站 地 图 </a>  |  <a href="#"> 公 司 介 绍
</a> |  <a href="#"> 联 系 我 们 </a> |  <a href="#"> 游 戏 协 议
</a> |  <a href="#"> 免责公告</a></p>
      <p> 抵制不良游戏 拒绝盗版游戏 注意自我保护 谨防受骗上当 适度<a href="#">游戏</a>益脑 沉迷游戏伤身 合
理安排时间 享受健康生活</p>
      <p>      北京科技至上有限公司 <br />
```

```
                 Copyright 2018-2020</p>
          <p>  </p>
          <h1>  </h1>
      </div>
      <script type="text/javascript">
    var domialname = "pk";
    var pusername = "";
    </script>
      <!--快速注册-->
      <script type="text/javascript" src="js/public.js"></script>
      <div id="qucikRegDiv" onclick="quickRgeOperate()"><img src="images/kszc.gif" width="39"
height="149" /></div>
      <div id="qucikRegDiv1">
        <div class="quickRegDiv">
          <div id="close" onclick="closeDiv('qucikRegDiv1')"> </div>
          <div class="ContentDiv">
            <ul>
              <li>
                <div class="yczh">游戏账号: </div>
                <div>
                  <input name="txtUserName" id="txtUserName" maxlength="12" type="text" class=
"textStyle" onblur="IsEtis()" />
                </div>
                <div id="spanUserName"></div>
              </li>
              <li>
                <div class="ncDiv"> 昵称: </div>
                <div>
                  <input name="txtNickName" id="txtNickName" maxlength="10" type="text" class=
"textStyle"/>
                </div>
                <div id="spanNickName"></div>
              </li>
              <li>
                <div class="passwordDiv"> 登录密码: </div>
                <div>
                  <input type="password" name="txtPassword" id="txtPassword" maxlength="16" class=
"textStyle"/>
                </div>
                <div id="spanPassword"></div>
              </li>
              <li>
                <div class="xbie"> 性别: </div>
                <div>
                  <input type="radio" id="sex1" name="sex" value="1" checked="checked"/>
                  <label for="sex1">男</label>
                  <input type="radio" id="sex2" name="sex" value="0" />
                  <label for="sex2">女</label>
                </div>
                <span class="clear"></span> </li>
              <li>
                <div class="yzmDiv"> 验证码: </div>
                <div class="yzm">
```

```
                    <input type="text" maxlength="4" onkeypress="return KeyPressNum(this,event);"
class="textStyle" name="txtValidate" id="txtValidate" />
                      <img src="/Public/Validate.ashx" alt="验证码" title="点击刷新验证码" border="0"
id="imgValidate" onclick="this.src='/Public/Validate.ashx?x=' + Math.random();" align="absmiddle"
style="cursor:pointer;" /></div>
                    <div id="spanValidate"></div>
                    <!--<a href="javascript:void(0);" onclick="javascript:document.getElementById
('imgValidate').src='/Public/Validate.ashx?x=' + Math.random();">看不清,换一张</a> -->
            </li>
            <li>
                <input type="text" name="txtPromoter" id="txtPromoter" style="display:none;" />
                <input name="" type="checkbox" value="" id="cbxEnable" checked="checked" />
                已阅读并同意 <a href="/Treaty.aspx" target="_blank">用户服务协议</a> </li>
            <li class="errormsg"> <span id="errormsg"></span> </li>
            <li class="tegbttn">
                <input type="button" id="btnSubmit" />
                <a href="#"></a> </li>
        </ul>
      </div>
      <div class="clear"></div>
    </div>
  </div>
  <script type="text/javascript">
var domialname = "pk";
var pusername = "";
</script>
    <script type="text/javascript" src="js/HtmlValidateImg.js"></script>
    <script type="text/javascript" src="js/FastReg.js"></script>
  </div>
  <!-- warp end -->
</div>
</body>
</html>
```

运行本案例的主页 index.html 文件，即可预览首页效果，图 30-4 为首页的顶部模块，包括网页菜单、Banner 图片等；图 30-5 为首页的中间模块，也是网站中的主要部门，包括游戏下载、用户注册、最新新闻、游戏推荐等模块；图 30-6 为首页的底部模块，包括网站中的超链接以及一些说明信息。

图 30-4　首页顶部模块

图 30-5　首页中间模块

<table>
<tr><td>网站地图</td><td>|</td><td>公司介绍</td><td>|</td><td>联系我们</td><td>|</td><td>游戏协议</td><td>|</td><td>免责公告</td></tr>
</table>

抵制不良游戏 拒绝盗版游戏 注意自我保护 谨防受骗上当 适度 游戏 益脑 沉迷游戏伤身 合理安排时间 享受健康生活

北京科技至上有限公司

Copyright 2018-2020

图 30-6　首页底部模块

30.2.2　设计注册验证信息

注册页面的验证信息需要使用 JavaScript 语言来实现，具体的实现代码如下：

```
if (pusername != '') {
    $("#txtPromoter").val(pusername).attr("readonly", "readonly");
}
var id = function(o) { return document.getElementById(o) }
var scroll = function(o) {
    //var space=id(o).offsetTop;
    var space = 307;
    id(o).style.top = space + 'px';
    void function() {
        var goTo = 0;
        var roll = setInterval(function() {
            var height = document.documentElement.scrollTop + document.body.scrollTop + space;
            var top = parseInt(id(o).style.top);
            if (height != top) {
                goTo = height - parseInt((height - top) * 0.9);
                id(o).style.top = goTo + 'px';
```

```
        }
            //else{if(roll) clearInterval(roll);}
      }, 50);
    } ()
  }
  scroll('qucikRegDiv');
  scroll('qucikRegDiv1');

  var vali = new HtmlValidate("btnSubmit", OnSubmit);
  vali.AddTextBoxRequired("txtUserName","spanUserName","游戏账号",12,6);
  vali.AddTextBoxRegular("txtUserName", "spanUserName", "游戏账号", "[0-9a-zA-Z]{6,12}");
  vali.AddTextBoxRequired("txtNickName","spanNickName","昵称",10,2);
  vali.AddTextBoxRequired("txtPassword", "spanPassword", "登录密码", 16, 6);
  vali.AddTextBoxRequired("txtValidate", "spanValidate", "验证码", 4, 4);
  vali.Run();

  //提交按钮事件
  function OnSubmit() {
      $("#btnSubmit").css("display", "none");
      $("#btnSubmit").after("<li id='spanLoading'>" + LOADING_ICON + "正在提交,请稍候..." + "</li>");

      $.post(
          "/Members/MembersHandler.ashx?action=reg&x=" + Math.random(),
          {
              username:       $("#txtUserName").val().Trim(),
              nickname:       $("#txtNickName").val().Trim(),
              password:       $("#txtPassword").val().Trim(),
              sex: $("input[name=sex]:checked").val().Trim(),
              truename: "",
              idc: "",
              validate:       $("#txtValidate").val().Trim(),
              domailname: domialname,
              //以下为非必填项
              promoter:       $("#txtPromoter").val().Trim()
          },
          function(data) {
              if (data == "success") {
                  alert("注册成功! ");
                  location.href = "/Down.aspx";
              }
              else {
                  $("#spanLoading").remove();
                  $("#btnSubmit").css("display", "inline");
                  //Msg("注册发生错误,错误信息: \r\n" + data, 300);
                  document.getElementById("errormsg").innerHTML = data
                  $("#imgValidate").attr("src", '/Public/Validate.ashx?x=' + Math.random());
              }
          }
      );
  }
  function IsEtis() {
      $.post(
          "/Members/MembersHandler.ashx?action=isusername&x=" + Math.random(),
          {
```

```
                username: $("#txtUserName").val().Trim(),
                type: "1"
            },
            function(data) {
                if (data == "success") {
                    document.getElementById("spanUserName").innerHTML = "<img src='/Images/System/
dui.jpg' align='absmiddle' width='16' height='16' border='0' />";
                } else {
                    document.getElementById("spanUserName").innerHTML = "<img src='/Images/System/cha.
jpg' align='absmiddle' width='16' height='16' border='0' />";
                }
            }
        );
    }
```

在主页中单击"快速注册"按钮，即可进入注册页面，如图 30-7 所示。在注册页面中根据提示输入注册信息，如果输入的注册信息不符合规定，则会出现验证信息，如图 30-8 所示。

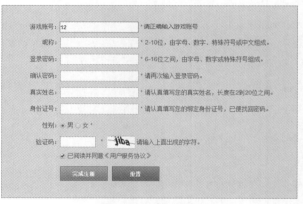

图 30-7　用户注册页面　　　　　　　　　　　　　　　　　　图 30-8　验证信息

30.2.3　设计下载中心页面

有些游戏需要下载并安装到本地计算机后，才能开始游戏，所有需要游戏下载的页面，一般下载页面中提供有供用户下载的按钮，以及包括该游戏的简单说明信息，如游戏大小、运行环境等，下面给出下载中心页面的代码：

```
<!DOCTYPE html PUBLIC "-//W3C//DTD XHTML 1.0 Transitional//EN" "http://www.w3.org/TR/xhtml1/DTD/
xhtml1-transitional.dtd">
<html xmlns="http://www.w3.org/1999/xhtml">
<head>
<meta http-equiv="Content-Type" content="text/html; charset=utf-8" />
<!-- 样式 -->
<link href="Css/layout.css" type="text/css" rel="stylesheet" />
<script type="text/javascript" src="Js/jquery.js"></script>
<!--[if IE 6]>
<script src="js/DD_belatedPNG_0.0.8a.js" type="text/javascript" ></script>
```

```html
<script type="text/javascript">
DD_belatedPNG.fix(' ');
</script>
<![endif]-->
<!-- banner -->
<style type="text/css">
.nav_bg .nav ul li .i_home{ color:#b5954d;}
</style>
<meta name="Keywords" />
<meta name="Description" />
<title>紫金游</title>
</head>
<body>
<!-- warp start -->
<div class="warp">
  <!-- top -->
  <!-- top -->
  <div class="top_bg" id="topLoginIn">
    <div class="top">您好,欢迎光临紫金游 <a href="#">请登录</a> | <a href="Register.html">注册
</a></div>
  </div>
  <div class="top_bg" id="topLoginOut">
    <div class="top">欢迎您, , "<a href="#">个人中心</a>" "<a href="#">退出</a>"</div>
  </div>
  <script type="text/javascript">
var nameuser = ''
if (nameuser == "") {
$("#topLoginOut").hide();
$("#topLoginIn").show();
} else {
$("#topLoginOut").show();
$("#topLoginIn").hide();
}
</script>
  <!-- nav -->
  <!-- nav -->
  <div class="nav_bg">
    <div class="nav">
      <ul>
        <li><a href="index.html">官网首页</a><br />
          <span>HOME</span></li>
        <li><a href="Down.html" class="i_home">下载中心</a><br />
          <span>DOWNLOAD</span></li>
        <li><a href="Pay.html">账号充值</a><br />
          <span>ACCOUNT SERVICES</span></li>
        <li class="nav_logo">紫金游</li>
        <li><a href="News.html" >新闻动态</a><br />
          <span>NEWS</span></li>
        <li><a href="Mall.html" >道具商城</a><br />
          <span>ITEM SHOP</span></li>
        <li><a href="Mall.html">奖品乐园</a><br />
          <span>PRIZES PARADISE</span></li>
      </ul>
      <p class="clear"></p>
```

```
        </div>
        <div class="logo"><a href="/"><img src="images/logo.png" /></a></div>
    </div>
    <script type="text/javascript">
$(function () {
if (index) {
$(".nav ul a").removeClass().parent().eq(index - 1).find("a").addClass("i_home");
}
})
</script>
    <!-- main -->
    <div class="main_bg">
      <div class="main">
        <div class="m_lf">
          <div class="m_download"> <a href="#"> <img src="images/down_load.jpg" width="248" height=
"109" alt="游戏下载" /> </a> </div>
          <div class="m_reg"> <a href="Register.html">快速注册</a> </div>
          <div class="fast_track">
            <h2>快速通道</h2>
            <ul>
              <li><a href="#">个人中心</a></li>
              <li><a href="/Popularize.aspx">推广赚金</a></li>
              <li><a href="/Members/Security.aspx">密码保护</a></li>
              <li><a href="/TabooUser.aspx">封号名单</a></li>
              <li><a href="/GetPassword.aspx">找回密码</a></li>
              <li><a href="/Members/SetPassword.aspx">修改密码</a></li>
              <li><a href="/Faq.aspx">帮助中心</a></li>
              <li><a href="/Guardian/">家长监护</a></li>
              <li><a href="/Match/BattleDefault.aspx">比赛专区</a></li>
            </ul>
            <p class="clear"></p>
          </div>
          <div class="m_ad"><img src="images/lf_1.jpg" width="248" height="96" /></div>
          <div class="m_service">
            <dl>
            <dt>游戏客服</dt>
            <dd class="m_service_tel">客服电话：010-12345678<br />
                例行维护：每周二 7:00-9:30 </dd>
            <dd> <a href="http://wpa.qq.com/msgrd?v=3&uin=00000000000&site=qq&menu=yes" target=
"_blank" class="m_service_online">在线咨询</a> </dd>
            </dl>
          </div>
        </div>
        <script type="text/javascript">
    var index = 2;
    </script>
        <div class="cont">
          <div class="cont_tit"> <strong> <img src="images/down_icon.PNG" width="28" height="29"
/>下载中心 </strong> <span>您所在位置：<a href="/">首页</a> > 下载中心</span> </div>
          <div class="con_bg">
            <div class="cont_down">
              <h3>紫金游游戏大厅</h3>
              <div><img src="images/cont_down1.PNG" width="629" height="330" /></div>
            </div>
```

```
            <div class="cont_down_tit"> <span>更新时间:2018 年 2 月 1 日</span> <span>版本:18.1版</span>
<span>应用平台: Win7/Win10</span> <span>完整版大小: 30MB</span></div>
            <div class="cont_down_btn"> <a href="#" class="cont_down_btn1">下 载 大 厅 游 戏</a> <a
href="#" class="cont_down_btn2">下载完整版</a> </div>
            <div class="cont_dwon_list">
            <h3>游戏介绍</h3>
            <ul>
                <li> <a href="/Game/?params=10003300"> <img src="/Uploads/GameRulePicture/259.png"
alt="斗地主" width="150" height="108" /> </a> <br />
                    <a href="/Game/?params=10003300">斗地主</a> </li>
                <li> <a href="/Game/?params=10003303"> <img src="/Uploads/GameRulePicture/157.jpg"
alt="斗地主比赛" width="150" height="108" /> </a> <br />
                    <a href="/Game/?params=10003303">斗地主比赛</a> </li>
                <li> <a href="/Game/?params=10301800"> <img src="/Uploads/GameRulePicture/191.jpg"
alt="三十秒" width="150" height="108" /> </a> <br />
                    <a href="/Game/?params=10301800">三十秒</a> </li>
                <li> <a href="/Game/?params=10306600"> <img src="/Uploads/GameRulePicture/257.png"
alt="智勇三张" width="150" height="108" /> </a> <br />
                    <a href="/Game/?params=10306600">智勇三张</a> </li>
                <li> <a href="/Game/?params=10400402"> <img src="/Uploads/GameRulePicture/149.jpg"
alt="二人梭哈" width="150" height="108" /> </a> <br />
                    <a href="/Game/?params=10400402">二人梭哈</a> </li>
                <li> <a href="/Game/?params=10900500"> <img src="/Uploads/GameRulePicture/155.jpg"
alt="斗牛" width="150" height="108" /> </a> <br />
                    <a href="/Game/?params=10900500">斗牛</a> </li>
                <li> <a href="/Game/?params=10901800"> <img src="/Uploads/GameRulePicture/156.jpg"
alt="百人牛牛" width="150" height="108" /> </a> <br />
                    <a href="/Game/?params=10901800">百人牛牛</a> </li>
                <li> <a href="/Game/?params=11901800"> <img src="" alt="疯狂两张" width="150"
height="108" /> </a> <br />
                    <a href="/Game/?params=11901800">疯狂两张</a> </li>
                <li> <a href="/Game/?params=70001000"> <img src="/Uploads/GameRulePicture/203.jpg"
alt="ATT" width="150" height="108" /> </a> <br />
                    <a href="/Game/?params=70001000">ATT</a> </li>
            </ul>
            <p class="clear"></p>
            </div>
        </div>
      </div>
    <p class="clear"></p>
    </div>
    <!-- footer -->
    <!-- footer -->
    <div class="footer">
      <p> <a href="#"> 网站地图</a>  |  <a href="#">公司介绍</a> 
|  <a href="#">联系我们</a> |  <a href="#">游戏协议</a> | <a
href="#"> 免责公告</a></p>
      <p> 抵制不良游戏 拒绝盗版游戏 注意自我保护 谨防受骗上当 适度<a href="#">游戏</a>益脑 沉迷游戏伤身 合
理安排时间 享受健康生活</p>
      <p>      北京科技至上有限公司 <br />
         Copyright 2018-2020</p>
      <p>  </p>
      <h1>  </h1>
```

```
        </div>
        <script type="text/javascript">
    var domialname = "pk";
    var pusername = "";
    </script>
        <!--快速注册-->
        <script type="text/javascript" src="Js/public.js"></script>
        <div id="qucikRegDiv" onclick="quickRgeOperate()"><img src="images/kszc.gif" width="39"
height="149" /></div>
        <div id="qucikRegDiv1">
          <div class="quickRegDiv">
            <div id="close" onclick="closeDiv('qucikRegDiv1')"> </div>
            <div class="ContentDiv">
              <ul>
                <li>
                  <div class="yczh">游戏账号: </div>
                  <div>
                    <input name="txtUserName" id="txtUserName" maxlength="12" type="text" class=
"textStyle" onblur="IsEtis()" />
                  </div>
                  <div id="spanUserName"></div>
                </li>
                <li>
                  <div class="ncDiv"> 昵称: </div>
                  <div>
                    <input name="txtNickName" id="txtNickName" maxlength="10" type="text" class=
"textStyle"/>
                  </div>
                  <div id="spanNickName"></div>
                </li>
                <li>
                  <div class="passwordDiv"> 登录密码: </div>
                  <div>
                    <input type="password" name="txtPassword" id="txtPassword" maxlength="16" class=
"textStyle"/>
                  </div>
                  <div id="spanPassword"></div>
                </li>
                <li>
                  <div class="xbie"> 性别: </div>
                  <div>
                    <input type="radio" id="sex1" name="sex" value="1" checked="checked"/>
                    <label for="sex1">男</label>
                    <input type="radio" id="sex2" name="sex" value="0" />
                    <label for="sex2">女</label>
                  </div>
                  <span class="clear"></span> </li>
                <li>
                  <div class="yzmDiv"> 验证码: </div>
                  <div class="yzm">
                    <input type="text" maxlength="4" onkeypress="return KeyPressNum(this,event);"
class="textStyle" name="txtValidate" id="txtValidate" />
                      <img src="/Public/Validate.ashx" alt=" 验证码" title=" 点击刷新验证码"
border="0" id="imgValidate" onclick="this.src='/Public/Validate.ashx?x=' + Math.random();" align=
```

```
"absmiddle" style="cursor:pointer;" /></div>
                <div id="spanValidate"></div>
                <!--<a href="javascript:void(0);" onclick="javascript:document.getElementById
('imgValidate').src='/Public/Validate.ashx?x=' + Math.random();">看不清,换一张</a> -->
            </li>
            <li>
                <input type="text" name="txtPromoter" id="txtPromoter" style="display:none;" />
                <input name="" type="checkbox" value="" id="cbxEnable" checked="checked" />
                已阅读并同意 <a href="/Treaty.aspx" target="_blank">用户服务协议</a> </li>
            <li class="errormsg"> <span id="errormsg"></span> </li>
            <li class="tegbttn">
                <input type="button" id="btnSubmit" />
                <a href="#"></a> </li>
        </ul>
      </div>
        <div class="clear"></div>
      </div>
    </div>
    <script type="text/javascript">
var domialname = "pk";
var pusername = "";
</script>
    <script type="text/javascript" src="Js/HtmlValidateImg.js"></script>
    <script type="text/javascript" src="Js/FastReg.js"></script>
  </div>
  <!-- warp end -->
</div>
</body>
</html>
```

在主页中单击"下载中心"按钮，即可进入游戏下载页面，如图 30-9 所示。

图 30-9　下载中心页面

30.2.4　设计账户充值页面

在游戏当中，有时需要购买装备，这就需要给自己的游戏账户充值，下面给出设计账户充值页面的具体代码：

```
<!DOCTYPE html PUBLIC "-//W3C//DTD XHTML 1.0 Transitional//EN" "http://www.w3.org/TR/xhtml1/
DTD/xhtml1-transitional.dtd">
<html xmlns="http://www.w3.org/1999/xhtml">
<head>
<meta http-equiv="Content-Type" content="text/html; charset=utf-8" />
<!-- 样式 -->
<link href="Css/layout.css" type="text/css" rel="stylesheet" />
<script type="text/javascript" src="Js/jquery.js"></script>
<!--[if IE 6]>
<script src="Js/DD_belatedPNG_0.0.8a.js" type="text/javascript" ></script>
<script type="text/javascript">
DD_belatedPNG.fix(' ');
</script>
<![endif]-->
<!-- banner -->
<style type="text/css">
.nav_bg .nav ul li .i_home{ color:#b5954d;}
</style>
<meta name="Keywords" />
<meta name="Description" />
<title>紫金游</title>
</head>
<body>
<!-- warp start -->
<div class="warp">
  <!-- top -->
  <!-- top -->
  <div class="top_bg" id="topLoginIn">
    <div class="top">您好,欢迎光临紫金游 <a href="#">请登录</a> | <a href="Register.html">注册
</a></div>
  </div>
  <div class="top_bg" id="topLoginOut">
    <div class="top">欢迎您, , "<a href="#">个人中心</a>" "<a href="#">退出</a>"</div>
  </div>
  <script type="text/javascript">
var nameuser = ''
if (nameuser == "") {
    $("#topLoginOut").hide();
    $("#topLoginIn").show();
} else {
    $("#topLoginOut").show();
    $("#topLoginIn").hide();
}
</script>
  <!-- nav -->
  <!-- nav -->
  <div class="nav_bg">
    <div class="nav">
      <ul>
      <li><a href="index.html">官网首页</a><br />
        <span>HOME</span></li>
      <li><a href="Down.html" >下载中心</a><br />
        <span>DOWNLOAD</span></li>
      <li><a href="Pay.html" class="i_home">账号充值</a><br />
```

```
          <span>ACCOUNT SERVICES</span></li>
        <li class="nav_logo">紫金游</li>
        <li><a href="News.html" >新闻动态</a><br />
         <span>NEWS</span></li>
        <li><a href="Mall.html" >道具商城</a><br />
         <span>ITEM SHOP</span></li>
        <li><a href="Mall.html">奖品乐园</a><br />
         <span>PRIZES PARADISE</span></li>
      </ul>
      <p class="clear"></p>
    </div>
    <div class="logo"><a href="/"><img src="images/logo.png" /></a></div>
  </div>
  <script type="text/javascript">
  $(function () {
    if (index) {
      $(".nav ul a").removeClass().parent().eq(index - 1).find("a").addClass("i_home");
    }
  })
  </script>
  <!-- main -->
  <div class="main_bg">
    <div class="main">
      <div class="m_lf">
        <div class="m_download"> <a href="#"> <img src="images/down_load.jpg" width="248"
height="109" alt="游戏下载" /> </a> </div>
        <div class="m_reg"> <a href="Register.html">快速注册</a> </div>
        <div class="con_pkmall_try">
          <h3                                              style="text-align:center;"><a
href='/Login.aspx?reurl=http://pk.tzgame.com/Pay/default.aspx'>登录后</a>获取</h3>
          <br />
          <table width="200" border="0" cellspacing="0" cellpadding="0" style="margin:0 auto;">
           <tr>
            <td width="42" height="30"><img src="images/mall_icon2.png" width="25" height="21"
/></td>
              <td>乐豆: <a href='/Login.aspx?reurl=http://pk.tzgame.com/Pay/default.aspx'>登录后
</a>获取</td>
           </tr>
           <tr>
            <td height="30"><img src="images/mall_icon1.png" width="30" height="19" /></td>
              <td>元宝: <a href='/Login.aspx?reurl=http://pk.tzgame.com/Pay/default.aspx'>登录后
</a>获取</td>
           </tr>
           <tr>
            <td height="30"><img src="images/mall_icon3.png" width="30" height="30" /></td>
              <td>奖券: <a href='/Login.aspx?reurl=http://pk.tzgame.com/Pay/default.aspx'>登录后
</a>获取</td>
           </tr>
          </table>
          <br />
          <div class="cont_recharge_record"><a href="/Members/LogCardUse.aspx">我 的 充 值 记 录
</a></div>
          <br />
        </div>
```

```
        <div class="cont_pay_mode">
          <h3>充值方式</h3>
          <ul>
            <li style=" border-top:none;" class="pay_mode_btn"><a href="/Pay/PayDefault.aspx">
支付宝</a></li>
            <li class="pay_mode_btn1"><a href="/Pay/Yeepay.aspx">网银充值(易宝)</a></li>
            <li class="pay_mode_btn2"><a href="/Pay/YeepayCard.aspx">游戏点卡充值</a></li>
            <li class="pay_mode_btn3"><a href="/Pay/Card.aspx">平台点卡充值</a></li>
          </ul>
        </div>
        <div class="con_pkmall_try">
          <h3>充值帮助</h3>
          <ul style="padding-bottom:20px;">
            <li><a href="/Faq.aspx">如何进行充值前</a></li>
            <li><a href="/Faq.aspx">哪种充值方式最优惠? </a></span></li>
          </ul>
        </div>
      </div>
      <script type="text/javascript">
  var index = 3;
  </script>
        <div class="cont">
          <div class="cont_tit"> <strong><img src="images/pay_icon.PNG" width="26" height="34" />
账号充值</strong> <span>您所在位置: <a href="/">首页</a> >账号充值</span></div>
          <div class="con_bg">
          <div class="cont_pay_process">
            <h3>充值流程: </h3>
            <div class="pay_process_btn"></div>
            <div class="cont_pay_process_1"><span>温馨提示: </span> 充值成功后,系统将在 10 分钟内将元
宝存入您的账户,请您登录游戏大厅或个人中心查看! </div>
          </div>
          <div class="cont_pay_list">
          <dl>
            <dt><img src="images/zfb.png" alt="支付宝" width="125" height="125" /></dt>
            <dd>
              <table width="475" border="0" cellspacing="0" cellpadding="0">
                <tr>
                  <td height="125"><p><strong>支付宝充值  </strong> <img src="images/cz_
tuijian.png" width="58" height="17" /><br />
                    支付宝是国内领先的独立第三方支付平台,您可以使用支付宝中的
                    余额进行支付,同时还支持国内外 160 多家银行的在线支付.</p></td>
                  <td width="96"><a href="/Pay/PayDefault.aspx" class="pay_btn">立即充值</a></td>
                </tr>
              </table>
            </dd>
          </dl>
          <dl>
            <dt style="padding-top:28px;"><img src="images/cz_yb.gif" alt="支付宝" width="104"
height="68" /></dt>
            <dd>
              <table width="475" border="0" cellspacing="0" cellpadding="0">
                <tr>
                  <td height="125"><p> <strong>银行卡充值(易宝)</strong> <img src="images/
cz_tuijian.png" width="58" height="17" /><br />
```

支持工商银行、农业银行、招商银行、中国银行、建设银行、交通银行、兴业银行、光大银行、华夏银行、中信银行、上海浦东发展银行等全国 55 家主流发卡银行的网上支付功能．</p></td>

```
                <td width="96"><a href="/Pay/Yeepay.aspx" class="pay_btn">立即充值</a></td>
              </tr>
            </table>
          </dd>
        </dl>
        <dl>
          <dt><img src="images/pay2.png" width="114" height="125" /></dt>
          <dd>
            <table width="475" border="0" cellspacing="0" cellpadding="0">
              <tr>
                <td height="125"><p> <strong>游戏点卡充值</strong><br />
```
支持大部分通用型点卡．如征途卡,骏网一卡通,盛大一卡通,联通充值卡,移动充值卡,Q 币卡等</p></td>
```
                <td width="96"><a href="/Pay/YeepayCard.aspx" class="pay_btn">立即充值</a></td>
              </tr>
            </table>
          </dd>
        </dl>
        <dl style="margin-bottom:0;">
          <dt><img src="images/pay2.png" width="114" height="125" /></dt>
          <dd>
            <table width="475" border="0" cellspacing="0" cellpadding="0">
              <tr>
                <td height="125"><p> <strong>平台点卡充值</strong><br />
                本游戏平台点卡充值 </p></td>
                <td width="96"><a href="/Pay/Card.aspx" class="pay_btn">立即充值</a></td>
              </tr>
            </table>
          </dd>
        </dl>
        </div>
      </div>
    </div>
    <p class="clear"></p>
  </div>
  <!-- footer -->
  <!-- footer -->
  <div class="footer">
    <p> <a href="#"> 网站地图</a>  |  <a href="#">公司介绍</a> |
  <a href="#"> 联系我们 </a> |  <a href="#"> 游戏协议 </a> | <a
href="#"> 免责公告</a></p>
    <p> 抵制不良游戏 拒绝盗版游戏 注意自我保护 谨防受骗上当 适度<a href="#">游戏</a>益脑 沉迷游戏伤身 合
理安排时间 享受健康生活</p>
    <p>      北京科技至上有限公司 <br />
       Copyright 2018-2020 </p>
    <p>  </p>
    <h1>  </h1>
  </div>
  <script type="text/javascript">
var domialname = "pk";
var pusername = "";
</script>
```

```
        <!--快速注册-->
        <script type="text/javascript" src="Js/public.js"></script>
        <div id="qucikRegDiv" onclick="quickRgeOperate()"><img src="images/kszc.gif" width="39"
height="149" /></div>
        <div id="qucikRegDiv1">
          <div class="quickRegDiv">
            <div id="close" onclick="closeDiv('qucikRegDiv1')"> </div>
            <div class="ContentDiv">
              <ul>
                <li>
                  <div class="yczh">游戏账号: </div>
                  <div>
                    <input name="txtUserName" id="txtUserName" maxlength="12" type="text" class=
"textStyle" onblur="IsEtis()" />
                  </div>
                  <div id="spanUserName"></div>
                </li>
                <li>
                  <div class="ncDiv"> 昵称: </div>
                  <div>
                    <input name="txtNickName" id="txtNickName" maxlength="10" type="text" class=
"textStyle"/>
                  </div>
                  <div id="spanNickName"></div>
                </li>
                <li>
                  <div class="passwordDiv"> 登录密码: </div>
                  <div>
                    <input type="password" name="txtPassword" id="txtPassword" maxlength="16" class=
"textStyle"/>
                  </div>
                  <div id="spanPassword"></div>
                </li>
                <li>
                  <div class="xbie"> 性别: </div>
                  <div>
                    <input type="radio" id="sex1" name="sex" value="1" checked="checked"/>
                    <label for="sex1">男</label>
                    <input type="radio" id="sex2" name="sex" value="0" />
                    <label for="sex2">女</label>
                  </div>
                  <span class="clear"></span> </li>
                <li>
                  <div class="yzmDiv"> 验证码: </div>
                  <div class="yzm">
                    <input type="text" maxlength="4" onkeypress="return KeyPressNum(this,event);"
class="textStyle" name="txtValidate" id="txtValidate" />
                      <img src="/Public/Validate.ashx" alt=" 验证码 " title=" 点击刷新验证码 "
border="0" id="imgValidate" onclick="this.src='/Public/Validate.ashx?x=' + Math.random();" align=
"absmiddle" style="cursor:pointer;" /></div>
                    <div id="spanValidate"></div>
                    <!--<a href="javascript:void(0);" onclick="javascript:document.getElementById
('imgValidate').src='/Public/Validate.ashx?x=' + Math.random();">看不清,换一张</a> -->
                </li>
```

```
        <li>
           <input type="text" name="txtPromoter" id="txtPromoter" style="display:none;" />
           <input name="" type="checkbox" value="" id="cbxEnable" checked="checked" />
           已阅读并同意 <a href="/Treaty.aspx" target="_blank">用户服务协议</a> </li>
        <li class="errormsg"> <span id="errormsg"></span> </li>
        <li class="tegbttn">
           <input type="button" id="btnSubmit" />
           <a href="#"></a> </li>
     </ul>
   </div>
     <div class="clear"></div>
    </div>
   </div>
   <script type="text/javascript">
var domialname = "pk";
var pusername = "";
</script>
   <script type="text/javascript" src="Js/HtmlValidateImg.js"></script>
   <script type="text/javascript" src="Js/FastReg.js"></script>
 </div>
 <!-- warp end -->
</div>
</body>
</html>
```

在主页中单击"账户充值"按钮，即可进入账户充值页面，在其中可以看到提供的几种账户充值方式，如图 30-10 所示。

图 30-10　账户充值页面

30.2.5　设计新闻动态页面

游戏中的新闻动态页面，一般以列表样式显示，具体的代码如下：

```
<!DOCTYPE html PUBLIC "-//W3C//DTD XHTML 1.0 Transitional//EN" "http://www.w3.org/TR/xhtml1/
DTD/xhtml1-transitional.dtd">
   <html xmlns="http://www.w3.org/1999/xhtml">
```

611

```html
<head>
<meta http-equiv="Content-Type" content="text/html; charset=utf-8" />
<!-- 样式 -->
<link href="Css/layout.css" type="text/css" rel="stylesheet" />
<script type="text/javascript" src="Js/jquery.js"></script>
<!--[if IE 6]>
<script src="Js/DD_belatedPNG_0.0.8a.js" type="text/javascript" ></script>
<script type="text/javascript">
DD_belatedPNG.fix(' ');
</script>
<![endif]-->
<!-- banner -->
<style type="text/css">
.nav_bg .nav ul li .i_home{ color:#b5954d;}
</style>
<meta name="Keywords" />
<meta name="Description" />
<title>第 1 页 - 紫金游</title>
</head>
<body>
<!-- warp start -->
<div class="warp">
  <!-- top -->
  <!-- top -->
  <div class="top_bg" id="topLoginIn">
    <div class="top">您好,欢迎光临紫金游 <a href="#">请登录</a> | <a href="Register.html">注册</a>
</div>
  </div>
    <div class="top_bg" id="topLoginOut">
    <div class="top">欢迎您, , "<a href="#">个人中心</a>" "<a href="#">退出</a>"</div>
  </div>
  <script type="text/javascript">
var nameuser = ''
if (nameuser == "") {
    $("#topLoginOut").hide();
    $("#topLoginIn").show();
} else {
    $("#topLoginOut").show();
    $("#topLoginIn").hide();
}
</script>
  <!-- nav -->
  <!-- nav -->
  <div class="nav_bg">
    <div class="nav">
      <ul>
      <li><a href="index.html">官网首页</a><br />
        <span>HOME</span></li>
      <li><a href="Down.html" >下载中心</a><br />
        <span>DOWNLOAD</span></li>
      <li><a href="Pay.html">账号充值</a><br />
        <span>ACCOUNT SERVICES</span></li>
```

```
            <li class="nav_logo">紫金游</li>
            <li><a href="News.html" class="i_home">新闻动态</a><br />
              <span>NEWS</span></li>
            <li><a href="Mall.html" >道具商城</a><br />
              <span>ITEM SHOP</span></li>
            <li><a href="Mall.html">奖品乐园</a><br />
              <span>PRIZES PARADISE</span></li>
          </ul>
          <p class="clear"></p>
       </div>
       <div class="logo"><a href="/"><img src="images/logo.png" /></a></div>
     </div>
     <script type="text/javascript">
    $(function () {
       if (index) {
          $(".nav ul a").removeClass().parent().eq(index - 1).find("a").addClass("i_home");
       }
    })
    </script>
     <!-- main -->
     <div class="main_bg">
       <div class="main">
         <div class="m_lf">
           <div class="m_download"> <a href="#"> <img src="images/down_load.jpg" width="248" height=
"109" alt="游戏下载" /> </a> </div>
           <div class="m_reg"> <a href="Register.html">快速注册</a> </div>
           <div class="fast_track">
            <h2>快速通道</h2>
            <ul>
             <li><a href="#">个人中心</a></li>
             <li><a href="/Popularize.aspx">推广赚金</a></li>
             <li><a href="/Members/Security.aspx">密码保护</a></li>
             <li><a href="/TabooUser.aspx">封号名单</a></li>
             <li><a href="/GetPassword.aspx">找回密码</a></li>
             <li><a href="/Members/SetPassword.aspx">修改密码</a></li>
             <li><a href="/Faq.aspx">帮助中心</a></li>
             <li><a href="/Guardian/">家长监护</a></li>
             <li><a href="/Match/BattleDefault.aspx">比赛专区</a></li>
            </ul>
            <p class="clear"></p>
           </div>
           <div class="m_ad"><img src="images/lf_1.jpg" width="248" height="96" /></div>
           <div class="m_service">
            <dl>
             <dt>游戏客服</dt>
             <dd class="m_service_tel">客服电话：010-12345678<br />
                 例行维护：每周二 7:00-9:30 </dd>
             <dd> <a href="http://wpa.qq.com/msgrd?v=3&uin=00000000000&site=qq&menu=yes" target=
"_blank" class="m_service_online">在线咨询</a> </dd>
            </dl>
           </div>
         </div>
```

```
        <script type="text/javascript">
    var index = 4;
    </script>
        <div class="cont">
            <div class="cont_tit"> <strong> <img src="images/news_icon.PNG" width="32" height="31"
/>新闻动态 </strong> <span>您所在位置：<a href="/">首页</a> > 新闻动态</span> </div>
            <div class="con_bg">
                <div class="con_news_menu">
                  <ul>
                    <li><a href="/News/" class='con_news_menu1'>最新</a></li>
                    <li><a href="/News/Default.aspx?params=newscenter" >新闻</a></li>
                    <li><a href="/News/Default.aspx?params=announce" >公告</a></li>
                    <li><a href="/News/Default.aspx?params=activity" >活动</a></li>
                  </ul>
                </div>
                <div class="con_news_list">
                  <ul>
                    <li class="con_news_iconbg"> <strong>最新 <a href="ShowNews.html">紫金游全新版本正式
发布</a> </strong> <span>2018-07-02</span> </li>
                    <li class="con_news_iconbg"> <strong>最新 <a href="ShowNews.html">紫金游平台 8 招打造
最稳定棋牌投资项目</a> </strong> <span>2018-07-01</span> </li>
                    <li class="con_news_iconbg"> <strong>最新 <a href="ShowNews.html">紫金游平台 8 招打造
最稳定棋牌投资项目</a> </strong> <span>2018-08-29</span> </li>
                    <li class="con_news_iconbg"> <strong>最新 <a href="ShowNews.html">每日免费充值卡赠送
</a> </strong> <span>2018-04-03</span> </li>
                    <li class="con_news_iconbg"> <strong>最新 <a href="ShowNews.html">紫金游演示平台玩家
QQ 群</a> </strong> <span>2018-03-01</span> </li>
                    <li class="con_news_iconbg"> <strong>最新 <a href="ShowNews.html">游戏建议征集(大厅右
上角)</a> </strong> <span>2018-02-07</span> </li>
                    <li class="con_news_iconbg"> <strong>最新 <a href="ShowNews.html">新年行大运,紫金游上
拜财神</a> </strong> <span>2018-01-26</span> </li>
                    <li class="con_news_iconbg"> <strong>最新 <a href="ShowNews.html">金鲨银鲨火爆上线
</a> </strong> <span>2018-01-12</span> </li>
                    <li class="con_news_iconbg"> <strong>最新 <a href="ShowNews.html">新增游戏 ATT 连环炮、
大圣闹海</a> </strong> <span>2018-01-12</span> </li>
                    <li class="con_news_iconbg"> <strong>最新 <a href="ShowNews.html">头奖 500W! 幸运扑克
系统即将上线</a> </strong> <span>2018-10-23</span> </li>
                    <li class="con_news_iconbg"> <strong>最新 <a href="ShowNews.html">紫金游 1.5 版本更新
至 1.6</a> </strong> <span>2018-10-23</span> </li>
                    <li class="con_news_iconbg"> <strong>最新 <a href="ShowNews.html">紫金游 1.4 版本更新
至 1.5</a> </strong> <span>2018-10-14</span> </li>
                    <li class="con_news_iconbg"> <strong>最新 <a href="ShowNews.html">像做团购一样推广棋
牌游戏</a> </strong> <span>2018-10-10</span> </li>
                    <li class="con_news_iconbg"> <strong>最新 <a href="ShowNews.html">游戏推广三大法宝:
视频、新闻、病毒营销</a> </strong> <span>2018-10-10</span> </li>
                    <li class="con_news_iconbg"> <strong>最新 <a href="ShowNews.html">5 个小技巧让你的新
游戏避免失败</a> </strong> <span>2018-10-10</span> </li>
                  </ul>
                  <div id="Content_anpPageIndex" class="extAspNetPager"> <a disabled="disabled" style=
"margin-right:5px;">上一页</a><span style="margin-right:5px;font-weight:Bold;color:red;">1 </span>
<a href="default.aspx?page=2" style="margin-right:5px;">2</a><a href="default.aspx?page=3" style=
"margin-right:5px;">3</a><a href="default.aspx?page=2" style="margin-right:5px;">下一页</a> </div>
```

```html
            </div>
          </div>
        </div>
        <p class="clear"></p>
      </div>
      <!-- footer -->
      <!-- footer -->
      <div class="footer">
        <p> <a href="#"> 网站地图</a>  |  <a href="#">公司介绍</a> |
  <a href="#">联系我们</a> |  <a href="#">游戏协议</a> | <a
href="#"> 免责公告</a></p>
        <p> 抵制不良游戏 拒绝盗版游戏 注意自我保护 谨防受骗上当 适度<a href="#">游戏</a>益脑 沉迷游戏伤身 合
理安排时间 享受健康生活</p>
        <p>      北京科技至上有限公司 <br />
           Copyright 2018-2020 </p>
        <p>  </p>
        <h1>  </h1>
      </div>
      <script type="text/javascript">
    var domialname = "pk";
    var pusername = "";
    </script>
      <!--快速注册-->
      <script type="text/javascript" src="Js/public.js"></script>
      <div id="qucikRegDiv" onclick="quickRgeOperate()"><img src="images/kszc.gif" width="39"
height="149" /></div>
      <div id="qucikRegDiv1">
        <div class="quickRegDiv">
          <div id="close" onclick="closeDiv('qucikRegDiv1')"> </div>
          <div class="ContentDiv">
            <ul>
              <li>
                <div class="yczh">游戏账号: </div>
                <div>
                  <input name="txtUserName" id="txtUserName" maxlength="12" type="text" class=
"textStyle" onblur="IsEtis()" />
                </div>
                <div id="spanUserName"></div>
              </li>
              <li>
                <div class="ncDiv"> 昵称: </div>
                <div>
                  <input name="txtNickName" id="txtNickName" maxlength="10" type="text" class=
"textStyle"/>
                </div>
                <div id="spanNickName"></div>
              </li>
              <li>
                <div class="passwordDiv"> 登录密码: </div>
                <div>
                  <input type="password" name="txtPassword" id="txtPassword" maxlength="16" class=
"textStyle"/>
```

```
                            </div>
                <div id="spanPassword"></div>
            </li>
            <li>
                <div class="xbie"> 性别: </div>
                <div>
                  <input type="radio" id="sex1" name="sex" value="1" checked="checked"/>
                  <label for="sex1">男</label>
                  <input type="radio" id="sex2" name="sex" value="0" />
                  <label for="sex2">女</label>
                </div>
                <span class="clear"></span> </li>
            <li>
                <div class="yzmDiv"> 验证码: </div>
                <div class="yzm">
                    <input type="text" maxlength="4" onkeypress="return KeyPressNum(this,event);"
class="textStyle" name="txtValidate" id="txtValidate" />
                      <img src="/Public/Validate.ashx" alt=" 验证码 " title=" 点击刷新验证码 "
border="0" id="imgValidate" onclick="this.src='/Public/Validate.ashx?x=' + Math.random();" align=
"absmiddle" style="cursor:pointer;" /></div>
                    <div id="spanValidate"></div>
                    <!--<a href="javascript:void(0);" onclick="javascript:document.getElementById
('imgValidate').src='/Public/Validate.ashx?x=' + Math.random();">看不清,换一张</a> -->
            </li>
            <li>
                <input type="text" name="txtPromoter" id="txtPromoter" style="display:none;" />
                <input name="" type="checkbox" value="" id="cbxEnable" checked="checked" />
                已阅读并同意 <a href="/Treaty.aspx" target="_blank">用户服务协议</a> </li>
            <li class="errormsg"> <span id="errormsg"></span> </li>
            <li class="tegbttn">
                <input type="button" id="btnSubmit" />
                <a href="#"></a> </li>
          </ul>
        </div>
        <div class="clear"></div>
      </div>
    </div>
    <script type="text/javascript">
var domialname = "pk";
var pusername = "";
</script>
    <script type="text/javascript" src="Js/HtmlValidateImg.js"></script>
    <script type="text/javascript" src="Js/FastReg.js"></script>
  </div>
  <!-- warp end -->
</div>
</body>
</html>
```

在主页中单击"新闻动态"按钮，即可进入新闻动态页面，在其中可以查看最新的新闻信息，如图 30-11
所示。

图 30-11　新闻动态页面

30.2.6　设计道具商城页面

游戏中的道具可以帮助游戏用户升级，因此需要为游戏者提供道具商城，来供用户购买道具，具体的代码如下：

```
<!DOCTYPE html PUBLIC "-//W3C//DTD XHTML 1.0 Transitional//EN" "http://www.w3.org/TR/xhtml1/
DTD/xhtml1-transitional.dtd">
<html xmlns="http://www.w3.org/1999/xhtml">
<head>
<meta http-equiv="Content-Type" content="text/html; charset=utf-8" />
<!-- 样式 -->
<link href="Css/layout.css" type="text/css" rel="stylesheet" />
<script type="text/javascript" src="Js/jquery.js"></script>
<script type="text/javascript" src="Js/public.js"></script>
<!--[if IE 6]>
<script src="Js/DD_belatedPNG_0.0.8a.js" type="text/javascript" ></script>
<script type="text/javascript">
DD_belatedPNG.fix(' ');
</script>
<![endif]-->
<!-- banner -->
<style type="text/css">
.nav_bg .nav ul li .i_home{ color:#b5954d;}
</style>
<meta name="Keywords" />
<meta name="Description" />
<title>紫金游</title>
</head>
<body>
<!-- warp start -->
<div class="warp">
  <!-- top -->
  <!-- top -->
  <div class="top_bg" id="topLoginIn">
```

617

```html
      <div class="top">您好,欢迎光临紫金游 <a href="#">请登录</a> | <a href="Register.html">注册
</a></div>
    </div>
    <div class="top_bg" id="topLoginOut">
      <div class="top">欢迎您, , "<a href="#">个人中心</a>" "<a href="#">退出</a>"</div>
    </div>
    <script type="text/javascript">
  var nameuser = ''
  if (nameuser == "") {
      $("#topLoginOut").hide();
      $("#topLoginIn").show();
  } else {
      $("#topLoginOut").show();
      $("#topLoginIn").hide();
  }
  </script>
    <!-- nav -->
    <!-- nav -->
    <div class="nav_bg">
      <div class="nav">
        <ul>
          <li><a href="index.html">官网首页</a><br />
            <span>HOME</span></li>
          <li><a href="Down.html" >下载中心</a><br />
            <span>DOWNLOAD</span></li>
          <li><a href="Pay.html">账号充值</a><br />
            <span>ACCOUNT SERVICES</span></li>
          <li class="nav_logo">紫金游</li>
          <li><a href="News.html">新闻动态</a><br />
            <span>NEWS</span></li>
          <li><a href="Mall.html" class="i_home">道具商城</a><br />
            <span>ITEM SHOP</span></li>
          <li><a href="Mall.html">奖品乐园</a><br />
            <span>PRIZES PARADISE</span></li>
        </ul>
        <p class="clear"></p>
      </div>
      <div class="logo"><a href="/"><img src="images/logo.png" /></a></div>
    </div>
    <script type="text/javascript">
  $(function () {
      if (index) {
          $(".nav ul a").removeClass().parent().eq(index - 1).find("a").addClass("i_home");
      }
  })
  </script>
    <!-- main -->
    <div class="main_bg">
      <div class="main">
        <div class="m_lf">
          <div class="m_download"> <a href="#"> <img src="images/down_load.jpg" width="248" height=
"109" alt="游戏下载" /> </a> </div>
          <div class="m_reg"> <a href="Register.html">快速注册</a> </div>
          <div class="con_mall_try">
```

```
            <h3><a href='#'>登录后</a>获取</h3>
            <dl>
              <dt> <img id="imgPhotoBack" src="images//blank.gif" width="190" height="253" /> </dt>
              <dd> <img id="imgPhotoImg" src="images/1.png" width="190" height="253" /> </dd>
            </dl>
            <div class="con_mall_try_tit">
              <table width="200" border="0" cellspacing="0" cellpadding="0">
                <tr>
                  <td width="42" height="30"><img src="images/mall_icon2.png" width="25" height=
"21" /></td>
                  <td>乐豆: <span id="tb_jb"><a href='#'>登录后</a>获取</span></td>
                </tr>
                <tr>
                  <td height="30"><img src="images/mall_icon1.png" width="30" height="19" /></td>
                  <td>元宝: <span id="tb_yb"><a href='#'>登录后</a>获取</span></td>
                </tr>
                <tr>
                  <td height="30"><img src="images/mall_icon3.png" width="30" height="30" /></td>
                  <td>奖券: <span id="tb_lq"><a href='#'>登录后</a>获取</span></td>
                </tr>
              </table>
            </div>
          </div>
        </div>
      </div>
      <script type="text/javascript">
    var index = 5;
    </script>
      <div class="cont">
        <div class="cont_tit"> <strong><img src="images/mall_icon.PNG" width="34" height="32" />
道具商城</strong> <span>您所在位置: <a href="/">首页</a> > 道具商城</span></div>
        <div class="con_bg">
          <div class="con_news_menu">
            <ul>
              <li><a href="/Mall/Default.aspx" class="con_news_menu1">全部</a></li>
              <li><a href="/Mall/Default.aspx?params=3">形象</a></li>
              <li><a href="/Mall/Default.aspx?params=4">背景</a></li>
              <li><a href="/Mall/Default.aspx?params=2">道具</a></li>
            </ul>
          </div>
          <div class="con_mall_list">
            <dl>
              <dt> <a href="ShowMall.html"> <img id="img35" src="images//0035.png" width="132"
height="132" alt="文艺青年" /> </a> </dt>
              <dd>
                <p class="con_mall_tit">文艺青年</p>
                <p>价格: 100 乐豆</p>
                <p>文艺青年</p>
                <p class="con_mall_btn"> <a href="ShowMall.html" class="con_mall_btn1">购买</a> <a
href="javascript:void(0);" onclick="DressImage('img35',3)" class="con_mall_btn2">试穿</a> </p>
              </dd>
            </dl>
            <dl>
              <dt> <a href="ShowMall.html"> <img id="img50" src="images//0050.png" width="132"
height="132" alt="罗马街景" /> </a> </dt>
```

```
            <dd>
                <p class="con_mall_tit">罗马街景</p>
                <p>价格: 1000 元宝</p>
                <p>罗马街景</p>
                <p class="con_mall_btn"> <a href="ShowMall.html" class="con_mall_btn1">购买</a> <a
href="javascript:void(0);" onclick="DressImage('img50',4)" class="con_mall_btn2">试穿</a> </p>
            </dd>
        </dl>
        <dl>
            <dt> <a href="ShowMall.html"> <img id="img49" src="images//0049.png" width="132"
height="132" alt="北欧雪景" /> </a> </dt>
            <dd>
                <p class="con_mall_tit">北欧雪景</p>
                <p>价格: 500 元宝</p>
                <p>北欧雪景</p>
                <p class="con_mall_btn"> <a href="ShowMall.html" class="con_mall_btn1">购买</a> <a
href="javascript:void(0);" onclick="DressImage('img49',4)" class="con_mall_btn2">试穿</a> </p>
            </dd>
        </dl>
        <dl>
            <dt> <a href="ShowMall.html"> <img id="img48" src="images//0048.png" width="132"
height="132" alt="夜色阑珊" /> </a> </dt>
            <dd>
                <p class="con_mall_tit">夜色阑珊</p>
                <p>价格: 100 元宝</p>
                <p>夜色阑珊</p>
                <p class="con_mall_btn"> <a href="ShowMall.html" class="con_mall_btn1">购买</a> <a
href="javascript:void(0);" onclick="DressImage('img48',4)" class="con_mall_btn2">试穿</a> </p>
            </dd>
        </dl>
        <dl>
            <dt> <a href="ShowMall.html"> <img id="img16" src="images//0016.png" width="132"
height="132" alt="故宫天坛" /> </a> </dt>
            <dd>
                <p class="con_mall_tit">故宫天坛</p>
                <p>价格: 100 元宝</p>
                <p>故宫天坛</p>
                <p class="con_mall_btn"> <a href="ShowMall.html" class="con_mall_btn1">购买</a> <a
href="javascript:void(0);" onclick="DressImage('img16',4)" class="con_mall_btn2">试穿</a> </p>
            </dd>
        </dl>
        <dl>
            <dt> <a href="ShowMall.html"> <img id="img4" src="images//004.png" width="132"
height="132" alt="梦幻小镇" /> </a> </dt>
            <dd>
                <p class="con_mall_tit">梦幻小镇</p>
                <p>价格: 5 元宝</p>
                <p>梦幻小镇</p>
                <p class="con_mall_btn"> <a href="ShowMall.html" class="con_mall_btn1">购买</a> <a
href="javascript:void(0);" onclick="DressImage('img4',4)" class="con_mall_btn2">试穿</a> </p>
            </dd>
        </dl>
        <dl>
```

```
                <dt> <a href="ShowMall.html"> <img id="img3" src="images//003.png" width="132"
height="132" alt="休闲酒吧" /> </a> </dt>
                <dd>
                    <p class="con_mall_tit">休闲酒吧</p>
                    <p>价格: 1 元宝</p>
                    <p>休闲酒吧</p>
                    <p class="con_mall_btn"> <a href="ShowMall.html" class="con_mall_btn1">购买</a> <a
href="javascript:void(0);" onclick="DressImage('img3',4)" class="con_mall_btn2">试穿</a> </p>
                </dd>
            </dl>
            <dl>
                <dt> <a href="ShowMall.html"> <img id="img15" src="images//0015.png" width="132"
height="132" alt="白领美女" /> </a> </dt>
                <dd>
                    <p class="con_mall_tit">白领美女</p>
                    <p>价格: 50000 乐豆</p>
                    <p>白领美女</p>
                    <p class="con_mall_btn"> <a href="ShowMall.html" class="con_mall_btn1">购买</a> <a
href="javascript:void(0);" onclick="DressImage('img15',3)" class="con_mall_btn2">试穿</a> </p>
                </dd>
            </dl>
            <p class="clear"></p>
        </div>
        <div class="cont_page" style="margin-top:10px;">
            <div id="Content_anpPageIndex" class="extAspNetPager"> <a disabled="disabled" style=
"margin-right:5px;">上一页</a><span style="margin-right:5px;font-weight:Bold;color:red;">1</span>
<a href="default.aspx?page=2" style="margin-right:5px;">2</a><a href="default.aspx?page=3" style=
"margin-right:5px;">3</a><a href="default.aspx?page=4" style="margin-right:5px;">4</a><a href=
"default.aspx?page=2" style="margin-right:5px;">下一页</a> </div>
        </div>
    </div>
</div>
<p class="clear"></p>
<script type="text/javascript">
$(function () {
var typeindex = decodeURIComponent(GetRequest("params", "0"));
if (typeindex == "0") {
    $(".con_news_menu ul li").eq(0).find("a").addClass("con_news_menu1").parent().siblings().
find("a").removeClass();
}
if (typeindex == "3") {
    $(".con_news_menu ul li").eq(1).find("a").addClass("con_news_menu1").parent().siblings().
find("a").removeClass();
}
if (typeindex == "4") {
    $(".con_news_menu ul li").eq(2).find("a").addClass("con_news_menu1").parent().siblings().
find("a").removeClass();
}
if (typeindex == "2") {
    $(".con_news_menu ul li").eq(3).find("a").addClass("con_news_menu1").parent().siblings().
find("a").removeClass();
}
})
function DressImage(imgid, colid) {
```

```
        if (colid == 3) {
            $("#imgPhotoImg").attr("src", $("#" + imgid + "").attr("src"));
        }
        else if (colid == 4) {
        $("#imgPhotoBack").attr("src", $("#" + imgid + "").attr("src"));
    }
    else {
        alert("该道具不可试穿！");
    }
    }
    </script>
        </div>
        <!-- footer -->
        <!-- footer -->
        <div class="footer">
        <p> <a href="#"> 网站地图</a>  |  <a href="#">公司介绍</a> |
  <a href="#"> 联 系 我 们 </a> |  <a href="#"> 游 戏 协 议 </a> | <a
href="#"> 免责公告</a></p>
        <p> 抵制不良游戏 拒绝盗版游戏 注意自我保护 谨防受骗上当 适度<a href="#">游戏</a>益脑 沉迷游戏伤身 合
理安排时间 享受健康生活</p>
        <p>      北京科技至上有限公司 <br />
             Copyright 2018-2020 </p>
        <p>  </p>
        <h1>  </h1>
        </div>
        <script type="text/javascript">
    var domialname = "pk";
    var pusername = "";
    </script>
        <!--快速注册-->
        <script type="text/javascript" src="Js/public.js"></script>
        <div id="qucikRegDiv" onclick="quickRgeOperate()"><img src="images/kszc.gif" width="39"
height="149" /></div>
        <div id="qucikRegDiv1">
            <div class="quickRegDiv">
                <div id="close" onclick="closeDiv('qucikRegDiv1')"> </div>
                <div class="ContentDiv">
                    <ul>
                        <li>
                            <div class="yczh">游戏账号：</div>
                            <div>
                                <input name="txtUserName" id="txtUserName" maxlength="12" type="text" class=
"textStyle" onblur="IsEtis()" />
                            </div>
                            <div id="spanUserName"></div>
                        </li>
                        <li>
                            <div class="ncDiv"> 昵称：</div>
                            <div>
                                <input name="txtNickName" id="txtNickName" maxlength="10" type="text" class=
"textStyle"/>
                            </div>
                            <div id="spanNickName"></div>
                        </li>
```

```
                <li>
                    <div class="passwordDiv"> 登录密码: </div>
                    <div>
                        <input type="password" name="txtPassword" id="txtPassword" maxlength="16" class=
"textStyle"/>
                    </div>
                    <div id="spanPassword"></div>
                </li>
                <li>
                    <div class="xbie"> 性别: </div>
                    <div>
                        <input type="radio" id="sex1" name="sex" value="1" checked="checked"/>
                        <label for="sex1">男</label>
                        <input type="radio" id="sex2" name="sex" value="0" />
                        <label for="sex2">女</label>
                    </div>
                    <span class="clear"></span> </li>
                <li>
                    <div class="yzmDiv"> 验证码: </div>
                    <div class="yzm">
                        <input type="text" maxlength="4" onkeypress="return KeyPressNum(this,event);"
class="textStyle" name="txtValidate" id="txtValidate" />
                          <img src="/Public/Validate.ashx" alt="验证码" title="点击刷新验证码" border=
"0" id="imgValidate" onclick="this.src='/Public/Validate.ashx?x=' + Math.random();" align="absmiddle"
style="cursor:pointer;" /></div>
                        <div id="spanValidate"></div>
                        <!--<a href="javascript:void(0);" onclick="javascript:document.getElementById
('imgValidate').src='/Public/Validate.ashx?x=' + Math.random();">看不清,换一张</a> -->
                </li>
                <li>
                    <input type="text" name="txtPromoter" id="txtPromoter" style="display:none;" />
                    <input name="" type="checkbox" value="" id="cbxEnable" checked="checked" />
                    已阅读并同意 <a href="/Treaty.aspx" target="_blank">用户服务协议</a> </li>
                <li class="errormsg"> <span id="errormsg"></span> </li>
                <li class="tegbttn">
                    <input type="button" id="btnSubmit" />
                    <a href="#"></a> </li>
            </ul>
        </div>
        <div class="clear"></div>
    </div>
</div>
<script type="text/javascript">
var domialname = "pk";
var pusername = "";
</script>
    <script type="text/javascript" src="Js/HtmlValidateImg.js"></script>
    <script type="text/javascript" src="Js/FastReg.js"></script>
</div>
<!-- warp end -->
</div>
</body>
</html>
```

在主页中单击"道具商城"按钮,即可进入道具商城页面,在其中可以看到提供的几种道具,用户可以单击"购买"按钮来购买，还可以单击"试穿"按钮来试穿道具，如图 30-12 所示。

图 30-12　道具商城页面

30.3　项目总结

　　本实例模拟的是一个游戏类网站，此网站的色调以深蓝色为主，给人的感觉比较清新、明亮，在网站布局方面，是以比较常见的上中下布局为主。

第31章

项目实践高级阶段——开发便捷计算器 App

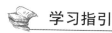 **学习指引**

本章介绍一款使用纯前端技术开发的简单又时髦的便携式计算器应用程序，用过一次就会爱不释手。

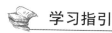 **重点导读**

- 掌握使用 HTML 5+CSS 3+ JavaScript 设计。
- 熟悉 HTML 5 App UI 设计规范和实现方案。
- 掌握 HTML 5 App 界面的布局设计。
- 掌握 HTML 5 App LocalStroge 数据存储使用技巧。
- 掌握 HTML 5 App 在移动手机中的适配。

31.1 项目概述

1. 功能梳理

该项目介绍一款使用纯前端技术开发的简单易用的计算机应用程序，是一个 HTML 5 版本的移动 App，可通过 HBuilder IDE 打包成可在手机上安装的 apk 安装包。程序在手机上安装后，打开操作界面直接进入应用主页面，用户可以使用该 App 提供的功能。总体来说，该 App 提供的功能如下：

- 基本的计算器查看运算功能：加减乘除、取余、清空、后退等。
- 一键换肤功能。
- 历史运算记录查看功能。
- 按键区集成拨号打 Call 功能。
- 关于页面展示。

整个 HTML 5 App 的 UI 设计基本遵从 Google Material Design 设计规范，并使用 LocalStroge 存储所有的历史记录数据至本地。

2．知识点概述

该项目涉及 HTML 5 移动应用程序的开发操作和流程，最终完成一个 App 的开发，可了解其设计思路和交互实现，主要涉及如下知识点：

- 使用 HTML 5+CSS 3+ JavaScript 设计并实现一款 App 的实现方法和技巧。
- HTML 5 App UI 设计规范和实现方案。
- HTML 5 App 界面的布局设计。
- HTML 5 App LocalStroge 数据存储使用技巧。
- HTML 5 App 在移动手机中的适配。

3．开发环境

该案例的开发环境配置如下：

（1）系统：Windows 10 Pro-x64 平台。

（2）IDE：Hbuilder。

（3）开发语言：HTML 5、CSS 3、JavaScript。

开发环境的搭建相对简单，在 HBuilder 官网下载对应的 IDE，运行项目即可。

4．代码结构

使用 HBuilder 打开项目之后，整个项目的代码结构如图 31-1 所示。

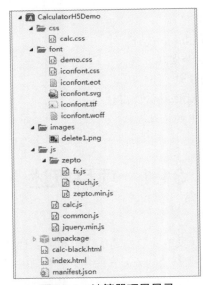

图 31-1　计算器项目目录

该项目的代码目录按照 HBuilder 项目文件结构组织，按照不同任务的功能分配主要包括：

- css 包目录下包含 1 个文件：calc.css 是该 HTML 5 App 的样式文件。
- font 包目录下包含 6 个文件：该目录下的代码文件是该 App 中所用到的字体和字体图标文件。
- image 包目录下包含 1 个文件：delete1.png 是该 App 中所用的图片资源。
- js 包目录下包含 4 个文件：zepto 包目录包含了该 App 所需的其他 JavaScript 框架，calc.js 是该 App 中相应的运算或者数据交互的处理，common.js 则是所需的工具类，jquery.min.js 是用的 jQuery 框架。

- 项目根目录下包含 3 个代码文件：calc-black.html 是换肤中的夜间模式代码文件，index.html 是项目的主入口，manifest.json 则是该项目的配置，内容涉及所需权限等。

31.2　项目解析

按照上述代码结构的定义，该案例的具体代码实现如下。

31.2.1　index.html 文件

该代码文件直接是应用程序的主入口，定义了程序的样貌和所需的 JavaScript、image 等资源，具体代码如下：

```
<!DOCTYPE html>
<html>
    <head lang="en">
        <meta charset="UTF-8">
        <!--优先使用最新版本 IE 和 Chrome-->
        <meta http-equiv="X-UA-Compatible" content="IE=edge,chrome=1" />
        <!--360 使用 Google Chrome Frame-->
        <meta name="renderer" content="webkit">
        <meta name="viewport" content="width=device-width,initial-scale=1.0,user-scalable=no" />
        <!-- 禁止百度转码 -->
        <meta http-equiv="Cache-Control" content="no-siteapp" />
        <!--状态栏的背景颜色-->
        <meta name="apple-mobile-web-app-status-bar-style" content="black-translucent" />
        <!-- uc 强制竖屏 -->
        <meta name="screen-orientation" content="portrait">
        <!-- QQ 强制竖屏 -->
        <meta name="x5-orientation" content="portrait">
        <!-- UC 应用模式 -->
        <meta name="browsermode" content="application">
        <!-- QQ 应用模式 -->
        <meta name="x5-page-mode" content="app">
        <title>网页计算器|Demos 代码演示、代码片段 !</title>
        <meta name="Description" content="网页计算器,Demos 代码演示、代码片段 !">
        <meta http-equiv="Page-Enter" contect="revealTrans(duration=10,transtion= 50)">
        <meta http-equiv="Page-Exit" contect="revealTrans(duration=20,transtion=6)">
        <link rel="stylesheet" href="css/calc.css?t=20160810215148" />
    </head>
    <body>
        <div id="container">
            <div id="calc" class="calc">
                <div id="top">
                    <div id="win-tool">
                        <span id="close" title="关闭" data-ico="X"> </span>
                        <span id="max" title="最大化" data-ico="口"> </span>
                        <span id="resize" title="最小化" data-ico="◎"><i class="iconfont change">
&#xe612;</i></span>
```

```html
                            <a id="skin" href="calc-black.html" title="皮肤"><i class="iconfont skin">
&#xe602;</i></a>
                            <a id="history" href="javascript:void(0);" title="历史"><i id="h" class=
"iconfont history">&#xe60d;</i></a>
                            <a id="about" href="javascript:;" title="关于"><i id="au" class="iconfont
about">&#xe610;</i></a>
                    </div>
                    <div id="result">
                        <div id="express"></div>
                        <div id="res">0</div>
                    </div>
                </div>
                <div id="bottom">
                    <div class="row">
                        <span id="reset" data-number="C">CE</span>
                        <span id="remove" data-number="←">←</span>
                        <span data-number="%">%</span>
                        <span data-number="/" class="tool chu">÷</span>
                    </div>
                    <div class="row">
                        <span data-number="7">7</span>
                        <span data-number="8">8</span>
                        <span data-number="9">9</span>
                        <span data-number="*" class="tool cheng">×</span>
                    </div>
                    <div class="row">
                        <span data-number="4">4</span>
                        <span data-number="5">5</span>
                        <span data-number="6">6</span>
                        <span data-number="-" class="tool jiang">—</span>
                    </div>
                    <div class="row">
                        <span data-number="1">1</span>
                        <span data-number="2">2</span>
                        <span data-number="3">3</span>
                        <span data-number="+" class="tool add">＋</span>
                    </div>
                    <div class="row">
                        <span data-number="0" class="zero">0</span>
                        <span data-number="." class="dian">.</span>
                        <span id="equals" data-number="=" class="tool eq">=</span>
                    </div>
                </div>
                <div id="historyBox">
                    <div class="con">
                        <ul></ul>
                    </div>
                    <div class="remove">
                        <a href="javascript:;"title="清空历史记录"><i class="iconfont del">&#xe613;
</i></a>
                    </div>
                </div>
```

```
            </div>
        </div>
        <!--移动端拨号功能-->
        <a href="#" id="telPhone" data-flag = "" ></a>
        <script src="js/zepto/zepto.min.js"></script>
        <script src="js/zepto/fx.js"></script>
        <script src="js/zepto/touch.js"></script>
        <script src="js/common.js"></script>
        <script src="js/calc.js?t=20160810215148"></script>
    </body>
</html>
```

31.2.2   calc-black.html 文件

该代码文件是计算器的另一个皮肤页面，具体代码如下：

```
<!DOCTYPE html>
<html>
<head>
    <meta charset="UTF-8">
    <meta name="viewport"
        content="width=device-width, user-scalable=no, initial-scale=1.0, maximum-scale=1.0,
minimum-scale=1.0">
    <meta name="apple-mobile-web-app-capable" content="yes">
    <meta name="apple-mobile-web-app-status-bar-style" content="black-translucent" />
    <title>计算器</title>
    <style type="text/css">
        html,body {
            height: 100%;
            -webkit-tap-highlight-color: rgba(0, 0, 0, 0);
        }
        body {
            padding: 0;
            margin: 0;
            background-color: #000;
            font: 14px/1.5 Tahoma,"Lucida Grande",Verdana,"Microsoft Yahei",STXihei,hei;
            -webkit-user-select:none;
            -moz-user-select:none;
            -ms-user-select:none;
            user-select:none;
        }
        .iconfont.skins{
            position: absolute;
            right: 50px;
            top: 0;
            color: #fff;
            text-decoration: none;
            font-size: 32px;
        line-height: 49px;
        font-style: normal;
        }
        #total {
```

629

```css
        width: 100%;
        height: 100%;
        min-width: 300px;
        max-width: 640px;
        margin: 0 auto;
        position: relative;
        overflow: hidden;
    }
    .calc {
        position: relative;
        width: 100%;
        height: 100%;
        box-sizing: border-box;
        background-color: #333;
        overflow: hidden;
        /*border: 5px solid transparent;*/
    }
    header {
        width: 100%;
        height: 30%;
        position: relative;
        /*padding:70px 10px 0 0;*/
        box-sizing: border-box;
        box-shadow: 0 0 10px #000 inset,0 0 15px #333;
    }
    header input {
        height: 30px;
        border:none;
        padding:0 5px 0 0;
        margin:0;
        position: absolute;
        right: 0;
        bottom:75px;
        font-size: 30px;
        font-weight: 700;
        /*font-family: "方正兰亭超细黑简体","Helvetica Neue", Helvetica, Arial, sans-serif;*/
        background-color: transparent;
        text-align: right;
        color: #fff;
        text-shadow: 0 2px 1px rgba(0,0,0,0.5);
    }
    header #content {
        height: 60px;
        font-size: 60px;
        bottom: 10px;
        right: 0;
    }
    header .weather {
        color: #fff;
        padding: 10px 0 0 10px;
    }
    header .history {
```

```css
        width: 31px;
        height: 31px;
        border: 2px solid #fff;
        border-radius: 50%;
        position: absolute;
        right:10px;
        top:10px;
        cursor: pointer;
        box-shadow: 0 2px 1px rgba(0,0,0,0.5);
        /*background-color: #34C749;*/
    }
    .minute {
        height: 10px;
        width: 2px;
        background-color: #fff;
        position: absolute;
        left: 50%;
        top: 50%;
        margin-left: -1px;
        margin-top: -10px;
        transform-origin: bottom center;
        animation: move 3600s steps(60) infinite;
    }
    .second {
        height: 12px;
        width: 2px;
        background-color: #fff;
        position: absolute;
        left: 50%;
        top: 50%;
        margin-left: -1px;
        margin-top: -12px;
        transform-origin: bottom center;
        animation: move 60s steps(60) infinite;
    }
    main {
        width: 100%;
        height: 69%;
    }
    main ul {
        list-style: none;
        padding: 0;
        margin-top: 1.7%;
        width: 100%;
        height: 100%;
        cursor: pointer;
    }
    main ul li {
        width: 25%;
        height: 20%;
        font-size: 26px;
        float: left;
        color: #fff;
```

```
        text-align: center;
        border-left:1px solid #000;
        border-top:1px solid #000;
        box-sizing: border-box;
        text-shadow: 0 2px 1px rgba(0,0,0,0.2);
}
main ul li:nth-last-child(-n+3) {
        border-bottom:1px solid #000;
}
main ul li:nth-child(2) a {
        width: 72%;
        height: 72%;
        display: inline-block;

}
/*使用伪元素使文字居中*/
main ul li:before {
        display: inline-block;
        content: "";
        height:100%;
        vertical-align:middle;
}
#calc main ul li:active {
        box-shadow: 0 0px 15px #999 inset;
        background-color: #fff;
        color: #000;
}
main ul li:nth-child(4n) {
        background-color: #F5931E;
        color: #fff;
}
main ul li:nth-last-child(1) {
        background-color: #F5931E;
        color: #fff;
}
.zero {
        width: 50%;
        text-align: left;
        padding-left:31px;
        box-sizing: border-box;
}
.save {
        width: 100%;
        height: 70%;
        position: absolute;
        bottom: -70%;
        background-color: #333;
        border-radius: 3px;
        color: #fff;
        padding:0 10px;
        box-sizing: border-box;
        text-shadow: 0 2px 1px rgba(0,0,0,0.8);
        overflow: hidden;
```

```
    }
    .save h3 {
        border: 1px solid #fff;
        border-radius: 3px;
        text-indent: 10px;
        line-height: 30px;
        margin: 10px 0 0 0;
        box-shadow: 0 0 5px rgba(0,0,0,0.5) ;
    }
    .save .hisList {
        height: 70%;
        width: 100%;
    }
    .save ul {
        padding: 0;
        margin: 20px 10px;
        list-style: none;
        height: 90%;
        overflow-y: auto;
    }
    .save ul li {
        height: 40px;
        line-height: 40px;
        padding-bottom: 10px;
        font-size: 36px;
        font-family: "方正兰亭超细黑简体";
        text-align: right;
    }
    .save .clear {
        background-color: #333;
        border:none;
        color: #fff;
        font-size: 16px;
        border-radius: 3px;
        box-shadow: 0 0 5px #000;
    }
    @keyframes move {
        0% {
            transform: rotate3d(0,0,1,0deg);
        }
        100% {
            transform: rotate3d(0,0,1,360deg);
        }
    }
    }
    </style>
</head>
<body>
<div id="total">
<div class="calc" id="calc">
    <header>
        <div class="weather">
        </div>
```

633

```
            <a href="index.html"><i class="iconfont skins">0</i></a>
            <div class="history">
                <div class="minute"></div>
                <div class="second"></div>
            </div>
            <input id="sum" type="text" value="" readonly>
            <input id="content" type="text" value="0" readonly>
        </header>
        <main>
            <ul id="list">
                <li style="color: red">AC</li>
                <li><a class="tel" style="color: #44c522;text-decoration: none" href="#">S</a></li>
                <li class="sign">%</li>
                <li class="sign">/</li>
                <li class="num">7</li>
                <li class="num">8</li>
                <li class="num">9</li>
                <li class="sign">*</li>
                <li class="num">4</li>
                <li class="num">5</li>
                <li class="num">6</li>
                <li class="sign">-</li>
                <li class="num">1</li>
                <li class="num">2</li>
                <li class="num">3</li>
                <li class="sign">+</li>
                <li class="zero num">0</li>
                <li class="num">.</li>
                <li>=</li>
            </ul>
        </main>
    </div>
</div>
<div class="save">
    <h3>历史记录</h3>
    <div class="hisList"></div>
</div>
</div>
    </div>
<script>
    window.itcast = {};
//解决移动端 click 事件延迟问题
    itcast.tap = function(dom,callback){
        if(!dom || typeof dom != 'object' ) return false;
        /*基本的判断*/
        var startTime = 0;
        var isMove = false;
        dom.addEventListener('touchstart',function(e){
            startTime = Date.now();
        });
        dom.addEventListener('touchmove',function(e){
            isMove = true;
        });
        dom.addEventListener('touchend',function(e){
```

```
            if((Date.now()-startTime)<300 && !isMove){
                callback && callback(e);
            }
            /*重置参数*/
            startTime = 0;
            isMove = false;
        });
    }
</script>
<script src="js/jquery.min.js"></script>
<script>
    $(function(){
        $.ajax({
            type:'get',
url:'http://api.map.baidu.com/telematics/v3/weather?output=json&ak=0A5bc3c4fb543c8f9bc54b77b
c155731&location=%E4%B8%8A%E6%B5%B7',
            dataType:'jsonp',
            success:function(data){
                console.log(data.results[0].weather_data[0]);
                /*模版渲染*/
                var html = data.results[0].weather_data[0].date;
                var day = data.results[0].weather_data[0].dayPictureUrl;
                var night = data.results[0].weather_data[0].nightPictureUrl;
                $('.temp').html(html);
                $('.day').attr('src',day);
                $('.night').attr('src',night);
            }
        });
    });
</script>
<script>
    //计算功能实现
    var list = document.getElementById("list");
    //大显示屏
    var content = document.getElementById("content");
    //小显示屏
    var sum = document.getElementById("sum");
    //获取数字部分
    var nums = document.getElementsByClassName("num");
    //获取符号部分
    var signs = document.getElementsByClassName("sign");
    var lis = list.children;
    var calc = document.getElementById("calc");
    var save = calc.nextElementSibling;
    var title = save.querySelector("h3");
    var hisList = save.querySelector(".hisList");
    //公式
    var formula = "";
    var str = "";
    //记录上一次触发的事件是不是等号运算
    var equal = false;
    //数字部分显示
```

```
        for(var i=0;i<nums.length;i++){
            var num = nums[i];
            itcast.tap(num, function (e) {
                //如果上一次是等号运算,清空 formula
                if(equal){
                    formula = "";
                }
                //解决 eval 函数 0 开头时的 bug
                if(e.target.innerHTML==="0"){
                    var c = formula.charAt(formula.length-1);
                    if(c==="+"||c==="-"||c==="*"||c==="/"||c==="%"){
                        return false;
                    }else if(str===""){
                        return false;
                    }else{
                        str += e.target.innerHTML;
                        formula += e.target.innerHTML;
                        content.setAttribute("value",str);
                        sum.setAttribute("value",formula);
                    }
                }else if(e.target.innerHTML==="."){
                    if(str===""){
                        str = "0" + e.target.innerHTML;
                        formula += str;
                    }
                    if(formula.indexOf(".")== -1){
                        str += e.target.innerHTML;
                        formula += e.target.innerHTML;
                    }
                    content.setAttribute("value",str);
                    sum.setAttribute("value",formula);

                }else{
                    str += e.target.innerHTML;
                    formula += e.target.innerHTML;
                    content.setAttribute("value",str);
                    sum.setAttribute("value",formula);
                }
                equal = false;
            });
        }
        //运算符部分
        for(var i=0;i<signs.length;i++){
            var sign = signs[i];
            itcast.tap(sign, function (e) {
                //直接输入运算符时的 bug
                if(formula===""){
                    formula = "0"+e.target.innerHTML;
                }
                var c = formula.charAt(formula.length-1);
                //判断最后一位是不是运算符,是的话就替换
                if(c==="+"||c==="-"||c==="*"||c==="/"||c==="%"){
```

```
            formula = formula.substring(0,formula.length-1);
            formula += e.target.innerHTML;
            sum.setAttribute("value",formula);
        }else if(c==="."){
            return false;
        }else{
            //计算出结果
            content.setAttribute("value",eval(formula));
            //formula = String(eval(formula));
            formula += e.target.innerHTML;
            sum.setAttribute("value",formula);
            str = "";
        }
        equal = false;
    });
}
//AC 清除还原功能
lis[0].onclick = function(){
    str="";
    formula = "";
    content.setAttribute("value","0");
    sum.setAttribute("value","0");
    equal = false;
}
//S 键拨号功能
var tel = document.querySelector(".tel");
tel.onclick = function () {
    tel.href = "tel:"+str;
}
//公式存储功能
var saveHeight = save.offsetHeight;
var isMove = false;
var his = document.querySelector(".history");
his.onclick = function () {
    if(!isMove){
        addTransition();
        setTranslateY(-saveHeight);
        if(datas.length==0){
            hisList.innerHTML = "尚无历史记录";
        }else{
            hisList.innerHTML = "";
            //刷新列表
            createLi(hisList);
            var btn = document.createElement("button");
            btn.className = "clear";
            hisList.appendChild(btn);
            btn.innerText = "清空";
            btn.onclick = function () {
                datas = [];
                hisList.innerHTML = "尚无历史记录";
            }
        }
```

```
                isMove = true;
        }else{
            addTransition();
            setTranslateY(0);
            isMove = false;
        }
}
//滑动手势移除 save
var startY = 0;
var moveY = 0;
var distanceY = 0;
//公用方法
//过渡
var addTransition = function () {
    save.style.transition = "all 0.5s";
    save.style.webkitTransition = "all 0.5s";
}
//移除过渡
var removeTransition = function () {
    save.style.transition = "none";
    save.style.webkitTransition = "none";
}
//移动
var setTranslateY = function (translateY) {
    save.style.transform = "translate3d(0,"+translateY+"px,0)";
    save.style.webkitTransform = "translate3d(0,"+translateY+"px,0)";
}
title.addEventListener('touchstart', function (e) {
    startY = e.touches[0].clientY;
});
title.addEventListener('touchmove', function (e) {
    moveY = e.touches[0].clientY;
    distanceY = moveY-startY;
    removeTransition();
    if(distanceY<=0){
        return false;
    }else{
        setTranslateY(-saveHeight+distanceY);
    }
});
title.addEventListener('touchend', function (e) {
    if(distanceY<(saveHeight/3)){
        addTransition();
        setTranslateY(-saveHeight);
    }else{
        addTransition();
        setTranslateY(0);
        isMove = false;
    }
    startY = 0;
    moveY = 0;
    distanceY = 0;
```

```
        });
        //等号运算
        var datas = [];
        itcast.tap(list.lastElementChild, function () {
            //直接输入运算符时的 bug
            if(formula===""){
                return;
            }
            var c = formula.charAt(formula.length-1);
            if(c==="+"||c==="-"||c==="*"||c==="/"||c==="%"){
                return;
            }
            //历史记录
            datas[datas.length] = formula;
            content.setAttribute("value",eval(formula));
            sum.setAttribute("value","");
            formula = String(eval(formula));
            str = "";
            equal = true;
        });
        //动态创建历史记录
        function createLi(Dom){
            //动态创建元素-ul,仅仅是在内存中创建了一个 ul 的对象
            var ul = document.createElement("ul");
            //把 ul 对象添加到页面上显示
            Dom.appendChild(ul);
            for(var i = datas.length-1; i >= 0; i--) {
                var data = datas[i];
                //创建 li
                var li = document.createElement("li");
                //把 li 添加到 ul 中
                ul.appendChild(li);
                li.innerText = data;
                //setInnerText(li, data);
                li.onclick = function (e) {
                    formula = this.innerHTML;
                    sum.setAttribute("value",formula);
                    e.stopPropagation();
                }
            }
        }
    }
</script>
</body>
</html>
```

31.2.3　calc.js 文件

该代码文件主要是数据交互的相关处理过程，具体代码如下：

```
//App 配置信息
window.onload = function(){
    //点击功能
```

```
        clickFunc();
};
function clickFunc(){
    var container = document.getElementById("container");
    var calc = document.getElementById("calc"),
        spans = document.getElementById("win-tool").getElementsByTagName("span"),
        equals = document.getElementById("equals"),        //等于号
        remove = document.getElementById("remove");        //删除符号
//三个小按钮
//var close = document.getElementById("close"),            //关闭按钮
    var resultDiv = document.getElementById("result");     //结果区域
    //历史记录
    var historyBox = document.getElementById("historyBox"),
        delBtn = historyBox.querySelector(".remove a");
    var historyUl = historyBox.querySelector("ul");
    //关闭按钮
//close.onclick = function(e){
//var h = calc.offsetHeight + 15;
//calc.style.webkitTransform = "translateY("+ h+"px)";
//calc.style.transform = "translateY("+ h+"px)";
//e.stopPropagation();
//};
//点击键盘
    var keyBorders = document.querySelectorAll("#bottom span"),
        express = document.getElementById("express"),    //计算表达式
        res = document.getElementById("res"),            //输出结果
        keyBorde = null;                                 //键盘
    var preKey = "",                                     //上一次按的键盘
        isFromHistory = false;                           //是不是来自历史记录
    //符号
    var symbol = {"+":"+","-":"-","×":"*","÷":"/","%":"%","=":"="};
    //键盘按钮
    for(var j=0; j <keyBorders.length; j++){
        keyBorde = keyBorders[j];
        keyBorde.onclick = function() {
            var number = this.dataset["number"];
            clickNumber(number);
        };
    }
    //点击键盘进行输入
    //@param {string} number 输入的内容
    function clickNumber(number){
    var resVal = res.innerHTML;                //结果
        var exp = express.innerHTML;           //表达式
        //表达式最后一位的符号
        var expressEndSymbol = exp.substring(exp.length-1,exp.length);
        //点击的不是删除键和复位键时才能进行输入
        if(number !== "←" || number !== "C"){
            //是否已经存在点了，如果存在那么不能接着输入点号了，且上一个字符不是符号字符
            var hasPoint = (resVal.indexOf('.') !== -1)?true:false;
            if(hasPoint && number === '.'){
                //上一个字符如果是符号，变成 0.xxx 形式
```

```
                    if(symbol[preKey]){
                        res.innerHTML = "0";
                    }else{
                        return false;
                    }
                }
            //转换显示符号
            if(isNaN(number)){
                number = number.replace(/\*/g,"×").replace(/\//g,"÷");
            }
            //如果输入的都是数字,那么当输入达到固定长度时不能再输入了
            if(!symbol[number] && isResOverflow(resVal.length+1)){
                return false;
            }
            //点击的是符号
            //计算上一次的结果
            if(symbol[number]){
            //上一次点击的是不是符号键
                if(preKey !== "=" && symbol[preKey]){
                    express.innerHTML = exp.slice(0,-1) + number;
                }else{
                    if(exp == ""){
                        express.innerHTML = resVal + number;
                    }else{
                        express.innerHTML += resVal + number;
                    }
                    if(symbol[expressEndSymbol]){
                        exp = express.innerHTML.replace(/×/g,"*").replace(/÷/,"/");
                        res.innerHTML = eval(exp.slice(0,-1));
                    }
                }
            }else{
                //如果首位是符号,0
                if((symbol[number] || symbol[preKey] || resVal=="0") && number !== '.'){
                    res.innerHTML = "";
                }
                res.innerHTML += number;
            }
            preKey = number;
        }
}
//相等,计算结果
equals.onclick = function(){
    calcEques();
};
function calcEques(){
var expVal = express.innerHTML,val = "";
    var resVal = res.innerHTML;
    //表达式最后一位的符号
    if(expVal){
        var expressEndSymbol = expVal.substring(expVal.length-1,expVal.length);
        try{
```

```
            if(!isFromHistory){
                var temp ="";
                if(symbol[expressEndSymbol] && resVal){
                    temp = expVal.replace(/×/g,"*").replace(/÷/,"/");
                    temp = eval(temp.slice(0,-1)) + symbol[expressEndSymbol] + resVal;
                }else{
                    temp = expVal.replace(/×/g,"*").replace(/÷/,"/");
                }
                val = eval(temp);
            }else{
                val = resVal;
            }
        }catch(error){
            val = "<span style='font-size:1em;color:red'>Erro: 计算出错! </span>";
        }finally{
            express.innerHTML="";
            res.innerHTML = val;
            preKey="=";
            saveCalcHistory(expVal+resVal+"="+val);
            isResOverflow(resVal.length);
            isFromHistory = false;
        }
    }
}
//移动端拨号功能
//移动端长按事件
$(equals).on("longTap",function(){
//console.log("sdsdsd");
var num = res.innerHTML;
    if(num && num !== "0"){
        var regx = /^1[0-9]{2}[0-9]{8}$/;
        if(regx.test(num)){
            //console.log("是手机号码");
            var telPhone = document.getElementById("telPhone");
            telPhone.href = "tel:"+num;
            telPhone.target = "_blank";
            telPhone.click();
        }
    }
});
//复位操作
var resetBtn = document.getElementById("reset");  //复位按钮
resetBtn.onclick = function(){
    res.innerHTML = "0";
    express.innerHTML = "";
};
//减位操作
remove.onclick = function(){
    var tempRes = res.innerHTML;
    if(tempRes.length>1){
        tempRes = tempRes.slice(0,-1);
        res.innerHTML = tempRes;
```

```
    }else{
        res.innerHTML = 0;
    }
};
//历史功能
var history = document.getElementById("history"),
    historyBox = document.getElementById("historyBox");
var about = document.getElementById("about");
about.onclick = history.onclick = function(e){
    e = e || window.event;
    var target = e.target.id || window.event.srcElement.id;
    historyBox.style.webkitTransform = "none";
    historyBox.style.transform = "none";
    e.stopPropagation();
    //点击的是历史
    if(target == "h"){
    //恢复显示删除按钮
    delBtn.style.display = "inline-block";
        var keyArray = Mybry.wdb.getKeyArray();
        var separate = Mybry.wdb.constant.SEPARATE;
        keyArray.sort(function(a,b){
            var n = a.split(separate)[1];
            var m = b.split(separate)[1];
            return m - n;
        });
        var html = [],val = "";
        for(var i=0; i<keyArray.length; i++){
            val = Mybry.wdb.getItem(keyArray[i]);
            html.push("<li>"+val+"</li>");
        }
        if(html.length>0){
            historyUl.innerHTML = html.join("");
        }else{
            historyUl.innerHTML = "尚无历史记录";
        }
        //把历史记录一条数据添加到计算器
        var hLis = historyUl.querySelectorAll("li");
        for(var i=0; i<hLis.length; i++){
            hLis[i].onclick = function(){
                var express = this.innerHTML;
                var exp = express.split("=")[0],
                    res = express.split("=")[1];
                resultDiv.querySelector("#express").innerHTML = exp;
                resultDiv.querySelector("#res").innerHTML = res;
                isFromHistory = true;
            };
        }
    }
    //点击的是关于
    if(target == "au"){
    //取消删除按钮显示
    delBtn.style.display = "none";
```

```
                historyBox.children[0].children[0].innerHTML = "<div style='padding:5px;color:#000;'>"
                    + "<p><i class='iconfont'>&#xe60f;</i> 一款 H5 App.</p>"
                    + "<p><i class='iconfont'>&#xe60f;</i> 在 App 上,输入手机号码后长按 '=' 可以拨打电话</p>"
                    + "<p><i class='iconfont build'>&#xe60f;</i>Version: 1.0.0</p>"
                    + "</div>";
            //检查新版本
            updateApp();
        }
    };
    window.onclick = function(e){
        var e = e || window.event;
        var target = e.target.className || e.target.nodeName;
        //如果点击的是历史记录 DIV 和删除按钮 DIV 就不隐藏
        var notTarget = {"con":"con","remove":"remove","UL":"UL","P":"P"};
        if(!notTarget[target]){
            //如果设置了最小化
            var ts = historyBox.style.transform || historyBox.style.webkitTransform;
            if(ts && ts == "none"){
                historyBox.style.webkitTransform = "translateY(102%)";
                historyBox.style.transform = "translateY(102%)";
            }
        }
        //恢复显示删除按钮
        //historyBox.children[1].children[0].className = "icon_del";
    };
    //清空历史记录
    delBtn.onclick = function(e){
        var e = e || window.event;
        e.stopPropagation();
        if(Mybry.wdb.deleteItem("*")){
            historyUl.innerHTML = "尚无历史记录";
        }
    };
//保存计算历史记录
//@param val 要记录的表达式
    function saveCalcHistory(val){
        var key = Mybry.wdb.constant.TABLE_NAME + Mybry.wdb.constant.SEPARATE + Mybry.wdb.getId();
        window.localStorage.setItem(key,val);
    }
    //自动设置文字大小
    function isResOverflow(leng){
        var calc = document.getElementById("calc");
        var w = calc.style.width || getComputedStyle(calc).width || calc.currentStyle.width;
            w = parseInt(w);
        //判断是不是移动端
    if((Mybry.browser.versions.android || Mybry.browser.versions.iPhone || Mybry.browser.
versions.iPad) && !symbol[preKey]) {
            if(leng > 15){
                return true;
            }
        }else{
            if(leng > 10){
```

```
                if(w == 300) {
                    maxCalc();
                }else{
                    if(leng > 16){
                        return true;
                    }
                }
            }
        }
        return false;
    }

}
```

31.2.4　calc.css 文件

该代码文件是该项目的样式表，代码如下：

```
@charset "UTF-8";
@font-face {font-family: 'iconfont';
    src: url('../font/iconfont.eot'); /*IE9*/
    src: url('../font/iconfont.eot?#iefix') format('embedded-opentype'), /*IE6-IE8*/
    url('../font/iconfont.woff') format('woff'), /*chrome、firefox*/
    url('../font/iconfont.ttf') format('truetype'), /*chrome、firefox、opera、Safari, Android,
iOS 4.2+*/
    url('../font/iconfont.svg#iconfont') format('svg'); /*iOS 4.1-*/
}
.iconfont{
    font-family:"iconfont" !important;
    font-size:1.9rem;
    font-style:normal;
    -webkit-font-smoothing: antialiased;
    -webkit-text-stroke-width: 0.2px;
    -moz-osx-font-smoothing: grayscale;
    vertical-align: middle;
}
html{
    height: 100%;
    font-size: 62.5%;
}
.maxhtml {
    font-size: 82.5%;
}
body{
    height: 100%;
    min-width: 300px;
    position: relative;
    padding: 0;
    margin: 0;
    font-size: 62.5%;
}
ul {padding: 0;margin: 0;}
```

```css
#container {
    overflow: hidden;
    padding: 5px 5px;
}
.calc {
    width: 300px;
    max-width: 600px;
    margin: 0px auto;
    display: flex;
    flex-direction: column;
    border-radius: 5px;
    flex-wrap: wrap;
    height: 100%;
    -webkit-transition: all .8s;
    transition: all .5s;
    overflow: hidden;
    z-index: 0;
    position: relative;
    box-shadow: 2px 2px 2px rgba(0,0,0,0.5);
}
.flexbox {
    width: 100%;
    height: 100%;
    padding: 0 !important;
    margin: 0 !important;
}
.maxCalc {
    width: 60%;
        height: 100%;
}
#top {
    display: flex;
    justify-content: flex-start;
    flex-direction: column;
    position: relative;
    width: 100%;
    height: 30%;
    /*text-shadow: 0 2px 1px rgba(0,0,0,0.2);*/
}
#win-tool {
    background-color: #313131;
    min-height: 35px;
    position: relative;
    padding: 7px 8px 0 8px;
    text-align: right;
    width: 100%;
    box-sizing: border-box;
}
#win-tool span {
    width: 1.5rem;bottom
    height: 1.5rem;
    line-height: 1.5rem;
    border-radius: 50%;
```

```
        margin-right: 3px;
        text-align: center;
        display: inline-block;
        /*color: #fff;
        font-weight: bold;*/
        cursor: default;
        position: absolute;
        top: 8px;
        box-shadow: 1px 1px 2px rgba(0,0,0,0.5);
        text-shadow: 1px 1px 2px rgba(0,0,0,0.5);
    }
    #close {
        background-color: #FC5652;
        left: 8px;
    }
    #max {
        background-color: #FDBC40;
        left: 34px;
    }
    #resize {
        /*background-color: #34C749;*/
        font-size: 3rem;
        left: 60px;
        display: none !important;
    }
    #win-tool a {
        background: hsl(0, 0%, 80%);
        display: inline-block;
        width: 2rem;
        border-radius: 10px;
        text-align: center;
        /*line-height: 1.9rem;*/
        color: inherit;
        text-decoration: none;
        /*font-size: 1.9rem;*/
        font-family: "Microsoft Yahei", "Hiragino Sans GB", Helvetica, "Helvetica Neue", "微软雅黑",
Tahoma, Arial, sans-serif;
        text-shadow: 1px 1px 2px rgba(0,0,0,0.5);
        margin-left: .5rem;
    }
    #win-tool a:hover,
    #win-tool a:active {
    color: red;
    }
    .iconfont.history,
    .iconfont.about,
    .iconfont.change,
    .iconfont.skin{
    color: hsl(0, 0%, 30%);
    }
    .iconfont.news {
    color: #F5931E;
```

```
    }
#result {
    min-height: 90px;
    width: 100%;
    height: 100%;
    background-color: hsl(0, 0%, 50%);
    display: flex;
    flex-direction: column;
    justify-content: flex-end;
    color: #FFF;
    overflow: auto;
    box-sizing: border-box;
    /*text-shadow: 0 2px 1px rgba(0,0,0,0.3);*/
    text-align: right;
}
#result > #express {
    font-size: 2rem;
}
#result div {
    padding: 0 5px;
    box-sizing: border-box;
}
#result > #res {
    font-size: 4.5rem;
    font-weight: 600;
    width: 100%;
}
#bottom {
    font-weight: 600;
    width: 100%;
    height: 70%;
    /*text-shadow: 0 2px 1px rgba(0,0,0,0.3);*/
}
#bottom .row {
    height: 20%;
    width: 100%;
    display: flex;
    box-sizing: border-box;
    margin-bottom: -1px;
}
.mb{margin-bottom: 0 !important;}
#bottom .row span:first-child {
    border-left: 0;
}
#bottom .row:last-child span {
    border-bottom: 0;
}
#bottom .row span{
    height: 100%;
    width: 25%;
    background-color: #AAAAAA;
    border: 1px solid #fff;
    border-right: 0;
```

```css
        color:hsl(0, 17%, 20%);
        font-size: 2rem;
        line-height: 5rem;
        cursor: default;
        -webkit-user-select: none;
        display: flex;
        align-items: center;
        justify-content: center;
    }
    #win-tool span:active,
    #bottom .row span:active,
    #bottom .row span.tool:active{
        background-color: red;
        color: #fff;
    }
    #bottom .row span.tool {
        background-color: #4CD964;
        color: #fff;
    }
    #bottom .row span.cheng,
    #bottom .row span.chu,
    #bottom .row span.add,
    #bottom .row span.eq {
        font-size: 2.5rem;
    }
    #bottom .row span.jiang {
        font-size: 1.9rem;
    }
    #bottom .row span.zero {
        width: 50.4%;
        box-sizing: border-box;
        height: 100%;
        display: flex;
        justify-content: flex-start;
        padding-left: 11%;
    }
    //历史记录
    #historyBox {
        background: hsl(0, 0%, 95%);
        width: 100%;
        height: 71%;
        position: absolute;
        z-index: 10;
        left: 0;
        bottom: 0;
        box-shadow: 0px 0px 10px #000;
        -webkit-transition: all .3s;
        transition: all .3s;
        -webkit-transform: translateY(102%);
        transform: translateY(102%);
        font-family: "Microsoft Yahei", "Hiragino Sans GB", Helvetica, "Helvetica Neue", "微软雅黑",
Tahoma, Arial, sans-serif;
```

```css
    }
#historyBox .con {
    height: 91%;
    overflow-y: auto;
}
#historyBox .remove {
    height: 28px;
    background: hsl(0, 0%, 88%);
    text-align: right;
    box-sizing: border-box;
    border-top: 1px solid transparent;
    position: absolute;
    width: 100%;
    left: 0;
    bottom: 0;
}
#historyBox .remove a{
    color: inherit;
    text-decoration: none;
    padding-right: 5px;
}
/*#historyBox .remove .icon_del {
    display: inline-block;
    width: 35px;
    height: 28px;
    background: url("../images/delete1.png") no-repeat;
    box-sizing: border-box;
    background-position: center center;
}
#historyBox .remove .icon_del:hover {
    background-color: #ccc;
}
#historyBox .remove .icon_del:active{
background-color: red;
}*/
#historyBox ul {
    padding: 0 5px 0 5px;
    color: hsl(0, 0%, 50%);
    font-size: 1rem;
}
#historyBox ul li {
    height: 45px;
    text-align: right;
    line-height: 45px;
    font-size: 2.2rem;
    font-family: "Microsoft Yahei", "Hiragino Sans GB", Helvetica, "Helvetica Neue", "微软雅黑",
Tahoma, Arial, sans-serif;
    background: hsl(0, 0%, 95%);
    color: #000;
    overflow: auto;
}
    #historyBox ul li:hover {
```

```css
        background:hsl(0, 0%, 88%);
}
#updateApp {
background-color: #ccc;
    text-align: center;
    height: 30px;
    line-height: 30px;
    display: none;
}
#downloadApp{}
.miniCalc{
width: 200px;
height: 200px;
font-size: 40%;
}
/*小屏*/
@media (max-width: 500px){
    html {
      font-size: 80%;
      font-family:Helvetica;
    }
    .iconfont {font-size: 1.6rem;}
    #container {
        height: 100%;
        padding: 0;
    }
    .calc {
        width: 100%;
        height: 100%;
        max-width: none;
        border-radius: 0;
    }
    #close,#max {display: none !important;}
    #win-tool a {font-size: 1rem;line-height: 1.9rem;}
    #resize {
    left: 8px;
    font-size: 3.5rem;
    line-height:1.1rem !important;
    box-shadow: none !important;
    display: inline-block !important;}
    #bottom .row {margin: 0;}
    #bottom .row span {
        box-sizing: border-box;
        border-top: 0;
    }
    #bottom .row span.cheng {
    font-size: 2.1rem;
    }
    #bottom .row span.zero {
        width: 50.1%;
    }
    #updateApp {display: block;}
```

```
    #downloadApp {display: none;}
}
.updateAppIconRotate {
    display: inline-block;
    animation: update .5s linear infinite;
}
@-webkit-keyframes name{
    from{transform: rotate(0deg);}
    to{transform: rotate(360deg);}
}
@-moz-keyframes name{
    from{}
    to{}
}
@keyframes update{
    from{transform: rotate(0deg);}
    to{transform: rotate(360deg);}
}
```

其他工具类的代码，不再一一赘述。

31.2.5　App 打包

HBuilder 默认是在云端打包的，也就是将你的代码提交上去，进行打包，然后下载打好的包，请参考第 21 章的 21.2.7 小节的内容。

31.3　运行效果

项目编译打包后，生成 apk 安装包，在手机上安装并运行，运行效果如下：
首页页面效果如图 31-2 所示。

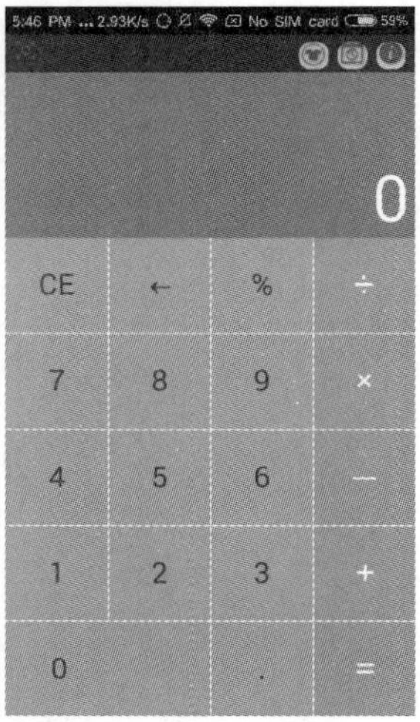

图 31-2　首页页面效果

运算页面效果如图 31-3 所示。

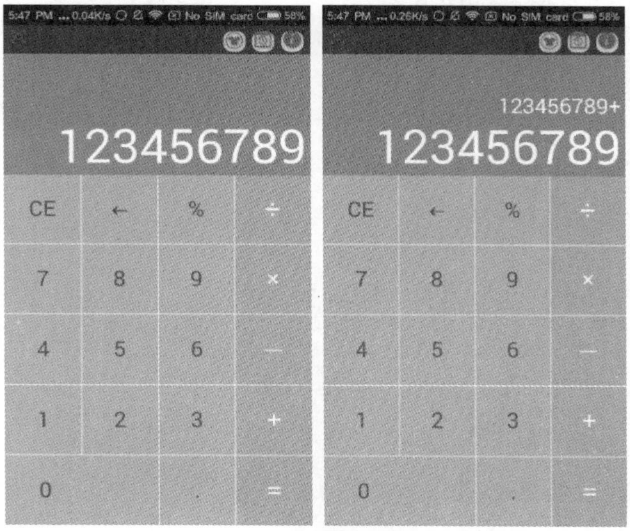

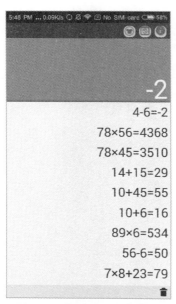

图 31-3　运算页面效果

历史记录页面效果如图 31-4 所示。

图 31-4　历史记录页面效果

换肤页面效果如图 31-5 所示。

关于页面效果如图 31-6 所示。

图 31-5　换肤页面效果

图 31-6　关于页面效果